神经形态光子学
Neuromorphic Photonics

［美］Paul R. Prucnal ［美］Bhavin J. Shastri 著

王 斌 魏 源 臧春和 贺佳楠 等译

北京航空航天大学出版社

图书在版编目(CIP)数据

神经形态光子学 /(美)保罗·R·普鲁卡诺
(Paul R. Prucnal),(美)伯文·J·夏斯特里
(Bhavin J. Shastri)著；王斌等译. -- 北京：北京
航空航天大学出版社,2024.7
书名原文：Neuromorphic Photonics
ISBN 978 - 7 - 5124 - 4130 - 9

Ⅰ. ①神… Ⅱ. ①保… ②伯… ③王… Ⅲ. ①神经网
络②光电器件 Ⅳ. ①Q811.1②TN15

中国国家版本馆 CIP 数据核字(2023)第 136123 号

神经形态光子学
Neuromorphic Photonics

[美] Paul R. Prucnal   [美] Bhavin J. Shastri   著
王 斌 魏 源 臧春和 贺佳楠 等译
策划编辑 董宜斌   责任编辑 刘晓明

*

北京航空航天大学出版社出版发行

北京市海淀区学院路 37 号(邮编 100191)   http://www.buaapress.com.cn
发行部电话:(010)82317024   传真:(010)82328026
读者信箱:copyrights@buaacm.com.cn   邮购电话:(010)82316936
北京凌奇印刷有限责任公司印装   各地书店经销

*

开本:710×1 000   1/16   印张:25.5   字数:517 千字
2024 年 7 月第 1 版   2024 年 7 月第 1 次印刷
ISBN 978 - 7 - 5124 - 4130 - 9   定价:169.00 元

版权声明

推荐序

随着光子集成平台上光电组件的不断增加，光子计算研究掀起了发展热潮。传统的"冯·诺依曼"架构已无法满足当今高准确率、低延迟、高效率的人工智能算法需求，于是催生出以"神经形态计算"为代表的下一代计算架构。

神经形态光子学创造出了神经网络与光电子硬件的同构，这种同构使得光子神经网络具有高计算能力、低延迟、低能耗等特性，在机器学习和信息处理方面具备巨大的技术潜力；而且，通过对现有算法进行编程和训练，神经形态光子学将获得飞速发展，并推动更多社会需求、新技术、新应用的涌现。

由王斌博士及其团队翻译的《神经形态光子学》一书对神经形态计算（类脑计算）系统和工程及相关概念作了详尽介绍，充分阐释了这一技术如何将机器学习和人工智能算法以及反映其分布性质的硬件进行匹配，并对相关的概念、理论、方法进行了深入分析。该书为 Paul R. Prucnal 与 Bhavin J. Shastri 所著，经过多年的研究和实践，他们对这一领域有着深入的理解和独到的见解。书中内容不仅对于神经形态光子学研究者具有指导意义，而且对广大的光子学和神经领域的研究者也具有重要的参考价值。

我相信，这本《神经形态光子学》的译著将会成为这一领域的重要参考书籍，为相关研究者提供宝贵的指导和帮助。我也衷心祝愿这本书能够被更多的读者所阅读和使用，为推动神经形态光子学的研究和发展作出贡献。

中国工程院院士 姜会林

2024 年于长春

译者序

　　神经形态光子学是一个结合了神经科学和光子学的前沿领域,在医疗、通信、高性能科学计算等方面具有广阔的应用前景。本书系统介绍了神经形态光子学的基础理论、当前进展以及未来的发展需求。其中包括光子脉冲处理、尖峰脉冲处理等基本概念、理论和试验探索及其理论和技术背后蕴藏的光子动力学、光电子学机制,相关技术的原理、特性、应用、面临的挑战和发展潜力等方面的内容,旨在为神经形态光子学这一领域的研究提供一个完善的解决方案。本书内容翔实、深入,前瞻性强,具有很高的参考价值。

　　我和我的团队在翻译的过程中注重对原著的忠实表达,力求为广大读者提供一部高质量的参考著作,希望能将原著丰富的内容充分展现出来,为读者提供一个深入理解神经形态光子学的机会。

　　本书由中国科学院微电子研究所王斌博士翻译第 1 章至第 6 章,魏源博士翻译第 7 章至第 10 章,臧春和博士翻译第 11 章至第 14 章,贺佳楠女士翻译序、前言、贡献者背景、目录并负责全书统稿和审校,张天禹、李欣宁、张奕泽硕士生参与了各章节的初译,由王斌博士进行了全书通校。

　　最后,我要感谢翻译团队和北京航空航天大学出版社的工作人员,他们为翻译和出版工作付出了大量的心血。同时,我也要感谢原著作者和所有在神经形态光子学领域作出贡献的科学家们,没有他们的努力和研究成果,翻译和出版工作是不可能成功的。希望《神经形态光子学》一书能够为读者带来实用的收获,同时也期待着在未来的研究中与大家共同探讨这一学科的新领域和新方向。

　　由于译者的水平所限,译文中难免有错误或疏漏之处,恳请读者不吝指正,以便未来有机会再版时修改更正。

王　斌

2024 年于北京

序

在光子学与神经科学的交叉界面上

《神经形态光子学》这本书，主要介绍的是光子神经网络，这些网络拥有许多非同寻常且颇具意义的特征。光子神经网络在噪声存在的情况下，可以高度互联并具有鲁棒性。通过使用波分复用技术，可以无限扩大尖峰处理元素之间的互连数，从而实现大的扇出，这种技术类似于运用在互联网中的光纤网络技术。尖峰处理得益于模拟脉冲编码的带宽效率和尖峰本身的开/关特性。

神经系统在很大程度上对振幅噪声免疫，因为信息不是以振幅编码的，而是以新的、单一的动作电位（神经尖峰脉冲）的形式编码的，这些电位在沿着传输路径的每个突触上重复再生。与级联数字晶体管相同，光子神经网络中的振幅噪声不会传播，这使它们能够几乎无限地缩放大小。这些新型光子神经网络的有趣特性，如带宽效率、大的互联性和扇出，以及级联性，也有望为下一代信号处理和计算系统搭建平台。

对我而言，讲述"神经形态光子学"的来龙去脉，就像在讲述记忆中的一个故事。通过我个人的经历，我会将这个在光子学和神经科学交叉界面上的故事慢慢展开。

20世纪40—50年代，在哥伦比亚大学

1942年，Hecht、Shlaer和Pirenne（HSP）在哥伦比亚大学进行了一项经典的心理物理学实验，旨在确定人眼在最佳条件[1]下能感知的光子量的多少。心理物理学的起源可追溯至19世纪60年代，它在传统上属于心理学的一个分支，它将感官知觉与产生这些感知的物理刺激联系起来。实验要求可适应黑暗的受试者们观看一系列不同平均能量发出的微弱光线，并随机穿插空白，要求受试者们报告每次测试光线是"看到"还是"未看到"。HSP三人只接受"优秀受试者"的数据，因为这些人对黑暗的误报率为零。基于这些数据，他们得出结论：需要7个或更多的光子汇合到达视网膜才能引起视觉。这是一个固定的数字，他们将其命名为"视觉阈值"。三人还认为，看到光线的频率曲线（光线探测能力-平均光线能量）的形状是由刺激光线的本征泊松光子数波动[2]决定的，而不是由观察者自身感官系统的不同而决定的。这一结论在当时十分轰动，他们的发现在当代视觉科学界中产生了深远的影响。HSP的无噪声概念后来称为"阈值探测理论"。感觉阈值的存在是经典心理物理学的一个核心概念。

20世纪50年代，人们认识到噪声基本上是所有探测系统中固有的，还开发了一

种适应附加噪声的信号探测方法[3]。这种方法以统计决策理论为基础,在 20 世纪 30 年代和 40 年代,人们就已经把该理论作为一个模型来理解存在不确定性时的选择。这种观点将电子通信建立在了坚实的数学基础上。在同一时间框架内,将该方法引入感官心理学,还解决了心理物理学中的一些关键问题,后来人们便称之为"信号探测理论(SDT)"。特别是,Horace Barlow[4]认为,视觉阈值应该被解释为信噪比,而不是固定的数字,他开发了一个带有附加视网膜"暗噪声"的 SDT 版本,非常适合 Hecht、Shlaer 和 Pirenne 收集的数据。

大约在同一时期,一位对 Hecht、Shlaer 和 Pirenne 的研究十分着迷的麻省理工学院林肯实验室的探测研究员 William J. McGill,作为一名年轻的教职人员加入了哥伦比亚大学的心理学系。虽然 McGill 由衷地支持 Barlow 的方法,但他认为,至少要将位于大脑中眼睛后面的神经处理机制的基本轨迹纳入探测模型之中,这也是十分重要的。他构思了一个简单但有预见性的模型,在这个模型中,刺激光线的泊松光子数波动可以调节沿视神经而上的神经尖峰的理想集合的速率;人们认为这个集合是一个稀疏的叠加,其本身会表现出泊松神经数波动[5]。McGill 所得出的结果[6]十分出色,而且经得住时间的考验:他构建了一个双重随机泊松概念,认为其等同于奈曼 A 型计数分布(简称 NTA 计数分布)[7]。该分布最初由著名统计学家 Jerzy Neyman 于 1939 年在昆虫学的背景下提出。这种计数结构随后被扩展到一个点过程,称为散粒噪声驱动的重随机泊松过程(SNDP),它保留了标志性的 NTA 计数统计原理[8]。

20 世纪 70 年代,在哥伦比亚大学

1974 年春天,在 Hecht、Shlaer 和 Pirenne 开创性研究的 30 年之后,一次偶然的机会,我来到哥伦比亚大学的校园。我碰巧注意到一则公告,宣布 William McGill 将在哥伦比亚大学的"在社会科学研究中的数学方法研讨会"[9]上讲话,他当时已经成为了哥伦比亚大学的校长。那时,我是电气工程系的一名年轻教员,一心想知道哥伦比亚大学校长——一位在听觉感知这一神秘领域工作的"数学心理学家",会围绕他称之为"信号探测理论"的这个话题讲些什么。毕竟,我自己的研究也涉及信号探测理论,但只是在激光的光电探测领域。

那年 3 月的一个下午,听着 McGill 校长的演讲,我开始意识到,这两种"信号探测理论"实际上可能是密切相关的。研讨会结束时,我冒昧地走到素未谋面的校长面前,问他对这一领域的前景有什么看法。他回答说,他最近偶然看到一篇关于"激光能量探测"的期刊文章,他自己也开始反复思考对声音爆发的感知和对激光脉冲的探测之间的数学联系。

研讨会一结束,McGill 校长就邀请我去他的办公室,我们就此开始了一场持续了几十年的合作。经过无数次的会议,我们发现这两个看似不相关的结构——他用于听觉感知探测的结构和我用于激光能量探测的结构,在数学上其实是相同的。这两种"信号探测理论"都与嵌入在有噪声背景中的弱信号的探测能力有关;并且,它们

有一个共同的起源:统计决策理论。McGill 在听觉感知探测方面的工作以神经计数模型的形式进行,而我在激光能量探测方面的工作采用了光子计数模型的形式。我们耗费了一些时间来证明这两个结果在数学上是相同的,因为他为他的神经计数统计数据选择了一种组合形式,而我的光子计数统计数据是映射在多项式形式[10]上的。认识到这种一致性的存在,我们都喜出望外,因为我们彼此意外地发现对方在一个非常不同的领域纠结着同样的问题。不久之后,McGill 便得到一次机会,向一群十分愿意聆听他讲话的人们讲述了这个故事,那便是 1977 年在哥伦比亚大学召开的一次光波通信研究人员会议[11]上。

所有这一切都发生在年轻的 Paul Prucnal 在鲍登学院获得学士学位后开始在哥伦比亚大学就读研究生的时候。我说服了 Paul 以博士研究生的身份加入我的团队。他完成的第一个任务是从数学上证明,使用似然比检验的经典二进制检测问题通常可以简化为具有单一阈值的事件数量的简单比较。这表明,简单的神经机制通常足以做出一个决策[12-13]。Prucnal 和我,以及 Bill McGill、Giovanni Vannucci 和 Michael Breton,一起使用激光光源和声光调制器[14]进行了现代版本的 HSP 实验。由于故意让 HSP 使用的协议发生偏离,在进行某些实验的过程中,我们鼓励受试者们报告他们看到了刺激光源,即使他们并不完全确定光源的存在。在这样的情况下,受试者们报告的最小可检测光子数远低于 7;然而,与之伴随着的是一个远远大于零的误报率。正如 HSP 所建议的那样,在视网膜上引起视觉感知所需的光子的数量显然不是固定在 7;相反,我们发现敏感性和可靠性是会互相转换的,因为内部标准受到了受试者的自主修改。事实证明,如果允许误报率足够大,那么即使视网膜上只有一个光子也能感知得到。平均来看,我们的 4 名受试者能够以 60% 的看到频率检测到视网膜上的单个光子,但代价就是误报率高达 55%。

我们通过精心建立的协议[15]收集的数据来改进我们的结果,并通过使用三角调制泊松光源[16]的强度所产生的超泊松闪光进行的实验,进一步证实了这些结果。Prucnal 和我之前已经确定了强度调制源[17]的光子计数分布的统计特性。我们还获得了利用光子数压缩(亚泊松)光的实验的理论结果,即便当时还没有这样的光源[16]。

1979 年,Paul Prucnal 发表了一篇出色的学术论文[18],并达到了获得哥伦比亚大学博士学位的所有要求。他在哥伦比亚大学担任了将近十年的教员之后,加入了普林斯顿大学的教员团队,并一直就职于普林斯顿大学至今。

20 世纪 80—90 年代,在哥伦比亚大学

HSP 型实验结果的基础可以通过神经生理学追踪刺激来研究,因为刺激以动作电位序列的形式通过视觉系统传播。事实证明,加性神经噪声和级联神经噪声是同时存在的。正如 McGill 所预测[6]的,NTA 分布[19]很好地描述了在视网膜神经节细胞水平上的神经计数统计数据。神经自发(暗)放电采取了加性噪声的形式,这表现为在心理物理领域的非零误报率。

神经放大在大脑中普遍存在,表现为级联(乘性)噪声。视网膜圆柱细胞可起到化学光电倍增管的作用,可将单光子检测放大为宏观的电流脉冲[20]。由视网膜圆柱细胞支持的视觉系统神经网络在其路站表现出多个阶段的放大。串联的一系列NTA型放大器,在数量变大的限制中,可以建模为产生—损耗—迁移(BDI)分支过程,分别包括放大、损耗和自发动作电位的开始。最终的结果是,视网膜上对单个光子的吸收产生了大量的动作电位,这些动作电位可以渗透到大脑的视觉核[21]中。分支探测理论既超越了阈值探测理论的无噪声概念,也超越了传统信号探测理论的加性噪声结构。该分支模型预测了符合神经生理学和心理物理学观察结果的视觉开端的敏感性和可靠性之间的一种权衡方式。

事实上,视觉系统神经放大器的运作方式的确与光子行波放大器非常相似,这也是光子学和神经科学学科交叉的另一个例子。光纤放大器中光子的分支可以由BDI支化过程来描述,分别包括受激发射、吸收和自发发射[22]。

但故事还未就此结束。从更长的时间尺度上来看,在视觉路径的路站上记录的动作电位率普遍表现出明显的分形行为,这揭示出一种功能性特点,但目前还没有人能对此做出合理的解释[23]。

21世纪10年代,在普林斯顿大学

《神经形态光子学》一书,对光子神经网络进行了描述,它提供了将光子学和神经科学两个领域联系在一起的桥梁。这本书中蕴含的研究内容来自于一位电气工程师和一位神经科学家的共同发现。2008年夏天,Prucnal在洛克希德·马丁(Lockheed Martin)公司举办了一场关于非线性光信号处理的研讨会。这次研讨会为他和神经学家David Rosenbluth提供了契机,开始了为期一年的系列会议,以探索光子学和神经科学之间的潜在联系。在其中的一次会议期间,他们意识到(通过利用内置的可饱和吸收器)控制在可激发状态下工作的激光行为的微分方程,与控制积分激发神经元行为的微分方程是完全相同的,这便提供了一种神经元构造的全光实现方式[24]。这两者都表现出了峰值动态。同时,既重要又有趣的是,这两个系统的运行时间尺度大概有10亿倍的区别:所谓的"光子神经元"的时间尺度大约为1 ps,而生物神经元的时间尺度大约为1 ms。

这些发现表明了单个光子神经元互连以创建光子脉冲处理神经网络的可能性。《神经形态光子学》的作者对光子尖峰处理网络的理论、发展和制造进行了深入的整理,这些网络可以通过硅芯片上的光波导连接可激发激光器和可调谐微环谐振器(实现突触权重)。有一个想法是,超快光学处理器媒介有能力完成生物系统擅长的任务,比如说,图像识别、决策和学习。通过这种媒介,可以对仿生处理加以利用。这些任务可以以一种高效利用带宽的方式执行,因为来自物理环境的宽带信号,比如无线电信号和来自网络物理传感器的输入,可以由光子神经元直接传输到脉冲位置调制的光脉冲序列,而不会导致模/数转换的编码损耗。

本书的作者们已经开启了一场斗志昂扬、激动人心的冒险之旅。我在此期待他们收获美好的结局。

Malvin Carl Teich
荣誉教授
哥伦比亚大学和波士顿大学
马萨诸塞州,波士顿市
2016 年 4 月

参考文献

[1] Hecht S, Shlaer S, Pirenne M H. Energy, quanta, and vision. The Journal of General Physiology, 1942, 25(6): 819-840.

[2] Campbell N. Discontinuities in light emission. Proceedings Cambridge Philosophical Society, 1909, 15:310-328.

[3] Lawson J L, Uhlenbeck G E. Threshold signals. , ser. M. I. T. Radiation Laboratory Series. New York, NY: McGraw-Hill, 1950.

[4] Barlow H B. Retinal noise and absolute threshold. J. Opt. Soc. Am. , 1956, 46(8): 634-639.

[5] Cox D R, Smith W L. On the superposition of renewal processes. Biometrika, 1954, 41(1-2): 91-99.

[6] McGill W J. Neural counting mechanisms and energy detection in audition. Journal of Mathematical Psychology, 1967, 4(3): 351-376.

[7] Neyman J. On a new class of contagious distributions, applicable in entomology and bacteriology. The Annals of Mathematical Statistics, 1939, 10(1): 35-57.

[8] Teich M, Saleh B. Approproximate photocounting statistics of shot-noise light with arbitrary spectrum. Journal of Modern Optics, 1987, 34(9): 1169-1178.

[9] McGill W J. Signal detection theory. Presented at the Columbia University Seminar on Mathematical Methods in the Social Sciences, March 1974.

[10] Teich M C, McGill W J. Neural counting and photon counting in the presence of dead time. Phys. Rev. Lett. , June 1976, 36: 1473-1473.

[11] McGill W J. Optical communications and psychophysics//Optical Communication Systems. Teich M C, Ed. New York: NY, June 1977: 58-63.

[12] Prucnal P R, Teich M C. Single-threshold detection of a random signal in

noise with multiple independent observations. Part 1: Discrete case with application to optical communications. Appl. Opt. , Nov. 1978, 17 (22): 3576-3583.

[13] Anonymous. Single-threshold detection of a random signal in noise with multiple independent observations. Part 2: Continuous case. IEEE Transactions on Information Theory, Mar. 1979, 25(2): 213-218.

[14] Teich M C, Prucnal P R, Vannucci G, et al. Multiplication noise in the human visual system at threshold: 1. Quantum fluctuations and minimum detectable energy. J. Opt. Soc. Am. , 1982, 72(4): 419-431.

[15] Prucnal P R, Teich M C. Multiplication noise in the human visual system at threshold: 2. Probit estimation of parameters. Biological Cybernetics, 1982, 43(2): 87-96.

[16] Teich M C, Prucnal P R, Vannucci G, et al. Multiplication noise in the human visual system at threshold: 3. The role of non-poisson quantum fluctuations. Biological Cybernetics, 1982, 44(3): 157-165.

[17] Prucnal P R, Teich M C. Statistical properties of counting distributions for intensity-modulated sources. J. Opt. Soc. Am. , 1979, 69(4): 539-544.

[18] Prucnal P R. Threshold detection in optical communications and psychophysics. Ph. D. dissertation, Columbia University, New York: NY, 1979.

[19] Saleh B E A, Teich M C. Multiplication and refractoriness in the cat's retinal-ganglion-cell discharge at low light levels. Biological Cybernetics, 1985, 52 (2): 101-107.

[20] Teich M C, Li T. The retinal rod as a chemical photomultiplier. Journal of Visual Communication and Image Representation, 1990, 1(1): 104-111.

[21] McGill W J, Teich M C. Alerting signals and detection in a sensory network. Journal of Mathematical Psychology, 1995, 39(2): 146-163.

[22] Li T, Teich M C. Photon point process for traveling-wave laser ampli-fiers. IEEE Journal of Quantum Electronics, Sep. 1993, 29(9): 2568-2578.

[23] Lowen S B, Teich M C. Fractal-based point processes. Hoboken, NJ: John Wiley & Sons, 2005, 366.

[24] Rosenbluth D, Kravtsov K, Fok M P, et al. A high performance photonic pulse processing device. Optics Express, 2009, 17(25): 22767-22772.

前　言

　　光子学让信息通信发生了革命性的改变,但与此同时,电子学仍对信息处理起着主导作用。如今,人们一直坚定不移地对光子学和电子学在同一界面上的交集进行探索,这在一定程度上是由摩尔定律的发展所驱动的——它在不断地接近人们预料之中的终点。比如,数字处理的计算效率(每焦耳的乘积累加运算或 MAC 操作)已经稳定在 100 pJ/MAC 左右。因此,现在的计算效率和下一代需求之间的差距越来越大,比方说,大数据应用是需要先进的模式匹配和实时分析大量数据作为支撑的。反过来,这使得以下方面的研究取得迅速进步:① 称为"超越 CMOS"或"超越摩尔"的新兴设备;② 称为"超越冯·诺伊曼"的新型处理或非传统计算架构,这种架构受到大脑启发,即具备神经形态学特性;③ 与 CMOS 兼容的光子互连技术。总的来说,这些研究为可重构的新兴光子硬件平台和我们所说的可编程光子集成电路(PO-IC),如光子尖峰处理器,提供了机会。在不久的将来,这种芯片可以结合超快运行、中等复杂性和完全可编程性等特性,扩展应用的计算范围,如高超声速飞机的导航控制和射频(RF)频谱的实时传感和分析。

　　在本书中,我们探讨了这样一个平台的当前进展和发展需求。在光子尖峰处理器中,信息经过编码,成为尖峰(或光脉冲)的时间和空间域中的事件。这种混合编码方案在振幅上是数字的,但在时间上是模拟的,并得益于模拟处理的带宽效率和对数字通信噪声的鲁棒性。光脉冲由某一类表现为可激发性的半导体器件接收、处理和产生——一种对小扰动的全响应或无响应的非线性动力学机制。在可激发状态下工作的光电器件在动态上类似于在神经元生物物理学中观察到的脉冲动力学,但速度大约快 8 个数量级。我们称这些器件为"光子神经元"或"激光神经元"。其中一些器件可以同时演示逻辑电平恢复、级联性和输入/输出隔离,这一直是光学计算的关键基本障碍。

　　该领域的研究发展现正处于一个关键转折点——从研究单一可激发(尖峰)器件转向研究此类器件允许建立光子尖峰处理器的互联网络。最近提出的一种称为"广播和权重"的片上网络架构,可以支持使用波分复用的可激发器件之间的大规模并行(全对全)互连。

　　混合Ⅲ-Ⅴ族化合物和硅的光子学平台是作为集成硬件平台的一种选择。Ⅲ-Ⅴ族化合物半导体技术,比如利用磷化铟(InP)和砷化镓(GaAs),是一种提供如激光器、放大器和探测器等有源元件的前沿技术。同时,利用硅实现了与 CMOS 制造过程和低损耗无源元件(如波导和谐振器)的兼容性。可激发激光器的可扩展和可完全重构的可激发激光器网络能够应用在现代混合集成平台的硅光子层上,其中键合

InP 层中的尖峰激光器通过硅层紧密连接。这样的光子尖峰处理器将有可能支持数千个互连器件。根据预测,这种芯片的计算效率为 260 fJ/MAC,在高速运行(即信号带宽为 10 GHz)时能超过能源效率壁两个数量级。随着光子集成电路(PIC)性能和规模的提高,光子脉冲处理器这一新兴领域受到了极大的关注并不断发展。随着新技术的应用(如射频频谱的应用)对实时、超快处理等特性的要求不断严苛,我们期望这些系统可以在各种高性能、对时间要求严格的环境中发挥作用。

在本书中,我们想为这一领域提供一个完善的解决方案,从理论考量到实验探索,从器件层面的基础载流子和光子动力学,到系统层面的网络和扇入。展望未来,我们设想人们会对设计、构建和理解用于超快信息处理的可激发元件的光子网络产生极大兴趣,其部分灵感来自于最新的大脑计算模型。小规模光子脉冲处理器的成功应用,原则上可以为建立和研究基于激光可激发性的更大规模的受大脑启发的网络提供基础技术。最后,虽然这本书会吸引大多来自光子学和光学领域的读者们,但我们希望它也将有助于促进光子学和光学、神经形态工程、信号处理这些跨学科领域之间从基本原理到实际应用等各方面的对话。

贡献者

Paul R. Prucnal
普林斯顿大学
普林斯顿，新泽西州

Bhavin J. Shastri
普林斯顿大学
普林斯顿，新泽西州

Alexander N. Tait
普林斯顿大学
普林斯顿，新泽西州

Mitchell A. Nahmias
普林斯顿大学
普林斯顿，新泽西州

Thomas Ferreira de Lima
普林斯顿大学
普林斯顿，新泽西州

贡献者背景

Paul R. Prucnal　普林斯顿大学电气工程专业的教授。1974年，以优异的成绩（summa cum laude）从鲍登学院毕业并获得了学士学位（A. B.）。随后，分别于1976年、1978年和1979年在哥伦比亚大学获得电气工程硕士学位、哲学硕士学位以及博士学位。在获得博士学位后，留在哥伦比亚大学任教并在光学CDMA和自路由光子开关方面进行了开创性的工作。1988年进入普林斯顿大学任教，担任普林斯顿光子学与光电材料中心的创始主任，现任网络科学与应用中心主任。曾在日本东京大学和意大利帕尔马大学担任客座教授。

20世纪80年代，Prucnal在光学CDMA方面的基础工作研究中开创了一个新的研究领域，此后发表了1 000多篇论文，探索了从信息安全到提高接入网络中的通信灵活性和频谱效率的应用。1993年发明了太赫兹光学非对称解复用器（Terahertz Optical Asymmetric Demultiplexer），这是第一个能够处理每秒太比特脉冲序列的低能光开关。20世纪90年代在DARPA的支持下，Prucnal的团队率先展示了全光 10^5 Mbit/s的光子分组交换节点和光多处理器互连。

Prucnal教授是《光码分多址：理论与应用》（*Optical Code Division Multiple Access：Fundamentals and Applications*）一书的主编。他独立撰写或共同合著了350多篇期刊论文和书籍，并拥有22项美国专利。因在光子开关和光网络领域的贡献，Prucnal成为了美国光学学会（OSA）和电气电子工程师协会（IEEE）的会员，同时也是全美大学优等生荣誉学会（Phi Beta Kappa）和科研荣誉学会（Sigma Xi）的成员，并因其题为 *Self-routing photonic switching with optically-processed control*（《具有光学处理控制的自路由光子切换》）的论文而获得鲁道夫·金斯莱克奖章。2006年，因在光学和光子学领域的贡献，被斯洛伐克的夸美纽斯大学物理、数学和光学学院授予金奖。在Prucnal教授的整个职业生涯中，在普林斯顿大学获得了多个本科和研究生教学奖项，包括2006年研究生导师奖、2009年的工程与应用科学学院杰出教师奖、工程委员会卓越教学终身成就奖，以及2015年校长杰出教学奖。

在Prucnal最近的研究中，除了发明光子神经元（photonic neuron）外，还研究了使用光信号处理提高无线信号质量的创新方法，以及通信网络光子层的信息安全。

Bhavin J. Shastri　分别于2005年、2007年和2011年在加拿大魁北克省蒙特利尔的麦吉尔大学获得电气工程工学学士（B. Eng）（最高学位成绩）、工程硕士（M. Eng）以及博士学位。目前是美国新泽西州普林斯顿大学的副研究员（以前是班廷（Banting）博士后研究员）。研究领域包括超越CMOS和超越摩尔（More-than-

Moore)器件、可激发(石墨烯)激光器、可编程光子集成电路、光子互连、超冯·诺伊曼架构、超快认知(神经形态)计算、光子尖峰脉冲处理,以及高速射频电路。

Shastri 博士是美国电气电子工程师协会(IEEE)和美国光学学会(OSA)的会员。获得了以下研究奖项:通过加拿大自然科学与工程研究委员会(NSERC)获得加拿大政府的班廷博士后奖学金,2012 年最优博士毕业生 D. W. Ambridge 奖,2012 年加拿大总督金奖提名,IEEE 光子学学会 2011 年研究生奖学金,2011 年 NSERC 博士后奖学金,2011 年 SPIE 光学和光子学奖学金,洛恩·特罗蒂尔工程研究生奖学金,2008 年亚历山大·格雷厄姆·贝尔加拿大 NSERC 研究生奖学金。他是 2010 年 IEEE 中西部电路与系统研讨会(MWSCAS)中最佳学生论文奖的获得者,2008 年 IEEE 微系统与纳米电子学会议(MNRC)中银叶证书的共同获得者,2004 年 IEEE 计算机协会 Lance Stafford Larson 杰出学生奖获得者,以及 2003 年 IEEE 加拿大终身会员奖获得者。Shastri 博士是麦吉尔 OSA 学生分会的主席/联合创始人。

Alexander N. Tait 于 2012 年在美国新泽西州普林斯顿大学获得电气工程的工程学理学学士(B. Sci. Eng)(荣誉)学位,之后在电气工程系光波通信组(Lightwave Communications Group)攻读电气工程学博士学位。2010 年,作为学期交换生在法国夏特奈-马拉布里(Châtenay – Malabry)的巴黎中央理工学院(École Centrale Paris)学习。

2008—2010 年夏季,在纽约州罗切斯特市罗切斯特大学激光能源学实验室任研究实习生,以及 2011—2012 年夏季在新泽西州普林斯顿大学 MIRTHE 中心担任本科生研究员。研究领域包括硅光子学、光信号处理、光网络和神经形态工程。

Tait 先生是美国国家科学基金会研究生研究奖学金的获得者,也是 IEEE 光子学学会和美国光学学会(OSA)的学生会员,还获得了普林斯顿大学电气系颁发的光学工程卓越奖、IEEE 光子学学会颁发的 2015 年夏季专题会议系列旅行津贴,以及普林斯顿大学英语系颁发的 1883 级最佳工程师论文写作奖。撰写了 6 篇学术论文和 1 本书的部分章节,合作发表了 16 篇论文,并在 5 次技术会议上发表了研究成果。

Mitchell A. Nahmias 于 2012 年获得电气工程理学学士(B. S.)(荣誉)和工程物理证书,并于 2014 年获得电气工程文学硕士(M. A.)学位,均来自普林斯顿大学。作为普林斯顿光波通信实验室(Princeton Lightwave Communications Laboratory)的成员,攻读博士学位。2011—2012 年夏天,在新泽西州普林斯顿大学的 MIRTHE 中心实习,2014 年夏天在加州卡尔斯巴德市(Carlsbad)的 L - 3 光子学中心实习。研究工作包括超快处理、激光激发性、光子互连、光子集成电路、非线性光学和神经形态光子学。

Nahmias 先生是 IEEE 光子学学会和美国光学学会(OSA)的学生会员,并撰写

或合作发表了 30 多篇期刊或会议论文。被授予小约翰·奥格登·毕格罗(John Og-
den Bigelow Jr.)电气工程奖,并因其毕业论文共同获得"最佳工程物理独立工作
奖"。还获得了美国国家科学基金会研究生研究奖学金、2014 年 IEEE 光子学会议
最佳论文奖(第三名),以及 2015 年 IEEE 光子学协会夏季专题会议系列最佳海报奖
(第一名)。

Thomas Ferreira de Lima   在法国帕莱索巴黎综合理工学院(École Polytech-
nique)获得学士学位。在同一所学校攻读工程师硕士学位,重点攻读光学和纳米科
学物理学,并且在美国新泽西州普林斯顿大学电气工程系光波通信组(Lightwave
Communications Group)攻读电气工程博士学位。

研究领域包括集成光子系统、光子器件的非线性信号处理、基于脉冲时间的处
理、超快认知计算,以及动态光物质神经启发的学习和计算。

目　　录

第 1 章
神经形态工程

"人类的大脑可以完成当今最强大的计算机所无法完成的计算——同时消耗的能量不超过一只灯泡。理解大脑如何利用不稳定的内部结构进行可靠的计算,以及大脑的不同组成部分之间如何进行交流等问题,会成为一个全新的硬件类别(神经形态计算系统)的建立和整个计算范式转变的关键。这可能会对经济和产业发展产生巨大影响。"

人类大脑计划(Human Brain Project)(2014)

在我们的世界中,复杂性的表现方式数不胜数[1-2]。大量人群个体之间的社会性互动[3]、蛋白质折叠[4]等物理过程,以及人脑区域功能[5]等生物系统,这些都属于复杂系统,每个复杂系统中都有大量的个体相互作用,从而产生整体上的涌现行为。"涌现"是一种行为,产生于一个系统中的许多个体伴随着变化强烈地进行相互作用之时[6],这种行为很难用简化的模型捕捉到。在动态单元的网络组中理解、提取关于涌现现象的知识并创建预测模型是社会和科学调查中面临的一些最具有挑战性的问题。涌现现象在基因表达、脑疾病、国土安全和凝聚态物理中起着重要作用。分析复杂和涌现现象需要用数据驱动的方法,即通过计算工具将大量的数据合成为可能的模型和预测理论。目前大多数复杂系统和大数据的分析都是通过在传统的冯·诺伊曼机器上运行的软件来解决的;然而,这种产生涌现行为的互连结构使得复杂系统在传统计算框架中难以形成。内存和数据交互带宽极大地限制了可模拟的信息系统类型的多样性。

人们认为,人脑是宇宙中最复杂的系统。它大约有 10^{11} 个神经元,与每一个神经元相连接的神经元数量多达 10 000 个,并通过 10^{15} 个突触连接进行信息交流。毫无疑问,大脑也是信息处理的一个自然标准,自人工处理系统最初诞生以来,人们就将二者进行比较。据估计,人脑可以执行 $10^{13} \sim 10^{16}$ 次/秒的操作,而只消耗25 W 的功率[7]。这种优异的表现部分归功于神经元的生物化学特性——其底层结构,以及

1

神经元计算算法的生物物理学原理。大脑作为一个处理器,无论是在物理层面还是在结构层面上,都与今天的计算机截然不同。以大脑为灵感的计算系统可能具有定义数据互连吞吐量(涌现行为的一个关键关联因素)的范式,这可能会推动对信号处理中的新机制的研究,其中至少一些机制(例如,实时复杂系统保证和大数据感知)表现出对新的信号处理方法的明显社会需求。受人脑启发的非传统计算平台还可以同时打破传统冯·诺伊曼架构在解决特定类别问题时固有的性能限制。

图1.1为使用标准的冯·诺伊曼结构进行信息处理的过程。指令和数据都存储在内存中,并通过公共总线传输至处理器。互连瓶颈限制了处理器的性能。

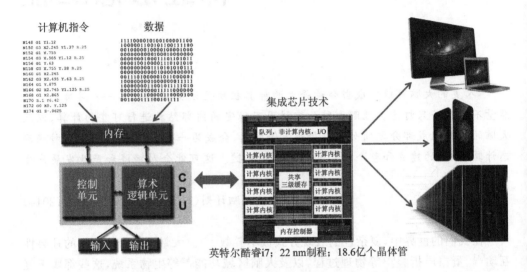

英特尔酷睿i7;22 nm制程;18.6亿个晶体管

图1.1 使用标准的冯·诺伊曼结构进行信息处理的过程

传统的数字计算机是以冯·诺伊曼架构[8](也称为普林斯顿架构)为基础的,如图1.1所示,它由存储数据和指令的存储器、中央处理器(CPU),以及输入、输出设备组成。存储在存储单元中的指令和数据位于共享多路复用总线后面,这意味着两者不能同时访问。这导致了众所周知的冯·诺伊曼瓶颈[9],它从根本上限制了系统的性能,并且随着CPU的变快和内存单元的变大,这个问题就变得更加严重。尽管如此,这种计算范式已经维持了60多年的主导地位,它能维持这一地位的部分原因是规定CPU利用率变化规律的摩尔定律①[10]和规定能量效率规律的库梅定律②[11](每焦耳乘积累加运算(MAC)操作)解决该瓶颈问题能力的不断提升。然而,在过去的几年里,这样的利用率变化并没有遵循该有的规律,而是逐渐趋于一条渐近线(见图1.2)。同时,计算效率水平也低于 10 MMAC/mW (或 10 GMAC/W 或 100 MAC/pJ)[12]。造成这种趋势的原因可以追溯到物理层面上的信息表现,以及体

---

① 微芯片上的晶体管数量每18～24个月翻一番,其性能增加了1倍。

② 每焦耳能量耗散的计算次数大约每1.57年增加2倍。

系结构层面上的处理与内存的交互作用。[13]

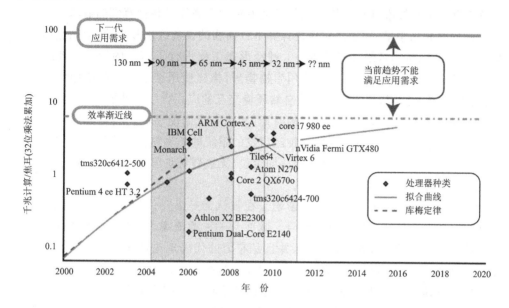

图 1.2　商用数字处理器的能量效率与年份数据

图 1.2 为 2000—2020 年商用数字处理器的能量效率(兆倍增/焦耳),以及应用于前沿系统中的处理器特征尺寸的总体趋势。MAC 操作标准为 32 位计算。库梅定律从 2005 年前后便不再成立。能量效率渐近线使得处理器的现有处理能力与下一代应用需求之间产生了差距。注:统计分析表明,拟合质量的差异具有统计学意义。这种偶然情况发生的概率小于 0.05%。经 Marr 等人许可转载,来自参考文献[13]。

在设备层面上,数字 CMOS 正在达到物理极限[14-15]。当 CMOS 特征尺寸从 90 nm 缩小到 65 nm 时,电压、电容和延迟不再根据登纳德定律[16]明确定义的速率进行缩小。这使得我们需要在晶体管接通时的性能和关闭时的亚阈值漏电流之间做一个权衡。例如,为了增加通道电导率,栅极氧化物(作为栅极和通道之间的绝缘体)需要尽可能薄(1.2 nm,大约 5 个 Si 原子厚),那么在栅极和通道之间会发生一种量子力学现象——电子隧穿[17-18],这将导致功耗增加。另一方面,生物系统的计算功率效率约为 1 aJ/MAC,比数字计算的功率效率渐近线(100 pJ/MAC)[12-13]高 8 个数量级(更好)。随着大数据和复杂系统的初步兴起,在效率墙(供应)和下一代应用的需求(需求)之间的差距在不断扩大(见图 1.2)。

在架构层面,受大脑启发的平台通过能够表现相互关联的因果结构和动态的基底来进行信息处理,这些结构和动态基底类似于我们在传统计算框架中虚拟化的复杂系统。计算工具在假设测试和模拟方面具有革命性的意义,并促进了无数科学理论的发现,它们将成为解决大数据和多体物理问题的整体方法中不可或缺的一部分;

然而,如果将计算能力带到越来越多的与复杂系统相关的问题类别中,那么观察到的系统信息结构和标准计算结构之间的巨大差距就会激发对替代范例的需求。

在过去的几年里,为了应对传统计算平台面临的设备级别和系统/架构层面的挑战[12,19-32],人们对非常规计算技术——神经形态工程进行了深入的探索。神经形态工程的目标是通过在工程平台中应用生物物理,构建使用基本神经系统操作的机器(见图1.3),以提高与视觉和语音等自然环境交互的应用程序的性能[12]。因此,神经形态工程正处于一个非常令人兴奋的时期,因为它承诺能够制造出在集成大量信息的同时又低能耗的处理器。这些受神经启发的系统的典型特征是应用一组包括混合模拟/数字信号来表示内存和处理的协同定位、无监督统计学习以及信息的分布式表示在内的计算原理。

信息表示对信息处理有深刻的影响。在被认为是第三代的神经形态电子学中,处理方法的典型特征是使用脉冲信号。脉冲是一种稀疏编码方案,被神经科学界认为是信息处理的神经编码策略[33-38],并且是有力的代码理论证明[39-41]。脉冲编码在振幅上是数字的,但在时间上是模拟的,因此它具有模拟处理的表达性和效率以及数字通信的鲁棒性。这个分布式的异步模型同时使用空间和时间来处理信息[40-41]。脉冲方法有望极大地提高计算功率的效率[12],因为它们直接利用了生物的基础物理学[20,39,42,43]、模拟电子学,或者在目前情况下的光电子学。

图1.3为IBM的TrueNorth架构——100万个脉冲神经元集成电路。图中,行代表三个不同尺度(内核、芯片和多芯片),列代表四个不同视图(神经科学架构、结构性、功能性和物理布局)。(a)神经突触内核的灵感来自于典型的皮层微电路。(b)一个神经突触网络的灵感来自于大脑皮层的二维薄片。(c)多芯片网络的灵感来自于猕猴大脑皮层区域之间的远程连接。(d)以轴突为输入,以神经元为输出的神经突触内核结构,用突触实现从轴突到神经元的定向连接。在(e)芯片尺度和(f)多芯片尺度上的多核网络都是通过点对点连接将任何内核上的神经元连接到任何内核上的轴突来创建的。(g)内核的功能视图为一个交叉条,其中水平线是轴突,交叉点是可单独编程的突触,垂直线是神经元的输入,三角形是神经元。信息从轴突通过活跃的突触传输到神经元。神经元的行为是可单独编程的,在图中给出了两个例子。(h)功能芯片架构是一种二维内核阵列,通过在网状路由网络上发送脉冲事件(数据包)来激活目标轴突以实现远程连接。轴突延迟在靶点处实现。(i)路由网络通过外围合并和分割块跨越芯片边界进行扩展。(j)在 240 μm × 390 μm 的面积上的 28 nm CMOS 的内核物理布局。存储器(静态随机存取存储器)用于存储每个神经元的所有数据,时分复用神经元电路用于更新神经元膜电位,调度器缓冲传入的脉冲事件来实现轴突延迟、路由器中继脉冲事件,事件驱动控制器协调内核的操作。(k)64×64 多核阵列、晶圆和芯片封装的芯片布局。(l)芯片外围设备,以支持多芯片网络、I/O、输入/输出。来自 Merola 等人[19],经美国 AAAS 许可转载。

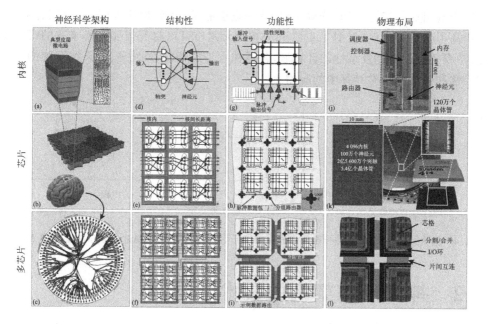

图 1.3　IBM 的 TrueNorth 架构

1.1　光子脉冲处理

在电子学主导信息转换(计算)的同时,光子学已经彻底改变了信息传输(通信)。这自然就引出了以下问题:"如何尽可能地统一两者之间的边界?"[22-24,44-45]过去,光互连的通信潜力受到神经网络的关注;然而,由于大规模集成技术和制造业的不成熟,在计算相关问题上实现全息或矩阵向量乘法的系统未能超越主流地位的电子学。

传统数字计算系统[46-47]中对光互连的巨大需求推动了硅基光子集成电路(PIC)制造技术的发展,这意味着有源光子学系统集成的平台正在成为商业现实。[48-52]目前尚未研究集成光子学在实现非常规计算方面潜力的最新进展。本书的一个主题将是如何应用现代 PIC 平台来打破大规模模拟网络和光子神经系统的历史技术壁垒。

随着电子脉冲体系结构的发展,人们对基于脉冲的信息处理光子学进行了研究。自罗森布鲁斯等人首次演示光子脉冲处理以来[53],各光子设备中有关脉冲处理方面的研究大幅增加[25,54-63],最近脉冲动力学形式[54,59,61-70]被频繁提出,这一策略将促使在同一衬底上进行计算和通信的组合。

我们将在第 6 章回顾最近对利用半导体光载流子和神经元生物物理学之间动态同构的半导体器件的信息处理能力的相关研究[54,59,61-63,65-80]。许多用于脉冲处理的"光子神经元"或"激光神经元"或"光学神经元"的提议都是基于在可激发状态下工作的激光器提出的。激发性[81-82]是一个基于全响应或无响应的动态系统属性。

除了比生物系统快许多个数量级之外[67],物理时间尺度上的差异使得这些激光系统表现出这些特性;时间分辨率(与脉冲宽度有关)和处理速度(与不应期有关)都被提高了将近 1 亿倍(见图 1.4)。光子神经元网络可以打开需要前所未有的时间精度、功率效率和功能复杂性的计算域,包括在宽带射频(RF)处理、多天线系统的自适应控制和高性能科学计算中的应用。

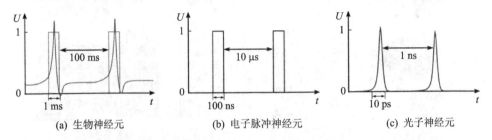

(a) 生物神经元　　　　　　　　　(b) 电子脉冲神经元　　　　　　　　(c) 光子神经元

图 1.4 生物神经元、电子脉冲神经元和光子神经元之间在时间尺度(脉冲宽度和不应期)上的差异

1.2　神经形态架构的技术平台

在 CMOS 模拟电路、数字神经突触内核和非 CMOS 设备中已经构建了脉冲基元。各种技术已经展示了电子技术中大规模脉冲神经网络的应用,包括:神经网络作为斯坦福大学的 Brains in Silicon 计划的一部分[26]、IBM 的 TrueNorth 作为 DARPA 的 SyNAPSE 项目的一部分[19]、HICANN 作为海德堡大学 FACETS/BrainScaleS 项目的一部分[83],以及曼彻斯特大学的神经形态芯片作为 SpiNNaker 项目的一部分[28]。后两个是欧洲委员会人脑项目中最重要的项目之二[84]。这些脉冲平台通过应用神经元计算的电路和系统原理(包括鲁棒模拟信号、基于物理的动力学、分布式复杂性和学习)更好地与自然环境进行交互。在涉及机器视觉和语音处理的任务中,它们比冯·诺伊曼架构在效率、容错性和适应性方面具有强大的优势。然而,使用这种神经形态硬件来处理更快的信号(例如无线电波)并不是一个简单的加速时钟问题。这些系统依靠缓慢的时间尺度操作来实现密集互连。

冯·诺伊曼处理器依赖于点对点的内存处理器通信,而神经形态处理器通常需要大量的互连(即每个处理器有 100 个多对一扇入)[12]。这种互连需要大量的多播,这会造成通信负担,继而又带来了电子链路中的 RC 和辐射物理导致的基本性能挑战,以及典型的点对点连接的带宽-距离-能量限制[85]。虽然有些系统将采用密集网格作为交叉阵列覆盖在半导体衬底上,但大规模系统最终被迫采用某种形式的时分复用(TDM)或分组交换,特别是地址事件表示(AER),这种将脉冲表示为数字代码而非物理脉冲的形式会带来额外费用。这种架构级别的抽象允许虚拟互连比导线密度高出一个与牺牲带宽相关的系数,这个系数可以达到几个数量级[86]。因此,基于 AER 的脉冲神经网络具有有效的目标生物。图 1.5 为可以利用脉冲处理和光子学之间的类比来创建一种计算范式,其性能超出其各部分的总和。通过减少过程(脉冲)和物理(兴奋性)之间的抽象,可以在速度、能量使用和可伸缩性方面获得显著优势。

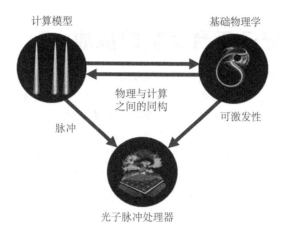

图 1.5　脉冲处理和光子学之间的类比

时间尺度和相关的应用空间:kHz 频段[19,28]的实时应用(目标识别)和低MHz[83]频段的加速模拟。然而,对于 GHz 频段的高带宽应用(如传感和操纵无线电频谱以及高超声速飞机控制),其神经形态处理必须采取一种完全不同的互连方法。

就像光学和光子学被用于传统 CPU 系统的互连一样,光网络原理也可以应用于神经形态领域。将一个处理范式映射到其基础动力学(见图 1.5)而不是进行物理学的完全抽象,这样可以显著地提升效率和性能,并且将激光的行为映射到神经元的行为依赖于在它们各自的控制动力学中发现形式上的数学类比(即同构)。许多光子器件背后的物理过程已经被证明与生物处理模型有很强的相似性,这两者都可以在非线性动力学的框架内进行描述。大规模集成光子平台(见图 1.6)为超快神经形态处理提供了机会,补充了针对生物时间尺度的神经形态微电子学。在光子学中可实现的高开关速度、高通信带宽和低串扰非常适合于具有高互连密度的超快脉冲信息方案[32,60]。

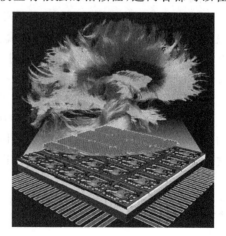

图 1.6　一个光波神经形态处理器的概念绘制

这一新兴研究领域的研究旨在将光子学的基础物理与基于神经元的脉冲处理协同集成。神经形态光子学代表了一个广泛的应用领域,其中快速、时间精确和鲁棒的系统是必要的。

图 1.6 为一个光波神经形态处理器的概念绘制。激光神经元阵列利用电光物理实现了脉冲动力学,片上的光子网络可以支持这

些元件之间虚拟互连的复杂结构。注：思维导图（处理器上方的图片）是由人类连接组项目提供的。

1.3 新兴光子平台面临的挑战

支持可扩展计算平台的非线性元件的关键标准包括逻辑级恢复、扇出、输入/输出隔离和级联性[22-24]。过去的光学计算方法（见1.4节）在实现这些要求方面遇到了挑战。光子学中已经提出了抑制振幅噪声积累的各种数字逻辑门，但许多被提出的光学逻辑器件不满足级联性的必要条件[22]。模拟光子处理在微波信号[87]的高带宽滤波中得到了应用，但除了幅度噪声之外，相位噪声的积累也限制了这类系统的最终尺寸和复杂性。最近的研究表明[60,79]，利用光子器件的高带宽进行计算的另一种方法不在于提高器件的性能或制造水平，而在于检验混合模拟和数字处理技术的计算模型。

光通道具有高度的表现力，相应地对相位和频率噪声非常敏感。特别是在打算使用多个波长信道时，任何关于计算原语的建议都必须解决实际级联性的问题。例如，Tait等人[60]提出的网络架构依赖于波分多路复用（WDM）将许多激光神经元连接在一起。此外，如第8章所述，限制波长信道的方法可能需要大量的波长转换步骤，这会需要高昂的成本，并且会导致噪声且效率低。光子非常规计算原语通过交叉物理表示信息来解决传统的噪声积累问题。表征交错，即一个信号在编码方案（数字-模拟）或物理变量（电子-光学）之间进行重复转换，可以赋予计算和噪声特性许多优势。正如Sarpeshkar[39]所指出的，混合模拟-数字系统，特别是那些由中等精度的模拟单元耦合在一起的系统，可以最大限度地提高处理能力，同时最小化时间、能源和材料成本。

生物学中的脉冲模型自然地将用于通信的鲁棒离散表示与用于计算的精确连续表示交织在一起，以同时获得数字和模拟的优势。具体来说，与同步模拟相比，脉冲有两个主要优势：（1）模拟变量（时间）比数字变量（振幅）的噪声小得多，因此数模分配更加合理；（2）异步，这使得在没有全局时钟的情况下，系统设计具有更大的自主权，但代价是限制了TDM等技术。脉冲技术在模拟-数字处理方面有很多优势，这可能是其在自然处理系统中普遍存在的原因[40]。当然人们需要加深对这种区别的认识，包括物理表征方面，其重要原因是光学噪声不会累积。当脉冲产生时，它在波长标识符的帮助下通过线性光网络进行传输和路由。

1.4 计算机光学简史

1.4.1 光学逻辑

由于光学在通信方面的优越性能（例如可用带宽和能量效率），光学器件和体系结构长期以来一直被用于计算方面的研究。光学逻辑门已经通过多种技术实现,包括微环腔[88]中的自相位调制、量子点饱和吸收[89]以及许多其他技术;然而,迄今为止,可扩展的全光计算机的研究依旧举步维艰。如 1.3 节所述,许多方案都不能满足栅极所需的某些低级功能。在 20 世纪 90 年代早期,双稳态光学元件的大型全息系统被提出[90],但集成这些系统的难度,加上不断发展的数字微电子技术,削弱了它们的竞争力。Keyes[91]和 Miller[22]对数字光学计算面临的巨大基本挑战进行了分析。对这些参考文献的比较,揭示了惊人相似的主题,这些主题掩盖了光子技术在过去几十年中的进步——更不用说电信行业的诞生和成熟了。数字光学计算所面临的许多基本挑战仍然难以用一个简单的设备完全应对。

因此,许多利用光学功能的尝试完全避开了数字电子计算范式,而是针对特定任务,包括 A/D 转换[92]、受变形虫启发的量子点处理[93]和储层计算[94-95]。到目前为止,尽管许多非常规的方法成功地探索了计算和物理领域新的有趣的交集,但商业平台开发的成本已经超过了过度专业化的光学"硬件加速器"或"协处理器"的效用[96]。第 8 章中提出的体系结构,因其在设计布局以及现场可调的互连参数中具有的配置自由度,从而避免了过度专业化。决定分布式处理系统的行为和功能的特定的互连配置与过程程序非常不同,其中程序中的操作由图灵机可解释的指令堆栈表示。

这种程序可编程性的缺失对所有受神经元架构支配的分析和设计都是一个挑战,但也是它们最大的优势之一。放弃不可执行框架的处理器可以在没有程序员输入的情况下表现出更强的自组织和适应不确定环境的能力[97-98]。我们相信这里提出的架构展示了计算系统的重要特性,具有潜在的复杂且广泛适用的大规模信息处理能力(见第 8 章),但为了强调它不追求通用计算的符号指令模型这一事实,将其归类为"可扩展的光子处理器"。在非常规的光学处理范式中,神经网络可能是最常用的一类模型。

1.4.2　光学神经网络

用于互连的光学技术长期以来一直被认为是人工神经网络结构的潜在媒介,人工神经网络结构与神经元元件的并行操作一样,都依赖于并行通信性能。虽然在许多情况下,在神经计算环境中实现光学的吞吐量、损耗和串扰优势很有希望,但目前在可靠性、可扩展性和成本方面遇到了障碍。在 Misra 和 Saha 等的文章中对光神经网络(ONNs)进行了研究综述[99]。

在大多数情况下,ONN 互连的方法主要集中在空间多路复用技术上,包括可配置的空间光调制[100]、矩阵光栅全息图[101]和体积全息图[102-103]。尽管它们是用于全面互连的密集技术,但自由空间和全息设备很难集成,并且还需要精确对齐。不可集成或者需要特殊集成工艺的系统在成本或实际可扩展性方面,与 CMOS 系统相差甚远。

多对一耦合[104]中的相干干扰效应与具有大扇入的神经网络特别相关。脉冲光学神经元的相位敏感设计,如参考文献[65,75]所述,必须引入方法来控制源自不同计算原语的信号的相对相位。实现 Hopfield(非脉冲)模型的半导体光学器件通过波分复用来避免相互干扰[100,105]。如第 11 章所述,波分复用作为一种非空间复用技术,可以赋予分布式架构以全息或自由空间系统无法实现的结构特征。

1.4.3　片上光网络

在过去的 15 年里,人们达成共识,即光学可以作为一种通信媒介对计算产生最大的影响。这一观点是由大规模的与 CMOS 兼容的光子集成技术实现的。本书在第 7 章简要回顾了该技术。同时,这一观点也得到了电子互连在 CPU 内存瓶颈以及日益并行的系统中内核间通信的局限性的支持。

片上光网络(NoCs)已被提出将作为电子网络的替代方案,以支持未来多核片上系统(SoC)体系结构中的高吞吐量和高效率要求。虽然所提出的互连适用于一种非常不同的信号模型(脉冲),但在第 8 章中介绍的一些网络技术已经在传统的计算环境中进行了研究,采用波分信道化的光环网络,特别是提出将 ATAC[106] 和光环 NoC (ORNoC)[107] 作为一种获得无冲突多播网络的方法。Psota 等人还发现光路分裂是片上多播路由的一种有效方法。环布局的灵活性已被用来适应平铺的处理器布局,LeBeux 等人提出使用多个独立的环进行频谱重用;然而,与 8.3 节提出的架构不同,将这些 ORNoC 子网连接到单个系统中需要包含仲裁控制的专门交换节点。

波分复用技术显著提高了物理链路的有效吞吐量密度;然而,在某些情况下,对每个通道的调制器和探测器的要求可以抵消面积和能源节省[108]。为了获得无竞争行为,ATAC 和 ORNoC 规定了每个节点每个通道至少有一个专用接收器(即探测器、A/D 转换器、解串器和缓冲器),以潜在地产生缓冲瓶颈[107]。相比之下,光子脉冲处理结构对单个探测器中的多个输入求和,既不需要有源电子接收器,也不需要不同的光调制器(见 8.2 节)。

1.5　应用领域

随着 CPU 的时钟速度在 10 年前停滞不前(约 3 GHz),计算世界转向了阿姆达尔定律。可编程任务,特别是那些涉及大数据应用的任务,现在可以同时并行到许多机器上。芯片架构已经从单核系统发展到多核系统,图形处理单元(GPUs)和现场可编程门阵列(FPGAs)等并行硬件在高性能计算领域中获得了关注[109]。然而,其结果是,处理器不再减少顺序处理算法的延迟,因为不能破坏基本的时钟速度。高速射频(RF)电子电路能够运行得更快(有时可以达到约 100 GHz 带宽),但对阻抗匹配和传输线路的需要增大了它们的面积,并限制了它们的复杂性。相比之下,光子方法可以在足够复杂的情况下高速运行。速度和复杂性的综合优势会影响多个应用领域,包括但不限于射频信号处理和数学编程。

1.5.1　实时射频处理

包括流式媒体视频和云服务在内的大容量数据应用程序将持续推动电信行业建立更好的高带宽系统。仅在一些移动网络上,数据流量就增加了 6 000% 以上[110]。这促使人们对如何更有效地利用光谱资源进行深入探索[111]。虽然射频集成电路(RFICs)已经被应用于双工处理[112-113]或波束形成天线控制[114-115],但对阻抗匹配及传输线的要求大大增加了设备和互连面积,限制了每个芯片的整体复杂性。光子学为这些基本限制提供了一个解决方案:光波导可以支持大带宽(约 100 THz),同时具有信息密度高以及多路通道之间的串扰低等优点。通过使用波分复用等技术,可以在同一光波导中存在大量的多 GHz 信道。因此,虚拟信道的数量可以大大超过物理波导的数量,从而形成复杂的处理电路,而无需很高的硬件成本。

经过一些初始的前端处理(即外差和放大)后,数字信号处理器(DSP)或者 FG-PAs 可以对大多数无线电收发机系统进行进一步处理,以用于更复杂的信号操作。然而,这些处理器的速度(约 500 MHz)限制了射频载波信号的总吞吐量,因为其总吞吐量很容易达到 GHz。巧妙的采样和并行化可以帮助缓解这一瓶颈,但代价是更高的延迟和大量的资源/能源成本。专门的射频专用集成电路(ASIC)可以作为另一种选择,但价格高昂,需要大量的开发时间,且可重构性有限。未来设想的多输入多输出(MIMO)系统,即在大规模 MIMO 的情况下可以达到 100 多个输入和输出通道[117-118],其特别容易受到这一瓶颈的影响,因此需要一个全新的解决方案。

图 1.7 为用于增强射频通信的脑启发激光神经网络的示意图。第一行:口语单词被生物神经元转换为时空的"脉冲"(事件)模式。模式识别神经元对特定的脉冲指纹敏感,只有当它发生时才会释放自己的脉冲,如"目标输出"所示。第二行:与音频波形类似,基于可激发激光器的更快系统(约 GHz)可以直接在射频波形上运行。在射频收发器的前端应用操作可以将复杂的信号处理操作转移到光子芯片上,并解决

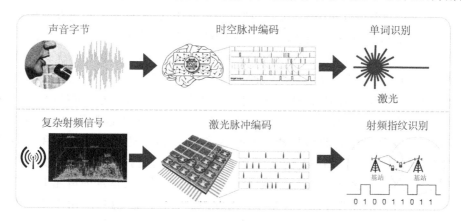

图 1.7　用于增强射频通信的脑启发激光神经网络的示意图

当前 FPGA 和 DSP 面临的带宽和延迟限制。脉冲编码模式复制自 Tapson 等人的文章[116]。根据知识共享署名许可(CCBY)获得许可。

在无线电收发器的前面添加一个光子处理芯片,可以实现非常复杂操作的实时执行,这可以减轻电子后处理的负担,并为即时做出更快、更相关的射频决策提供技术支持。基于相控阵天线波束形成的大规模 MIMO 系统需要一个能够同时区分和操作数百个高带宽信号的处理器,但是目前受到电子处理器速度的限制[117,119]。光子神经网络模型非常适合去应对这类技术挑战:高效的 MIMO 波束形成依赖于已经通过加权加法应用于神经网络模型中的 MAC 操作。此外,利用神经网络方法可以有效地建立分类算法,从而实现射频指纹识别和信号识别。

随着扩频、自适应射频收发器在未来的通信系统中的应用越来越广泛,光子方法的可扩展性提供了显著的处理优势。它的高带宽、低延迟和高吞吐量非常适用于超宽带(UWB)无线电系统,在这种系统中,可以同时从多个频率和方向进行采样,以扫描频谱,并快速有效地做出决策。将该技术与 FPGA 或电子 ASIC 控制器相结合,可以实现超快认知无线电应用中的实时自适应优化和学习算法。

1.5.2 非线性规划

另一种利用原始速度的方法是通过迭代的方式。迭代算法成功地找到了一个感兴趣的问题的更好的近似值,并且通常需要许多时间步长才能得到所需要的解决方案。由于光子方法最显著的优点之一是它在通信处理器之间的飞行时间短(ps 级别),因此在光子平台上实现可以显著提高收敛速度。可以迭代解决的一大类问题包括线性和非线性规划问题。这些方法寻求在由等式或不等式表示的一系列约束条件(即 $g(\vec{x}) \leqslant 0, h(\vec{x}) = 0$)下,使得实变量的某些目标函数 $E(\vec{x})$ 最小化。电信、航空航天和金融行业的应用可以在这个基本框架中进行描述,包括最优投资组合交易策略、机械/执行器的控制,以及在线服务器中资源和工作的分配等。使用光子方法,100 个变量的问题可以在小于 100 ns 的时间内收敛,这可以用于控制非常快速的动力系统(即执行器)或在数据密集型环境中创建低延迟的优化例程。

数学优化问题可分为线性优化问题和非线性优化问题。非线性优化问题往往很难解决,有时还会涉及其他技术,如遗传算法或粒子群优化。然而,非线性优化问题仍然是围绕最优解局部邻域的二次到二阶问题。因此,二次规划问题(QP)——找到受线性约束的变量的最小/最大值二次函数[120],成为解决这类问题的有效方法,并可以广泛应用。例如,许多机器学习问题,如支持向量机(SVM)训练和最小二乘回归,都可以用 QP 问题来重新表示。此外,诸如模型预测控制、最优非线性控制算法,或压缩抽样(一种通过描述输入数据的稀疏性,在不丢失信息的情况下以低于奈奎斯特速率进行采样的方法),都是 QP 问题的例子。总之,这些应用程序代表了用于获取和处理信息以及使用结果来控制系统的一些最有效且最通用的工具。QP 是变量数量上的一个 NP 难题,这意味着传统的数字计算机要么局限于求解变量很少的二次规划,要么局限于计算时间非临界的应用。这在 QP 求解器的工业应用中得到反映。模型预测控制在化工行业用于控制化学加工平台,其反应时间尺度可以做得很长;在金融业中用于控制长期投资组合优化。在机器学习中,由于 QP 计算的复杂性,许多算法(如 SVM)需要进行离线训练,但如果能够在线训练,则会更有效。

虽然 Hopfield 在 25 年前已经证明了 Hopfield 网络能够快速解决二次优化问题,但 Hopfield 二次优化器在今天并不常见。这在很大程度上是由于神经网络所需要的神经元之间的高度连接性(n 个神经元有 n^2 个连接)。在电子电路中,随着连接数量的增加,可以在不受连接间串扰和其他问题的影响下运行的系统的带宽会降低[60]。这就需要在神经元速度和神经网络大小之间做权衡,而这并不是我们希望出现的。与电子神经网络相比,光子神经网络有几个优势。最重要的是,通过使用光作为通信媒介,电子神经元中普遍存在的连接性问题得到了显著改善[60]。正如后面将讨论的,波分复用可以实现在单个光波导中通过数百个高带宽信号。此外,光子神经元(如 Tait 等人设计[122])的模拟计算带宽可以达到 ps 到 fs 级的时间尺度[79]。对于 Hopfield 二次优化器,这意味着光子实现可以同时具有较大的维数和较小的快速收敛时间。

1.6　本书的结构

在本章介绍完光子脉冲处理之后,本书接下来的 4 章(即第 2~5 章)将提供一些背景知识,并深入研究为我们当前的系统实现铺平道路的一些原型。

第 2 章将简要介绍尖峰脉冲(或基于事件的)处理的概念、生物衍生的兴奋性,以及这种编码方案背后的动力学机制。第 3 章将概述在本书中讨论的技术背后的光子和光电子机制。第 4 章将介绍处理光子学中的脉冲神经元的一些现代方法。第 5 章则接着介绍这些方法导致的可激发的激光实现。第 6 章讨论具有兴奋性和其他神经特性的单个半导体激光处理器的主体部分。第 7 章讨论当前和未来的光子芯片平台将如何推动光子学技术的进一步发展。

在第 7 章简要介绍硅光子集成技术之后,第 8 章描述可扩展的光子神经网络的框架。接下来的 3 章将详细介绍实现这种可扩展的网络平台的技术细节。第 9 章专门介绍片上网络的控制和优化。第 10 章讨论处理网络节点的实现及其物理特性。第 11 章讨论可扩展网络的体系结构和设计。第 12 章介绍网络学习的问题,并对光子实现进行讨论。第 13 章探讨最近引起光子学界的兴趣、被称为储层计算的神经启发处理范式。第 14 章将该平台与目前或在其他领域(电子学)中可能实现的硬件神经网络进行了比较。

1.7　参考文献

[1] Strogatz S H. Exploring complex networks. Nature, 2001, 410 (6825): 268-276.

[2] Vicsek T. Complexity: The bigger picture. Nature, 2002, 418(6894): 131.

[3] Barabasi A L, Albert R. Emergence of scaling in random networks. Science, 1999, 286(5439): 509-512.

[4] Crescenzi P, Goldman D, Papadimitriou C, et al. On the complexity of protein folding. Journal of Computational Biology, 1998, 5(3): 597-603.

[5] Markram H, Meier K, Lippert T, et al. Introducing the human brain project. Procedia Computer Science, 2011, 7: 39-42.

[6] Bhalla U S, Iyengar R. Emergent properties of networks of biological signaling pathways. Science, 1999, 283(5400): 381-387.

[7] Merkle R C. Energy limits to the computational power of the human brain. Foresight Update, 1989, 6.

[8] von Neumann J. First draft of a report on the edvac. IEEE Annals of the History of Computing, 1993, 15(4): 27-75.

[9] Backus J. Can programming be liberated from the von Neumann style? A functional style and its algebra of programs. Communications of the ACM, Aug. 1978, 21(8): 613-641.

[10] Moore G E. Readings in computer architecture. Hill M D, Jouppi N P, Sohi G S, Eds. San Francisco, CA, USA: Morgan Kaufmann Publishers Inc. , 2000: 56-59.

[11] Koomey J, Berard S, Sanchez M, et al. Implications of historical trends in the electrical efficiency of computing. Annals of the History of Computing, IEEE, 2011, 33(3): 46-54.

[12] Hasler J, Marr B. Finding a roadmap to achieve large neuromorphic hardware systems. Frontiers in Neuroscience, 2013, 7(7): 118.

[13] Marr B, Degnan B, Hasler P, et al. Scaling energy per operation via an asynchronous pipeline. Very Large Scale Integration (VLSI) Systems, IEEE Transactions, 2013, 21(1): 147-151.

[14] Mathur N. Nanotechnology: Beyond the silicon roadmap. Nature, 2002, 419 (6907): 573-575.

[15] Taur Y, Buchanan D, Chen W, et al. CMOS scaling into the nanometer regime. Proceedings of the IEEE, Apr. 1997, 85(4): 486-504.

[16] Dennard R, Rideout V, Bassous E, et al. Design of ion-implanted mosfet's with very small physical dimensions. Solid-State Circuits, IEEE Journal, 1974, 9(5): 256-268.

[17] Taur Y. CMOS design near the limit of scaling. IBM Journal of Research and Development, 2002, 46(2): 213-222.

[18] Lee W C, Hu C. Modeling CMOS tunneling currents through ultrathin gate oxide due to conduction- and valence-band electron and hole tunneling. Electron Devices, IEEE Transactions, 2001, 48(7): 1366-1373.

[19] Merolla P A, Arthur J V, Alvarez-Icaza R, et al. A million spiking-neuron integrated circuit with a scalable communication network and interface. Science, 2014, 345(6197): 668-673.

[20] Jaeger H, Haas H. Harnessing nonlinearity: Predicting chaotic systems and saving energy in wireless communication. Science, 2004, 304(5667): 78-80.

[21] Modha D S, Ananthanarayanan R, Esser S K, et al. Cognitive computing. Communications of the ACM, 2011, 54(8): 62-71.

[22] Miller D A B. Are optical transistors the logical next step? Nat Photon, 2010, 4(1): 3-5.

[23] Tucker R S. The role of optics in computing. Nat Photon, 2010, 4(7): 405.

[24] Caulfield H J, Dolev S. Why future supercomputing requires optics. Nat Photon, 2010, 4(5): 261-263.

[25] Woods D, Naughton T J. Optical computing: Photonic neural networks. Nature Physics, 2012, 8(4): 257-259.

[26] Benjamin B, Gao P, McQuinn E, et al. Neurogrid: A mixed-analog-digital multichip system for large-scale neural simulations. Proceedings of the IEEE, 2014, 102(5): 699-716.

[27] Pfeil T, Gr A, Jeltsch S, et al. Six networks on a universal neuromorphic computing substrate. Frontiers in Neuroscience, 2013, 7(11).

[28] Furber S, Galluppi F, Temple S, et al. The spinnaker project. Proceedings of the IEEE, 2014, 102(5): 652-665.

[29] Snider G S. Self-organized computation with unreliable, memristive nanodevices. Nanotechnology, 2007, 18(36): 365202.

[30] Eliasmith C, Stewart T C, Choo X, et al. A large-scale model of the functioning brain. Science, 2012, 338(6111): 1202-1205.

[31] Indiveri G, Linares-Barranco B, Hamilton T J, et al. Neuromorphic silicon neuron circuits. Frontiers in Neuroscience, 2011, 5(73).

[32] Shastri B J, Tait A N, Nahmias M A, et al. Photonic spike processing: ultra-

fast laser neurons and an integrated photonic network. IEEE Photon. Soc. Newslett. , 2014, 28(3): 4-11.

[33] Ostojic S. Two types of asynchronous activity in networks of excitatory and inhibitory spiking neurons. Nature Neuroscience, 2014, 17(4): 594-600.

[34] Paugam-Moisy H, Bohte S. Computing with spiking neuron networks// Handbook of Natural Computing. Springer, 2012: 335-376.

[35] Kumar A, Rotter S, Aertsen A. Spiking activity propagation in neuronal networks: reconciling different perspectives on neural coding. Nature Reviews. Neuroscience, Sept. 2010, 1(9): 615-627.

[36] Izhikevich E. Simple model of spiking neurons. IEEE Tran. Neural Netw. , Nov. 2003, 14(6): 1569-1572.

[37] Diesmann M, Gewaltig M O, Aertsen A. Stable propagation of synchronous spiking in cortical neural networks. Nature, 1999, 402(6761): 529-533.

[38] Borst A, Theunissen F E. Information theory and neural coding. Nature Neuroscience, 1999, 2(11): 947-957.

[39] Sarpeshkar R. Analog versus digital: Extrapolating from electronics to neurobiology. Neural Computation, Oct. 1998, 10(7): 1601-1638.

[40] Thorpe S, Delorme A, Rullen R V. Spike-based strategies for rapid processing. Neural Networks, 2001, 14(6-7): 715-725.

[41] Maass W, Natschl T, Markram H. Real-Time Computing Without Stable States: A New Framework for Neural Computation Based on Perturbations. Neural Computation, 2002, 14(11): 2531-2560.

[42] Maass W. Networks of spiking neurons: The third generation of neural network models. Neural Networks, 1997, 10(9): 1659-1671.

[43] Izhikivich E M. Dynamical Systems in Neuroscience: The Geometry of Excitability and Bursting. MIT Press, 2006, 25.

[44] Miller D A B. The role of optics in computing. Nat Photon, 22 Neuromorphic Photonics, 2010, 4(7): 406-406.

[45] Miller D A B. Joining optics and electronics for information processing and communication//Lasers and Electro-Optics Society, 2007. LEOS 2007. The 20th Annual Meeting of the IEEE, 2007: 547-548.

[46] Smit M, van der Tol J, Hill M. Moore's law in photonics. Laser & Photonics Reviews, 2012, 6(1): 1-13.

[47] Jalali B, Fathpour S. Silicon Photonics. Journal of Lightwave Technology, 2006, 24(12): 4600-4615.

[48] Roelkens G, Liu L, Liang D, et al. IIIV/silicon photonics for on-chip and in-

tra-chip optical interconnects. Laser and Photonics Reviews，2010，4（6）：751-779.

[49] Heck M，Bauters J，Davenport M，et al. Hybrid silicon photonic integrated circuit technology. IEEE Journal of Selected Topics in Quantum Electronics，July 2013，19(4)：6100117.

[50] Liang D，Roelkens G，Baets R，et al. Hybrid integrated platforms for silicon photonics. Materials，2010，3(3)：1782.

[51] Liang D，Bowers J E. Recent progress in lasers on silicon. Nat Photon，2010，4(8)：511-517.

[52] Marpaung D，Roeloffzen C，Heideman R，et al. Integrated microwave photonics. Laser and Photonics Reviews，2013，7(4)：506-538.

[53] Rosenbluth D，Kravtsov K，Fok M P，et al. A high performance photonic pulse processing device. Optics Express，Dec. 2009，17(25)：22767-22772.

[54] Kelleher B，Bonatto C，Skoda P，et al. Excitation regeneration in delay-coupled oscillators. Physical Review E - Statistical，Nonlinear，and Soft Matter Physics，2010，81(3)：1-5.

[55] Appeltant L，Soriano M C，van der Sande G，et al. Information processing using a single dynamical node as complex system. Nature Communications，2011，2：468.

[56] Kravtsov K S，Fok M P，Prucnal P R，et al. Ultrafast alloptical implementation of a leaky integrate-and-fire neuron. Optics Express，2011，19(3)：2133-2147.

[57] Brunner D，Soriano M C，Mirasso C R，et al. Parallel photonic information processing at gigabyte per second data rates using transient states. Nature Communications，Jan. 2013，4：1364.

[58] Vandoorne K，Mechet P，van Vaerenbergh T，et al. Experimental demonstration of reservoir computing on a silicon photonics chip. Nature Communications，2014，5.

[59] Aragoneses A，Perrone S，Sorrentino T，et al. Unveiling the complex organization of recurrent patterns in spiking dynamical systems. Scientific Reports，2014，4：4696 EP.

[60] Tait A N，Nahmias M A，Shastri B J，et al. Broadcast and weight: An integrated network for scalable photonic spike processing. Neuromorphic Engineering 23，2014，32(21)：3427-3439.

[61] Garbin B，Javaloyes J，Tissoni G，et al. Topological solitons as addressable phase bits in a driven laser. Nature Communications，2015：1-7.

[62] Romeira B，Avo R，Figueiredo J L，et al. Regenerative memory in time-delayed neuromorphic photonic resonators. Scientific Reports，2016，6：19510 EP.

[63] Shastri B J，Nahmias M A，Tait A N，et al. Spike processing with a graphene excitable laser. Scientific Reports，2016，6：19126.

[64] Fok M P，Deming H，Nahmias M，et al. Signal feature recognition based on lightwave neuromorphic signal processing. Optics Letters，Jan. 2011，36(1)：19-21.

[65] Coomans W，Gelens L，Beri S，et al. Solitary and coupled semiconductor ring lasers as optical spiking neurons. Physical Review E - Statistical，Nonlinear，and Soft Matter Physics，2011，84(3)：1-8.

[66] Brunstein M，Yacomotti A M，Sagnes I，et al. Excitability and self-pulsing in a photonic crystal nanocavity. Physical Review A，2012，85：031803.

[67] Nahmias M A，Shastri B J，Tait A N，et al. A Leaky Integrate-and-Fire Laser Neuron for Ultrafast Cognitive Computing. IEEE Journal of Selected Topics in Quantum Electronics，2013，19(5).

[68] van Vaerenbergh T，Alexander K，Dambre J，et al. Excitation transfer between optically injected microdisk lasers. Optics Express，Nov. 2013，21 (23)：28922.

[69] Selmi F，Braive R，Beaudoin G，et al. Relative refractory period in an excitable semiconductor laser. Physical Review Letters，2014，112(18)：183902.

[70] Hurtado A，Javaloyes J. Controllable spiking patterns in longwavelength vertical cavity surface emitting lasers for neuromorphic photonics systems. Applied Physics Letters，2015，107(24).

[71] Yacomotti A M，Monnier P，Raineri F，et al. Fast thermo-optical excitability in a two-dimensional photonic crystal. Physical Review Letters，2006，97：143904.

[72] Goulding D，Hegarty S P，Rasskazov O，et al. Excitability in a quantum dot semiconductor laser with optical injection. Physical Review Letters，2007，98：153903.

[73] Hurtado A，Henning I D，Adams M J. Optical neuron using polarisation switching in a 1550nm-VCSEL. Optics express，2010，18(24)：25170-25176.

[74] Coomans W. Nonlinear Dynamics in Semiconductor Ring Lasers Towards an integrated optical neuron. Ph. D. dissertation，Vrije Universiteit Brussel，2012.

[75] van Vaerenbergh T，Fiers M，Mechet P，et al. Cascadable excitability in mi-

crorings. Optics Express, Neuromorphic Photonics, 2012, 20(18): 20292.

[76] Hurtado A, Schires K, Henning I D, et al. Investigation of vertical cavity surface emitting laser dynamics for neuromorphic photonic systems. Applied Physics Letters, 2012, 100(10): 103703.

[77] Romeira B, Javaloyes J, Ironside C N, et al. Excitability and optical pulse generation in semiconductor lasers driven by resonant tunneling diode photodetectors. Optics Express, 2013, 21(18): 20931-20940.

[78] Romeira B, Avo R, Javaloyes J, et al. Stochastic induced dynamics in neuromorphic optoelectronic oscillators. Optical and Quantum Electronics, 2014, 46(10): 1391-1396.

[79] Nahmias M A, Tait A N, Shastri B J, et al. Excitable laser processing network node in hybrid silicon: Analysis and simulation. Optics Express, 2015, 23(20): 26800-26813.

[80] Sorrentino T, Quintero-Quiroz C, Aragoneses A, et al. Effects of periodic forcing on the temporally correlated spikes of a semiconductor laser with feedback. Optics Express, 2015, 23(5): 5571-5581.

[81] Hodgkin A L, Huxley A F. A quantitative description of membrane current and its application to conduction and excitation in nerve. J. Physiol., 1952, 17(4): 500-544.

[82] Krauskopf B, Schneider K, Sieber J, et al. Excitability and self-pulsations near homoclinic bifurcations in semiconductor laser systems. Optics Communications, 2003, 215(4-6): 367-379.

[83] Schemmel J, Briiderle D, Griibl A, et al. A wafer-scale neuromorphic hardware system for large-scale neural modeling//Proceedings of 2010 IEEE International Symposium on Circuits and Systems. IEEE, 2010: 1947-1950.

[84] The HBP Report. The Human Brain Project, Tech. Rep., April 2012.

[85] Miller D A B. Rationale and challenges for optical interconnects to electronic chips. Proceedings of the IEEE, 2000, 88(6): 728-749.

[86] Boahen K. Point-to-point connectivity between neuromorphic chips using address events. IEEE Transactions on Circuits and Systems II: Analog and Digital Signal Processing, 2000, 47(5): 416-434.

[87] Capmany J, Ortega B, Pastor D. A Tutorial on Microwave Photonic Filters. Journal of Lightwave Technology, 2006, 24(1): 201-229.

[88] Xu Q, Lipson M. All-optical logic based on silicon micro-ring resonators. Optics Express, 2007, 15(3): 924-929.

[89] Sridharan D, Waks E. All-optical switch using quantum-dot saturable absorb-

ers in a DBR microcavity. IEEE Journal of Quantum Electronics，2011，47
(1)：31-39.

[90] McCormick F B, Cloonan T J, Tooley F A P, et al. Six-stage digital free-space optical switching network using symmetric self-electro-optic-effect devices. Applied Optics, Neuromorphic Engineering 25, 1993, 32 (26)：5153-5171.

[91] Keyes R W. Optical logic-in the light of computer technology. Optica Acta：International Journal of Optics, 1985, 32(5)：525-535.

[92] Tait A N, Shastri B J, Fok M P, et al. The dream：An integrated photonic thresholder. Journal of Lightwave Technology, 2013, 31(8)：1263-1272.

[93] Aono M, Naruse M, Kim S J, et al. Amoeba-inspired nanoarchitectonic computing：Solving intractable computational problems using nanoscale photoexcitation transfer dynamics. Langmuir, 2013, 29(24)：7557-7564.

[94] Larger L, Soriano M C, Brunner D, et al. Photonic information processing beyond turing：an optoelectronic implementation of reservoir computing. Optics Express, 2012, 20(3)：3241-3249.

[95] Paquot Y, Duport F, Smerieri A, et al. Optoelectronic reservoir computing. Scientific Reports, 2012, 2：287.

[96] Naruse M, Tate N, Aono M, et al. Information physics fundamentals of nanophotonics. Reports on Progress in Physics, 2013, 76(5)：056401.

[97] Song S, Miller K D, Abbott L F. Competetive Hebbian learning through spike-timing-dependent synaptic plasticity. Nature：Neuroscience, 2000, 3 (9)：919-926.

[98] Fok M P, Tian Y, Rosenbluth D, et al. Pulse lead/lag timing detection for adaptive feedback and control based on optical spiketiming-dependent plasticity. Optics Letters, 2013, 38(4)：419-421.

[99] Misra J, Saha I. Artificial neural networks in hardware：A survey of two decades of progress. Neurocomputing, 2010, 74(1)：239 - 255.

[100] Mos E C, Schleipen J J H B, de Waardt H, et al. Loop mirror laser neural network with a fast liquid-crystal display. Applied Optics, July 1999, 38 (20)：4359-4368.

[101] Yeh S L, Lo R C, Shi C Y. Optical implementation of the Hopfield neural network with matrix gratings. Applied Optics, 2004, 43(4)：858-865.

[102] Asthana P, Nordin G P, Armand J R, et al. Analysis of weighted fan-out/fan-in volume holographic optical interconnections. Applied Optics, 1993, 32(8)：1441-1469.

[103] Shamir J, Caulfield H J, Johnson R B. Massive holographic interconnection networks and their limitations. Applied Optics, 1989, 28(2): 311-324.

[104] Goodman J W. Fan-in and fan-out with optical interconnections. Optica Acta: International Journal of Optics, 1985, 32(12): 1489-1496.

[105] Hill M, Frietman E E E, de Waardt H, et al. All fiber-optic neural network using coupled soa based ring lasers. IEEE Transactions on Neural Networks, 2002, 13(6): 1504-1513.

[106] Psota J, Miller J, Kurian G, et al. ATAC: Improving performance and programmability 26 Neuromorphic Photonics with on-chip optical networks// Proceedings of 2010 IEEE International Symposium on Circuits and Systems (ISCAS), 2010: 3325-3328.

[107] Le Beux S, Trajkovic J, Connor I O, et al. Optical ring network-on-chip (ORNoC): Architecture and design methodology//Design, Automation Test in Europe Conference Exhibition (DATE), 2011, 2011: 1-6.

[108] Rakheja S, Kumar V. Comparison of electrical, optical and plasmonic on-chip interconnects based on delay and energy considerations//2012 13th International Symposium on Quality Electronic Design (ISQED), 2012: 732-739.

[109] Herbordt M C, VanCourt T, Gu Y, et al. Achieving high performance with fpga-based computing. Computer, 2007, 40(3): 50-57.

[110] Index C V N. Global mobile data traffic forecast update, 2014—2019. White Paper, 2015.

[111] Akyildiz I F, Lee W Y, Vuran M C, et al. Next generation/dynamic spectrum access/cognitive radio wireless networks: A survey. Computer Networks, 2006, 50(13): 2127-2159.

[112] Lee T H. The design of CMOS radio-frequency integrated circuits. Cambridge University Press, 2003.

[113] Razavi B. Design of Analog CMOS Integrated Circuits. McGraw-Hill Education, 2000.

[114] Yu Y, Baltus P G, van Roermund A H. Integrated 60 GHz RF beamforming in CMOS. Springer Science & Business Media, 2011.

[115] Razavi B. Design of millimeter-wave cmos radios: A tutorial. IEEE Transactions on Circuits and Systems I: Regular Papers, 2009, 56(1): 4-16.

[116] Tapson J C, Cohen G K, Afshar S, et al. Synthesis of neural networks for spatio-temporal spike pattern recognition and processing. Frontiers in Neuroscience, 2013, 7(7): 1-13.

21

[117] Larsson E, Edfors O, Tufvesson F, et al. Massive mimo for next generation wireless systems. IEEE Communications Magazine, Feb. 2014, 52(2): 186-195.

[118] Gesbert D, Shafi M, Shan Shiu D, et al. From theory to practice: An overview of mimo space-time coded wireless systems. IEEE Journal on Selected Areas in Communications, 2003, 21(3): 281-302.

[119] Hansen R C. Phased array antennas. John Wiley & Sons, 2009, 213.

[120] Lendaris G G, Mathia K, Saeks R. Linear hopfield networks and constrained optimization. IEEE Transactions on Systems, Man, and Cybernetics, Part B (Cybernetics), 1999, 29(1): 114-118.

[121] Tank D, Hopfield J. Simple "neural" optimization networks: An a/d converter, signal decision circuit, and a linear programming circuit. IEEE Transactions on Circuits and Systems, May 1986, 33(5): 533-541.

[122] Tait T, Ferreira de Lima T, Nahmias M, et al. Continuous calibration of microring weights for analog optical networks. Photonics Technology Letters, IEEE, 2016, 99: 1-4.

第 2 章
脉冲处理和可激发性入门

2.1 神经网络简介

在心理学家和哲学家们讨论了很长时间人类思维和感知的来源之后,Ramony Cajal 发现了大脑的细胞本质:一个由相互连接的神经元和神经胶质细胞组成的大型网络——神经系统的高功能部分。虽然大脑功能的生物学和生物化学本质尚未被完全揭示,但人们一致认为神经元在我们大脑的信息处理中起着最重要的作用。

1928 年,E. D. Adrian 观察到神经细胞会发出电脉冲[1],即单个感觉神经元在受到刺激后会产生一系列固定不变的动作电位,也可被称为尖峰脉冲。传入的刺激要么触发通过神经元轴突传播的尖峰脉冲,要么不触发,这被称为全有或全无定律。因此,这些信息表现在这些尖峰到达的时间上,就被称为时间编码。他还观察到,作为对静态刺激的反应,神经元反复"发射"相同幅度的尖峰脉冲。此外,随着刺激变得更加强烈,尖峰率增大。因此,有关刺激强度的信息包含在该速率量中。这就是所谓的速率编码。Rieke 等人对如何量化尖峰序列传递的信息进行了全面的讨论[2]。

受这些研究发展的启发,工程师们开始将生物处理器的一些复杂性、鲁棒性和效率归因于神经网络的工作原理,并努力构建能够表现出这些优势的人工系统。1990 年,Carver Mead 估计出生物神经网络的能量效率比物理上可以想象的最好的数字处理器高出大约 7 个数量级[3]。即使在那些想象中的数字电路确实已经实现之后,最近的能量效率比较仍然得到非常相似的结果[4]。在今天,神经元、突触、神经网络等术语在这些领域之间共享。虽然神经科学家已推断出大脑过程的机制,但工程师所面临的挑战是找出它的最小行为集合,以利用与其相似的处理优势。

人工神经网络中存在三个关键元素:非线性节点(神经元)、互连(网络)和信息表示(编码方案)。神经元最基本的示意图如图 2.1 所示。

图 2.1 为神经元的非线性模型。注意三个部分:(1)一组突触或链接连接;

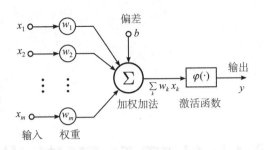

图 2.1 神经元的非线性模型

(2) 执行加权加法的加法器或线性组合器；(3) 非线性激活函数。

神经元在加权有向图中联网，其中的连接称为突触。特定神经元的输入是其他神经元输出的线性组合（也称为加权相加）。这个特定神经元随着时间的推移整合加权信号，并产生非线性响应。这种非线性响应由激活函数表示，通常是有界且单调的（见图 2.2）。然后将神经元的输出传播到网络中所有连接的节点。这些连接可以用负值和正值"加权"，分别称为抑制性和兴奋性突触。因此，权重表示为实数，而整个互联网络则可以表示为矩阵。编码方案是这些尖峰信号如何表示实值变量的映射。

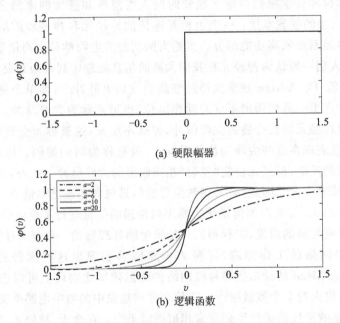

(a) 硬限幅器

(b) 逻辑函数

图 2.2 激活函数示例

图 2.2 为激活函数示例。(a) 为硬限幅器，也称为阈值函数或 Heaviside 函数：$\varphi(v) = H(v)$。(b) 为变化斜率参数为 a 的逻辑函数（Sigmoid 函数的特例）：$\varphi(v) = [1 + \exp(-av)] - 1$。请注意，可以将 Heaviside 函数看作 $a \rightarrow \infty$ 的逻辑函数。

Maass 等人描述了计算神经科学中研究的三代神经网络的演变[5]。第一代是基于 McCullochPitts 的神经元模型,通常被称为感知器,它由一个线性组合器和一个阶梯状激活函数组成[6]:突触加权和与阈值进行比较,因此,神经元产生一个二进制输出(见图 2.2(a))。基于感知器的人工神经网络是布尔完备的,也就是说,它们具有模拟任何布尔电路的能力,并且据说描述与数字计算是通用的。第二代神经元模型引入了一个连续单调的激活函数来代替硬限幅器,因此它将输入和输出表示为模拟量(见图 2.2(b))。第二代的神经网络对于模拟计算是通用的,因为它们可以任意地逼近任何具有紧凑定义域的连续函数[5]。

第一代和第二代神经网络是最先进的机器智能中存在的强大构造[7]。第二代神经网络如果增加了"时间"和循环连接的概念,则可以解释大脑中存在的某些神经回路;然而,它们无法解释大脑皮层中的神经元执行模拟计算的超高速[5]。例如,神经科学家在 20 世纪 90 年代证明,猕猴的单个大脑皮层区域能够在 30 ms 内分析和分类视觉图案,尽管这些神经元放电频率通常低于 100 Hz,即在 30 ms 内略少于 3 个峰值[8],这直接挑战了速率编码的设想。与此同时,更多的证据表明,生物神经元使用这些脉冲的精确时间来编码信息,导致了对基于脉冲神经元的第三代神经网络的研究。

2.2　脉冲神经网络

脉冲神经模型用非线性动态系统代替非线性激活函数。Mass 和 Bishop 在参考文献[9]第 1 章中介绍了脉冲神经元模型的规范数学公式。脉冲神经元最常见的例子是阈值-激发模型。它可以概括为以下 5 个属性:(1) 加权加法,对正负加权输入求和的能力;(2) 积分,对加权和随时间积分的能力;(3) 阈值,决定是否具有发送脉冲的能力,即神经元在低于某个可激发性阈值下处于的稳定平衡;(4) 重置,会有不应期,在此期间不会在一个脉冲被施加后立即发生激发;(5) 脉冲产生,产生新脉冲的能力。理想的情况是,神经元还具有自适应性(尽管不是本质属性),即基于监督训练或环境输入的统计特性,在慢时间尺度上修改和调节响应特性的能力。总之,属性(2)~(5)一起定义了可激发性的概念,我们将在本书中使用它。"阈值激发"类神经元最重要的例子是泄漏积分发射(Leaky-Integrate-and-Fire,LIF)神经元(见图 2.3),其中神经元充当具有短记忆的积分器。换句话说,它的脉冲响应是一个衰减指数。从功能上讲,这允许处理器将时间上间隔紧密的尖峰关联起来。LIF 模型将在下一节中更详细地讨论。

图 2.3 为一个 LIF 神经元的脉冲动力学示意图。来自输入 $x_j(t)$ 的抑制性脉冲(向下箭头)会降低膜电压 $V_m(t)$,而可激发性(向上箭头)的脉冲会增加 $V_m(t)$。足够的可激发性活动将 $V_m(t)$ 提高到 V_{thresh} 以上,在 $y_k(t)$ 中激发出 delta 函数脉冲,随后是不应期,在此期间 $V_m(t)$ 恢复到其静息电位 V_L。图 2.3 及图片注释版权所有:2013 年 IEEE。经 Nahmias 等人许可转载,来自参考文献[10]。

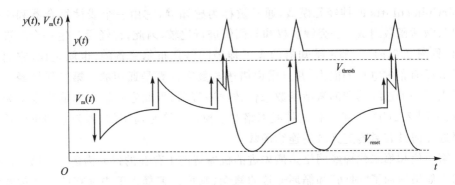

图 2.3　一个 LIF 神经元的脉冲动力学示意图

在旧的基于感知器的模型中,积分是基于时间的累加。具有不同幅度和延迟的尖峰到达积分器,并根据其输入幅度成比例地改变其状态变量。可激发性输入会增加其状态变量,而抑制性输入会减少它。积分器对在时间上紧密聚集或具有高幅度的尖峰特别敏感,这是时间求和的基本特点。最终,在没有任何输入的情况下,状态变量将衰减到其平衡值。幅值和时序都对积分起着重要的作用。

阈值决定积分器的输出是高于还是低于预定阈值 T。神经元根据积分器的状态做出决定,如果积分状态高于阈值,就会激发。阈值是尖峰系统中非线性决策的中心,它以一种有效的方式降低输入信息的维数,并在清除可能导致模拟计算故障的幅度噪声方面发挥关键的作用。

复位条件在尖峰处理器激发后立即将积分器的状态重置到一个低的复位值,导致进入一个不应期,使神经元在此期间不可能或难以再次激发。它在时间上的作用与阈值器对幅度的作用相同,即消除定时抖动并防止可激发性活动的时间扩展,同时对给定尖峰单元的输出设置带宽上限。另外,它也是用脉冲神经元模拟神经计算速率模型的必要组件。

脉冲生成是指系统自发产生脉冲的能力。如果脉冲在通过系统时没有再生,则它们最终会消失在噪声中。具有此属性的系统可以异步生成脉冲,而无需用输入脉冲的方法触发,这对于分布式处理至关重要。

自适应是网络适应不断变化的环境和系统条件的能力。网络参数的自适应通常发生在比脉冲动力学慢得多的时间尺度上,并且可以分为无监督学习(总体信号统计数据的变化会导致自动调整),或监督学习(其中根据系统的行为与老师提出的期望行为来指导变化)。由于大规模并行神经网络的极大可重构性和流动性,适应规则对于稳定系统结构和完成预期任务是必要的。自适应还可以通过例如在故障神经元周围路由信号来纠正灾难性的系统变化,以保持整体过程的完整性。

上面所述的特征整理在了表 2.1 中。其中,(2)和(5)提供了作为异步通信系统的关键基础属性,而(3)和(4)分别清除了幅度和时间噪声,以允许级联。任何被设计成紧密模拟 LIF 神经元的处理器都应具有这 5 个属性。

表 2.1　脉冲神经自动结构的属性

类　别	属　性
(1) 积　分	时间总和的加权输入
(2) 阈　值	当积分器状态超过某个阈值时触发一个脉冲
(3) 复　位	使积分器状态在尖峰后立即停止
(4) 脉冲生成	在网络中引入新的脉冲
(5) 自适应	根据输入的统计数据修改行为参数

脉冲神经元转换的信息通常以尖峰激发率(频率编码)或单个脉冲的时间(时间编码)为特征。Maass 证明在功能和计算能力方面,第三代不仅仅是前两代的一般化,对于某些计算任务,单个神经元还可以替代大量常规神经元,并且仍然对噪声具有鲁棒性[5]。

由于 CPU 架构的基本串行性质,在传统计算机上模拟神经网络非常昂贵。由于需要细粒度的时间离散化,因此脉冲神经网络面临着特殊的挑战[11]。由于这种差异,现代机器学习算法(即支持向量机)大量出现。另一种方法是构建一个非常规的分布式脉冲节点网络,它直接使用物理的方式来执行脉冲神经网络(Spiking Neural Network,SNN)的过程。我们将继续讨论能量耗散和噪声积累如何影响物理 SNN 的工程。

在神经系统中,由于传输介质是分散且有损耗的,故一个尖峰激发所消耗的能量与脉冲沿轴突移动的距离成正比。在有损耗的、分散的无源介质中传递尖峰信息有明显的优势:信息比特不会被脉冲传播或幅度衰减破坏,因为它包含在尖峰的时序中,因此,它可以由中间神经元再生。中间神经元等主动机制,在神经网络通过信号通路的过程中,能恢复尖峰的典型形状和幅度,减轻了网络每个阶段的噪声积累。因此,只要随机过程不会不可逆地干扰尖峰时间,信息就可以在每个中间节点以消耗能量为代价无限不变地传播。这种逻辑电平恢复类似于逻辑门,其中每个计算元件都以漏极电流为代价将信号重新生成到两个电压电平之一。因此,基于尖峰时间的表示方案在理论上提供了对噪声的鲁棒性。

由于神经元响应和连接权重的有界性,故神经元级联性的物理条件是:一个神经元的输出必须"强"到足以激发许多其他神经元。这个条件保证了尖峰序列能够到达网络的末端,也保证了这些尖峰序列中编码的信息可以被神经元组并行处理。

总之,脉冲处理系统是这样定义的,它由遵循全有或全无法则的可激发性和抑制性突触的非线性节点,以及考虑噪声和突触权重不准确性的编码系统组成。这些设计规范的相对简单性使得创建一个人工的、物理的 SNN 成为可能。然而,三个基本元素——神经元、突触和编码方案需要协同工作构成 SNN,所以它们必须在一起进行总体设计[12-13]。

2.3　脉冲神经元模型

形态学和生理学研究已将 LIF 模型确定为描述各种不同生物学观察现象的有效尖峰模型[14]。

图 2.4 为泄漏积分发射神经元的示意图和流程图。加权和延迟的输入信号被加和到体细胞上,后者将它们整合在一起并做出激发或不激发的决定。产生的尖峰被发送到网络中的其他神经元。版权所有:2013 IEEE。经 Nahmias 等人许可转载。[10]

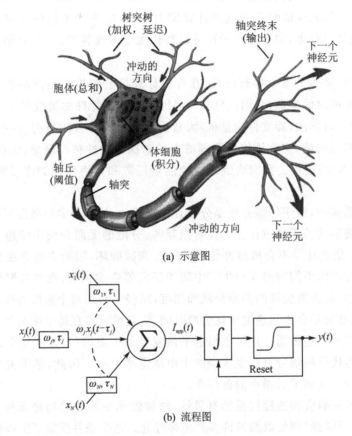

(a) 示意图

(b) 流程图

图 2.4　泄漏积分发射神经元的示意图和流程图

理想情况下,信号由一系列 delta 函数表示,其中输入和输出用脉冲时间 τ_j 表示成如下形式:

$$x(t) = \sum_{j=1}^{n} \delta(t - \tau_j) \tag{2.1}$$

单个单元执行一组基本操作(延迟、加权、空间求和、时间积分和阈值处理),这些操作被集成到能够执行各种处理任务的单个设备中,包括二进制分类、自适应反馈和时间逻辑。表 2.1 中列出的 5 个属性都在 LIF 神经元的仿真中发挥着重要作用。尽管并非每个属性都需要进行受限的有用计算,但每个属性都是设计的重要目标,以确保整个计算库的高度丰富性和鲁棒性。

LIF 神经元的基本生物学结构如图 2.4(a)所示。它由一个收集和汇总来自其他神经元输入的树突树、一个充当低通滤波器并随时间积分信号的体细胞,以及一个在积分信号超过阈值时产生动作电位或尖峰的轴突组成。神经元通过突触或细胞外间隙相互连接,因此化学信号也通过突触或细胞外间隙传递。轴突、树突和突触都在尖峰信号的加权和延迟中发挥重要的作用。

根据标准 LIF 模型,神经元被视为等效电路。膜电位 $V_m(t)$,即跨膜的电压差,充当主要的内部(激活)状态变量。离子流过电阻 $R=R_m$ 和电容 $C=C_m$ 的膜,这两个值都与膜相关。体细胞实际上是一阶低通滤波器或漏积分器,积分时间常数 $\tau_m=R_m C_m$ 决定了脉冲响应函数的指数衰减率。通过 R_m 的漏电流将膜电压 $V_m(t)$ 降低为 0,但膜的注入电流会抵消它并将静息膜电压保持在 $V_m(t)=V_L$ 时的值。

图 2.4(b)显示了标准的 LIF 神经元模型[9]。一个神经元具有:(1)N 个输入,表示通过输入突触 $x_j(t)$ 的感应电流,它们是由脉冲或连续模拟值组成的连续时间序列;(2)内部激活状态 $V_m(t)$;(3)单个输出状态 $y(t)$。每个输入都由 w_j 独立加权①并由 τ_j 延迟②,从而产生一个空间求和(逐点求和)的时间序列。这种聚合输入在相邻神经元之间引起电流

$$I_{app}(t)=\sum_{j=1}^{N}w_j x_j(t-\tau_j) \tag{2.2}$$

然后利用指数衰减的脉冲响应函数对结果进行时间积分,从而得到激活状态

$$V_m(t)=V_L\left(1-e^{\frac{t_0-t}{\tau_m}}\right)+\frac{1}{C_m}\int_0^{t-t_0}I_{app}(t-s)e^{\frac{-s}{\tau_m}}ds \tag{2.3}$$

式中,t_0 是神经元最后一次产生尖峰的时间。决定这个模型行为的参数是权重 w_j、延迟 τ_j、阈值 V_{thresh}、静息电位 V_L 和积分时间常数 τ_m。它们对 $V_m(t)$ 有三种影响:无源漏电流、有效注入电流和外部输入产生的随时间变化的膜电导变化。利用数字条件,我们得出了单个神经元的典型 LIF 模型,其中这三个影响是用于描述 $V_m(t)$ 的微分方程的三个因子,如下面的公式:

$$\underbrace{\frac{dV_m(t)}{dt}}_{\text{激活}}=\underbrace{\frac{V_L}{\tau_m}}_{\text{主动泵送}}-\underbrace{\frac{V_m(t)}{\tau_m}}_{\text{泄漏}}+\underbrace{\frac{1}{C_m}I_{app}(t)}_{\text{外部输入}} \tag{2.4}$$

---

① 由于 w_j 可以是正数或负数,因此可以实现激发和抑制。

② 权重 w_j 和延迟 τ_j 决定了网络的动态,提供了一种对神经形态系统进行编程的方法。我们将在第 8~11 章中更详细地探讨这一点。

$$如果\ V_m(t) > V_{thresh}$$
$$那么释放一个脉冲并设置\ V_m(t) \to V_{reset}$$
$$(2.5)$$

LIF 神经元的动力学如图 2.3 所示。如果 $V_m(t) \geqslant V_{thresh}$，则神经元输出一个尖峰，其形式为 $y(t) = \delta(t - t_f)$，其中 t_f 是尖峰激发的时间，$V_m(t)$ 设置为 V_{reset}。随后是一个相对不应期，在此期间 $V_m(t)$ 从 V_{reset} 恢复到静息电位 V_L，在此期间很难但还是可能会诱使脉冲触发。请注意，如果 $\Delta t \leqslant \tau_{refrac}$，也可能存在一个较短的绝对不应期 τ_{refrac}，此时 $V_m(t_f + \Delta t) = V_{reset}$，并且在此期间不会触发脉冲。虽然这种情况通常先于相对不应期，但我们在模型中省略了这一点，因为它不会显著影响潜在的动态。因此，神经元的输出由一个连续的时间序列组成，该序列由脉冲发射时间 t_i 的脉冲 $y(t) = \sum_i \delta(t - t_i)$ 组成。

这种 LIF 神经元模型的计算能力被认为比速率模型或早期的感知器模型更强[5]，并且可以作为许多现代皮层算法的基线单元[15-17]。从可计算性和复杂性理论的角度来看，LIF 神经元是强大且高效的计算基元，既能模拟布尔完整逻辑，又能模拟传统的 S 形神经网络[9]。

2.4 可激发性机制

本节将专门解释什么样的物理系统可以引起 2.2 节中讨论的漏积分和可激发动力。Hoppersteadt 和 Izhikevich 专门写了一本书[18]来分析模拟不同类别的脉冲神经行为和连接神经网络的动力系统。

我们在本书中考虑的动态激光器可以用偏微分方程建模；它们也可以使用动态系统的框架进行分析，如 Izhikevich 在参考文献[19]第 2 章所述。考虑一个动态系统：

$$\frac{dX}{dt} = F(X; \Omega), \quad X \in A_X \subset \mathbb{R}^m, \quad \Omega \in A_\Omega \subset \mathbb{R}^l \qquad (2.6)$$

式中，X 表示定义系统状态的物理量，例如输入和输出；Ω 是系统参数的集合。

对于给定的参数集 Ω，系统的动力学由方程（2.6）控制。可以通过分析所有 $X \in$ 的 $F(X; \Omega)$ 的值来可视化，在相平面上以几何方式表示。如果动力系统在初始条件 X_0 下准备好，则可以在相平面上跟踪系统状态的相关轨迹。这些轨迹可能会发散到边界，或者最终到达使 $\frac{dX}{dt} = 0$ 的系统固定点①。它们也可以在一次偏移后返回原点 X_0，并在周期性轨道上重复开始。相图可以用由箭头表示的轨迹和由点表示的固定点来构建。相图是一种有用的工具，因为它揭示了动力系统的拓扑结构，表明了轨道和固定点的存在和位置，定义了它在不同区域的定性行为。相图的例子如图 2.5、

① 这是动力系统文献中最常用的定义。在数学文献中，这些点实际上被称为固定点或临界点，固定点代表 $f(x) = x$ 的解。

图 2.6 和图 2.7 所示。

参数 Ω 确定相图的拓扑结构,在参数空间$(A_\Omega\subset\mathbb{R}^l)$中定义具有与动力系统类似的定性行为的区域。例如,经典激光器是静止的还是激发的,取决于所施加的注入电流是否低于或高于激发阈值。这些性质相似的区域之间的边界形成了一个分歧集$(\Gamma_b\subset A_\Omega)$;在经典激光器的情况下,激发阈值代表注入电流参数中的一个分岔点(参见图 6.12)。

固定点或者说静止状态是方程 $F(X;\Omega)=0$ 的解,即$\in\ker F(\cdot;\Omega)$,因此它随着 Ω 的变化而移动。方程(2.6)可以通过雅可比矩阵围绕固定点线性化:

$$J(X^*,\Omega)=D_X F=\left(\frac{\partial F_i(X^*;\Omega)}{\partial X_j}\right)_{i,j=1,\cdots,m} \tag{2.7}$$

如果 $J(X^*,\Omega)$ 的所有特征值都具有负实部,则称为一个稳定节点或吸引节点。如果所有特征值都具有正实部,则称为不稳定节点或排斥节点。如果一个特征值具有正实部而另一个具有负实部,则称为鞍。一些动力系统存在鞍节分岔点(X_{SN},Ω_{SN}),其中在 Ω 连续变化时,一个节点遇到一个鞍并且它们相互湮灭(见图 2.5)。参考文献[18]第 2.5 节中,Hoppensteadt 和 Izhikevich 确定了 F 必须满足的数学条件,因此动力系统处于鞍节分岔点。

图 2.5　鞍节分岔点附近的相位图

图 2.5 为鞍节分岔点附近的相位图。实心点代表吸引节点,空心点代表鞍。多维动力系统可以通过中心流形程序来简化(参考文献[18]中的定理 2.2)。在鞍节分岔点附近,有一个中心流形 M 与中心子空间相切,该中心子空间由雅可比矩阵 v_1 的特征向量跨越。在归约过程之后,可以将动力系统表示为单变量方程 $x=f(x,\Omega)$,其中 f 是 F 对流形 M 的限制。经施普林格出版社许可,转载自参考文献[18]。

一些动力系统具有周期解$(X(t)=X(t+T))$,对于给定的 $T>0$。如果系统在小扰动下被吸引回它,则该周期性轨道称为极限循环。我们对这些很快的周期性偏移并代表动作电位或尖峰的系统感兴趣。在这些动力系统中,鞍节分岔点可能发生在极限循环上,它们被称为极限循环上的鞍节分岔点(Saddle-Node on Limit Cycle,SNLC)(见图 2.6)。当这种情况发生时,这样的局部分岔会对系统的全局行为产生影响:如果系统在鞍点的右侧,则系统沿着极限循环的路径行进并返回到吸引节点(见图 2.6)。因此,系统的定性行为从周期性变为可激发性[18]。

图 2.6 为极限循环上的鞍节分岔点。在某些情况下,流形 M(见图 2.5)形成一个闭环。因此,局部分岔对动态系统具有全局影响,称为全局分岔。经施普林格出版社许可,转载自参考文献[18]。

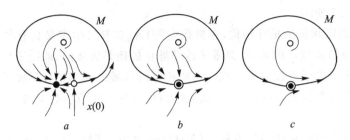

图 2.6　极限循环上的鞍节分岔点

　　状态平衡的分岔类型存在两种密切相关的现象：神经可激发性和从静止到周期性过渡的尖峰活动。第一种是指使用小扰动来刺激神经元触发尖峰的能力；第二种是指增加静态刺激，导致神经元连续周期性地触发尖峰（参见 E. D. Adrian 的研究，第 2.1 节）。生物神经元表现出广泛的尖峰行为，其中最简单的可以分为两类，正如最先被 Hodgkin[20] 观察到的那样（参见参考文献[11]中对脉冲动力学进行的广泛讨论）。Izhikevich 的研究表明，Hodgkin 的行为分类只反映了少数不同的机制可以引起尖峰[19]。这种分类总结在图 2.7 中。

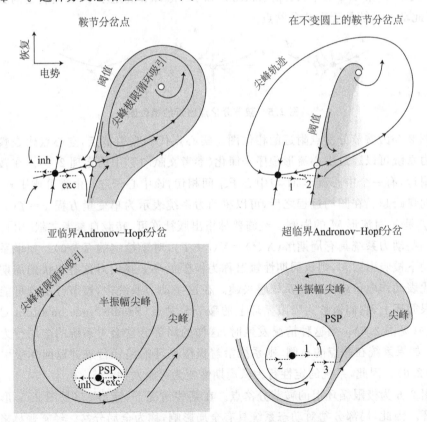

图 2.7　动力学系统在四个不同分岔附近的相位图

- 第一类：神经兴奋在极限循环上的鞍节点（SNLC）分岔附近可以观察到（见图 2.7，右上）。刺激的变化导致鞍遇到吸引节点，它们相互湮灭，结果留下一个无限周期的稳定极限循环。随着刺激的变化使系统逐渐远离分岔点，出现的周期性尖峰的周期会减少；然而，尖峰幅度保持大致恒定。

- 第二类：神经兴奋在 Poincare-Andronov-Hopf 分岔①（简称 Hopf）或超限循环鞍节分岔点附近可以观察到（见图 2.7）。当分岔发生时，具有有限周期的稳定极限循环成为唯一的稳定状态，使系统从静止跃迁到周期性尖峰。随着刺激越来越接近分岔点，出现的周期性尖峰频率保持非零；然而，尖峰的幅度将变成任意小。

我们注意到上面的这种分类并不完美。首先，当极限循环与鞍点碰撞时，在所谓的同宿分岔上也可以观察到第一类行为，该分岔近似于图 2.7 左上所示的相图。然而，在这种情况下存在的双稳态和滞后使可激发性的定义复杂化（见参考文献[21]7.1 节）。其次，我们只描述了余维一分岔，即通过仅改变系统的一个参数（在方程（2.6）中的）而发生的分岔，因为这些分岔于实验构建或在自然界中更常见[19]②。再次，我们只研究了可以简化为二维平面的动态系统，它们的相图比三维或更高维度的相图表现得更好。

图 2.7 为动力学系统在四个不同分岔附近的相位图，可以显示静息态和尖峰态之间的过渡。左侧的画像是双稳态的：它们显示了静止（吸引节点）和脉冲稳态（极限循环）的共存；而右侧的那些是单稳态的。在本书中，我们倾向于分析单稳态的情况，因为它们会由于系统的短暂扰动而释放出独特的尖峰。右上角的相图展示了第一类兴奋行为，而其他相图展示了第二类兴奋行为，其区别在正文中进行了解释。关于时间积分的一个注释：右上角描绘的神经元称为积分器神经元，因为两个可激发性脉冲（表示为"1"和"2"箭头）协作以克服阈值。然而，右下角显示的神经元称为共振器神经元，因为随后的可激发性刺激只在特定时间段出现时才会协作。参见 E. M. Izhikevich，《神经科学的动力系统：可激发性和爆炸的几何》，图 1.15，第 17 页，版权所有：2006 年麻省理工学院，经麻省理工学院出版社许可。

在 SNLC 分岔附近的第一类可激发系统中，极限循环解（见图 2.6）可以映射为一维不变圆（见图 2.8）。在分岔的一侧，模型没有平稳解，即对应于周期性尖峰状态。在分岔的另一侧，这个模型有两个平衡点：一个阈值和一个静止状态（对应于相图中的一个鞍点和一个节点）。当系统靠近鞍节分岔点时，阈值和静止状态是任意接近的，它变得容易被微小的扰动激发。亚阈值扰动会导致系统指数衰减到静止状态，而超阈值会使系统遵循更大的轨迹运动，从而在这个过程中产生尖峰。

① 简而言之，当一个极限循环与一个相互湮灭的节点发生碰撞时，就会发生这种情况。当极限循环稳定时称为超临界，否则称为亚临界。

② 在数学上，发生分岔的子集有余维数。例如，二维中的点和线分别具有两个和一个的余维数。

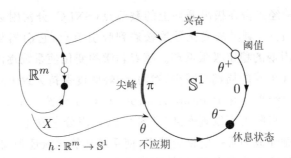

图 2.8   Ermentrout‑Kopell 定理

图 2.8 为 Ermentrout‑Kopell 定理（见参考文献［18］中的定理 8.3）：变换 h 将方程（2.6）的极限循环解映射为一个不变圆中的常微分方程（Ordinary Differential Equation,ODE）。右侧的不变圆代表第一类神经兴奋机制的每个阶段。改编自 Izhikevich 等人的著作,见参考文献［19］。

让我们考虑一个具有增益和可饱和吸收部分的两段激光器[10,22-33],可以通过泵浦一个部分高于透明度阈值而另一部分低于该阈值来创建。增加增益部分的电流偏置使激光器从可激发状态变为无源 Q 开关状态（见 6.1 节）。微盘激光器中的高光注入[34-35]会引起类似的行为（见 6.2.2 小节）。

第一类兴奋系统非常适合模拟积分激发神经元,这是脉冲神经网络中最常见的成分。然而,许多研究人员也对第二类可兴奋系统进行了分析和数值研究（见参考文献［18］的综述）。这些神经元表现出一种重要的奇异行为,神经科学家将其称为典型的共振激发：它们对微弱的扰动作出反应,但与吸引节点周围的亚阈值阻尼振荡的自然频率共振[36]。换句话说,共振激发神经元的反应会对尖峰间隔敏感（见图 2.7 右下）。我们将在 6.2.1 小节中讨论第二类脉冲激光器的一个例子。第二类神经元为脉冲神经网络开辟了其他可能性。事实上,已经有证据表明人类大脑中同时存在着这两种神经元。

2.5   参考文献

［1］Adrian E D. The Basis of Sensation. WW Norton & Co, 1928.

［2］Rieke F. Spikes：Exploring the Neural Code. Cambridge, MA, USA：MIT press, 1999.

［3］Mead C. Neuromorphic electronic systems. Proceedings of the IEEE, 1990, 78 (10)：1629-1636.

［4］Hasler J, Marr B. Finding a roadmap to achieve large neuromorphic hardware systems. Frontiers in Neuroscience, 2013, 7(7)：118.

［5］Maass W. Networks of spiking neurons：The third generation of neural network models. Neural Networks, 1997, 10(9): 1659-1671.

[6] Haykin S. Neural Networks and Learning Machines. 3rd ed. Upper Saddle River, NJ, USA: Prentice Hall, 2009, 5.

[7] Bengio Y, Courville A, Vincent P. Representation Learning: A Review and New Perspectives. IEEE Transactions on Pattern Analysis and Machine Intelligence, 2013, 35(8): 1798-1828.

[8] Perrett D I, Rolls E T, Caan W. Visual neurones responsive to faces in the monkey temporal cortex. Experimental Brain Research, 1982, 47 (3): 329-342.

[9] Maass W, Bishop C M. Pulsed Neural Networks. Cambridge, MA, USA: MIT Press, 2001.

[10] Nahmias M A, Shastri B J, Tait A N, et al. A Leaky Integrate-and-Fire Laser Neuron for Ultrafast Cognitive Computing. IEEE Journal of Selected Topics in Quantum Electronics, 2013, 19(5).

[11] Izhikevich E M. Which model to use for cortical spiking neurons? IEEE Transactions on Neural Networks, 2004, 15(5): 1063-1070.

[12] Eliasmith C, Anderson C H. Neural Engineering: Computation, Representation, and Dynamics in Neurobiological Systems. Cambridge, MA, USA: MIT Press, 2004.

[13] Tapson J C, Cohen G K, Afshar S, et al. Synthesis of neural networks for spatio-temporal spike pattern recognition and processing. Frontiers in Neuroscience, 2013, 7(7): 1-13.

[14] Koch C. Biophysics of Computation: Information Processing in Single Neurons (Computational Neuroscience). London, U. K.: Oxford University Press, 1998.

[15] Tal D, Schwartz E. Computing with the leaky integrate-and-fire neuron: Logarithmic computation and multiplication. Neural Computation, 1997, 9(2): 305-318.

[16] Lindner B, Schimansky-Geier L, Longtin A. Maximizing spike train coherence or incoherence in the leaky integrate-and-fire model. Physical Review, 2002, 66(3): 031916.

[17] Sakai Y, Funahashi S, Shinomoto S, et al. Temporally correlated inputs to leaky integrate-and-fire models can reproduce spiking statistics of cortical 42 Neuromorphic Photonics neurons, Neural Networks: the Official Journal of the International Neural Network Society, 1999, 12(7-8): 1181.

[18] Hoppensteadt F C, Izhikevich E M. Weakly Connected Neural Networks.

New York: Springer-Verlag, 1997.

[19] Izhikevich E M. Neural excitability, spiking and bursting. International Journal of Bifurcation and Chaos, 2000, 10(6): 1171-1266.

[20] Hodgkin A L. The local electric changes associated with repetitive action in a non-medullated axon. The Journal of Physiology, 1948, 107(2): 165-181.

[21] Izhikevich E M. Dynamical Systems in Neuroscience: The Geometry of Excitability and Bursting. Cambridge, MA: MIT Press, 2006, 25.

[22] Sp G J, Paschotta R, Fluck R, et al. Experimentally confirmed design guidelines for passively q-switched microchip lasers using semiconductor saturable absorbers. Journal of the Optical Society of America B: Optical Physics, 1999, 16(3): 376-388.

[23] Dubbeldam J L A, Krauskopf B. Self-pulsations of lasers with saturable absorber: dynamics and bifurcations. Optics Communications, 1999, 159(4-6): 325-338.

[24] Dubbeldam J L A, Krauskopf B, Lenstra D. Excitability and coherence resonance in lasers with saturable absorber. Phys. Rev. E, 1999, 60: 6580-6588.

[25] Larotonda M A, Hnilo A, Mendez J M, et al. Experimental investigation on excitability in a laser with a saturable absorber. Physical Review A, 2002, 65:033812.

[26] Elsass T, Gauthron K, Beaudoin G, et al. Control of cavity solitons and dynamical states in a monolithic vertical cavity laser with saturable absorber. The European Physical Journal, 2010, 59(1): 91-96.

[27] Barbay S, Kuszelewicz R, Yacomotti A M. Excitability in a semiconductor laser with saturable absorber. Optics Letters, 2011, 36(23): 4476-4478.

[28] Shastri B J, Nahmias M A, Tait A N, et al. Simulations of a graphene excitable laser for spike processing. Optical and Quantum Electronics, 2014: 1-6.

[29] Selmi F, Braive R, Beaudoin G, et al. Relative refractory period in an excitable semiconductor laser. Physical Review Letters, 2014, 112(18): 183902.

[30] Nahmias M A, Tait A N, Shastri B J, et al. Excitable laser processing network node in hybrid silicon: analysis and simulation. Optics Express, 2015, 23(20): 26800-26813.

[31] Selmi F, Braive R, Beaudoin G, et al. Temporal summation in a neuromimetic micropillar laser. Optics Letters, 2015, 40(23): 5690-5693.

[32] Shastri B J, Nahmias M A, Tait A N, et al. Simpel: Circuit model for photonic spike processing laser neurons. Optics Express, 2015, 23 (6): 8029-8044.

[33] Shastri B J, Nahmias M A, Tait A N, et al. Spike processing with a graphene excitable laser. Scientific Reports, 2016, 6: 19126.

[34] van Vaerenbergh T, Alexander K, Dambre J, et al. Excitation transfer between optically injected microdisk lasers. Optics Express, 2013, 21 (23): 28922.

[35] Alexander K, van Vaerenbergh T, Fiers M, et al. Excitability in optically injected microdisk lasers with phase controlled excitatory and inhibitory response. Optics Express, 2013, 21(22): 26182.

[36] Izhikevich E M. Resonate-and-fire neurons. Neural Networks, 2001, 14(6-7): 883-894.

第 3 章
光子学入门

3.1 波 导

我们大多数人对光的直观理解是几何射线,它在均匀介质中以直线传播。不同材料之间的界面(如玻璃与空气)可以改变光线的方向。在本节中,我们将重点讨论光在波导中的传播。波导是以近乎完美的效率限制和指引光的传播的特殊材料结构。波导可以被认为是传输光的导线,因此我们可以在光纤中长距离发送光信号,并且还可以在集成芯片上构建更大的光子电路和系统。由于用直观上的光线不能很好地描述光在波导中的传播,我们引入了对光的更合适的描述方式。图 3.1 总结了波导的一些主要信息。

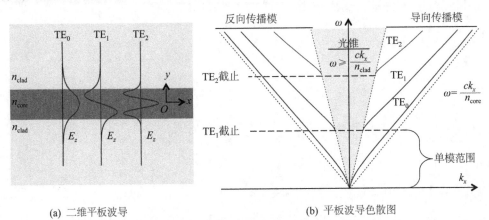

(a) 二维平板波导　　　　　　　(b) 平板波导色散图

图 3.1　二维平板波导及色散图

图 3.1(a)为具有介电包层和芯层的二维平板波导(Wave Guide,WG),其中 $n_{core} > n_{clad}$。x 是光的传播方向。三个横向电场(Transverse Electric,TE)模式以黑

色绘制。TE 表示电场矢量沿 z 方向。在给定的频率下,存在满足边界条件的离散数量的场分布。图 3.1(b)为平板波导的色散图,展示了频率(ω)与传播波数(k_x)之间的关系。黑色曲线对应光的不同模式。在给定的 ω 处,波导中可以传播的光的模式数量是有限制的,其具有对称的正向和反向传播方式。导模不能存在于所谓的光锥(灰色区域)内,因为它们会泄漏到包层中。基模 TE$_0$ 总是存在于介质波导中,但高阶模 TE$_1$、TE$_2$ 等具有较小的截止频率,这取决于频率和波导维度之间的关系。这意味着单模波导应该设计成低于第二模的截止频率。

　　图 3.1(a)显示了平板波导的示意图,它由两个折射率较低的包层和包层之间的高折射率材料的芯层组成。该结构在 $x-z$ 平面上是平移不变的。我们假设电磁场分布与 z 无关,并且光沿 x 方向传播。由于平板波导在时间和 x 方向上是不变的,故能量和动量这两个物理量应该是守恒的。在研究光波时,能量对应的是频率 ω(或 $\nu=\omega/2\pi$),动量对应的是波数 k_x 和 k_y。k_x 和 k_y 是光场的空间导数。就像在自由空间中一样,我们将能够根据场的方向将解分成两种偏振。平板波导的电磁问题可以根据麦克斯韦方程构造出偏微分方程组来解决,同时附加上材料界面的边界条件。在这里不写出推导过程,读者可以参见参考文献[1-2]或参考其他文献和课程笔记。

　　如果麦克斯韦方程的解在自由空间中最合适的描述方式是光线,那么在波导中最合适的描述方式就是模式。在给定的光频率下,自由空间的光的连续射线解,其场在任何位置都不接近零;然而在波导中,会有导模解在一定的 y 值下趋近于零,这意味着场集中于波导芯层,可以无限地传播而不会泄漏。模式是波导中场方程的离散解,包括偏振和模式数。前三种横向电场(TE)模式的场分布如图 3.1 所示。模式之间不发生相互作用,所以光强在一定的模式下始终保持不变。每种模式都有一个传播波数 k_x,取决于光学频率和波导的几何形状。这意味着每个模式都有对应的有效相速度和有效折射率:

$$n_{\text{eff}}=\frac{ck_x}{\omega} \tag{3.1}$$

　　在某些方面,传播导模与在有效折射率为 n_{eff} 的均匀材料中传播的平面光波具有非常相似的特性。尽管在三维波导中求解边界条件需要用到数值方法,但是在二维例子中发现的关于模式、截止频率和引导传播的主要结论仍然适用。

　　图 3.1(b)绘制了二维平板波导的色散关系。每条黑色曲线对应一个模式,它有一个取决于频率的传播波数。光锥直线描述了一个连续的无引导光线状态。从此图中我们可以看到基模 TE$_0$ 存在于所有频率,而高阶模有最小的传播频率,即截止频率。这是用波导进行信号处理的一个重要特性,因为单模波导可以使在其中传播的光保持在已知状态。在光纤中,单模条件对于防止不同模式速度引起的信号传播具有重要意义。在集成电路中,单模波导是构建干涉仪和谐振器的理想选择,因为它们使所有被导光保持在单一相干相位状态。这些基于单模波导的器件将在 3.1.3 小节

和3.3节中进行介绍。

显然,单个直波导不能构建更大的系统。单模波导可以通过三个关键元素进行扩展:弯曲波导、波导耦合器和干涉仪。虽然很简单,但这三个元件与波导特性密切相关,并可能对可制造的无源光子电路的性能产生重大影响。

3.1.1　弯曲波导

在光子集成电路(Photonic Integrated Circuit,PIC)中,波导在PIC的不同组件之间引导光的传播。弯曲波导在PIC中是很重要的,因为它们可以用作耦合器,甚至是滤波器和延迟线。对于有效的PIC系统和半导体晶片上多个元件的集成,我们需要具有极弯的波导,以在短距离内低损耗地快速改变波的传播方向。损失最小的小弯曲波导可以通过调整芯层和包层材料之间的折射率差来获得。当多个模式的波导弯曲引起传播方向的变化时,模的传播波数也会发生变化,这意味着会发生多模式混合。这就是为什么光纤和波导通常都需要单模传播的主要原因之一。

如果波导弯曲得过快或过紧,则全内反射(Total Internal Reflection,TIR)将不能保证光保持在波导内部。这就导致了某一波导截面设计时有一个允许的最小弯曲半径。最小弯曲半径是PIC布局紧凑性的关键决定因素。弯曲损耗也是微环谐振器[3]设计中的一个限制因素,这将在3.3节中进一步介绍。

3.1.2　波导耦合器

一旦建立了引导片上的光的能力,光子处理的下一个能力就是拥有使信号间相互作用的能力。波导耦合器使传输光场互相干涉,从而实现干涉电路(见3.1.3小节)。有几种不同的方法可以在两种或多个集成波导的模式之间耦合光场,我们将根据几个标准对它们进行比较。

四种类型的波导耦合器如图3.2所示。也许理论上最基本的设计是定向或倏逝耦合器,其中两个平行波导离得足够近,使它们的倏逝场轮廓彼此重合。这可以看作是双模系统中对称和非对称正态模的有效折射率简并度的提升,随之导致当两个超模传播[4]时,两个波导之间的功率来回传递。双模干涉耦合器,有时也被称为零间隙定向耦合器(Zero Gap Directional Couplers,ZGDC),在本质上与定向耦合器是相似的,但在耦合区域没有间隙。耦合区域支持两种模式(对称和反对称),它们在传播时形成拍频信号。

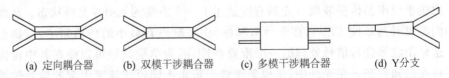

(a) 定向耦合器　　(b) 双模干涉耦合器　　(c) 多模干涉耦合器　　(d) Y分支

图3.2　四种类型的波导耦合器

多模干涉（Multi-Mode Interference，MMI）耦合器从根本上与上述耦合方式不同，因为它们是基于在特殊设计的二维腔中的重复映像效应。能量不是简单地在两种相互作用的模式之间传递，而是被注入到一个具有反射边界的大区域。在 2×2 的 MMI 耦合器中，在一个输入波导中输入的光会发生衍射并与反射光发生干涉，从而导致多个焦平面的形成。输入模式的图像在经过拍频长度 L 后重新出现。在长度为 $L/2$ 时，功率完全转移到相反的模式，而在 $L/4$ 时的伪像在两侧之间是相等的分布。输出波导的位置对应于输入模式的重聚焦伪图像。

Y 形结分路器/组合器有双模式或多模式的形式。本质上，由于它的几何对称性，可以作为精确的 3 dB 分路器，方便满足一般的干涉测量的要求。然而，传输效率和紧凑性需要仔细地设计，参见参考文献[5]。

对于给定的波导设计（固定的有效折射率和模式分布），定向耦合器的耦合效率由耦合段的间隙宽度决定。通过定向耦合器后的功率分配比由耦合段的长度决定。当需要较小的耦合比时，定向耦合器是理想的选择，使其成为理想的微环谐振器。只要改变定向耦合器的长度，就可以很容易地控制它们的耦合效率。由于拍频长度是波导几何形状、模式分布和间隙宽度的非平凡函数，在实践中必须进行额外的模拟或校准实验来实现精确的耦合效率。

当需要精确的耦合效率时，MMI 耦合器和 Y 形结更合适。具有非均匀场分路分布的 MMI 耦合器可以被设计出来，但当考虑非矩形耦合区域时，设计会变得更加复杂。因为功率分配是基于自成像特性的，所以只有离散的耦合比（85∶15、72∶28、50∶50、27∶73、15∶85 和 0∶100）是可以用的。一些资料提出了通过使用两个 MMI[6]、有角度的 MMI[7]、特殊图形的 MMI[8] 或开槽的 MMI[9] 来实现任意耦合比的修改。MMI 耦合器的成像长度取决于 MMI 区域的横向尺寸，而 MMI 区域又取决于输入波导的距离。一旦这个距离达到下限，那么改变耦合区域的大小的灵活性就很小了。一些文献提出了几种进一步缩小 MMI 元件的方法，包括接入波导锥化[10-11] 和 MMI 截面锥化[12]。

对于定向耦合器，拍频长度是由对称超模和非对称超模之间的传播常数分差值 $\Delta\beta$ 决定的。对称本征模集中在波导中心附近，而非对称本征模在波导中心附近的光强为零。这就是为什么低折射率材料的一个非常窄的间隙会提高耦合效率，进而缩短了耦合区域所需的长度。另一方面，非常紧凑的定向耦合器由于折射率分布变化迅速而且材料非绝热，会因模式转换损耗而损失大量能量。这种尺寸缩小引起的低效率与拍长直接相关，因此需要在紧凑性、效率和强耦合之间进行权衡。除了没有用来增加模式分割的中心间隙之外，TMI 耦合器与定向耦合器非常相似。因此，它们的直线几何结构不是很紧凑。由于制造弯曲 TMI 耦合器存在相对自由度，研究人员最近提出了形状奇特但紧凑的弯曲 TMI 耦合器[13]。

耦合总是包括不同导模之间的一些转换。如果这种转换是非绝热的，则能量将转移到其他模式，其中一些模式可能不会被引导。在定向耦合器中，这意味着波导必须在解耦区域和耦合区域之间进行长距离的过渡,否则就会发生损耗。传统上,定向耦合器被认为是一种简单的低损耗、可控耦合比的装置;然而,绝热要求在品质和紧凑型之间进行权衡,从而使微环设计情况大大复杂化。具有非常小的模式约束和品质因子的环只能非常弱地倏逝耦合到总线波导。这种权衡对于高 Q 值滤波应用不是一个大问题,然而却是高带宽非线性信号处理的潜在问题。参考文献[14]对这个问题进行了详细的研究。

MMI 耦合器中的模式转换有很大不同,因为它是离散的。它的输入波导立即进入一个多模部分,而不是连续地相互接近。输入场分布可以分解为耦合区域的本征模态,但并不是所有这些模式都被引导。被引导的本征模形成了一个无损的子空间,因此只有当与被引导本征基正交的输入场分量最小时,这种从单模到多模的非绝热转换才是有效的。因此,MMI 耦合器的损耗最小化成为横向波函数工程的一部分,它可以在低电平波导设计中发挥作用。为了改进模式匹配属性,有许多技术正在研究中,包括锥形通道波导[15]、修正的耦合区域波导截面[16],或用于抵消弯曲波导中的模式偏移的方法[17]。

在实践中,定向耦合器的制造是最困难的,因为两个波导必须非常接近,才能实现一个显著的耦合效率。例如,为了获得紧凑型器件中足够强的耦合效率,光子纳米线可能需要相距 $100 \sim 150$ nm。如果它们被刻蚀到 240 nm 的深度,则这个间隙特征具有很高的对比度。根据制造过程的不同,耦合器几何结构中的非理想性可以被引入到由输入和输出波导对形成的锐角中。它可以被未刻蚀的硅或高表面张力液体部分填充。由于对比度较低,因此 MMI 器件的制造对耦合器几何形状的要求最低。

3.1.3 干涉仪

干涉仪将来自一个光源的光耦合到两个光路中,然后将它们重新组合。由于耦合对相位敏感,所以臂间的光程差会反映在输出功率中。在将相位信息转换为振幅信息时,干涉仪是感知折射率微小变化的关键器件。马赫-曾德尔干涉仪(Mach - Zehnder Interferometer,MZI)是集成光路中最常用的干涉仪,特别适用于光信号的电调制。7.3 节将介绍 MZI 调制器器件。现在让我们分析一下图 3.3 中简化的 MZI 的基本理论。

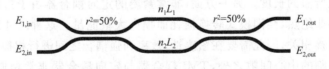

图 3.3 马赫-曾德尔干涉仪

图 3.3 为马赫-曾德尔干涉仪,由两个 50:50 的定向耦合器组成,它们均匀分配功率。这两条臂的光程长度分别为 $n_1 L_1$ 和 $n_2 L_2$。输出功率耦合取决于臂的光路长度差。

单方向耦合器的作用可以用一个具有特定对称性的矩阵来描述：

$$\begin{pmatrix} E_{1,R} \\ E_{2,R} \end{pmatrix} = \begin{pmatrix} r & it \\ it & r \end{pmatrix} \begin{pmatrix} E_{1,L} \\ E_{2,L} \end{pmatrix} \tag{3.2}$$

式中，r 为振幅反射系数；t 为振幅传输系数，这个术语来自于半反射镜，在波导耦合器中，t 描述了通过倏逝耦合到另一个波导中的场振幅；i 是 -1 的平方根，表明场通过耦合器得到 $\pi/2$ 的相移。由于无损耦合器的功率守恒，在 t 和 r 之间存在关系：$t_2 + r_2 = 1$。在本 MZI 示例中，我们设 $r = t = 1/\sqrt{2}$。耦合器之间的波导也可以用矩阵来描述。由于波导之间没有相互耦合，故这个矩阵是一个对角矩阵。串联这三个传输矩阵可以得到 MZI 的表达式：

$$\begin{pmatrix} E_{1,\text{out}} \\ E_{2,\text{out}} \end{pmatrix} = \frac{1}{2} \begin{pmatrix} 1 & i \\ i & 1 \end{pmatrix} \begin{pmatrix} e^{-ikn_1L_1} & 0 \\ 0 & e^{-ikn_2L_2} \end{pmatrix} \begin{pmatrix} 1 & i \\ i & 1 \end{pmatrix} \begin{pmatrix} E_{1,\text{in}} \\ E_{2,\text{in}} \end{pmatrix} \tag{3.3}$$

式中，k 为光模式的传播波数。相因子 $\exp(-ikn_1L_1)$ 已从第二个矩阵中删除。简化这个表达式，可以得到另一个与所有四个端口相关的矩阵，但我们只关注从输入端口 1 到输出端口 1 的振幅和功率传递函数：

$$E_{1,\text{out}} = \frac{1}{2} e^{-ikn_1L_1} [1 - e^{-ik(n_2L_2 - n_1L_1)}] E_{1,\text{in}} \tag{3.4}$$

$$\left| \frac{E_{1,\text{out}}}{E_{1,\text{in}}} \right|^2 = \frac{1}{2} - \frac{1}{2} \cos[k(n_2L_2 - n_1L_1)] \tag{3.5}$$

功率传递函数取决于两臂之间相位差的余弦。由于没有考虑损耗，因此来自端口 2 的输出将是来自端口 1 的输出的补充。从这个表达式可以看出，干涉仪可以用于检测微小的误差。例如，为了达到从 0% 到 100% 透射率所需的 π 相移，需要改变波长 $\pi/2$ 的有效长度，这要比臂长 L 小得多。

3.1.4　调制器

在光通信系统中，必须首先将模拟电波形转换为光波的某种性质，使其能够被光探测器恢复，从而使其适合通过光纤和波导传输。这叫作将信号调制到光载波上。载波是一种具有特定波长的单一连续光波。调制信号的傅里叶光谱以载波波长为中心，其光谱宽度至少与被调制信号一样大。调制改变了波的某些特性——通常是它的振幅、相位或频率，以此来对被传输的数据进行编码。调制主要有三种策略：

- 振幅调制：振幅调制改变载波（最初是正弦波）的功率/振幅，以反映输入信号的值。
- 频率调制：当载波的频率与输入信号的值成比例变化时，就会发生频率调制。
- 相位调制：相位调制是将载波信号的相位根据输入信号值的变化进行调制的一种方式。

在 7.3 节中讨论了在波导中产生与电压相关的折射率变化的装置。这些器件可以用作相位调制器。马赫-曾德尔干涉仪通常用作振幅调制器。通过将相位调制器加载在图 3.4 中所示的 MZI 臂上,马赫-曾德尔调制器可以用作一个振幅或功率包络调制器。

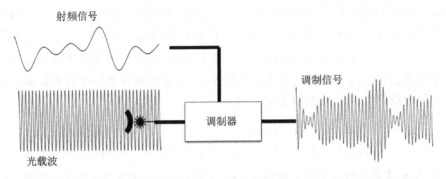

图 3.4　输入信号的调制过程

图 3.4 为输入信号的调制过程。载波在本例中是一个简单的正弦波,它由射频信号调制。图中所示的输出是一个被调制后的载波。

3.1.5　复　用

正如我们可以想象的那样,为每个光通信信道配备一根光纤是非常低效的。多路复用将多个输入组合成一个信号进行传输,然后在接收端恢复原始信号。多路复用允许信号更密集地传输,从而大大降低了传输成本。当一个信道被多路复用时,它的大带宽就会被分解,并在多个具有较低带宽的虚拟信道之间共享。

光学中最常用的多路复用技术之一是波分复用(Wavelength Division Multiplexing,WDM)。不同波长或不同颜色的光可以很容易地组合起来,然后再次分开。波分复用器将不同信号复用到不同的载波波长上。特定波长的滤波器被插入到接收器之前,这样它们就可以引导对应的波长载波到正确的接收器。这种方法利用了光纤或波导的全传输带宽窗口。波分复用还为通信系统增加了灵活性。通过使用波分复用器可以从任何位置的传输路径中插入或提取数据通道。这些多路复用器可以重新配置系统,以便为大量的发送和接收节点提供数据连接。

在光学和电子技术中使用的第二种主要多路复用类型是时分多路复用(Time Division Multiplexing,TDM),其中分路不是基于波长,而是基于到达时间的不同。在 TDM 中,不同的信号流在单个载波的时域中交错,形成一个高速紧凑的信号。在接收端,超快速时钟和数据恢复装置用于提取数据。这种技术与 WDM 不同,需要非常快速的串行器/解串器才能有效运行。时分复用在光纤通信链路和城域网络中得到了广泛应用。

图 3.5 为波分复用示意图,其中不同波长的信号被调制到不同波长的载波上。

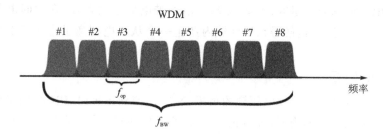

图 3.5　波分复用示意图

图 3.6 为时分复用示意图,其中复用基于信号到达时间的不同。

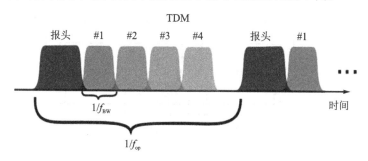

图 3.6　时分复用示意图(见彩图)

3.2　光探测器

1. 光吸收

从本质上讲,光吸收是指电子以光的形式吸收能量并将这些能量转移到电路中的一个过程。这种转换是光探测器工作的基础。

电子以光子的形式吸收入射光,其能量由 $E=h$ 给出。鉴于材料的能带结构,一些电子从价带跃迁到导带,形成自由电子-空穴对。

当电压施加到半导体器件的两端时,会在其中形成电场。自由的电子-空穴对在电场的影响下漂移,这就是观察到的电流。电流与入射光功率的大小成正比:

$$I_p = RP_{in} \tag{3.6}$$

式中,R 是比例常数,称为响应率,并依赖于频率。

2. PN 结

光吸收的主要作用在 PN 结中尤为有趣。PN 结由一个半导体晶体内的两种相反掺杂的半导体材料组成。当 P 型和 N 型半导体连结成 PN 结时,N 型半导体内的高浓度电子扩散以填补 P 型半导体的空穴,从而在 N 区留下带正电荷的离子,在 P 区留下带负电荷的离子。这种由一端高密度的正电荷离子和另一端的负电荷离子组成的带电区域称为耗尽区(见图 3.7)。由于带电离子的存在,在空间电荷区的两端之间有一个电势差,这使得在该区域内产生一个从正电荷离子指向负电荷离子的电场。

3. 反向偏置

当 PN 结的 P 区连接到电压源的负极、N 区连接到正极时,PN 结处于反向偏置状态。在外加电压的影响下,N 区的导带电子被拉向正端,同时 P 区的空穴向负端移动,使耗尽区变宽,如图 3.7 所示。这种扩大增大了耗尽区内部的电势差,从而加强了穿过它的电场。

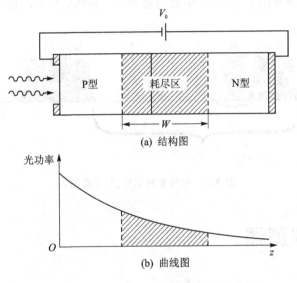

图 3.7　反向 PN 结的基本原理

3.2.1　光电二极管

当光入射到这种反向偏置的 PN 结一侧时,通过光吸收产生电子-空穴对。在耗尽区产生的自由载流子被强大的内置电场加速,电子和空穴被赶到区域的相反两边。这种载流子的流动产生了电流。由于这个电流与入射光的功率成正比,我们可以通过测量这个电流来了解光功率的大小。这就是 PN 光电二极管的基本原理。

图 3.7 示出了反向偏置 PN 结将光子吸收转换为电流。经版权批准中心股份有限公司许可转载,经约翰威利出版有限公司(John Wiley and Sons, Inc.)许可转载。来自参考文献[18]。

1. 二极管指标

对于光探测器来说,带宽是衡量它对入射光功率变化的响应速率的一种指标。这个响应速率可以从一个称为上升时间的指标中表现出来。上升时间是指当入射光的光功率瞬间改变时,电流输出从其最终值的 10% 增加到 90% 所需的时间。

在数学上,光探测器的上升时间表示为

$$T_r = \tau_{tr} + \tau_{RC} \tag{3.7}$$

式中,τ_{RC} 是等效电路的 RC 时间常数,τ_{tr} 是渡越时间。渡越时间是指通过光吸收产生的载流子被收集并形成电流所需的时间。值得注意的是,减小耗尽区的宽度 W 会使 τ_{tr} 减小,因为载流子必须经过更短的距离才能被收集。从上面的指标中可以直观地看出,带宽与上升时间呈负相关,因此,带宽与渡越时间及 RC 时间常数的总和呈负相关。这种直观关系可以在以下对光探测器带宽的定义中得到体现:

$$\Delta f = \frac{1}{2\pi(\tau_{tr} + \tau_{RC})} \tag{3.8}$$

PN 光电二极管的带宽通常受到渡越时间 τ_{tr} 的限制,因为可以通过最小化寄生电容和电阻来将 τ_{RC} 设计为最小值。对于一个 PN 光电二极管,W 为耗尽区的宽度,v_d 为漂移速度,那么渡越时间为

$$\tau_{tr} = \frac{W}{v_d} \tag{3.9}$$

因此,为了最大化带宽,W 和 v_d 将需要进行优化。W 取决于两种半导体的掺杂浓度,并可以通过掺杂浓度在一定程度上进行控制。另一方面,随着外加电压的增大,自由载流子被加速,从而使得 v_d 增大。然而,v_d 只能增大到一个上限,其称为饱和速度,这是自由载体可以达到的最大 v_d。

2. 扩散电流

到目前为止,所讨论的光探测器原理只考虑了在电场影响下漂移的耗尽区产生的载流子。然而,光吸收也可以发生在耗尽区之外,这导致了光电流的扩散分量。P 区产生的电子和 N 区产生的空穴必须扩散到耗尽区的边界,然后才能在内置场的影响下漂移。扩散是一个固有的缓慢过程,是光探测器改善响应时间的瓶颈。这也会影响光探测器的时间响应,如图 3.8 所示。

图 3.8 为扩散电流对检测信号失真的影响。经版权批准中心股份有限公司许可转载,经约翰威利出版有限公司(John Wiley and Sons, Inc.)许可转载。来自参考文献[18]。

为了将扩散的影响最小化,我们可以减小 P 区和 N 区的宽度,并增加空间电荷区的宽度 W。当这种情况发生时,大多数光入射进耗尽区,而在耗尽区之外发生的光吸收被最小化。

3. PIN 探测器

增加耗尽区有效宽度的一种方法是在 P 和 N 半导体之间插入一块本征半导体材料,形成一种称为 PIN 光电二极管的结构。在反向偏置下,由于其本征特性所带的电阻,大部分电压会在本征区域内下降。这导致在 I 区形成了一个强电场,并有效扩展了耗尽区,如图 3.9 所示。

图 3.9 为用于最小化扩散电流失真的 PIN 探测器。经版权批准中心股份有限

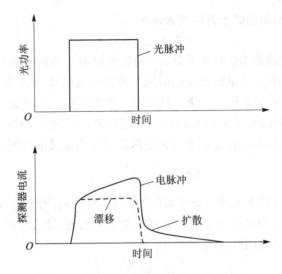

图 3.8　扩散电流对检测信号失真的影响

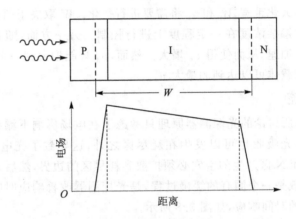

图 3.9　用于最小化扩散电流失真的 PIN 探测器

公司许可转载,经约翰威利出版有限公司(John Wiley and Sons, Inc.)许可转载。来自参考文献[18]。

　　以这种方式扩展耗尽区导致大部分光功率被半导体的 I 区吸收,因为此时来自载流子漂移的电流超过了来自载流子扩散的电流。它们降低扩散电流的能力使 PIN 光探测器比那些由简单的 PN 结组成的光探测器更有优势。

3.2.2　检测噪声

　　当探测器产生的电流不是由预期的光信号引起时,就产生了噪声。噪声在接收机系统设计中是要重点考虑的。接收机接收到的噪声基本是发射噪声和热噪声。噪声的存在自然会影响光探测器的信噪比(Signal-to-Noise Ratio, SNR),如下面的数学推导。

电流是由随机时间概率随机产生的离散数目的电子流组成的,由此产生了散粒噪声。因此,恒定的光功率入射时产生的光电二极管电流被表示为一个波动的电流 i_s 附加在平均电流 I_p 上,所以

$$I(t) = I_p + i_s(t) \tag{3.10}$$

它引入了在恒定的光信号输入下光电二极管产生的电流中的随机因素。在数学上,散粒噪声遵循泊松分布,其自相关函数与用维纳-辛钦定理表示的谱密度有关:

$$\langle i_s(t) i_s(t+\tau) \rangle = \int_{-\infty}^{\infty} S_s(f) \exp(2\pi \mathrm{i} f \tau) \mathrm{d}f \tag{3.11}$$

式中,$S_s(f)$ 是散粒噪声的光谱密度,它被建模为白噪声(即恒定频谱),因此在 $-\Delta f$ 和 $+\Delta f$ 之间可以用 $S_s(f) = qI_p$ 来表示,其中 q 是电子电荷。然后,由散粒噪声引起的噪声方差或噪声功率由下式给出:

$$\sigma_s^2 = \langle i_s^2(t) \rangle = \int_{-\infty}^{\infty} S_s(f) \mathrm{d}f = 2q(I_p + I_d) \Delta f \tag{3.12}$$

式中,Δf 为接收机的有效噪声带宽,暗电流 I_d 为在无光入射时产生的泄漏电流。

在任何有限的温度下,电子都在不断地随机运动。电阻中的这种运动产生的电流被称为电阻波动电流。在负载电阻中,例如接收机前端的电阻,这种波动属于一种噪声,称为热噪声、约翰斯顿噪声或奈奎斯特噪声。在数学上,这是一个平稳的高斯随机过程,它在频率高达 1 THz 时是白色的。其双面光谱密度为

$$S_T(f) = \frac{2k_B T}{R_L} \tag{3.13}$$

式中,k_B 是玻耳兹曼常数,R_L 是负载电阻。如上所述,由热噪声引起的噪声方差可以通过对其在所有频率上的频谱密度进行积分来计算:

$$\sigma_T^2 = \langle i_T^2(t) \rangle = \int_{-\infty}^{\infty} S_T(f) \mathrm{d}f = \frac{4k_B T}{R_L} \Delta f \tag{3.14}$$

接收器中其他电子组件(例如放大器)中出现的热噪声总是会给系统增加噪声,如以下公式:

$$\sigma_T^2 = \frac{4k_B T}{R_L} F_n \Delta f \tag{3.15}$$

式中,F_n 表示由于其他电子元件中存在电阻而导致热噪声变化的因素。

这两种类型的噪声共同作用,对总噪声的贡献为

$$\sigma^2 = \langle (\Delta I)^2 \rangle = \sigma_s^2 + \sigma_T^2 = 2q(I_p + I_d) \Delta f + \frac{4k_B T}{R_L} F_n \Delta f \tag{3.16}$$

其中两者的方差被线性相加,因为两者有近似的高斯分布。

信噪比(SNR)可以定义为信号功率与噪声功率的比值。在光电二极管中,这个量自然会受到上述两种基本噪声(即散粒噪声和热噪声)的影响。

$$\text{SNR} = \frac{信号功率}{噪声功率} = \frac{I_p^2}{\sigma^2} \tag{3.17}$$

设 $I_p = RP_{in}$，则所检测到的信号的信噪比为

$$\text{SNR} = \frac{R^2 P_{in}^2}{2q(RP_{in} + I_d)\Delta f + \dfrac{4k_B T}{R_L}F_n \Delta f} \tag{3.18}$$

探测器信噪比是分析光子链路能量利用的关键，因为光信号总是最终被探测到的。线性光学器件(如滤波器)和传输调制器(如 MZI 调制器)，没有执行其功能所需的理论最小光功率。因此，它们对噪声和信号功率的影响可以被定量地理解为所检测到的信噪比。假设引入光学器件或光学效应会导致功率衰减，该器件的性能可以表示为链路功率损失，或在该器件引入之前恢复 SNR 所需的额外光功率。从探测器信噪比的表达式中，我们可以看到有两种主要的工作模式。在高平均光电流 RP_{in} 下，系统通常处于散粒噪声限制状态，其中信噪比随平均光电流线性增大。对于较小的接收光电流，热噪声限制了信噪比，信噪比与平均光电流呈平方关系。

3.3　光学谐振器

光腔是一种限制所有三维光学模式的体积。微腔可以具有在一个狭窄的波长范围内明显变化的透射特性，使其成为光子信号处理的重要基本组成部分。最基本的光学谐振器被称为法布里-珀罗(FP)元件。它由两个部分反射镜组成，它们的光学长度是物理长度和腔折射率的乘积。图 3.10(a)是法布里-珀罗(G-T 腔)的一种特殊情况，其中一个镜子是 100% 反射的。通过将部分反射镜替换为倏逝耦合器，将直腔替换为环形，G-T 腔就变成了一个微环谐振器(Microring Resonator，MRR，见图 3.10(b))。MRR 比由两个反射镜组成的腔更容易集成到芯片上，但它的行为是完全类似的。

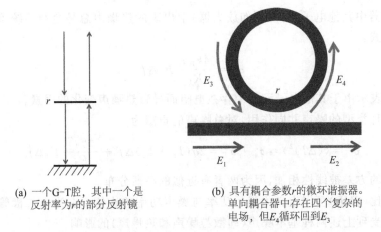

(a) 一个G-T腔，其中一个是　　　　(b) 具有耦合参数r的微环谐振器。
　　 反射率为r的部分反射镜　　　　　　 单向耦合器中存在四个复杂的
　　　　　　　　　　　　　　　　　　　 电场，但E_4循环回到E_3

图 3.10　两种具有全通特性的光腔

图 3.10 是两种具有全通特性的光腔。输出场的稳态强度与输入场相同,但有效相移和循环强度与波长有关。

微环谐振器分析

MRR 中的循环模式是微环所表现出的一些独特性能的根源。Heebner 等人提供了研究微环谐振器的优秀资源[2]。在 MRR 中存在三个光场:输入、输出和循环。与许多线性光学元件一样,光学腔的输入/输出关系由散射矩阵指定。散射矩阵是复值的,描述了入射波和出射波之间的线性关系。一个腔的散射矩阵的复角和循环波的振幅都在很大程度上取决于入射光的波长。如果光路长度是波长的整数倍,则光连续振荡将干涉相长,从而导致腔内大量谐振功率累积;相反,波长的半整数倍会产生干涉相消,并且不会在腔内显著累积。

根据耦合器的方程式(3.2)并采用如图 3.10(b)所示的端口标记,这个耦合器可以被下式描述:

$$\begin{pmatrix} E_4(\omega) \\ E_2(\omega) \end{pmatrix} = \begin{pmatrix} r & it \\ it & r \end{pmatrix} \begin{pmatrix} E_3(\omega) \\ E_1(\omega) \end{pmatrix} \tag{3.19}$$

$R = r^2$ 是在同一波导中的功率比,$T = t^2$ 是倏逝波的功率耦合比。假设耦合器中的功率守恒,即 $t^2 + r^2 = 1$。电场 4 和电场 3 之间的关系为

$$E_3(\omega) = a e^{i\phi} E_4(\omega) \tag{3.20}$$

式中

$$\phi = kL = \frac{2\pi nL}{\lambda} = \frac{\omega nL}{c} \tag{3.21}$$

式中,L 是绕环一周的长度,a 是一圈传播损耗后剩余功率的比例,n 是有效折射率,$\lambda = 2\pi c/\omega$ 是真空的光波波长。

1. 功率累积和有效相移

式(3.19)和式(3.20)可以通过计算每个循环场的贡献之和来求解。由于许多循环场分量可以相长干涉,故循环光强度可以超过输入强度一个数量级以上。该比率称为强度累积 B:

$$\frac{E_3}{E_1} = iat e^{i\phi} \sum_{m=0}^{\infty} (are^{i\phi})^m = \frac{iat e^{i\phi}}{1 - are^{i\phi}} \tag{3.22}$$

$$B = \left| \frac{E_3}{E_1} \right|^2 = \frac{a^2(1-r^2)}{1 - 2ar\cos\phi + a^2 r^2} \tag{3.23}$$

输入场 E_1 和输出场 E_2 之间的复传输也可以用公式表示出来:

$$\frac{E_2}{E_1} = r - at^2 e^{i\phi} \sum_{m=0}^{\infty} (are^{i\phi})^m = r - \frac{at^2 e^{i\phi}}{1 - are^{i\phi}}$$

$$= \frac{r - a e^{i\phi}}{1 - are^{i\phi}} = e^{i(\pi + \phi)} \frac{a - re^{-i\phi}}{1 - are^{i\phi}} \tag{3.24}$$

公式中的几个特征可以让我们对 MRRs 的耦合有更直观的了解。复传输的幅度平方将随着 a 的值接近 1 而趋近于 1,这是有意义的,因为只有一种方式可以让能量离开系统。功率传输在谐振($\phi=0$)时最小,此时累积系数最大。

图 3.11 显示了失谐 ϕ 的线性微环传递函数,相位通过单通获得。ϕ 与光波长呈线性相关,所以两个值的光谱响应是同一图的缩放版本。其中 $r=0.9,a=0.99$。

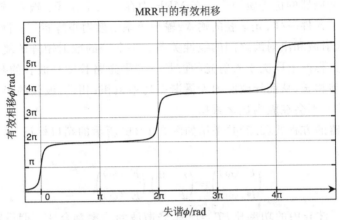

(a) 全通微环中输出相对于输入的有效相移(式(3.26))

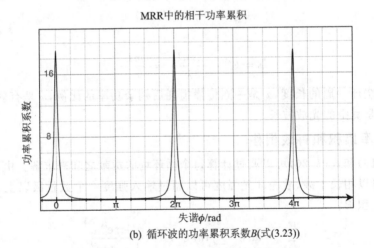

(b) 循环波的功率累积系数 B(式(3.23))

图 3.11　MRR 中的有效相移和功率累积

吸收深度为实验确定 a 和 r 提供了一个容易测量的量。在共振方面,净有效相移 Φ 对 ϕ 的小失谐非常敏感。这些特征可以由以下公式表达:

$$\left|\frac{E_2}{E_1}\right|^2 = \frac{a^2 - 2ar\cos\phi + r^2}{1 - 2ar\cos\phi + a^2 r^2} = \begin{cases} 1, & a \to 1 \\ \dfrac{(a-r)^2}{(1-ar)^2}, & \phi = 0 \end{cases} \tag{3.25}$$

和

$$\Phi = \pi + \phi + \arctan\left(\frac{r\sin\phi}{a - r\cos\phi}\right) + \arctan\left(\frac{ar\sin\phi}{1 - ar\cos\phi}\right) \tag{3.26}$$

式(3.23)和式(3.26)分别在图 3.11(b)和图 3.11(a)中体现,图中 MRR 的 $r =$ 0.9, $a = 0.99$。请注意,在完美共振时,循环场的强度大约是输入功率的 19 倍。同样在这个共振点上,相位传递函数的斜率远大于 1,这意味着它对单通相位累积的变化非常敏感。

这里定性地总结一下微环行为的重要特性。第一,变量 ϕ 决定了共振条件,它同时依赖于 λ 和 n。这意味着 MRR 是波长选择性的;而且,如果 n 通过某种方式被改变,它的共振光谱也会发生改变。第二,累积因子 B 是 ϕ 的函数,是循环功率与入射功率之比。自耦合 r 值越大, B 的值就越大,且最大值可以远大于 1。第三,MRR 的复杂输入/输出传递通常具有接近 1 的幅度,但它的复参数 Φ 与 ϕ 强烈相关。这种相关性的斜率远大于接近共振时的斜率,远离共振时接近于零。

2. 精细度和品质因数

MRR 的精细度和品质因数是表示其品质时非常便利的指标,其将在以后讨论缩放定律和性能比较时用到。光学谐振器的透射或反射光谱是一个如图 3.11(b)所示的频率梳。传输峰或谷之间的距离称为自由光谱范围(Free Spectral Range,FSR)。单通相位的 FSR 总是等于 2π,并根据式(3.21)转换为频率和波长。这些峰的宽度通常表示为半峰全宽(Full-Width at Half Depth,FWHD)。半峰指光谱范围的最小值与最大值之和的一半:

$$B\left(\frac{\text{FWHD}}{2}\right) = \frac{B_{min} + B_{max}}{2} \Rightarrow \frac{a^2(1 - r^2)}{1 - 2ar\cos\left(\dfrac{\text{FWHD}}{2}\right) + a^2 r^2}$$

$$= \frac{a^2(1 - r^2)}{2}\left[\frac{1}{(1 - ar)^2} + \frac{1}{(1 + ar)^2}\right] \tag{3.27}$$

所以

$$\cos\left(\frac{\text{FWHD}}{2}\right) = \frac{2ar}{1 + a^2 r^2}$$

将谐振腔的精细度定义为 FSR 和 FWHD 的比值:

$$F = \frac{\text{FSR}}{\text{FWHD}} = \frac{2\pi}{2\arccos\left(\dfrac{2ar}{1 + a^2 r^2}\right)} \tag{3.28}$$

精细度是光学腔的一个重要优点,因为它本质上是光学腔作为滤波器的选择性参数。就其物理意义而言,它大约是光子在离开腔前循环的期望值的 2π 倍。因此,MRR 使光波所经历的有效光路增加了一个与 F 成正比的系数。当对空腔施加一些失谐时,它会有效地多次施加于循环光波。如图 3.12 所示,共振附近的小失谐在整体相移中被大大放大,增益与 F 成正比。这种灵敏度的提高可能相当极端,这就解释了为什么如此多的研究者对生物传感甚至单原子传感[19]抱有很大的兴趣。

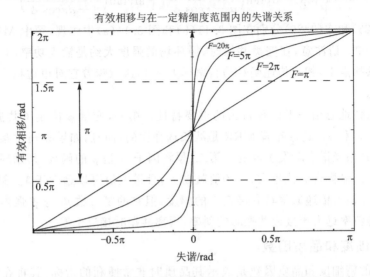

图 3.12　MRR 的有效相移是单通相位在一系列精细度值上的函数

图 3.12 显示出 MRR 的有效相移是单通相位在一系列精细度值上的函数。完全解耦的环具有值为 π 的精细度(直线)。随着精细度的增大,需要一个更小范围的单通失谐来跨越一个跨度为 π 的有效范围(虚线间)。

该精细度与空腔的品质因数(Q)密切相关,品质因数是谐振相对于其中心频率的锐度。Q 因数是一个标准振荡器概念,正式定义为每个振荡周期存储的能量与损失的能量之比。它确实与精细度(光在腔内产生的平均往返次数的 2π 倍)密切相关。MRR 的品质因数表示为

$$Q = \frac{\omega_0}{\text{FWHD}} = \frac{m \cdot \text{FSR}}{\text{FWHD}} = mF \tag{3.29}$$

式中,m 是目标共振的谐波阶数,也是与环的周长相关的波长数:

$$m = \frac{nL}{\lambda} \tag{3.30}$$

品质因数的定义也可以表述为波幅耗尽到其原始值的 $1/e$ 之前的波周期数。我们关注的是这些器件的超快速能力,所以响应带宽是一个重要的性质。

$$\tau = \frac{Q}{\omega_0} \tag{3.31}$$

$$B \propto \frac{1}{\tau} = \frac{2\pi c}{nLF} \tag{3.32}$$

式中,B 是带宽或比特率。

3. 往返损耗

在环的一次往返中经历的总损耗有几个来源,如材料吸收、弯曲损耗和由于波导

边缘粗糙度引起的漫散射。分布损失率 α 考虑了所有这些类型的损耗机制。

在环-耦合器系统中还有另一种由耦合器非理想性引起的损耗。在实际的定向耦合器中,两个波导从一个较远的、不相互作用的距离到彼此非常接近。在邻近区域,系统的非对称和对称简正模以略有不同的相速度传播,这导致了两个波导之间的功率转移。如果波以非常慢的速度进入相互作用的靠近区域,耦合振荡系统的本征态将发生绝热变化。这对于微谐振器耦合来说通常是不可能的,因为绝热变化需要大量不必要的空间。当这种变化不是绝热的时候,耦合器会损失一些能量,这被称为模式转换损耗。参考文献[14]详细研究了微谐振器中的模式转换损耗(mode conversion loss),并在 3.1.2 小节中进行了更仔细的介绍。考虑到不完美的耦合器效率 a_c^2,式(3.23)和式(3.26)可以改写成

$$B = \frac{a^2(a_c^2 - r^2)}{1 - 2ar\cos\phi + a^2 r^2} \tag{3.33}$$

$$\frac{E_2}{E_1} = e^{i(\pi+\phi)}\,\frac{a_c^2 a - re^{-i\phi}}{1 - are^{i\phi}} \tag{3.34}$$

3.4　激光器

激光器自问世以来,已经彻底改变了科学、传感和通信技术,许多不同形式的激光器已经被创造出来。一般来说,它们由腔内的光学增益介质组成。空腔产生与相位相关的反馈,因此有利于一个或几个的离散波长。光学增益通过一种称为受激发射的特殊光-物质过程发生,在这种过程中,电子能量被转换为与入射光具有相同的相位、波长和方向的光。如果有足够的增益,使腔的往返增益超过 1,那么一个极窄的波长光束将发射出来。

激光具有几个与热光非常不同的重要性质。第一,激光辐射光谱很纯净,换句话说,它的谱线宽很窄。第二,激光辐射可以表现出非常高的功率。一旦达到激光阈值,进一步的泵浦功率的很大一部分将转换为激光波长的光功率。这与过滤后的热光不同,后者可以具有较窄的线宽,但会损耗与光谱的窄度成正比的光功率。第三,激光辐射是定向的,这一点任何使用过激光笔的人都有体会。在集成波导的背景下,方向性并不适用,然而,这种特性表现为激光占据单一空间模式。这对于许多集成器件来说是一个非常重要的特性,例如耦合器的功能依赖于处于单模的输入和输出。

在本节中,首先我们将给出一个关于光-物质相互作用的高级概述。受激发射是光增益的关键,但所有类型的相互作用在设计激光器时都需要重点考虑。然后,我们将讨论一些非常适合电泵浦激光器的集成平台。最后,对最基本的激光器进行动力学系统分析,这将作为在后面的章节中研究先进激光动力学的基础。

3.4.1　光-物质相互作用

根据材料与光相互作用的各种机制,光子器件可以分为有源和无源两类。绝缘

体,如体 SiO_2 和氮化硅,具有完全占据的价能级的特征,并充当电介质。在电介质中,施加的电场会引起材料极化和随后的净位移场。这种偏振的程度导致不同材料的折射率不同。如果诱导的材料极化导致与声子(即振动)模相对应的原子位移,例如,吸收到水分子振动中的微波辐射,那么介质可以吸收光作为热。与绝缘体不同,金属有许多未占据的价能级,允许电子自由流动。由此产生的高电导率意味着电场不会在金属中以波的形式传播,除非在非常特殊的情况下。

第三类固体——半导体,其特征是有一个绝缘体状的填充价带,但附近有一个相对较近的空置能带,称为导带,它们的能量差由能带隙来描述。能量小于一个带隙的光子不与半导体的电子态相互作用,因此半导体表现为一个简单的电介质。另一方面,具有足够能量的光子可以作为电子能量被吸收。这种由电荷载流子激发的吸收不同于振动吸收,因为:(1) 它以一种易于测量的方式改变了材料的电子性质;(2) 这些激发载流子可以以光的形式重新释放它们的能量。特别是,一个与已经被激发的电子相互作用的光子可以刺激具有相同波长、方向和偏振的第二个光子的发射,这是光学放大器和激光器的基础过程。光学有源半导体中的 PN 二极管将外部载流子注入激发态,由此可以产生电泵浦的发光二极管(Light Emitting Diodes,LED),当在光腔内时,就是激光二极管。

由于量子限制效应,原子中的电子被限制在离散的能级内。原子结构以及固体中有序原子的结构引起了空间变化的电势,将电子限制在一定的能量范围内。这些能级通常被称为能带,每个能带都可以容纳一定数量的电子。根据泡利不相容原理,费米能级以下的所有能带都充满了电子。我们将只讨论原子中最高的占据能级——价带,以及它正上方的第一个未占据能级——导带。我们对这些能带很感兴趣,因为它们最容易被外部电场扰动,而且它们是电子-光子相互作用的主要位置,使光的产生成为可能。此外,大多数材料的导带能够容纳比通常在正常温度下处于平衡状态时多得多的电子。

1. 自发发射和吸收

最简单的电子-光子相互作用是自发发射和吸收。当电子从能量较高的能级移动到能量较低的能级时,就会发生自发发射,并在这个过程中以光子的形式释放这些能级之间的能量差。自发辐射的时间以及辐射的相位和方向都是随机的。当光子入射到原子上导致电子从能量较低的能带移动到能量较高的能带时,就会发生吸收。值得注意的是,只有当入射光子的能量与电子在两个带之间移动的能量差相匹配时,才能发生吸收。

2. 非辐射电子能量跃迁

并非所有电子的能量变化都依赖于与光子的相互作用。电子-声子过程涉及将能量从电子转移到原子或分子的声学振动或热振动。非辐射复合是一种常见的电子-声子过程,在半导体中通常涉及缺陷态。这些局域能带源于半导体晶格中缺陷引起的电场扰动,并允许电子的动能耗散到与缺陷相关的热态或振动态。这就是所谓的热化(thermalization)。

3. 受激发射

当入射光子导致被激发的电子下降到较低能量的能带时,就会发生受激发射,并在这个过程中发射一个光子。受激发射对于理解激光动力学很重要,因为它会产生一个与入射光子具有相同相位、频率和方向的光子。正如在电子-光子吸收中一样,入射光子的电磁场与电子可以占据的两个可能的能带之间的能量差共振。这种共振使电子以与入射辐射相同的频率振动。当与光子相互作用的电子已经处于激发态时,就会发生受激发射。这个电子被入射电场扰动,使它在两个能带之间跃迁。由于电子的向下跃迁不从入射电场中汲取能量,因此入射光子通过相互作用可以保持不变,并且与向下的能带跃迁相关的额外能量会以附加光子的形式加到电场的总幅度当中。由于复合电子已经被入射电场扰动,故所产生的电磁场以与入射光子相同的频率、相位、偏振和方向振荡。

图 3.13 为在价带(E_v)和导带(E_c)之间的光物质相互作用。(a) 吸收:入射光子提高电子能量。(b) 自发发射:被激发电子落到价带并发射出一个光子。(c) 受激发射:入射光子触发受激电子释放具有相同相位、频率和动量的第二个光子。

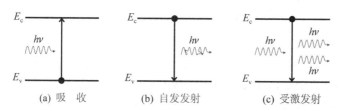

(a) 吸　收　　　　(b) 自发发射　　　　(c) 受激发射

图 3.13　在价带(E_v)和导带(E_c)之间的光物质相互作用

4. 直接和间接带隙半导体

所有半导体都可以进行自发发射、吸收和非辐射复合,但只有特殊类型的半导体才能提供光学增益。间接带隙半导体有一个出现在不同的动量态的价带最大能量和导带最小能量(见图 3.14)。能量和动量在跃迁过程中都必须守恒,而光子携带的动量相对较小。这种动量必须来自于另一个粒子,即间接带隙半导体中的一个声子。三粒子电子-光子-声子相互作用的可能性比两粒子电子-光子相互作用的可能性要更小,因此使直接带隙材料的自发发射和受激发射更强(相对于竞争的非辐射复合)。因此,间接带隙材料,包括硅和锗,不适合生产实用的光学放大器或激光器。

图 3.14 为硅和砷化镓的能带图,显示了间接带隙和直接带隙之间的区别。黑线是用能量 E 和动量 k 表示允许的电子和空穴状态的边缘。灰色区域是带隙,不存在状态的能量。垂直箭头表示从导带到价态跃迁的最小能量,水平虚线表示间接带隙材料的跃迁动量。改编转载自参考文献[20],经施普林格出版公司许可。

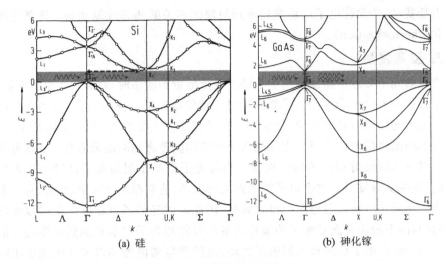

图 3.14 硅和砷化镓的能带图

考虑到这些因素,尽管无源器件总是具有介电特性和非理想的吸收过程,但如果光学器件与电子能量交换或转换光子能量,则可以归类为有源,否则归类为无源。自然地,有源和无源器件的组合是集成完整光子系统的理想选择,其中包括有源发射机、无源路由波导和有源接收器。

5. 粒子数反转

我们已经看到,光子入射到直接带隙材料上会导致受激发射或吸收,这取决于相互作用的电子是否处于激发态。由于受激发射要求电子从导带下降到价带,因此受激发射发生的可能性或速率与导带电子密度成正比。相反,吸收要求电子从价带开始,因此与价带电子密度成正比。在具有多个电子的体半导体中,这意味着净发射/吸收效应取决于激发电子与总电子的比率。这通常被称为载流子密度,因为只有传导电子才能自由流动来携带充电电流。

粒子数反转是指超过一半的外层电子处于激发态,这是体状材料通过净受激发射放大入射光的必要条件。乍一看,这种状态似乎可以通过向材料照射光子来实现,这些光子将被吸收,从而提高载流子的浓度。然而,由于增加导带载流子的数量会降低吸收速率,所以不可能在材料中激发电子到比其透明点(即等密度的传导电子和价电子)更远的距离。为了获得光增益,半导体必须受到某种其他效应的泵浦。许多类型的激光由三能级系统描述,由较短波长(较高能量的光子)光学泵浦。被泵浦到第三能级的电子迅速释放到第二能级,产生了将为激光波长提供增益的载流子积聚。然而,在大多数光子集成环境中,使用电泵浦是有利的。在半导体 PN 结中利用电子能量可以诱导粒子数反转。

6. 半导体激光二极管

虽然介质的光泵浦是一种改变载流子浓度的简单方法,但在实际器件中使用它通常会变得复杂。相反,半导体结通常用于通过电泵浦来影响光学材料的载流子浓度。电子可以注入结的一侧,同时从另一侧移除电子,而不直接影响结。以这种方式不断地泵浦会在交界处产生永久性的粒子数反转。这种泵浦方案需要直接带隙半导体以促进直接受激发射。电子泵浦器件通常使用多量子阱结构来最大化激发电子位置和光学模式限制之间的重叠。输入到这些器件的电功率直接导致载流子跃迁,从而导致如前所述的光学增益。第 6 章将展示电泵浦激光器的不同示例。半导体激光器的一个有趣的优点是它们可以在有源衬底上以标准方式制造,在不久的将来有源衬底将与当前技术平台兼容。在下一小节中,我们将讨论其中一个有源平台。

3.4.2 Ⅲ-Ⅴ平台

由Ⅲ族(包括 Al、Ga、In)和Ⅴ族(包括 P、As、Sb)元素的组合组成的半导体对于集成光子学非常重要,主要是因为它们制造的灵活性。这使它们成为探索集成激光器的理想材料平台,集成激光器需要同时设计能带隙、折射率引导和电子 PN 结。通过蒸发元素并将此蒸气暴露于生长衬底,可以外延生长高质量的Ⅲ-Ⅴ晶体。二元化合物(GaAs、InP、AlAs 和 GaP)各自具有固定的性质;然而,三元(例如 $Al_xGa_{1-x}As$)和四元(例如 $In_xGa_{1-x}As_yP_{1-y}$)合金可以实现多种材料特性,例如带隙和折射率。图 3.15 显示了普通合金可能的带隙和晶格常数范围。晶格匹配是设计过程中的一个重要考虑因素,因为失配会导致应变甚至生长缺陷。生长者获得多个具有不同能量带隙的层(从而产生量子阱),同时保持相同的晶格常数(例如图 3.15 中水平线中的 $Al_xGa_{1-x}As$)。外延制造技术可在多个生长层上精确控制这些摩尔比 x 和 y,层厚具有纳米级精度。

Ⅲ-Ⅴ堆栈可以被设计为在某些层中吸收,在其他层中透明,通常被称为带隙工程。夹在较大的带隙层之间的薄层,称为量子阱,也是Ⅲ-Ⅴ光子应用平台的一个关键特征。通过在局部能势下降中捕获激发载流子,量子阱和多量子阱(MQW)区域具有超过体晶体的光电增益和效率。来自Ⅱ族和Ⅳ族的其他元素也可以作为掺杂剂引入生长中,以制造 PN 结,从而制造电泵浦激光器。

Ⅲ-Ⅴ平台的巨大灵活性使其成为强大的研究工具。带有有源器件的 PIC 的早期演示在 InP 中[21]。参考文献[22]中有最新的概述。Ⅲ-Ⅴ晶圆还可以设计成高对比度、低损耗波导,以用于高性能无源器件[23-25]。Ⅲ-Ⅴ平台的缺点是,尽管它们具有灵活性,但外延堆叠是在晶圆上均匀生长的,因此很难在单个芯片上集成有源器件和高性能无源器件。即使在有源器件之间,最佳的外延堆叠设计也会有所不同。尽管如此,一些Ⅲ-Ⅴ半导体代工厂已经创建了标准化的 PIC 平台[26-27]。这些平台上的无源波导是弱引导的,以便更容易地与有源部分连接,但这也意味着与竞争平台相比,波导弯曲、耦合器和滤波器非常大且有损耗。

图 3.15 为Ⅲ-Ⅴ半导体的晶格常数和带隙。线对应于三元化合物:实线表示直接带隙,虚线表示间接带隙。面积对应于四元化合物;例如,灰色区域表示可能的

$In_xGa_{1-x}As_yP_{1-y}$ 合金。Ⅳ族元素 Ge 和 Si 用点表示。转载自参考文献[1],经约翰威利出版公司许可转载。版权批准中心股份有限公司转载许可。

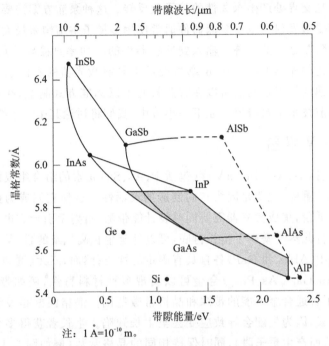

图 3.15　Ⅲ-Ⅴ半导体的晶格常数和带隙

3.4.3　激光动力学

为了分析简单的激光器的行为,我们从具有单增益部分的单腔模式情况开始。虽然有许多器件和物理参数表明增益载流子密度和光模强度之间的关系,但我们发现从一组无量纲(undimensionalized)的方程开始,首先阐明定性行为是最有指导意义的。描述激光的山田方程[28-29]的一个简化的、无量纲化的版本可以表示成

$$\tau_G\,\frac{dG(t)}{dt}=\underset{\text{泵浦}}{\underline{A}}\;-\underset{\text{复合}}{\underline{G(t)}}-\underset{\text{受激发射}}{\underline{G(t)I(t)}}\tag{3.35}$$

$$\frac{dI(t)}{dt}=-\underset{\text{光子泄漏}}{\underline{I(t)}}\;+\underset{\text{受激发射}}{\underline{G(t)I(t)}}\tag{3.36}$$

式中,$G(t)$ 为增益载流子密度,$I(t)$ 为激光强度,A 为增益泵浦参数。τ_G 是增益介质载流子寿命,归一化为腔光子寿命。光子泄漏项归一化为 $1\cdot I$,解释了光在腔外的耦合、自发发射和散射。I 和 G 的大小被归一化以简化方程组,但仍然与光量子成正比。当两个微分方程相加时,项 $G(t)I(t)$ 必须相互抵消。

1. 定点分析

式(3.35)和式(3.36)有两个动态变量和一个单一的偏置参数,泵浦增益为 A。

它们采用耦合常微分方程的形式：

$$\frac{\mathrm{d}x}{\mathrm{d}t} = \vec{f}(\vec{x}), \quad \vec{x} = \begin{pmatrix} G \\ I \end{pmatrix} \tag{3.37}$$

动态分析从识别固定点或稳态开始。固定点是相空间中的点，$\vec{x}_{ss} = [G_{ss}, I_{ss}]^{T}$，它不会随着时间 t 的增加而改变。换句话说，固定点出现在 $\vec{f}(\vec{x}_{ss}) = \mathbf{0}$ 时。请参见第 2.4 节中对动力系统的简要介绍和其中的脚注。我们找到以下一组稳态方程：

$$0 = A - G_{ss} - G_{ss}I_{ss} \tag{3.38}$$
$$0 = (G_{ss} - 1)I_{ss} \tag{3.39}$$

这个方程组对 A 的所有值都有两个解，对应于第二个方程的解。第一个解是 $I_{ss} = 0, G_{ss} = A$，这时没有光强度。另一个解是 $G_{ss} = 1, I_{ss} = A - 1$。虽然解为负的 I_{ss} 在数学上存在，但没有物理意义，因为光强度不能为负。

2. 稳定性分析

固定点可以有不同的种类，具体取决于附近的状态是朝着还是远离它们发展。这被称为稳定性。例如，在其点上平衡的铅笔可以被认为是具有固定点的动力系统，但由于这个固定点是不稳定的，任何微小的扰动都会使铅笔掉下来。为了在数学上评估稳定性，系统围绕固定点进行线性化，以仅考虑小的扰动。关于 $\vec{x}$ 的一阶偏微分方程称为雅可比矩阵 $\mathbf{J}$。

$$\mathbf{J} = \begin{vmatrix} \dfrac{\partial \dot{G}}{\partial G} & \dfrac{\partial \dot{G}}{\partial I} \\[2mm] \dfrac{\partial \dot{I}}{\partial G} & \dfrac{\partial \dot{I}}{\partial I} \end{vmatrix} = \begin{pmatrix} -\dfrac{1+I}{\tau_G} & -\dfrac{G}{\tau_G} \\[2mm] I & G-1 \end{pmatrix} \tag{3.40}$$

雅可比矩阵的特征值决定了一个固定点是稳定的（即吸引）还是不稳定的（即排斥）。为了稳定，所有特征值的实部必须小于零。代入稳态值并求解特征值 λ：

$$\mathbf{J}\vec{x} = \lambda\vec{x} \tag{3.41}$$

且

$$\vec{x}_{ss} = \begin{pmatrix} A \\ 0 \end{pmatrix}: \qquad \lambda = \left\{ -\frac{1}{\tau_G}, A-1 \right\} \tag{3.42}$$

$$\vec{x}_{ss} = \begin{pmatrix} 1 \\ A-1 \end{pmatrix}: \qquad \lambda = \left\{ -\frac{A}{2\tau_G} \pm \sqrt{\left(\frac{A}{2\tau_G}\right)^2 + \frac{1-A}{\tau_G}} \right\} \tag{3.43}$$

当 $A = 1$ 时，两种解的稳定性都发生了变化。这在第一个解中很明显，在第二个解中可以令 $A = 1$，这导致特征值为零。这描述了跨临界分叉，它发生在两个固定点重合和交换稳定性的参数处。

G 和 I 的稳态行为如图 3.16 所示。当跨临界分叉发生时，行为发生了关键变化。这被称为激光阈值，它是每个激光器的一个重要参数。低于阈值时，受激发射不会产生光强度（尽管在该分析中忽略了自发发射），泵浦能量成比例地激励增益介质；

高于阈值时,增益载流子浓度锁定在其阈值水平,泵浦功率的增大 100% 转换为光强度。这一分析是进入激光动力学这一丰富领域的基本起点,这将是第 5 章和第 6 章的主题。

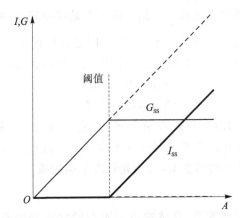

图 3.16　简单激光与泵浦参数的稳态解(见彩图)

真实激光器的阈值由抵消腔往返损耗所需的泵浦速率决定。阈值存在的一个重要后果是传统激光器在将电能转换为光能方面永远无法达到完美的效率,因为它们必须不断地消耗足够的功率以保持增益粒子在激发状态下反转。高于阈值的输出光功率解的斜率称为斜率效率,通常以瓦特/安培或量子效率(每个电子的光子数)表示。参考文献[30]包含了对集成激光器的物理分析和设计的全面参考。

图 3.16 为简单激光与泵浦参数的稳态解。蓝线显示增益变量,红线显示强度变量。实线表示稳定的固定点,而虚线表示不稳定。未显示小于 0 的非物理解。

3.5　参考文献

[1] Saleh B E A, Teich M C. Fundamentals of Photonics. New York: Wiley, 1991, 22.

[2] Heebner J, Grover R, Ibrahim T A. Optical Microresonators: Theory, Fabrication, and Applications, ser. Springer Series in Optical Sciences. Rhodes W, Ed. Springer-Verlag, 2008.

[3] Sherwood-Droz N, Preston K, Levy J S, et al. Device guidelines for wdm interconnects using silicon microring resonators//Workshop on the Interaction between Nanophotonic Devices and Systems (WINDS). co. located with Micro, 2010, 43: 15-18.

[4] Yamada H, Chu T, Ishida S, et al. Optical directional coupler based on Si-wire waveguides. Photonics Technology Letters, IEEE, 2005, 17(3): 585-587.

[5] Zhang Y, Yang S, Lim A E J, et al. A compact and low loss y-junction for submicron silicon waveguide. Optics Express, 2013, 21(1): 1310-1316.

[6] Besse P, Gini E, Bachmann M, et al. New 2×2 and 1×3 multimode interference couplers with free selection of power splitting ratios. Journal of Lightwave Technology, 1996, 14(10): 2286-2293.

[7] Lai Q, Bachmann M, Hunziker W, et al. Arbitrary ratio power splitters using angled silica on silicon multimode interference couplers. Electronics Letters, 1996, 32(17): 1576-1577.

[8] Le T, Cahill L. The design of multimode interference couplers with arbitrary power splitting ratios on a soi platform//21st Annual Meeting of the IEEE Lasers and Electro-Optics Society, 2008. LEOS 2008. Nov. 2008: 378-379.

[9] Le T T, Cahill L. The design of soi-mmi couplers with arbitrary power splitting ratios using slotted waveguide structures//LEOS Annual Meeting Conference Proceedings, 2009. LEOS'09. IEEE, Oct. 2009: 246-247.

[10] Wei H, Yu J, Zhang X, et al. Compact 3-db tapered multimode interference coupler in silicon-on-insulator. Optics Letters, 2001, 26(12): 878-880.

[11] Sahu P. Compact multimode interference coupler with tapered waveguide geometry. Optics Communications, 2007, 277(2): 295- 301.

[12] Feng D J Y, Chang P Y, Lay T S, et al. Novel stepped-width design concept for compact multimode-interference couplers with low cross-coupling ratio. Photonics Technology Letters, IEEE, 2007, 19(4): 224-226.

[13] Sahu P P. A double s-bend geometry with lateral offset for compact two mode interference coupler. Journal of Lightwave Technology, 2011, 29 (13): 2064-2068.

[14] Xia F, Sekaric L, Vlasov Y A. Mode conversion losses in silicon-oninsulator photonic wire based racetrack resonators. Optics Express, 2006, 14 (9): 3872-3886.

[15] Shi Y, Dai D, He S. Improved performance of a silicon-on-insulatorbased multimode interference coupler by using taper structures. Optics Communications, 2005, 253(46): 276-282.

[16] Halir R, Roelkens G, Ortega-Monux A, et al. High-performance 90° hybrid based on a silicon-on-insulator multimode interference coupler. Optics Letters, 2011, 36(2): 178-180.

[17] Th'anh L T. Optimized design of MMI couplers based microresonators. DH Quoc gia TP. HCM, 2009, 12(13): 19-27.

[18] Agrawal G P. Fiber-Optic Communication Systems, ser. Wiley Series in Mi-

crowave and Optical Engineering. Wiley-Interscience, 2002.

[19] Armani A M, Kulkarni R P, Fraser S E, et al. Label-free, single-molecule detection with optical microcavities. Science, 2007, 317: 783.

[20] Madelung O. Semiconductors: Group Ⅳ Elements and Ⅲ-Ⅴ Compounds, ser. Data in Science and Technology. Berlin, Heidelberg: Springer-Verlag, 1991.

[21] Suzuki M, Noda Y, Tanaka H, et al. Monolithic integration of InGaAsP/InP distributed feedback laser and electroabsorption modulator by vapor phase epitaxy. Journal of Lightwave Technology, 1987, 5(9): 1277-1285.

[22] Coldren L A, Nicholes S C, Johansson L, et al. High Performance InP-Based Photonic ICs—A Tutorial. Journal of Lightwave Technology, 2011, 29(4): 554-570.

[23] Ibrahim T, Ritter K, van V, et al. Experimental observations of optical bistability in semiconductor microring resonators//Integrated Photonics Research, ser. OSA Trends in Optics and Photonics. Sawchuk A, Ed. , vol. 58. Optical Society of America, 2001.

[24] Grover R, van V, Ibrahim T, et al. Parallel-cascaded semiconductor microring resonators for highorder and wide-fsr filters. Journal of Lightwave Technology, 2002, 20(5): 872.

[25] van V, Ibrahim T, Absil P, et al. All-optical nonlinear switching in GaAs-AlGaAs microring resonators. IEEE Photonics Tech. Lett. , 2002, 14(1): 74-76.

[26] Smit M, Leijtens X, Ambrosius H, et al. An introduction to InP-based generic integration technology. Semiconductor Science and Technology, 2014, 29(8): 083001.

[27] Kish F A, Welch D, Nagarajan R, et al. Current status of large-scale InP photonic integrated circuits. IEEE Journal on Selected Topics in Quantum Electronics, 2011, 17(6): 1470-1489.

[28] Yamada M. A theoretical analysis of self-sustained pulsation phenomena in narrow-stripe semiconductor lasers. IEEE Journal of Quantum Electronics, 1993, 29(5): 1330-1336.

[29] Dubbeldam J L A, Krauskopf B. Self-pulsations of lasers with saturable absorber: dynamics and bifurcations. Optics Communications, 1999, 159(4-6): 325-338.

[30] Coldren L A, Corzine S W, Maısanovic M L. Diode Lasers and Photonic Integrated Circuits. 2nd ed. John Wiley & Sons, Inc. , 2012.

第 4 章
SOA 动态的脉冲处理

第一次在超快光学元件中模拟尖峰脉冲 LIF 行为是一个占用光学工作台面积的大型光纤系统。虽然这种基本的光子神经元体积大、功耗低（2 W）且效率低下（1%），但它显示了多种重要的混合脉冲处理功能，包括积分和阈值处理[1-3]。在这些初始原型中所开创的许多相同物理原理与新近开发的集成模型（第 6 章）相关，因为它们能够集成到更大的神经网络中（见第 10.3 节）。

4.1 基于 SOA 的光子神经形态原语

光子物理学和神经计算范式之间最惊人的相似之处在于，当输入脉冲宽度远小于载流子寿命时，控制 LIF 神经元的胞内电位的方程（2.4）（为方便起见，在此重复）与短半导体光放大器（SOA）的增益动力学之间能够直接对应：

$$\underbrace{\frac{\mathrm{d}N'(t)}{\mathrm{d}t}}_{\text{激活}} = \underbrace{\frac{N'_{\text{rest}}}{\tau_{\text{e}}}}_{\text{有源泵浦}} - \underbrace{\frac{N'(t)}{\tau_{\text{e}}}}_{\text{泄漏}} + \underbrace{\frac{\Gamma a(\lambda)}{E_{\text{p}}}N'(t)P(t)}_{\text{外部输入}} \tag{4.1}$$

$$\underbrace{\frac{\mathrm{d}V_{\text{m}}(t)}{\mathrm{d}t}}_{\text{激活}} = \underbrace{\frac{V_{\text{L}}}{\tau_{\text{m}}}}_{\text{有源泵浦}} - \underbrace{\frac{V_{\text{m}}(t)}{\tau_{\text{m}}}}_{\text{泄漏}} + \underbrace{\frac{1}{C_{\text{m}}}I_{\text{app}}(t)}_{\text{外部输入}} \tag{4.2}$$

SOA 的主要状态变量类似于神经元的状态，是在 SOA 的活性区域中的自由（激发）载流子，即高于透明度的载流子密度，$N'(t) = N(t) - N_0$，其中 $N(t)$ 为实际载流子密度，N_0 为透明处的载流子密度。输入脉冲会迅速扰乱载流子浓度，然后再衰减到其静止值。光输入可以对 SOA 状态进行正或负扰动，这取决于其波长[5]，在式（4.1）中用增益系数 $a(\lambda)$ 表示。SOA 增益带内的波长将耗尽载流子浓度，而较短的波长可以将其泵浦以产生相反的效果。图 4.1 演示了在 SOA 积分器中同时进行光激发和抑制的实验。SOA 的其他积分特性由载流子寿命、模式限制因子 Γ、光子能量 E_{p}，以及有源 SOA 泵浦电流决定；$P(t)$ 为入射光功率。自发的载流子衰减使得载流子密度趋向于 0，需要一个有源泵浦电流来对抗载流子的衰减，并保持静止载流子密度为 N'_{rest}。因此，改变 $N'(t)$ 的因素有三个：由自发发光引起的无源泄漏导致的载流子衰减；由 SOA 的驱动电流提供的有源泵浦；以及由神经元输入引起的受激发射，这也使得神经元"放电"，减少其状态变量 $N'(t)$。

这些方程之间的对应关系表明，这种标准光电材料的自然物理行为可以用来模拟神经动力学的主要部分：求和和积分。尽管是动态同构的，这两个方程却在不同的时间尺度上运行：时间常数 $R_{\text{m}}C_{\text{m}} = \tau_{\text{m}}$ 在生物神经元中约为 10 ms；而在 SOAs 中，通常在 25～500 ps 的范围内。因此，可以模拟神经整合函数的模型，也可以利用神经启发的处理技术，使应用程序的速度提高数百万到数十亿倍。

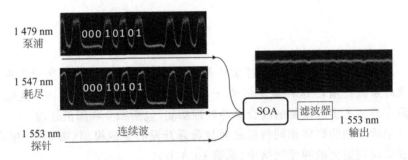

图 4.1　SOA 中同时存在兴奋性/抑制性刺激

图 4.1 为实验装置，用于通过使用不同波长的增益泵浦和耗尽来证明 SOA 中同时存在兴奋性和抑制性刺激。输入相同的位模式，使得探针功率没有净变化。不平衡的输入会导致探针波长处的透射率出现正负调制。经施普林格出版社许可。经 Tait 等人许可转载，来自参考文献[6]。

1. 操作原理

图 4.2 说明了积分器件的功能架构。它由三个处理块组成：(i) 被动加权、延迟和输入求和；(ii) 时间积分；(iii) 阈值处理。输入块由一个多对一光耦合器组成，耦合器中包括一个可调光衰减器和每个输入中的可调延迟线，类似于光码分多址[7]和光子波束形成[8]中使用的光匹配滤波器。

时间积分块由一个带有增益采样机制的 SOA 组成。阈值处理块由一个 EDFA 处理器和一个基于光纤的阈值处理器组成。

图 4.2 为积分发射器件的功能架构。神经元输入用"In 1"到"In N"表示。G：可调权重。T：可调延迟线。λ_0：低功率脉冲序列对被输入脉冲耗尽的 SOA 的载流子浓度进行采样。SOA：半导体光放大器。HDF 光纤：高锗掺杂光纤。经 Rosenbluth 等人许可转载，来自参考文献[1]。版权所有：2009 年美国光学学会。

为了提取关于积分 SOA 的载流子浓度的信息，需要一个由瞬时增益调制的探针信号（见图 4.2 中的 λ_0），而瞬时增益取决于自由载流子浓度。SOA 积分器的工作

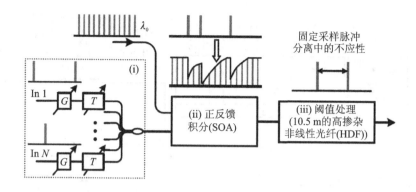

图 4.2　积分发射器件的功能架构

原理是基于发射到 SOA 的光脉冲引起的载流子密度的降低,以及在存在泵浦电流的情况下载流子密度的指数恢复行为。在载流子密度完全恢复之前向 SOA 发射第二个脉冲时,它会进一步降低载流子密度,从而导致两个输入脉冲效应的时间积分。增益采样用于将 SOA 载流子密度转换为脉冲强度。为了控制神经元的放电,向光学阈值器发生代表载流子密度变化的脉冲。阈值处理是由一小段高锗掺杂非线性光纤组成的非线性光环镜(NOLM)完成的。它利用非线性克尔效应来诱导在更高功率下饱和的近似 S 形功率传输函数[9]。通过适当调整输入信号功率,阈值器振幅就可以区分输入信号,当输入功率达到某个阈值时,神经元就会触发。这代表了神经函数的非线性部分。

图 4.3 为全光阈值器操作的实验演示。Ⓐ:测量的输入信号,它是两个脉冲流的总和;Ⓑ:积分器输出;Ⓒ:在两个不同阈值位置测量的阈值信号。经 Rosenbluth 等人许可转载,来自参考文献[1]。版权所有:2009 年美国光学学会。

2. 结　果

图 4.3 是积分发射神经元光学实现的一个例子。两个输入信号被发送到神经元的两个输入端。每个信号由 5 位序列"01100"组成,即在 1.25 Gbit/s 的比特率下,在5 位间隔内有 2 ps 的脉冲。调整神经元输入的延迟,使信号在时间上偏移约一个比特周期,如图 4.3Ⓐ所示。这两个输入没有时间对齐,从图 4.3Ⓐ中可以看出,它们间隔 12 ps。值得注意的是,虽然这两个输入选择为数字格式并在时间上同步以便进行更清晰的实验演示,但在实践中,输入可以采用模拟格式,也可以异步。经过积分后,信号的形式如图 4.3Ⓑ所示,其中存在三个不同高度的脉冲。由于 SOA 中交叉增益调制的反演特性,图 4.3Ⓑ中的最高脉冲从图 4.3Ⓐ中输入端的零开始。图 4.3Ⓑ中标记为(1)的中间高度是图 4.3Ⓐ输入处的一个脉冲产生的;图 4.3Ⓑ中标记为(0)的最低高度,是图 4.3Ⓐ输入端两个时间上接近的脉冲产生的。通过控制输入信号的放大因子可以调节阈值电平,这样就可以仅在最高和中间脉冲高度之间,或在任何非零脉冲下触发神经元。图 4.3Ⓒ中的眼图显示了阈值电平设置在最低高度和中间高

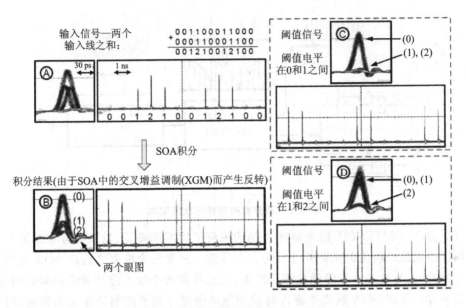

图 4.3　全光阈值器操作的实验演示

度之间的情况；图 4.3①显示了阈值电平设置在中间高度和最高高度之间的情况。所有的调整都是通过简单地改变放大器的增益来调整进入阈值器的非线性环路时的光功率进行的。

实验结果表明，积分发射器件可以在 ps 宽度脉冲上工作，积分时间常数为 180 ps，也可以在 100～300 ps 范围内进行调整。由于使用光学方法可以获得更宽的操作带宽，积分时间比生物神经元快了 6 个数量级。器件参数的重新配置使其能够执行多种信号处理和决策操作。通过改变积分时间常数，该器件的范围从符合探测器到符合相关器[11-13]。

图 4.4 为在商业 FDTD 环境中模拟的 DREAM 阈值能力。输入脉冲宽度为

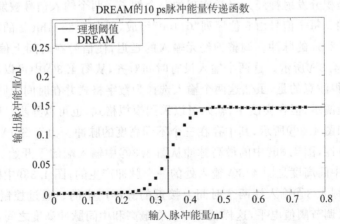

图 4.4　在商业 FDTD 环境中模拟的 DREAM 阈值能力

10 ps,阈值电平为 350 pJ。理想的阈值特征是 Heaviside 阶跃函数(黑线)。经施普林格出版社许可。经 Tait 等人许可转载,来自参考文献[6]。

由于 SOA 和锁模激光器都是可集成的器件,因此将阈值器缩小到一个小的面积是集成前馈神经元能力的关键。其中一个装置是双谐振增强的非对称马赫-曾德尔干涉仪(DREAM)[14]。通过调整每个臂环的精细度,可以平衡脉冲宽度和峰值功率,从而获得与所需阶跃函数非常相似的能量传递响应(见图 4.4)。DREAM 在每个关键性能指标上都可以超过 NOLM 4 个数量级:尺寸、决策延迟和开关功率。使用当前的材料技术,可以实现 10 ps 左右的决策延迟[14]。

3. 讨　论

虽然该模型成功地执行了生物计算的两个定性特征——积分和阈值化,但它缺乏复位条件、产生光脉冲的能力和真正的异步行为。所以对这个台式模型进行了包括用来重置 SOA 的延迟输出脉冲反馈在内的一些修改,使其适用于学习中的初步实验(见第 12 章)和简单的光波神经形态电路(见第 4.2 节)。最初基于光纤的光子神经元很难扩展到由许多神经元组成的网络,但它确定了超快认知计算的一个新领域,这为基于可激发激光动力学的更先进的光子神经元器件的发展提供了基础,对该模型将在第 5 章中进一步描述。此外,如第 10.3.3 小节所述,还可以创建该电路的网络兼容版本。

4.2　光波神经形态电路

神经形态工程通过利用神经元计算算法提供了广泛实用的计算和信号处理工具。现有的技术包括模拟的超大规模集成前端传感器电路,它具有复制视网膜和耳蜗的功能[15]。光波神经形态信号处理具有光子技术所特有的高速、低延迟的性能,可以满足实时信号处理的要求。我们已经演示了几个小规模的光波神经形态电路,基于第 4.1 节详细介绍了光子神经元的台式模型,以模拟重要的神经元行为。在这里,我们介绍几种典型的光波神经形态电路,包括:(1)受仓鸮启发的简单听觉定位[16],可以用于光探测和测距(激光雷达)定位;(2)小龙虾翻尾逃逸反应[3],显示了精确的皮秒模式分类;(3)主成分和独立成分分析,它可以基于多个传感器之间的统计关系自适应地分离混合和/或损坏的信号。

4.2.1　仓鸮听觉定位算法

图 4.5(a)显示了一个简单的听觉定位图。由于目标 1 和目标 2 的位置不同,到达仓鸮的左传感器和右传感器的信号之间存在时间差,记为对象 1:$\Delta T_1 = t_{1a} - t_{1b}$ 和对象 2:$\Delta T_2 = t_{2a} - t_{2b}$。因此,可以通过调整神经元输入的权重和延迟,将神经元配置为对特定对象位置作出响应。如果加权和延迟信号足够强,且到达积分窗口内,则给定的神经元就会出现峰值;否则不会产生尖峰脉冲信号,并可能触发对应于另一

个位置的不同神经元。图 4.5(b)说明了当两个加权和延迟信号相距较远时相应的基于 SOA 的积分器响应。

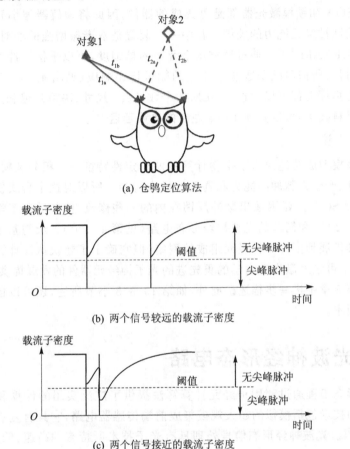

(a) 仓鸮定位算法

(b) 两个信号较远的载流子密度

(c) 两个信号接近的载流子密度

图 4.5　仓鸮听觉定位原理(见彩图)

　　图 4.5 为仓鸮听觉定位原理。图 4.5(a)为仓鸮听觉定位算法示意图。当两个信号相距较远(无尖峰脉冲)和两个信号接近(有尖峰脉冲)时,SOA 载流子密度分别如图 4.5(b)和图 4.5(c)表示。经施普林格出版社许可。经 Tait 等人许可转载,来自参考文献[6]。

　　受到刺激的信号不能通过阈值器,因此不会产生尖峰脉冲。当两个输入信号足够接近时,载流子密度达到阈值,并导致一个如图 4.5(c)所示的尖峰脉冲。该算法可用于雷达波形或激光雷达信号的前端空间滤波。

　　图 4.6 描述了脉冲处理器[2]的时间敏感性。更具体地说,图 4.6(a)对应于由多个强度相同但时间间隔不同的脉冲(信号)组成的输入,即在情况 I 中,输入信号的时间间隔很小(测量的时间分辨率受光电探测器的带宽限制)。

　　图 4.6 为听觉定位结果。光子神经元的输入(图 4.6(a)),情况 I:输入信号接

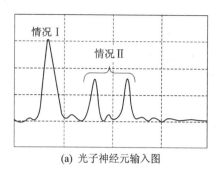

(a) 光子神经元输入图

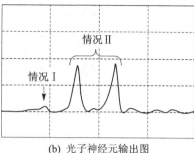

(b) 光子神经元输出图

图 4.6 听觉定位结果

近;情况Ⅱ:输入信号距离较远。光子神经元的输出(图 4.6(b)),情况Ⅰ:当信号接近时无尖峰脉冲出现;情况Ⅱ:当信号距离较远时出现尖峰脉冲。经施普林格出版社许可。经 Tait 等人许可转载,来自参考文献[6]。

在图 4.6(a)情况Ⅱ中,输入信号的时间间隔更远。在 SOA 处进行时间积分并在光学阈值器处进行阈值处理后,得到如图 4.6(b)所示的尖峰脉冲输出。由于 SOA 的增益损耗特性,尖峰脉冲输出被反转。当输入信号靠得很近时,没有观察到尖峰脉冲(情况Ⅰ);而当输入信号相距更远时,可以观察到尖峰脉冲(情况Ⅱ)。

4.2.2 小龙虾的翻尾逃逸反应

我们还展示了一种基于小龙虾逃逸反应神经元模型的信号特征识别装置[17]。小龙虾通过快速逃逸反应行为逃离危险。对相应的神经回路进行配置能够对适当的突然刺激作出响应。由于这对应于小龙虾的生死决定,因此必须快速准确地执行。基于光波神经形态信号处理的逃逸响应电路可以用于军用飞机的飞行员弹射。我们的器件利用光子技术模拟小龙虾的反应回路,速度足够快,可以用于国防应用,帮助快速作出关键决策并同时最大限度地降低误报的可能性。

图 4.7(a)展示了小龙虾的逃逸神经元模型,图 4.7(b)演示了对信号特征识别的逃逸响应的光学实现。如图 4.7(a)所示,来自受体(R)的信号被导向神经元的第一阶段——感觉输入(SI)。对每个 SI 进行配置使其可以对受体上的特定刺激作出响应。当输入与默认特征相匹配时,SI 会整合刺激并产生尖峰脉冲。然后,这些尖峰脉冲被发射到神经回路的第二阶段——横向巨头(LG)。

图 4.7 为小龙虾翻尾逃逸反应原理。图 4.7(a)为小龙虾的翻尾逃逸反应示意图。R:受体;SI:感觉输入;LG:横向巨头。图 4.7(b)为逃逸响应的光学实现示意图。w:加权;t:延迟;EAM:电吸收调制器;TH:光学阈值器。图中,测量的输出功率是显示 EAM 中交叉吸收调制恢复的时间。经 Fok 等人许可转载,来自参考文献[3]。版权所有:2011 年美国光学学会。

LG 整合第一阶段的尖峰脉冲信号和其中一个受体信号。只有当信号在时间上

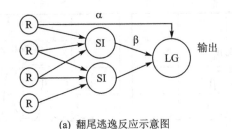

(a) 翻尾逃逸反应示意图

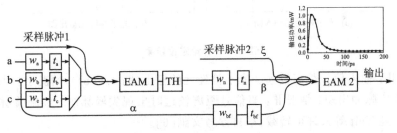

(b) 逃逸响应的光学实现示意图

图 4.7 小龙虾翻尾逃逸反应原理

足够接近,并且足够强,足以引发一个峰值———一个突然的刺激时,神经元才会作出
反应。

　　模拟光学模型如图 4.7(b)所示,其利用了电吸收调制器(EAM)中的快速(亚纳
秒)信号集成,以及高锗掺杂非线性环境(Ge‑NOLM)中的超快(皮秒)光学阈值。
基本模型由两个级联积分器和一个光学阈值器组成。第一积分器用以响应具有特定
特征的一组信号,而第二积分器则是从经过加权和延迟操作确定的集合中选择信号
的子集,并且仅在输入刺激和来自第一积分器的尖峰脉冲在非常短的时间间隔内到
达时才进行响应。

　　对输入 a、b 和 c 进行加权和延迟,使得第一个 EAM 积分器(EAM1)在具有特定
特征的输入时产生尖峰脉冲。一系列采样脉冲与输入一起发射,为 EAM 脉冲提供
脉冲源。脉冲行为是基于 EAM 中的交叉吸收调制(XAM)[18]。也就是说,当积分输
入功率大到足以使 XAM 发生时,积分窗口内的采样脉冲才会通过 EAM;否则,它们
将被吸收。然后在 Ge‑NOLM[9]处对尖峰脉冲输出设置阈值,使输出尖峰脉冲具有
相似的高度,并去除不需要的弱尖峰脉冲。阈值输出和输入 b 的一部分分别通过路
径 β 和 α 作为输入控制进入第二积分器。采样脉冲通过路径作为尖峰脉冲的脉冲源
发射到积分器。通过对输入进行加权和延迟,来自第二积分器的尖峰脉冲只出现在
具有期望特征的输入上。只要调整输入的权重和延迟,就可以简单地对所需特征重
新选择。

　　图 4.8 为小龙虾翻尾逃逸响应实验结果。图 4.8(a)为光输入到 EAM 1;图 4.8
(b)为第一个积分器产生不同的尖峰脉冲模式;图 4.8(c)为阈值输出;图 4.8(d)为
EAM 2 对模式 abc 和 ab 识别的输出尖峰脉冲;图 4.8(e)为 EAM 2 的输出峰值,仅

识别模式 abc;图 4.8(f)为 EAM 2 的输出,没有识别任何输入。经 Fok 等人许可转载,来自参考文献[3]。版权所有:2011 年美国光学学会。

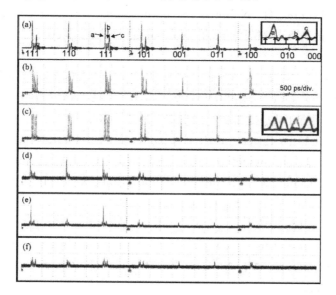

图 4.8　小龙虾翻尾逃逸响应实验结果

　　识别电路检测具有配置的特定时间间隔的 abc 和 ab 输入模式。图 4.8 显示了信号特征识别器的实验结果。图 4.8 (a)显示了具有特定权重和延迟的三种输入的所有八种组合。我们用"1"来表示输入存在,而"0"则表示没有输入。输入信号的叠加时间分布如图 4.8(a)所示。如箭头所示,实验中使用时间间隔约为 25 ps 的采样脉冲。对输入信号进行积分,EAM 1 的透射率由输出端的尖峰脉冲模式表示(见图 4.8(b))。Ge-NOLM 用于设定 EAM 1 的输出阈值(见图 4.8(c))。该图显示了阈值输出的叠加时间分布。

　　当来自第一个神经元的输出尖峰脉冲在输入 b 之后到达第二个积分器时,即在积分间隔内,第二个积分器将出现尖峰脉冲。通过调整输入到 EAM 2 的时间延迟,模式识别器可以识别模式 abc 和 ab(见图 4.8(d))或只识别模式 abc(见图 4.8(e))。然而,如果来自第一个神经元的尖峰脉冲到达得太晚,即超过积分时间到达,那么第二个积分器将不会出现尖峰脉冲(见图 4.8(f))。这些例子表明,信号特征识别器运行正常,并且可通过调整时延重新配置。

4.3　参考文献

[1] Rosenbluth D, Kravtsov K, Fok M P, et al. A high performance photonic pulse processing device. Optics Express, 2009, 17(25): 22767-22772.

[2] Kravtsov K S, Fok M P, Prucnal P R, et al. Ultrafast alloptical implementa-

tion of a leaky integrate-and-fire neuron. Optics Express, 2011, 19（3）: 2133-2147.

[3] Fok M P, Deming H, Nahmias M, et al. Signal feature recognition based on lightwave neuromorphic signal processing. Optics Letters, 2011, 36（1）: 19-21.

[4] Premaratne M, Nĕsić D, Agrawal G P. Pulse amplification and gain recovery in semiconductor optical amplifiers: A systematic analytical approach. Journal of Lightwave Technology, 2008, 26(12): 1653-1660.

[5] Tian Y, Fok M P, Prucnal P R. Experimental characterization of simultaneous gain pumping and depletion in a semiconductor optical amplifier//CLEO: 2011-Laser Applications to Photonic Applications. Optical Society of America, 2011, p. JTuI70.

[6] Tait A N, Nahmias M A, Tian Y, et al. Photonic neuromorphic signal processing and computing//Nanophotonic Information Physics, ser. Nano-Optics and Nanophotonics, M. Naruse, Ed. Berlin, Heidelberg: Springer-Verlag, 2014: 183-222.

[7] Prucnal P R. Optical Code Division Multiple Access: Fundamentals and Applications. CRC Press, 2010.

[8] Chang J, Fok M P, Corey R M, et al. Highly Scalable Adaptive Photonic Beamformer Using a Single Mode to Multimode Optical Combiner. IEEE Microwave and Wireless Components Letters, 2013, 23(10): 563-565.

[9] Kravtsov K, Prucnal P R, Bubnov M M. Simple nonlinear interferometer-based all-optical thresholder and its applications for optical cdma. Optics Express, 2007, 15(20): 13114-13122.

[10] Rafidi N, Kravtsov K, Tian Y, et al. Power transfer function tailoring in a highly ge-doped nonlinear interferometer-based all-optical thresholder using offset-spectral filtering. Photonics Journal, IEEE, 2012, 4(2): 528 -534.

[11] Maass W, Bishop C M. Pulsed neural networks. Cambridge, MA, USA: MIT Press, 2001.

[12] Markram H, ubke J L, Frotscher M, et al. Regulation of synaptic efficacy by coincidence of postsynaptic aps and epsps. Science, 1997, 275（5297）: 213-215.

[13] Shastri B J, Tait A N, Nahmias M, et al. Coincidence detection with graphene excitable laser//CLEO: 2014. Optical Society of America, 2014, p. STu3I. 5.

[14] Tait A N, Shastri B J, Fok M P, et al. The dream: An integrated photonic

thresholder. Journal of Lightwave Technology，2013，31(8)：1263-1272.

[15] Koch C，Li H. Vision Chips：Implementing Vision Algorithms With Analog Vlsi Circuits. IEEE Computer Soc. Press，1995.

[16] Prucnal P，Fok M，Rosenbluth D，et al. Lightwave neuromorphic signal processing//2011 ICO International Conference on Information Photonics (IP). 2011：1-2.

[17] Young D. Nerve Cells and Animal Behaviour. Cambridge，England：Cambridge University Press，1989.

[18] Edagawa N，Suzuki M，Yamamoto S. Novel wavelength converter using an electroabsorption modulator. IEICE Transactions on Electronics，1998，E81-C(8)：1251-1257.

[14] Kube J, Janodia U, et al. ... ...

[15] Ran X, et al. Visor Thresholding using Vision Algorithm ... ...
... ... IEEE computer Sc., Press ...

[16] Lim S S, Ban M. Data ... ... digital ...
... ...

第 5 章

用于统一尖峰脉冲处理的
可激发激光器

　　光子学中的新型材料和器件有可能彻底改变光学信息处理,超越传统的二进制逻辑方法。激光系统提供了丰富实用的动力学行为,包括在神经元的时间分辨"尖峰脉冲"中也发现的可激发动力学。尖峰脉冲将模拟处理的表现力和效率与数字处理的鲁棒性和可扩展性相结合。本章展示了一个进行尖峰脉冲处理的统一平台,这个平台使用了石墨烯耦合(两段增益和吸引子)的激光系统。该平台可以同时解决逻辑电平恢复、级联和输入/输出隔离等光学信息处理中的基本问题,还实现了对高级处理至关重要的低级尖峰脉冲处理任务,例如时间模式检测和稳定的循环记忆。本章在光纤激光系统的背景下研究这些特性,并描述了一个类似的集成器件。石墨烯的添加带来了许多源于其独特性能的优势,包括高吸引子和载流子的快速弛豫。这些可能会显著提高非常规激光加工器件的速度和效率,并且正在进行的石墨烯微加工研究也有望与集成激光平台兼容。

5.1　介　绍

　　近年来,人们对同一介质中的信息通信(以光学为主)和信息处理(以电子学为主)之间的统一边界进行了不懈的探索。在信息处理的背景下,非线性动力系统[1-3]因其与生物网络的同构性而受到相当大的关注。与在标准冯·诺伊曼架构上实现的基于二进制逻辑的方法相比,受神经启发的非传统处理范式[3-6]解决某些特定任务相对而言更有效,如模式分析、决策制定、优化和学习。一种被称为尖峰脉冲[7-8]的稀疏编码方案,最近被神经科学界认为是信息处理的一种重要的神经编码策略[8-11]。光子技术的不断发展重新唤醒了人们对神经激发光学信息处理的兴趣[2,12-15],以补充和创造新的机会[16-17],并可能在相同衬底上弥补与信息通信的差距[18]。

　　本章介绍了在光学平台对低级尖峰脉冲处理[7-8]功能的统一的实验演示。利用石墨烯激光系统的非常规(可激发)动力学特性,在光纤中展示了以下特性,这些特性是光学计算的关键障碍[16-18]:逻辑电平恢复、级联性和输入/输出隔离。正如将在第 6 章中详细介绍的,尽管许多方法已经分别实现了这些特性[19-21],但没有在单个器件中同时实现了这些关键功能的记录[16-18]。本实验原型还具有处理任务的有用属性,包括时间积分和尖锐阈值,从而得到一个非常简单的时间分类器[22]。本实验还包括一个仿真模型,解释了所有观察到的行为:积分、阈值、不应性和尖峰脉冲产生。为了进行比较,还提出了一个模拟集成器件结构,在<mm^{2}的足迹中也被提出并进行了模拟,表现出相同的动力学行为。缩小腔长和整体尺寸(以百万计),使集成的石墨烯可激发激光器可以显示出皮秒量级的动力学特性。该模型的灵感来自基于事件的信息表示、动态兴奋性和石墨烯独特的材料特性等方面的新见解。

如第 2 章所述,尖峰脉冲是一种具有坚实的码论依据的稀疏编码方案[23-25]。信息以短尖峰脉冲(或"尖峰脉冲")之间的时间和空间关系进行编码。尖峰脉冲码在幅度上是数字的,但在时间上是模拟的,它在具有数字通信鲁棒性的同时,也体现了模拟处理的表现力和效率。尖峰脉冲通常由非线性动力系统接收和产生,可以通过兴奋性动态地表示和处理。兴奋性是一种远离平衡的非线性动力机制,潜藏着对微小扰动的全有或全无响应[26]。可激发系统具有独特的再生特性,已被用于用光学扭矩扳手[27]检测微粒,并利用光敏的 Belousov - Zhabotinsky 反应[28]进行图像处理。在尖峰脉冲处理的背景下,研究者利用分岔理论[19,30-31]研究了可激发激光系统[20-21,29]。许多正在探索的动力系统都与基础器件物理密切相关,因此,对这类有用系统的探索通常涉及到新颖的材料。

本章的方法利用了石墨烯的独特性质,其卓越的电学和光学性质使几种颠覆性技术应用成为可能[32-34]。与硅晶体管相比,石墨烯晶体管的体积更小、速度更快[35-36],但由于带隙为零而导致的低开/关电流比,对传统的数字逻辑构成了严峻的挑战。我们利用石墨烯的无源性,而不是利用其电学特性作为常规加工应用中的有源元件并且利用其独特的光学特性,以实现非常规加工。自石墨烯作为一种新型的可饱和吸引子剂(Saturable Absorber,SA)出现以来,人们在被动模式锁定和 Q 开关方面对其进行了严格的研究[37-40],由于其具有高饱和吸引子体积比[32],石墨烯已比广泛使用的半导体可饱和吸引子剂更受青睐[41]。石墨烯还具有许多其他重要的优势,这些优势在处理方面特别有用,包括非常快的响应时间、宽带频率可调性(适用于波分复用网络)和可调的调制深度。此外,与半导体吸引子剂相比,石墨烯还具有高导热性和损伤阈值。

本章的工作是通过实验验证了理论发现的[42-43]半导体光载流子和神经元生物物理学之间的动态同构性,以及石墨烯支持的尖峰脉冲处理的最新预测[44-45]。石墨烯微加工技术的研究进展[32-34,46]可能使其成为集成激光平台中可行的标准技术,再加上合适的网络平台[47],可形成可扩展的光计算平台[16-18]。

5.2　动力学模型

尖峰脉冲处理单元行为的动力系统是一个两部分的可激发激光器,该激光器由带有饱和吸引子剂(SA)的增益部分和用于腔反馈的反射镜组成(见图 5.1(a))。Yamada 模型[48]描述了具有独立增益和 SA 截面的激光器的行为,并且在整个腔体之间具有近似恒定的强度分布。输入会选择性地扰动增益。增益介质充当时间积分器,其时间常数等于载流子复合寿命。SA 随着光强的增大而变得透明,因此它通过限制增益介质在腔内形成的强度,来充当一个阈值探测器(见图 5.1(b))。这个三维动力系统的最简单形式可以用以下无量纲方程来描述[21,42]:

$$\frac{\mathrm{d}G(t)}{\mathrm{d}t} = \gamma_G\big[A - G(t) - G(t)I(t)\big] + \theta(t) \tag{5.1}$$

$$\frac{\mathrm{d}Q(t)}{\mathrm{d}t} = \gamma_Q\big[B - Q(t) - \alpha Q(t)I(t)\big] \tag{5.2}$$

$$\frac{\mathrm{d}I(t)}{\mathrm{d}t} = \gamma_I\big[G(t) - Q(t) - 1\big]I(t) + \varepsilon f(G) \tag{5.3}$$

式中,$G(t)$模型是增益,$Q(t)$是吸引子,$I(t)$是激光强度,A 是增益的偏置电流,B 是吸引子水平,α 描述了相对于微分增益的微分吸引子,γ_G 是增益的松弛速率,γ_Q 是吸引子剂的松弛速率,γ_I 是逆光子寿命,$\theta(t)$是与时间相关的输入扰动,$\varepsilon f(G)$是自发噪声对强度的贡献,ε 的值很小。尽管该模型通常用于单模激光器,但也可以将其应用于多模激光器,前提是模式的行为相似,并且模式之间的相位锁定效果被忽略(见附录中光纤激光器仿真一节)。

图 5.1 为两段增益 SA 可激发激光器及仿真。图 5.1(a)为两段增益 SA 可激发激光器的简单示意图。该装置由(i)增益部分、(ii)可饱和吸引子剂和(iii)用于腔反

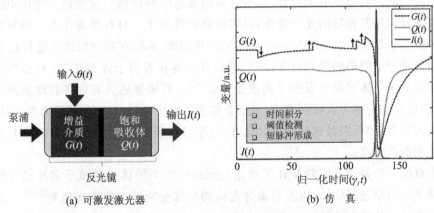

(a) 可激发激光器　　　　(b) 仿真

图 5.1　两段增益 SA 可激发激光器及仿真(见彩图)

馈的反射镜组成。在 LIF 可激发模型中,输入有选择地在光学或电学上扰动增益。图 5.1(b)为 SA 激光器作为 LIF 神经元的模拟结果。箭头表示输入 $\theta(t)$(兴奋尖峰脉冲和抑制尖峰脉冲),它们改变了一定量的增益 ΔG。足够的激励性输入导致系统进入快速动力学,从而产生一个尖峰脉冲,随后是吸引子 $Q(t)$ 的快速恢复和增益 $G(t)$ 的缓慢恢复。变量被重新缩放以适应所需的范围。所使用的值:$A=4.3$;$B=3.52$;$\alpha=1.8$;$\gamma_G=0.05$;γ_L,$\gamma_I \gg 0.05$。版权所有:2013 IEEE。经 Nahmias 等人许可转载,来自参考文献[42]。

让我们假设系统的输入只对增益 $G(t)$ 造成扰动。例如,来自其他可激发激光器的尖峰脉冲将引起图 5.1(b)中箭头所示的变化 ΔG,而模拟输入将连续调制 $G(t)$。这种注入可以通过选择性调制增益介质的光尖峰脉冲或通过电流注入来实现。

1. 尖峰脉冲形成前

由于损失 $Q(t)$ 和强度 $I(t)$ 是变化很快的,它们将很快稳定到其平衡值。在较慢的时间尺度上,我们的系统表现为

$$\frac{dG(t)}{dt} = \gamma_G \big[A - G(t) - G(t)I(t) \big] + \theta(t) \tag{5.4}$$

$$Q(t) = Q_{eq} \tag{5.5}$$

$$I(t) = I_{eq} \tag{5.6}$$

用 $\theta(t)$ 表示可能的输入,均衡值 $Q_{eq}=B$ 且 $I_{eq}=\varepsilon f(G)/\gamma_I[1-G(t)+Q(t)]$。因为 ε 很小,所以 $I_{eq}\approx0$。当腔内强度为零时,$G(t)$ 和 $Q(t)$ 变量被动态解耦。结果是,如果输入与增益相关联,它们只会扰动 $G(t)$,除非 $I(t)$ 变得足够大,使动力学耦合在一起。

如果 $I(t)$ 增大,缓慢的动态就会中断。当 $G(t)-Q(t)-1>0$ 时,$I(t)$ 将变得不稳定,因为 $\dot{I}(t) \approx \gamma_I[G(t)-Q(t)-1]I(t)$。已知 $G(t)$ 的扰动,我们可以定义一个阈值条件:

$$G_{thresh} = Q+1 = B+1 \quad (\text{处于平衡状态}) \tag{5.7}$$

在这上面,快速动态将发挥作用。这发生在图 5.1(b)中的第三次兴奋性尖峰脉冲之后。

2. 尖峰脉冲生成

引起 $G(t)>G_{thresh}$ 的扰动将导致短尖峰脉冲的释放。一旦 $I(t)$ 被提升到吸引子 $I=0$ 之上,$I(t)$ 将呈指数增长。这导致了 $Q(t)$ 在一个非常快的时间尺度上的饱和,直到 $Q=0$,随后增益 $G(t)$ 的消耗将略微放慢。一旦饱和后,$G(t)-Q(t)-1<0$,即 $G(t)<1$,$I(t)$ 将达到其峰值强度 I_{max},然后在时间上以 $1/\gamma_I$ 量级快速衰减。$I(t)$ 最终将达到 $I\approx0$,因为它进一步耗尽最终值 G_{reset} 的增益,该值具有足够大的强度,通常接近透明度级别 $G_{reset}\approx0$。

给定的尖峰脉冲从腔内被激发的载流子中获得能量。尖峰脉冲的总能量为

$E_{pulse} = Nh\nu$,其中 N 是耗尽的被激发载流子的数量,$h\nu$ 是在激光频率下单个光子的能量。因为增益与反转粒子数成比例,所以 N 必须与增益 $G(t)$ 在尖峰脉冲形成过程中消耗的量成比例。因此,如果 G_{fire} 是导致尖峰脉冲释放的增益,则可以认为输出尖峰脉冲将采用近似形式:

$$P_{out} = E_{pulse} \cdot \delta(t - \tau_f) \tag{5.8}$$

$$E_{pulse} \propto G_{fire} - G_{reset} \tag{5.9}$$

式中,τ_f 是尖峰脉冲触发的时间,$\delta(t)$ 是一个 delta 函数。尖峰脉冲编码通道的特性之一是尖峰脉冲能量是数字编码的。每次迭代时,尖峰脉冲都必须有恒定的振幅,这是生物神经元所共有的全有或全无(all-or-nothing)反应的特征属性。如果我们将系统设置为接近阈值 $G_{thresh} - G_{eq} \ll G_{thresh}$,则可以将输出尖峰脉冲归一化。由于有效降低了阈值,因此必须将输入扰动 ΔG 的大小缩小。这意味着 $G_{fire} \approx G_{thresh}$,这有助于通过减少输入对系统的扰动来抑制输出尖峰脉冲幅度的变化。这导致类似于阶跃函数的响应,如图 5.2 所示,这是我们所期望的现象。

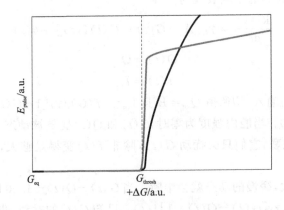

图 5.2   神经元阈值函数(见彩图)

图 5.2 为神经元阈值函数,模拟了神经元在远离阈值和接近阈值时单个输入峰的红、蓝两种归一化传递函数。将 G_{eq} 设置为接近 G_{thresh},可以减少启动尖峰脉冲所需的 ΔG 扰动,从而最小化它对所产生的输出尖峰脉冲的影响,使蓝色曲线上的一级区域更平坦。版权所有:2013 IEEE。经 Nahmias 等人许可转载,来自参考文献[42]。

尖峰脉冲释放后,$I(t) \to 0$,$Q(t)$ 迅速恢复到 Q_{eq}。快速动力学将让位给较慢的动力学,其中 $G(t)$ 将缓慢地从 G_{reset} 蠕变到 G_{eq}。$Q(t)$ 的快速动力学保证阈值 $G_{thresh} = 1 + Q(t)$ 在尖峰脉冲产生后迅速恢复,防止在恢复期间部分尖峰脉冲释放。此外,激光将经历一个相对不应期(relative refractory period),在此期间很难(但并非不可能)发射另一个尖峰脉冲。

3. LIF 模拟

SA 可以设计为在腔强度数量级上具有非常短的弛豫时间,这可以通过掺杂或量子阱设计来实现。在这个系统中,增益的变化被认为比强度和吸引子都要慢得多。有足够高的输入信号,激光表现为一个可激发系统,并达到发射阈值。这个边界是由一个来自鞍点的不稳定流形引起的,当系统接近一个同宿分岔[49]时产生。这是第一类兴奋性的特征(见第 2.4 节)所描述的,是尖峰脉冲处理器的关键相关性,也是尖峰脉冲神经元最关键的特性之一。此外,增益吸引子系统已被证明[43,50]可以实现级联性、逻辑电平恢复和输入/输出隔离[18]。可以压缩内部动力学以获得瞬时尖峰脉冲生成模型[42]:

$$\frac{dG(t)}{dt} = -\gamma_G [G(t) - A] + \theta(t) \tag{5.10}$$

如果

$$G(t) > G_{\text{thresh}} \tag{5.11}$$

那么释放一个尖峰脉冲,设定

$$G(t) \rightarrow G_{\text{reset}}$$

式中,$\theta(t)$ 是输入项,可以包括形式为 $\theta(t) = \sum_i \delta_i(t - \tau_i)$ 的尖峰脉冲输入,用于尖峰脉冲触发时间 τ_i;G_{thresh} 是增益阈值,$G_{\text{reset}} \sim 0$ 是透明增益。条件语句解释了系统在 $1/\gamma_I$ 阶时间尺度上发生的快速动力学,确保 G_{thresh}、G_{reset} 和尖峰脉冲振幅保持不变。

我们把它与 LIF 模型或方程式(2.4)和方程式(2.5)进行比较:

$$C_m \frac{dV_m(t)}{dt} = -\frac{1}{R_m}[V_m(t) - V_L] + I_{\text{app}}(t) \tag{5.12}$$

如果

$$V_m(t) > V_{\text{thresh}} \tag{5.13}$$

则释放一个尖峰脉冲并设置

$$V_m(t) \rightarrow V_{\text{reset}}$$

这些方程之间的相似之处就变得清晰起来。令变量 $\gamma_G = 1/R_m C_m$,$A = V_L$,$\theta(t) = I_{\text{app}}(t)/R_m C_m$,以及 $G(t) = V_m(t)$,说明了它们的代数等价性。因此,可以将激光器的增益 $G(t)$ 视为虚拟膜电压(membrane voltage),将输入电流 A 视为虚拟漏电压(leakage voltage)等。然而,有一个关键的区别——这两个动力系统的运行时间尺度大不相同。生物神经元的时间常数为毫秒级的,$\tau_m = C_m R_m$,而激光增益部分的载波寿命通常在纳秒范围内,甚至可以降到皮秒。

尽管 LIF 模型很简单,但它能够进行通用计算[51],并通过尖峰脉冲时序[52]传输信息。此外,预计增益吸引子系统将表现出级联性、逻辑电平恢复和输入/输出隔离[42],满足光学计算的基本标准[18]。

5.3　可激发激光系统

我们的尖峰脉冲处理的演示基于石墨烯光纤环形激光平台(见图 5.3)。为了进行比较,我们还对拟建的集成器件进行了数值模拟(见图 5.4)。附录部分详细描述了这两种器件及其各自的仿真模型和参数。虽然每个器件的精确物理模型不同,但两种模型的行为都完全包含在简单的、无量纲的 Yamada 系统的动力学中。光纤环形激光器包含掺铒光纤放大器(增益部分)和液体剥离石墨烯(吸引子部分),在光纤环形(腔)中相互作用。如果驱动高于阈值,则环形激光尖峰脉冲周期性地发出,由石墨烯吸引子被动饱和调制。这种行为已经在高功率、宽带被动调 Q 开关激光器的背景下进行了研究,其中石墨烯具有许多良好的性能[53]。

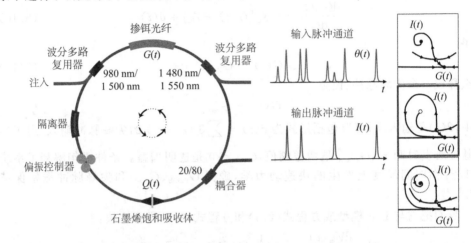

图 5.3 石墨烯可激发光纤激光器(见彩图)

图 5.3 为石墨烯可激发光纤激光器。该腔由一个化学合成的石墨烯 SA(GSA)组成,它夹在两个带光纤适配器的光纤连接器之间,一个 75 cm 长的高掺铒光纤(EDF)作为增益介质(见附录中可激发光纤环形激光腔一节)。EDF 通过 980 nm/1 550 nm 波分复用器由 980 nm 激光二极管(WDM)泵浦。隔离器(ISO)确保单向传播。偏振控制器(PC)保持给定的偏振状态,提高输出尖峰脉冲的稳定性。光耦合器的 20% 端口提供 1 550 nm 的激光输出。为了引起对增益的扰动,1 480 nm 的激发尖峰脉冲通过 1 480 nm/1 550 nm 的 WDM 入射到系统上。这些模拟输入(例如来自其他可激发激光器)被任意波形发生器直接调制。右图为当不同的物理参数(注入功率、腔长、吸引子)变化时,与系统的激光强度 I 和增益 G 相关的不同可能的相空间动力学示意图。当参数区驱动系统走向所谓的同宿分岔[1]时,所期望的可激发行为对应于第二相空间示意图(见图 5.3 右侧中间框)(参见 2.4 节)。经知识共享(署名)协议(CC BY)许可,转载自参考文献[50]。

图 5.4 为集成石墨烯可激发激光器。图(a)为磷砷化镓铟-石墨烯-硅倏失激光器的剖面图(非比例),显示中心的阶梯式视图。该器件包括具有多个量子阱(MQW)区域的Ⅲ-Ⅴs族外延结构,该外延结构连接到位于绝缘体上硅(SOI)衬底上的低损耗硅脊型波导,该衬底具有两个单层石墨烯片的夹层异质结构和一个六方氮

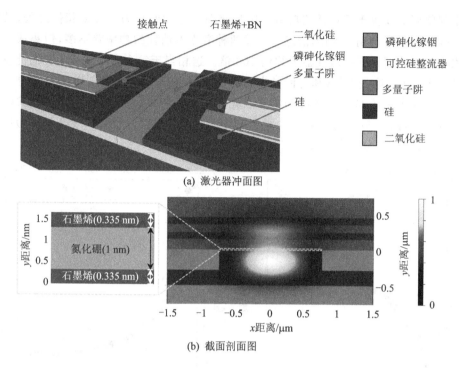

(a) 激光器冲面图

(b) 截面剖面图

图 5.4　集成石墨烯可激发激光器(见彩图)

化硼(hBN)间隔层。其结构与参考文献[56]中非常相似,在层堆之间添加了石墨烯和氮化硼截面。注意,与图 5.3 的光纤激光器不同,该结构的增益部分是电注入的。腔和波导由硅中的半波长光栅形成。硅光栅为激光腔提供反馈。全腔结构包括与硅结合的Ⅲ-Ⅴ族层,以及四分之一位移波长光栅(四分之一位移未显示)。激光器沿着波导结构将光发射到无源硅网络中。图 5.4(b)为可激发激光在电场(E)强度二分布下的截面剖面图。该激光器的光模式主要位于硅波导中,有一小部分模式与Ⅲ-Ⅴ族结构的 QW 重叠用于光学增益,与二维材料异质结构的 QW 重叠用于吸引子。硅波导的宽度为 1.5 μm,高度为 500 nm,脊型片腐蚀深度为 300 nm。计算得到的光模式与硅波导的重叠为 0.558,而石墨烯片的重叠为 0.000 46,量子阱的重叠为0.043。计算波长为 1.5 μm 时的电场强度。石墨烯的厚度为 0.335 nm,吸引子系数为 301.655 cm^{-1},用于模拟。经知识共享(署名)协议(CC BY)许可,转载自参考文献[50]。

　　该集成器件包括电注入量子阱(增益部分)、两片石墨烯(吸引子部分)和一个分布式反馈光栅(部分)。在这个设计中,我们考虑将石墨烯层夹在硅层和Ⅲ-Ⅴ层之间的混合硅Ⅲ-Ⅴ激光平台。混合Ⅲ-Ⅴ平台具有高度的可扩展性,可兼容无源和有源光子集成[54]。集成器件能够表现出与光纤原型相同的行为,但会基于更小的时间尺度和更低的尖峰脉冲能量。图 5.5 比较了集成器件与光纤激光器之间的尖峰脉冲重复频率和尖峰脉冲宽度并作为输入功率的函数。在这两种情况下,输出尖峰脉冲的

83

速率都单调地取决于所消耗的功率。这与速率神经元的行为有许多相似之处,其通过尖峰脉冲频率调制[55]编码信息。虽然两种激光器消耗的功率差不多,但集成器件的尖峰脉冲速度比光纤激光器要快约106倍。这相当于每个尖峰脉冲消耗的能量减少了约1/106。这些器件(和它们各自的仿真模型)在附录部分有更详细的描述。

图5.5为无源Q开关光纤和集成激光器的典型特性。图5.5(a)为输出尖峰脉冲重复频率,图5.5(b)为尖峰脉冲宽度与注入电流的函数。经知识共享(署名)协议(CC BY)许可,转载自参考文献[50]。

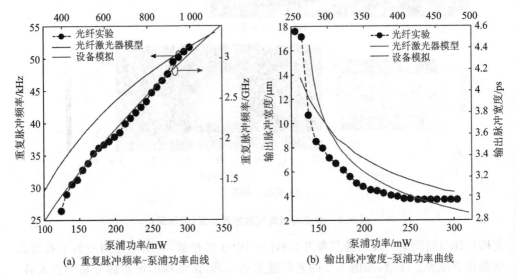

(a) 重复脉冲频率-泵浦功率曲线   (b) 输出脉冲宽度-泵浦功率曲线

图 5.5　无源 Q 开关光纤和集成激光器的典型特性(见彩图)

5.4　结　果

5.4.1　可激发性

我们证明了光纤环形激光器和集成器件都是可激发的,能够执行尖峰脉冲处理任务。可激发性由三个主要准则定义:(i)未受扰动的系统处于稳定的平衡状态;(ii)超过可激发性阈值的扰动触发了这个平衡的一个较大的偏移;(iii)系统在所谓的不应期回到吸引子,之后系统再次被激活[57]。

图 5.6(a)~(c)显示了光纤环形激光器的可激发性。在这个系统中,激发尖峰脉冲通过增益增强增加了增益区域内的载流子浓度,其数量与其能量(功率的积分)成比例。当激发能量超过某个阈值时,吸引子器饱和,从而释放出尖峰脉冲。随后是一个相对的不应期,在此期间,当增益恢复时,第二个激发尖峰脉冲的到来不能引起激光发射。该系统还能够发射双峰或三峰(见图 5.6(d)),其中尖峰脉冲间的时序编

码有关尖峰脉冲宽度和幅度的信息,这是一种用于选择性激活的有用的编码
方案[58]。

由于尖峰脉冲的产生源于可激发系统的内部动力学,所以这样的系统表现出重
要的恢复特性。不同的输入扰动通常会导致相同的输出,这是级联性的一个重要标
准。图 5.6(e)、(f)说明了各种输入尖峰脉冲导致的器件的响应。可激发系统以一种
定型和可重复方式作出反应;所有发射的尖峰脉冲都具有相同的尖峰脉冲分布。
输出异步触发输入尖峰脉冲,保持模拟时序信息。

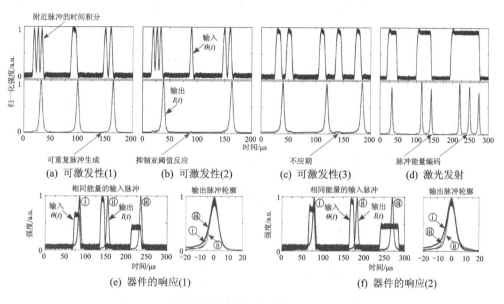

图 5.6　石墨烯光纤激光器的可激发动力学(见彩图)

图 5.7 显示了与可激发性相关的一些关键行为。图 5.7(a)提供了光纤激光器
和集成器件的不应期信息,该不应期设置了给定单元的尖峰脉冲速率上限。类似地,
图 5.7(b)显示了集成激光器和光纤激光器的输出尖峰脉冲宽度与输入尖峰脉冲的
函数关系。光纤实验与匹配仿真结果相印证(见附录中光纤激光器仿真一节)。尽管
尖峰脉冲轮廓保持不变,但其幅度可能会根据扰动的值而变化。集成器件在更快的
时间尺度上表现出同样的行为,以纳秒为单位恢复,尖峰脉冲宽度为皮秒,分别比光
纤原型快约 10^3 倍和 10^6 倍。尖峰脉冲的宽度(在尖峰脉冲之间编码的信息的时间
分辨率上设置了一个下限)同时受 SA 恢复时间和往返空腔时间的限制。尽管石墨
烯令人难以置信的快速响应时间(约 2 ps)使其在光纤激光器中可以有效地瞬间实
现,但我们的模拟表明,石墨烯可以缩短集成器件中的尖峰脉冲宽度。另一方面,相
对不应期受增益或 SA 速度的限制,尽管增益恢复时间往往更大。与最近展示的半
导体微柱激光器[59]相比,集成器件的不应周期稍慢(2 ns 对比 0.5 ns),而尖峰脉冲
宽度小 1/100(2 ps 对比 200 ps)。此外,与驱动激光二极管[31]的共振隧穿光探测器

相比,本书中提出的集成激光器的不应周期快 250 倍(2 ns 对比 500 ns),尖峰脉冲宽度约短 1/105(2 ps 对比 200 ns)。

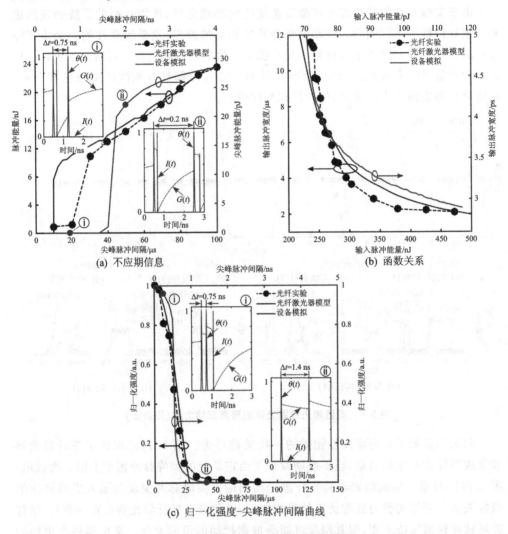

(a) 不应期信息

(b) 函数关系

(c) 归一化强度-尖峰脉冲间隔曲线

图 5.7 可激发性的二阶性质(见彩图)

时间尖峰脉冲相关性是由可激发性产生的一种重要的处理功能。如果多个输入在时间上足够接近,则集成的可激发系统就能将它们相加。这允许通过使用非相干光学求和来检测尖峰脉冲簇,或潜在地检测跨通道的尖峰脉冲[47]。符合检测是许多处理任务的基础,包括联想记忆[60],以及一种被称为尖峰脉冲时间依赖性可塑性的时间。

图 5.6 为石墨烯光纤激光器的可激发动力学。请注意,蓝色和红色曲线分别对应输入和输出尖峰脉冲。图 5.6(a)~(c)可激发性活动(附近尖峰脉冲的时间积分)

可以推动增益超过阈值,释放尖峰脉冲。根据输入信号,系统会导致:(a)可重复的尖峰脉冲生成,或抑制反应的存在;(b)阈值下的输入能量集成功率;(c)增益恢复到其静息值和激光不能产生尖峰脉冲的不应期(无论激发强度如何);(d)典型的突发行为,即当强输入驱动系统超过阈值重复触发时,产生双峰(两个尖峰脉冲)和三峰(三个尖峰脉冲);(e)、(f)尖峰脉冲处理的恢复特性(可重复尖峰脉冲重塑),即用(e)相同或(f)不同的能量输入。经知识共享(署名)协议(CC BY)许可,转载自参考文献[50]。

学习形式(Spike Timing-Dependent Plasticity,STDP)[61-62]。光纤激光实验与仿真、集成激光仿真中的时间尖峰脉冲相关性如图 5.7(c)所示。减少输入尖峰脉冲的时间间隔(即同时到达)会产生输出尖峰脉冲。虽然光纤激光器可以以 kHz 的速度工作,但集成器件的内部动力学允许它以更快的速度工作,将其置于 GHz 范围内。

5.4.2　时间模式识别

我们使用几个相互连接的石墨烯光纤激光器展示了一个简单的模式识别电路。时空现象的模式识别是模拟数据实时处理的关键。在生物神经系统中,尖峰脉冲神经元网络将模拟数据转换为尖峰脉冲,并识别时空位模式[63]。时空模式在视觉[64]和音频[65]功能中都发挥着重要作用,并在学习环境中形成多时间化群体[66]。

图 5.7 为可激发性的二阶性质。图 5.7(a)为可激发激光(输出尖峰脉冲能量)对第二输入尖峰脉冲的响应,作为两个相同的(第一和第二个)激发尖峰脉冲的间隔的函数。基于光纤的可激发激光实验结果和集成的可激发激光模拟都显示了绝对不应期(第二个尖峰脉冲不产生输出)和相对不应期(输出响应比其静息值减少)。然而,后者运行速度比前者快约 10^3 倍(ns 与 μs 相比),输出尖峰脉冲能量低约 $1/10^3$(pJ 与 nJ 相比)。插图显示了集成可激发激光器的瞬态动力学,即在 ① 和 ⑪ 的不应期之前和之后,输入信号 $\theta(t)$ 的强度 $I(t)$ 和增益载流子 $G(t)$ 恢复。图 5.7(b)为可激发激光器对不同能量的单个输入尖峰脉冲响应特性。集成激光模拟也遵循类似的曲线关系,但输出尖峰脉冲宽度比 μs 小约 $1/10^6$(ps 与 μs 相比)。图 5.7(c)为可激发激光作为符合探测器时的响应:可激发激光是有偏置的,除非两个激发尖峰脉冲在时间上靠近,否则它不会发射。输出响应强烈依赖于两个输入的时间相关性。平均输入功率随尖峰脉冲间隔的变化而保持恒定。图中显示了①较近与⑪较远尖峰脉冲的集成激光器的模拟尖峰脉冲动态。经知识共享(署名)协议(CC BY)许可,转载自参考文献[50]。

图 5.8 为时间模式识别。图 5.8(a)为两个级联石墨烯可激发激光器的简单电路。图 5.8(b)为测量的输出尖峰脉冲峰值功率和尖峰脉冲持续时间与两个输入尖峰脉冲的时间间隔的函数。图 5.8(c)为在特定情况下测量的输入和输出波形:① $\Delta t - \tau = -45~\mu$s;⑪ $\Delta t \approx \tau = 135~\mu$s;⑪⑪ $\Delta t - \tau = 35~\mu$s。当 $\Delta t \approx \tau$ 时,输出尖峰脉冲能量最大,表明系统只对特定的时空输入模式作出反应。经知识共享(署名)协议(CC BY)许可,转载自参考文献[50]。

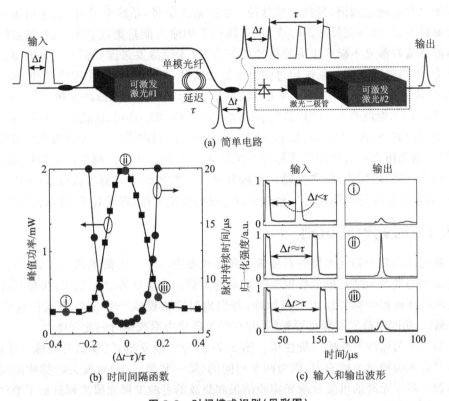

(a) 简单电路

(b) 时间间隔函数

(c) 输入和输出波形

图 5.8 时间模式识别（见彩图）

如图 5.8(a)所示,我们通过将两个可激发石墨烯激光器级联,构建了一个简单的双单元模式识别电路,它们之间具有延迟 τ。在我们的例子中,目标是区分(即识别)一个特定的输入模式:一对由时间间隔 $\Delta t \approx \tau$ 分隔的尖峰脉冲,这个延迟等于可激发激光器之间的延迟。符合性检测为分类提供了区分能力。

使用调制器和任意波形发生器产生的尖峰脉冲双峰传播到两个激光器。第一个激光器的输出通过一个长单模光纤(约 km)传输到第二个激光器,该光纤充当延迟元件。第二个激光器被偏置一个更大的阈值,这样它就不会发射,除非有两个激发尖峰脉冲——来自第一个激光器的原始输入和输出同时到达($\Delta t \approx \tau = 135\ \mu s$)(见图 5.8(b))。这两个尖峰脉冲的同步到达会导致尖峰脉冲的释放。输入和输出的实验时间轨迹如图 5.8(c)所示。只有在双尖峰脉冲模式下才会出现形状良好的输出尖峰脉冲。

可以通过更尖锐的阈值函数来减少非归一化振幅尖峰脉冲的出现(见图 5.8(b)和图 5.7(c))。这些曲线跃迁的锐度取决于系统在参数空间中的位置。将注入(980 nm)偏置到更接近激光阈值[59],会降低可激发阈值,并且可以使这些跃迁更加尖锐。该比率可以针对特定应用目的进行优化。例如,在这种情况下,第一个激光器充当非线性级,简单地再生输入尖峰脉冲,因为它的偏置接近阈值。另外,第二个激光器需要两个同时发生的尖峰脉冲才能达到其阈值。因此,它起着模式分类器的作用。

在激光级之间,光探测器(PD)调制激光驱动器(LD)(允许从1 560~1 480 nm的波长转换)(参见附录中可激发光纤环形激光腔一节),而不是由直接光输入。这种PD驱动的架构(见图5.8(a)中的虚线框)已作为可扩展的片上网络[47]的潜在途径在集成环境中进行了探索[43]。PD引入的动力学特性类似于控制信号生物神经元之间神经递质浓度的突触动力学特性[67]。这个简单的电路展示了稳健光学处理所必需的几个重要特性:良好隔离的输入/输出端口允许构建前馈网络,并且尖峰脉冲的时空识别允许系统对模式进行分类。随着系统的扩展,更复杂的识别和解码将成为可能。

5.4.3 稳定循环电路

我们还展示了一种自循环石墨烯激光器,它可以让尖峰脉冲沿环路无限地传播,为级联性和尖峰脉冲再生提供了原理证明。随着时间的推移,向稳定模式发展的循环连接的动态网络(即吸引子器网络)可以表现出迟滞现象,并在记忆形成和回忆中发挥关键性作用[68]。同样地,由于具有自参照连接的单个单元可以映射到无限的激光器链,这个系统可以被视为任意多层前馈网络的稳定性的证明。

图5.9(a)说明了具有自参照连接的可激发石墨烯激光器。输出通过单模光纤作为延时(100 μs)元件反馈到输入端。电子权重 W 控制 PD 的调制深度,根据其是否高于或低于给定阈值,提供全有响应或全无响应。图5.9(b)描述了存在反馈时系统显示双稳定性的能力。它能够稳定在一个吸引子上,在这个吸引子上,一个尖峰脉冲可以无限地绕环传播。这个电路是对网络处理递归反馈能力的测试,而尖峰脉冲的稳定性是系统可级联的标志。

5.5 讨 论

我们已经证明,石墨烯可激发激光器的复杂动力学可以成为尖峰脉冲信息处理的基本组成部分。除了单激光的兴奋性,我们还展示了两个关键的尖峰脉冲处理电路:时间模式识别和稳定复发。一个光子符合性检测电路构成了时空模式识别电路的构建块,我们也将通过把两个可激发激光器级联作为计算基元来演示。这种简单的时间逻辑演示意味着对这种可激发激光的脉冲神经网络能够进行分类和决策。与STDP等学习算法相结合,网络可能会执行更复杂的任务,如尖峰脉冲模式聚类分析[66]。由石墨烯可激发激光器激活的双稳态循环尖峰脉冲电路表明,可激发激光器的处理网络具有无限级联性和信息保留能力,这是循环网络中更为复杂类型的时间吸引子的先决条件。

图5.9为自循环双稳态电路。图5.9(a)为测试自参照连接的设置。图5.9(b)为输入和输出波形。第一个输出脉冲经过约100 μs延时后反馈到输入端,在输出端触发另一个兴奋脉冲。这种递归过程产生了以固定间隔连续输出的脉冲序列。插图

显示了输出脉冲剖面和 sech2 拟合曲线。经知识共享（署名）协议（CC BY）许可转载。来自参考文献[50]。

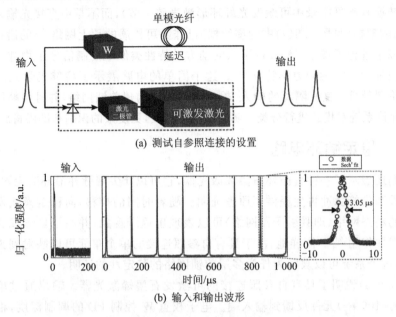

(a) 测试自参照连接的设置

(b) 输入和输出波形

图 5.9　自循环双稳态电路(见彩图)

在更多激光的网络中,为了实现不同的信息处理目标,尖峰脉冲吸引子可以更多、更复杂,甚至更具竞争力。

正在进行的石墨烯微加工研究可以使其成为集成平台的标准技术。我们提出了一种集成的石墨烯嵌入腔体设计,并将光纤模型的可激发性应用到半导体器件模型中。结果表明,集成器件可以保持峰值信息处理所需的基本行为,同时获得显著的能量和速度提高,潜在地开放了生物启发的自适应算法在目前难以访问的计算领域的应用[42]。

5.6　附　录

5.6.1　光纤激光器仿真

为了模拟光纤激光器,我们根据 EDF 放大器的载流子动力学、往返强度和损耗构造了速率方程。EDF 的动力学特性可以用以下公式描述:分数激发态布居 n_2、分数基态布居 n_1 和 k 光强的光束的方程[69]:

$$\frac{\partial n_2}{\partial t} = \sum_k \frac{\sigma_{ak}I_k}{h\omega_k}n_1(z,t) - \sum_k \frac{\sigma_{ek}I_k}{h\omega_k}n_2(z,t) - \frac{n_2(t)}{\tau_n} \tag{5.14}$$

每一项表示每个光子的跃迁速率,其中 h 为普朗克常量,ω_k 为 k 模式的频率,σ_{ak} 和

σ_{ek} 分别表示每个 k 模式的吸收和发射截面,分数总体满足。我们感兴趣的是泵浦光波长为 980 nm 和 1 480 nm 的模式,以及在 1 520~1 530 nm 附近徘徊的激光模式。我们定义泵浦强度(pump intensity)为 980 nm,输入信号强度(input signal intensity)为 1 480 nm,往返强度(round trip intensity)为 1 550 nm。虽然光纤激光器大部分是多模的,但各模的间距很近,具有相似的截面。因此,我们可以用单个往返强度等于激光模式之和来近似这些模式,并定义有效截面积。我们还使用集总近似并将载流子密度表示为单个变量[70]。我们对光纤长度 z 求平均值,得到平均载流子密度的微分方程:

$$\frac{\mathrm{d}\bar{n}_2}{\mathrm{d}t} = \frac{\sigma_{ap}\bar{I}_p}{h\omega_p}\bar{n}_1(t) + [\sigma_{as}\bar{n}_1(t) - \sigma_{es}\bar{n}_2(t)]\frac{\bar{I}_s}{h\omega_s} +$$

$$[\sigma_{ar}\bar{n}_1(t) - \sigma_{er}\bar{n}_2(t)]\frac{\bar{I}_r}{h\omega_r} - \frac{\bar{n}_2(t)}{\tau_n} \qquad (5.15)$$

掺铒区域注入的功率 P_k 与该区域内的平均强度有关,$\bar{I}_k = \eta_k[(e^{g_k(t)}-1)]/[A_{eff}g_k(t)]P_k(t)$。其中 $g_k(t) = \Gamma_k n_t[\sigma_{ek}\bar{n}_2(t) - \sigma_{ak}\bar{n}_1(t)]L_{Er}$ 是模式随铒光纤长度变化所经历的增益变化,A_{eff} 是光纤的有效横截面积,η_k 是注入效率,Γ_k 是一个约束因子,n_t 是铒离子密度,L_{Er} 是铒段的长度[70]。

我们可以定义往返损耗 $q(t)$ 和光纤长度 $P_r(t)$ 上的平均往返功率的往返方程:

$$\frac{\mathrm{d}q}{\mathrm{d}t} = -\frac{q(t)-q_0}{\tau_q} - \frac{q(t)P_r(t)}{E_{sat}} \qquad (5.16)$$

$$T_R\frac{\mathrm{d}P_r}{\mathrm{d}t} = [g_r(t) - q(t) - l]P_r(t) + \rho_{sp} \qquad (5.17)$$

式中,q_0 为 SA 的小信号吸收,τ_q 为吸收器弛豫时间,E_{sat} 为饱和能量,T_R 为往返腔时间,l 为往返损耗,ρ_{sp} 为一个小的自发噪声项,$g_r(t) = \Gamma_k n_t[\sigma_{er}n_2(t) - \sigma_{ar}n_1(t)]L_{Er}$ 为铒光纤的往返增益。式(5.15)~式(5.17)为模拟所用的模型,参数如表 5.1 所列。这些方程是使用 Runge-Kutta 方法逐步迭代的,以生成时间跟踪并测量各种性质。

表 5.1　光纤激光器参数(数据来自参考文献[38])

参　数	描　述	数　值
I_p	泵浦强度/(W·m^{-2})	4.39×10^8
n_k	泵浦耦合效率	0.21
ν_s,ν_p	输入信号频率和泵浦频率/THz	194,306
τ_n	铒寿命/ms	9
σ_{ap}	吸收截面(泵浦)/m^2	2.87×10^{-25}
σ_{as},σ_{es}	吸收和发射横截面(信号)/m^2	$3.01,0.948\times10^{-25}$

参　数	描　述	数　值
σ_{ar},σ_{er}	吸收和发射截面(往返)/m²	$3.21,4.54\times10^{-25}$
A_{eff}	有效截面(往返)/m²	2.77×10^{-11}
$\Gamma_{k(p)},\Gamma_{k(s)}$	泵浦和信号限制系数	$0.849,0.638$
$n(t)$	铒离子密度/(个·m^{-3})	5.8×10^{25}
L_{Er}	铒光纤长度/cm	75
q_0	小信号 SA 吸收	0.5
τ_q	SA 寿命/ps	2
E_{sat}	SA 饱和能量/pJ	10
T_R	腔往返时间/ns	90
l	腔内在损失	1.1
ρ_{sp}	自发噪声项/(W·s^{-1})	5

可以注意到 $n_2(t)$ 不会随时间发生显著变化(即当 $\delta n(t)\ll n_k$ 时,$n_2(t)=n_k+\delta n(t)$),将 $g_r(t)$ 代入式(5.15)中,就可以恢复所观察到的行为的简化、无量纲模型。这些近似可以用双线性方程组表示,与式(5.2)~式(5.3)类似。

5.6.2　集成器件仿真

所选择的设计原则是为了与最近的石墨烯沉积和图案技术兼容[33,71]。器件外延层结构包括耦合到单一光学模式的量子阱(QWs)和石墨烯,如图 5.4 所示。量子阱和石墨烯都提供了互补特性——量子阱提供了高效率的增益,而石墨烯提供了强大、快速且宽带可饱和的吸收。石墨烯与光学模式直接耦合的困难可以解决,例如,通过在沉积的石墨烯上结合Ⅲ-Ⅴ族激光器,可避免石墨烯与电泵浦之间的任何相互作用。为了改进动力学特性,我们考虑了两层石墨烯,由原子平坦的氮化硼(BN)层来保护,以防止每个石墨烯薄片与周围材料的相互作用过于强烈。我们利用本征模展开(EME)技术计算了这种结构的光学模式。

利用上述约束因子和其他各种参数,我们用集总速率方程模型模拟了该装置。从石墨烯的理论开始,通过一个简单的饱和度模型可以很好地近似其行为,该模型由参考文献[38]给出:

$$\alpha(\nu_a) = \frac{\alpha_s}{1+\nu_a/\nu_s} + \alpha_{ns} \tag{5.18}$$

式中,$\alpha(\nu_a)$ 为吸收系数(单位长度),ν_a 为石墨烯中的二维载流子密度,ν_s 为二维饱和载流子密度,α_s 为可饱和吸收,α_{ns} 为不饱和吸收。得到的速率方程为

$$\frac{dN_{ph}}{dt} = v_g g(n_g)N_{ph} - v_g a(\nu_a)N_{ph} - \frac{N_{ph}}{\tau_{ph}} + R_{sp} \tag{5.19}$$

$$\frac{\mathrm{d}n_g}{\mathrm{d}t} = \frac{I_g + \phi(t)}{eV_g} - v_g g(n_g)\frac{N_{ph}}{V_g} - \frac{n_g}{\tau_g} + \theta(t) \tag{5.20}$$

$$\frac{\mathrm{d}\nu_a}{\mathrm{d}t} = -\frac{\nu_a}{\tau_a} + v_g a(\nu_a)\frac{N_{ph}}{A_a} \tag{5.21}$$

式中,N_{ph} 为腔内光子数,n_g 为 QW 增益区域的载流子密度。(注:该变量表示石墨烯内部的表面载流子密度,且由于石墨烯是二维的,为了方便选用石墨烯)。$g(n_g)$ 和 $a(\nu_a)$ 描述每个单位长度的增益和吸收单,v_g 是群速度,τ 是寿命,I_g 是增益区域的泵浦电流,R_{sp} 是一个小的自发噪声项,V_g 是增益区域的体积,A_a 是石墨烯薄片面积,$\phi(t)$ 是输入电流调制项。驱动激光器的输入功率 P_g 可以用 $P_g = I_g \times V_L$ 计算,其中 V_L 是施加在激光器增益段上的电压。增益和损失被假定为

$$g(n_g) = \Gamma_g g_0 \log(n_g/n_{tr}) \tag{5.22}$$

$$a(\nu_a) = \frac{\alpha_s}{1 + \nu_a/\nu_s} \tag{5.23}$$

式中,Γ_g 是增益区约束因子,n_{tr} 为透明度密度(cm^{-3}),ν_s 为二维石墨烯透明度密度(cm^{-2})。不饱和吸收不包括在内,因为它表现为腔损耗,被吸收的光子寿命为 τ_{ph}。参数如表 5.2 所列。我们用 Runge-Kutta 方法模拟了速率方程模型。

表 5.2 混合集成尖峰脉冲激光器参数(来自仿真和参考文献[54,56])

参 数	描 述	数 值
λ	激光波长/nm	1 550
v_g	群速度	$c/3.5$
V_g	增益区域体积/cm^3	2.55×10^{-12}
A_a	石墨烯薄片面积/cm^2	1.5×10^{-6}
Γ_g	增益区约束因子	0.034
τ_g	增益区载波寿命/ns	1.1
τ_a	石墨烯载流子寿命/fs	405
τ_{ph}	光子寿命/ps	2.4
g_0	对数增益系数/cm^{-1}	972
α_s	波导饱和吸收/cm^{-1}	150
n_{tr}	三维增益区透明度密度/cm^{-3}	1.75×10^{18}
ν_s	二维石墨烯透明度密度/cm^{-2}	1.06×10^{13}
R_{sp}	自发噪声项/s^{-1}	1×10^{10}
V_L	外加电压(增益部分)/V	1.1

我们可以用几个近似和变量替换来恢复无量纲化的方程。对增益和吸收进行线性近似,可以得到类似于公式中所描述的简化增益——吸收模型的方程(5.2)和方程(5.3)。

5.6.3 可激发光纤环形激光腔

在激光腔中使用的 EDF 是增益光纤(LIEKKI Er80 - 4/125),峰值芯吸收系数在 980、1 480、1 530 nm 时,分别为 60、50、110 dBm^{-1}。它有一个大面积纤芯,在 1 550 nm 处模场直径为 6.5 μm,纤芯数值孔径为 0.2。高铒离子掺杂浓度显著缩短了所需的光纤长度,同时提供了强大的增益并减少了非线性效应(四波混频、受激拉曼散射、受激布里渊散射)。选择 EDF 的长度(75 cm)以确保具有所需泵浦功率的群体反转,以便 EDF 不会作为 SA 发挥任何作用来实现可激发性。腔中使用的所有光纤都是偏振无关的。偏振控制器由三个用作延迟器的 SMF - 28 光纤线轴组成,用于在每次往返后保持给定的偏振状态,从而提高输出脉冲稳定性[53]。

对于所有的实验,激光性能都是用 980 nm 泵浦(JDS Uniphase29 - 7402 - 460)、3.5 GHz 实时示波器(LeCroy WavePro 735Zi)和 20 GHz 光探测器(Discovery Semiconductors Lab Buddy DSC30S)来评估的。模拟输入直接由任意波形发生器(Agilent 33220A)调制。将具有 1 484.7 nm 激光输出的激光二极管(Fitel FOL1404Q 系列)用于时域模式识别和稳定的循环电路实验。

5.7 参考文献

[1] Strogatz S. Nonlinear Dynamics and Chaos：With Applications to Physics, Biology, Chemistry, and Engineering, ser. Studies in Nonlinearity. Cambridge, MA, USA：Westview Press, 2014.

[2] Appeltant L, Soriano M C, van der Sande G, et al. Information processing using a single dynamical node as complex system. Nature Communications, 2011, 2：468.

[3] Jaeger H, Haas H. Harnessing nonlinearity：Predicting chaotic systems and saving energy in wireless communication. Science, 2004, 304(5667)：78-80.

[4] Merolla P A, Arthur J V, Alvarez-Icaza R, et al. A million spiking-neuron integrated circuit with a scalable communication network and interface. Science, 2014, 345(6197)：668-673.

[5] Hasler J, Marr B. Finding a roadmap to achieve large neuromorphic hardware systems. Frontiers in Neuroscience, 2013, 7(7)：118.

[6] Indiveri G, Linares-Barranco B, Hamilton T J, et al. Neuromor-112 Neuromorphic Photonics phic silicon neuron circuits. Frontiers in Neuroscience, 2011, 5(73).

[7] Izhikevich E. Simple model of spiking neurons. IEEE Tran. Neural Netw., 2003, 14(6)：1569-1572.

[8] Ostojic S. Two types of asynchronous activity in networks of excitatory and inhibitory spiking neurons. Nature Neuroscience, 2014, 17(4): 594-600.

[9] Kumar A, Rotter S, Aertsen A. Spiking activity propagation in neuronal networks: reconciling different perspectives on neural coding. Nature Reviews. Neuroscience, 2010, 11(9): 615-627.

[10] Diesmann M, Gewaltig M O, Aertsen A. Stable propagation of synchronous spiking in cortical neural networks. Nature, 1999, 402(6761): 529-533.

[11] Borst A, Theunissen F E. Information theory and neural coding. Nature Neuroscience, 1999, 2(11): 947-957.

[12] Vandoorne K, Mechet P, van Vaerenbergh T, et al. Experimental demonstration of reservoir computing on a silicon photonics chip. Nature Communications, 2014, 5.

[13] Brunner D, Soriano M C, Mirasso C R, et al. Parallel photonic information processing at gigabyte per second data rates using transient states. Nature Communications, 2013, 4: 1364.

[14] Woods D, Naughton T J. Optical computing: Photonic neural networks. Nature Physics, 2012, 8(4): 257-259.

[15] Sorrentino T, Quintero-Quiroz C, Aragoneses A, et al. Effects of periodic forcing on the temporally correlated spikes of a semiconductor laser with feedback. Optics Express, 2015, 23(5): 5571-5581.

[16] Caulfield H J, Dolev S. Why future supercomputing requires optics? Nat. Photon, 2010, 4(5): 261-263.

[17] Tucker R S. The role of optics in computing. Nat. Photon, 2010, 4(7): 405-406.

[18] Miller D A B. Are optical transistors the logical next step? Nat. Photon, 2010, 4(1): 3-5.

[19] Coomans W, Gelens L, Beri S, et al. Solitary and coupled semiconductor ring lasers as optical spiking neurons. Physical Review E - Statistical, Nonlinear, and Soft Matter Physics, 2011, 84(3): 1-8.

[20] Hurtado A, Schires K, Henning I D, et al. Investigation of vertical cavity surface emitting laser dynamics for neuromorphic photonic systems. Applied Physics Letters, 2012, 100(10): 103703.

[21] Barbay S, Kuszelewicz R, Yacomotti A M. Excitability in a semiconductor laser with saturable absorber. Optics Letters, 2011, 36(23): 4476-4478.

[22] Kravtsov K S, Fok M P, Prucnal P R, et al. Ultrafast alloptical implementation of a leaky integrate-and-fire neuron. Optics Express, 2011, 9 (3):

2133-2147.

[23] Sarpeshkar R. Analog versus digital: Extrapolating from electronics to Excitable Laser for Unified Spike Processing 113 neurobiology. Neural Computation, 1998, 10(7): 1601-1638.

[24] Thorpe S, Delorme A, Rullen R V. Spike-based strategies for rapid processing. Neural Networks, 2001, 14(6-7): 715-725.

[25] Maass W, Natschl T, Markram H. Real-time computing without stable states: A new Framework for neural computation based on perturbations. Neural Computation, 2002, 14(11): 2531-2560.

[26] Hodgkin A L, Huxley A F. A quantitative description of membrane current and its application to conduction and excitation in nerve. J. Physiol., 1952, 117(4): 500-544.

[27] Pedaci F, Huang Z, van Oene M, et al. Excitable particles in an optical torque wrench. Nature Physics, 2011, 7(3): 259-264.

[28] Kuhnert L, Agladze K I, Krinsky V I. Image processing using light-sensitive chemical waves. Nature, 1989, 337(6204): 244-247.

[29] Turconi M, Garbin B, Feyereisen M, et al. Control of excitable pulses in an injection-locked semiconductor laser. Phys. Rev. E, 2013, 88: 022923.

[30] van Vaerenbergh T, Fiers M, Mechet P, et al. Cascadable excitability in microrings. Optics Express, 2012, 20(18): 20292.

[31] Romeira B, Javaloyes J, Ironside C N, et al. Excitability and optical pulse generation in semiconductor lasers driven by resonant tunneling diode photodetectors. Optics Express, 2013, 21(18): 20931-20940.

[32] Novoselov K S, Fal'ko V I, Colombo L, et al. A roadmap for graphene. Nature, 2012, 490(7419): 192-200.

[33] Bonaccorso F, Sun Z, Hasan T, et al. Graphene photonics and optoelectronics. Nat. Photon, 2010,4 (9): 611-622.

[34] Bao Q, Loh K P. Graphene photonics, plasmonics, and broadband optoelectronic devices. ACS Nano, 2012, 6(5): 3677-3694.

[35] Schwierz F. Graphene transistors. Nat. Nano, 2010, 5(7): 487-496.

[36] Lin Y M, Dimitrakopoulos C, Jenkins K A, et al. 100 GHz transistors from wafer-scale epitaxial graphene. Science, 2010, 327(5966): 662.

[37] Martinez A, Sun Z. Nanotube and graphene saturable absorbers for fibre lasers. Nat. Photon, 2013, 7(11): 842-845.

[38] Bao Q, Zhang H, Wang Y, et al. Atomic-layer graphene as a saturable absorber for ultrafast pulsed lasers. Advanced Functional Materials, 2009, 19

(19): 3077-3083.

[39] Sun Z, Hasan T, Torrisi F, et al. Graphene mode-locked ultrafast laser. ACS Nano, 2010, 4(2): 803-810.

[40] Xing G, Guo H, Zhang X, et al. The physics 114 Neuromorphic Photonics of ultrafast saturable absorption in graphene. Optics Express, 2010, 18(5): 4564-4573.

[41] Keller U, Weingarten K, Kartner F, et al. Semiconductor saturable absorber mirrors (SESAM's) for femtosecond to nanosecond pulse generation in solid-state lasers. IEEE Journal of Selected Topics in Quantum Electronics, 1996, 2(3): 435-453.

[42] Nahmias M A, Shastri B J, Tait A N, et al. A Leaky Integrate-and-Fire Laser Neuron for Ultrafast Cognitive Computing. IEEE Journal of Selected Topics in Quantum Electronics, 2013, 19(5).

[43] Nahmias M A, Tait A N, Shastri B J, et al. Excitable laser processing network node in hybrid silicon: analysis and simulation. Optics Express, 2015, 23(20): 26800-26813.

[44] Shastri B J, Nahmias M A, Tait A N, et al. Simulations of a graphene excitable laser for spike processing. Optical and Quantum Electronics, 2014: 1-6.

[45] Shastri B J, Nahmias M A, Tait A N, et al. Exploring excitability in graphene for spike processing networks//2013 13th International Conference on Numerical Simulation of Optoelectronic Devices (NUSOD). Vancouver, BC, Canada: IEEE, Aug. 2013: 83-84.

[46] Grigorenko A N, Polini M, Novoselov K S. Graphene plasmonics. Nat. Photon, 2012, 6(11): 749-758.

[47] Tait A N, Nahmias M A, Shastri B J, et al. Broadcast and weight: An integrated network for scalable photonic spike processing. J. Lightw. Technol., 2014, 32(21): 3427-3439.

[48] Yamada M. A theoretical analysis of self-sustained pulsation phenomena in narrow-stripe semiconductor lasers. IEEE Journal of Quantum Electronics, 1993, 29(5): 1330-1336.

[49] Dubbeldam J L A, Krauskopf B. Self-pulsations of lasers with saturable absorber: dynamics and bifurcations. Optics Communications, 1999, 159(4-6): 325-338.

[50] Shastri B J, Nahmias M A, Tait A N, et al. Spike processing with a graphene excitable laser. Scientific Reports, 2016, 6: 19126.

[51] Maass W. Networks of spiking neurons: The third generation of neural net-

work models. Neural Networks, 1997, 10(9): 1659-1671.

[52] Strong S P, Koberle R, van Steveninck R R D R, et al. Entropy and information in neural spike trains. Physical Review Letters, 1998, 80(1): 197.

[53] Popa D, Sun Z, Hasan T, et al. Graphene q-switched, tunable fiber laser. Applied Physics Letters, 2011, 98(7): 073106.

[54] Fang A W, Park H, Kuo Y h, et al. Hybrid silicon evanescent devices. Materials Today, 2007, 10(7): 28-35.

[55] Fries P, Reynolds J H, Rorie A E, et al. Modulation of oscillatory neuronal synchronization by selective visual attention. Science, 2001, 291 (5508): 1560-1563.

[56] Zhang C, Srinivasan S, Tang Y, et al. Low threshold and high speed short cavity distributed feedback hybrid silicon lasers. Optics express, 2014, 22 (9): 10202-10209.

[57] Krauskopf B, Schneider K, Sieber J, et al. Excitability and self-pulsations near homoclinic bifurcations in semiconductor laser systems. Optics Communications, 2003, 215(4-6): 367-379.

[58] Izhikevich E M, Desai N S, Walcott E C, et al. Bursts as a unit of neural information: selective communication via resonance. Trends in Neurosci., 2003, 26(3): 161-167.

[59] Selmi F, Braive R, Beaudoin G, et al. Relative refractory period in an excitable semiconductor laser. Physical Review Letters, 2014, 112(18): 183902.

[60] Markram H, Übke J L, Frotscher M, et al. Regulation of synaptic efficacy by coincidence of postsynaptic aps and epsps. Science, 1997, 275 (5297): 213-215.

[61] Froemke R C, Dan Y. Spike-timing-dependent synaptic modification induced by natural spike trains. Nature, 2002, 416(6879): 433-438.

[62] Abbott L F, Nelson S B. Synaptic plasticity: taming the beast. Nat. Neuroscience, 2000, 3: 1178-1183.

[63] Mohemmed A, Schliebs S, Matsuda S, et al. Span: Spike pattern association neuron for learning spatio-temporal spike patterns. Int. J. Neur. Syst., 2012, 22(4).

[64] Pillow J W, Shlens J, Paninski L, et al. Spatio-temporal correlations and visual signalling in a complete neuronal population. Nature, 2008, 454(720): 995-999.

[65] Theunissen F E, David S V, Singh N C, et al. Estimating spatio-temporal receptive fields of auditory and visual neurons from their responses to natural

stimuli. Network: Computation in Neural Systems, 2001, 12(3): 289-316.

[66] Izhikevich E M. Polychronization: Computation with spikes. Neural Computation, 2006, 18(2): 245-282.

[67] Nahmias M, Tait A, Shastri B, et al. A receiver-less link for excitable laser neurons: Design and simulation//Summer Topicals Meeting Series (SUM), 2015. Nassau, Bahamas: IEEE, July 2015: 99-100.

[68] Durstewitz D, Seamans J K, Sejnowski T J. Neurocomputational models of working memory. Nature Neuroscience, 2000, 3: 1184-1191.

[69] Giles C R, Desurvire E. Modeling erbium-doped fiber amplifiers. J. Lightw. Technol., 1991, 9(2): 271-283.

[70] Sun Y, Zyskind J, Srivastava A. Average inversion level, modeling, and physics of erbium-doped fiber amplifiers. IEEE J. Sel. Top. Quant. Electron., 1997, 3(4): 991-1007.

[71] Kim K, Choi J Y, Kim T, et al. A role for graphene in silicon-based semiconductor devices. Nature, 2011, 479(7373): 338-344.

第6章

作为可激发处理器的
半导体光子器件

在过去的十年里,光电器件蓬勃发展,其动力学特性与神经元生物物理学模型(尤其是可激发性)具有关键相似性。在第 5 章中,可激发性的行为定义有三个主要标准:(1) 未受干扰的系统处于单一稳定平衡状态;(2) 超过可激发性阈值的外部扰动会触发该平衡的大幅偏移;(3) 系统在所谓的不应期回到吸引子,在此之后系统可以再次被激发[1]。这些动态机制涉及到具有不同时间尺度的变量,它们体现为尖峰处理的重要属性。快(fast)动态控制着输出脉冲(尖峰)的宽度,即快速变量负责触发脉冲。这就给信息编码的时间分辨率设置了一个下限。慢(slow)动态控制着输出脉冲的触发频率,即慢速变量决定系统完全恢复到静止状态。这就为信息处理的速度设定了一个上限。

半导体器件中的光可激发性得到了广泛的理论和实验研究。这些包括两段增益和饱和吸收(SA)激光器[2-14]、半导体环[15-19]和微盘激光器[20-21]、二维光子晶体纳米腔[22-24]、共振隧穿二极管光探测器和激光二极管[25-27]、基于光注入的半导体激光器[28-38]、光反馈半导体激光器[39-45],以及 VCSEL(垂直腔面激光器)的极化反转[46-48]。一般来说,所有这些激光器可以分为三类——相干光注入、非相干光注入和全电注入,如图 6.1 所示,可以进行光泵浦或电泵浦。这一领域的大量工作已经证明,可激发激光器的复杂动力学可以作为脉冲信息处理的基石。例如,可激发激光器可以同时显示逻辑电平恢复、级联性和输入/输出隔离,这是光学计算的关键障碍[49-51]。除了单激光的可激发性外,还有一些关键的脉冲处理电路的演示,包括时间模式识别[14]和稳定的递归记忆[14,27,37]。时间逻辑的简单演示表明,这种可激发激光器的脉冲神经网络能够进行分类和决策。结合诸如时空依赖可塑性(STDP)之类的学习算法[52-53],网络可能执行更复杂的任务,如尖峰模式聚类分析[54]。双稳态循环脉冲电路的演示表明,可激发激光器的处理网络具有不确定的级联性和信息保留能力,这是循环网络中存在更复杂类型的时间吸引子的先决条件。

在更多激光器的网络中,尖峰吸引子的数量会更多、更复杂,甚至更有竞争力,以便实现不同的信息处理目标。尽管用来观察可激发性的机制多种多样,但实际上对这种器件构建的网络的研究鲜有。第 10.3.3 小节中将提出一个光子电路,用于将光注入的可激发激光器引入可扩展的光子神经网络,这一主题将在第 8 章中进行讨论。

图 6.1 为基于相干光注入、非相干光注入和全电注入的半导体可激发激光器的一般分类。每一种激光器都可以用电或光进行泵浦。在第 10.3 节中讨论了用每一类激光器构建网络的技术。

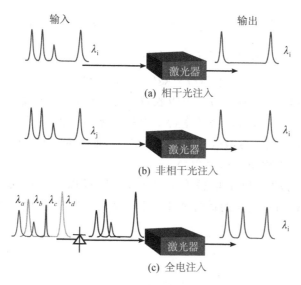

图 6.1　基于相干光注入、非相干光注入和全电注入的半导体可激发激光器(见彩图)

接下来,我们一起回顾有关文献中针对光子尖峰处理器提出的候选可激发半导体激光器和器件的最新发展。

6.1　两端增益和 SA 可激发激光器

Prucnal 及其同事[8,11,14,55]和 BarBay 及其同事[7,10,12]最近提出两段增益和 SA 可激发激光可以作为用于峰值处理的计算原语。理论[8,13]和实验[10,14]都表明,该系统类似于计算神经科学中常用来进行生物神经网络建模的带泄漏整合发放(LIF)神经元模型[56]。然而,有一个关键的区别——两个动力系统都在不同的时间尺度上运行。生物神经元的时间常数为毫秒量级,而激光增益部分的载流子寿命通常在纳秒范围内,甚至可以下降到皮秒范围。虽然它是一种更简单的基于峰值的模型,但 LIF 模型能够进行通用计算[57],还可以通过峰电位定时传输信息[58]。研究人员对这种两段式可激发激光器也在广义光电网络模型[55]的背景下进行了研究,将在第 10 章中进一步讨论。

1. 工作原理

尖峰处理单元行为背后的动力系统是一个增益吸收腔模型,描述了具有增益和 SA 部分的单模激光器,详见第 5 章。尽管它很简单,但它可以表现出大范围的动态行为[3],并作为光处理器的基础,已经在各种情况下进行了研究[10]。该系统的最简单的形式,可以用无量纲的 Yamada 方程(5.1)~方程(5.3)来描述。为方便起见,在此处重写[7-8]:

$$\dot{G}(t) = \gamma_G [A - G(t) - G(t)I(t)] + \theta(t) \tag{6.1}$$

$$\dot{Q}(t) = \gamma_Q [B - Q(t) - \alpha Q(t)I(t)] \tag{6.2}$$

$$\dot{I}(t) = \gamma_I [G(t) - Q(t) - 1]I(t) + \varepsilon f(G) \tag{6.3}$$

式中:$G(t)$ 为模拟增益,$Q(t)$ 为模拟吸收,$I(t)$ 为模拟激光强度。A 为增益偏置电流,B 为吸收水平,γ_G 为增益松弛率,γ_Q 为吸收体的弛豫速率,γ_I 为反光子寿命,α 为相对于增益因子的差分吸收。我们通过 $f(G)$ 来表示自发噪声对强度的贡献,并将与时间相关的输入扰动表示为 $\theta(t)$。

当脉冲产生的动态快于增益介质的动态时,可以压缩内部动态,得到由方程(5.10)和方程(5.11)描述的瞬时脉冲产生模型[8]。为方便,此处重复:

$$\frac{\mathrm{d}G(t)}{\mathrm{d}t} = -\gamma_G [G(t) - A] + \theta(t) \tag{6.4}$$

如果

$$G(t) > G_{\text{thresh}} \tag{6.5}$$

那么释放一个脉冲,并设置

$$G(t) \rightarrow G_{\text{reset}}$$

其中输入 $\theta(t)$ 可以包括 $\theta(t) = \sum_i \delta_i(t - \tau_i)$ 形式的尖峰输入,用于尖峰触发时间,G_{thresh} 是增益阈值,$G_{\text{reset}} \sim 0$ 是透明度增益。

该系统类似于一个带泄漏整合发放(LIF)的神经元模型,该模型通常用于计算神经科学中,以对生物神经网络进行建模。虽然它是一个更简单的基于尖峰的模型,但 LIF 模型能够进行通用计算[57],还可以通过峰电位定时传输信息[58]。增益吸收系统被预测可以表现出级联性、逻辑电平恢复和输入/输出隔离[8],满足光学计算的基本标准[51]。

2. 结 论

具有增益和嵌入 SA 的两段式可激发激光模型适用于不同的物理表现。Nahmias 等人[8]提出了一种具有神经元样行为的紧凑型 VCSEL - SA。Shastri 等人在理论上[9]和实验中[14]证明了一种基于光纤的石墨烯可激发激光器,如第 5 章所述。

图 6.2 为集成的双段增益 SA 激光器。图 6.2(a)为硅混合倏逝激光神经元的横截面。具有光学活性的Ⅲ-Ⅴ族元件通过脊型波导连接到 SOI 衬底上。光学尖峰从

无源 SOI 网络入射到光探测器上。由此产生的射频电流脉冲调制两段激光器的增益部分(为了简单起见,未显示抑制性光探测器和泵浦电流源)。图例:Si(灰色)、介电绝缘体(蓝色)、Ⅲ-Ⅴ下刻蚀层(橙色)、Ⅲ-Ⅴ上刻蚀层(黄色)、金属(白色)、质子注入Ⅲ-Ⅴ(黑色)。版权所有:2014IEEE。经 Nahmias 等人许可转载,来自参考文献[59]。图 6.2(b)为带有 SA 的微柱激光器的草图和扫描电子显微镜(SEM)图像。在Ⅲ-Ⅴ材料堆栈中的垂直微柱激光器被 SiN 氧化物包围。泵浦光(红色箭头)从顶部进入,并部分从下方的布拉格反射镜的剩余部分反射。经 Selmi 等人许可转载。来自参考文献[10]。版权所有:2014 年美国物理学会。

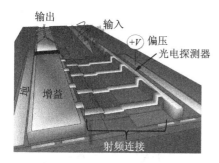

(a) 硅混合倏逝激光神经元的横截面

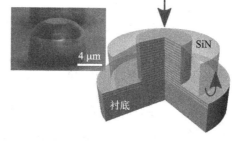

(b) 带有SA的微柱激光器的草图和扫描电子显微镜图像

图 6.2　集成的双段增益 SA 激光器(见彩图)

最近提出的一种器件是在Ⅲ-Ⅴ/硅混合平台上的两段分布式反馈(DFB)可激发激光神经元(见图 6.2(a))[11,59]。该平台包括与底层无源硅光子互连网络结合的Ⅲ-Ⅴ材料。在一个典型的器件中,光学模式在硅层和Ⅲ-Ⅴ层之间同时混合[60]。波导、谐振器和光栅所需的纳米结构是严格用硅制造的,而Ⅲ-Ⅴ层提供光学增益[61-62]。DFB 腔的使用保证了单一的纵向激光模式,并通过绝缘体上硅光栅间距的激光波长的光刻来进行定义。半导体增益和吸收部分与质子注入区电隔离[63],单独的注入在吸收部分提供更短的寿命。

图 6.3 为 DFB 激光神经元的模拟内部动力学。黑色的输入尖峰来自光探测器的电流扰动。激光器的增益(蓝线)和饱和吸收(绿线)部分为模拟载流子密度。足够的可激发性活动导致脉冲释放(红色),随后是短暂的不应期。虚线表示透明载流子密度。版权所有:2014IEEE。经 Nahmias 等人许可转载,来自参考文献[59]。

图 6.3 说明了可激发激光神经元响应这种调制信号时的内部动力学。对增益总体的小扰动不会产生光输出,但较大的输入会导致 SA 饱和并释放甚至比原始输入脉冲更窄的短脉冲。这证明了系统的再生特性,可以继续传播脉冲而不会最终退化[8]。

Selmi 等人[10]提供了带有 SA 的微柱激光器中神经元动力学的实验证据(见图 6.2(b))。激光器的工作依赖于增益和吸收器部分的高效光泵浦,这是通过精确设计构成激光器腔的多层反射镜得到的[6]。激光器由有源区和非泵浦区组成,分别

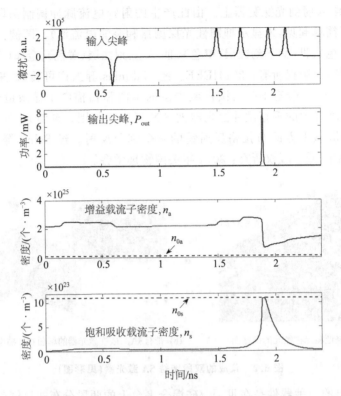

图 6.3 DFB 激光神经元的模拟内部动力学(见彩图)

由两个和一个 AnGaAs/AlGaAs 量子阱组成。其目标是使增益介质获得高泵浦效率,同时在 SA 量子阱中完全没有泵浦。这是通过将增益和 SA 量子阱放置在腔共振(980 nm)时的场波腹处,而 SA 量子同时位于整个可能泵浦的波长范围(795～805 nm)内的泵浦场节点处来实现的[6]。

图 6.4 中,(a)为对于自脉冲阈值 PSP=694 mW,改变偏置泵 P 时,单脉冲扰动响应 R_1 的振幅与扰动能量 E 的关系。(b)为对于两个脉冲之间的不同延迟。第一脉冲在 $t=0$ 时对第二扰动脉冲的响应振幅,比可激发阈值高出 20%,并触发了可激发响应。偏置泵浦为 0.71 PSP。(c)和(d):在 $t_0=0$ ps 和 $t_1=250$ ps 时,双增量扰动的强度 $I(t)$,载流子 $G(t)$、$Q(t)$ 的恢复动力学特性以及净增益 $\Gamma(t)$。图(c)为中则第二次扰动低于可激发阈值,图(d)为中则高于阈值。初始状态为稳态。经 Selmi 等人许可转载,来自参考文献[10]。版权所有:2014 年美国物理学会。

1 类可激发系统的一个特征是在输出脉冲能量(振幅响应)和输入脉冲能量(扰动振幅)之间的可激发阈值处存在阶跃行为;此外,还可以通过偏置泵浦强度对阈值进行静态控制[10]。偏置泵浦强度的降低会导致可激发阈值的增大和振幅响应的降低,直到可激发行为完全消失且没有明确定义的阈值(见图 6.4(a))。在这里,该系统进入了一个传统的激光状态,称为增益开关。对于接近自脉冲(Q 开关)阈值的偏

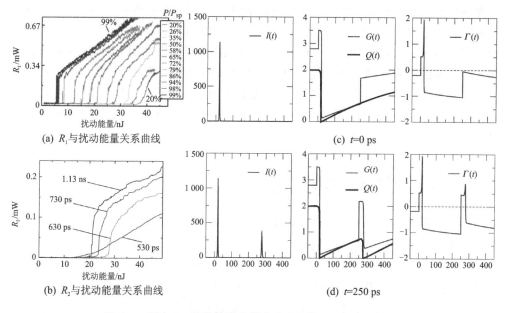

(a) R_1 与扰动能量关系曲线

(b) R_2 与扰动能量关系曲线

(c) t=0 ps

(d) t=250 ps

图 6.4　带有 SA 的微柱激光器的实验和模拟结果(见彩图)

置泵浦,可激发阈值与泵浦电平呈线性关系;对于较低的泵浦值,振幅响应的波动与响应跳跃的顺序大致相同。这使得很难识别可激发的阈值。

向激光器输入尖峰双峰(由一个尖峰间隔分开的两个相同的扰动),揭示了可激发系统的另一个关键特征,即存在不应期。如果增益仍在恢复到稳定状态(相对不应期),直到被完全抑制到一个足够小的峰电位间隔(绝对不应期),则第二个可激发脉冲(接近于触发可激发响应的第一个扰动)的到来可能会导致响应水平的降低(见图 6.4(b))。随着对第二次扰动的不连续响应的消失,可激发状态不再存在。如果第二个脉冲在载波恢复完成后到达,则触发脉冲的强度将与第一个响应相同,此时可以认为系统已经离开了不应期。测量的绝对不应期和相对不应期分别低于 200 ps 和在 200~350 ps 范围内。

可激发激光器的动态演化(见图 6.4(c)、(d)),即强度 $I(t)$、增益 $G(t)$ 和 SA 载流子 $Q(t)$ 的恢复,以及净增益 $\Gamma(t)=G(t)-Q(t)-1$。由于在其不应期前后的双重 δ-摄动,有助于揭示驱动系统响应的潜在物理机制。正如 Selmi 等人[10] 所解释的那样,对第二次扰动的响应取决于在足够长的时间内经历正净增益的强度,即仅当 $\Gamma(t)$ 达到正值时,发出的脉冲的振幅才取决于相对于稳态的载流子密度的恢复。

总之,两段增益和 SA 激光神经元模型提供了丰富的有用的动力学行为,包括在神经元的时间分辨脉冲中发现的可激发动力学。这些可激发激光器已被证明适用于低水平的尖峰处理任务,包括时间模式检测和稳定的递归记忆[14],这些任务对更高水平的处理很有用。因此,参考文献[14]中指出,该平台可以同时表现出逻辑电平恢复、级联性和输入/输出隔离,这些都是光学信息处理中的基本挑战。两种类型的增益和 SA 激光神经元都需要足够的泵浦功率($I_g V_L = 88$ mW 和 $P_{sp} = 694$ mW)以在可激发状态下偏置,以及冷却以防止相关的功率耗散影响温度。在光泵浦纳米柱的情况下,热量产生和冷却发生在外部泵浦激光器中,而电泵浦的 DFB 可激发激光器需要对集成的激光神经元本身进行冷却。如第 10 章所述,可以使用电注入方法来支持参考文献[55]中提出的可扩展的、基于波长的网络技术。也可以使用光注入技术,即参考文献[8]中提出的能在更高带宽下工作的光注入技术来支持波长网络,尽管这种体系结构的细节尚未得到深入研究。

6.2 半导体环和微盘激光器

环形腔激光器是一类半导体激光器,它也表现出动态激发性[16,64-65],并作为一种计算基元[17,20-21]而被研究。它们的环形对称形成了一个谐振腔,每个频率有两个等稳定反向传播的正态模,从而导致多稳态行为。当这种对称性被破坏时,就会产生激发性,在这种情况下,其中一个模的吸引域被抑制,系统只允许这种模的瞬态激发。最近,有两个研究小组利用这一现象将可激发激光器描述为光学神经元:Coomans 等人研究了一种基于半导体环形激光器(SRLs)的体系结构;Alexander、VanVaerenbergh 等人研究了微盘激光器(MLs)。值得注意的是,这种类型的激光器已经考虑了级联性的影响(即一个激光器驱动一个或多个其他激光器);参考文献[17,20]中经证明了存在由多个这样的激光器链维持的可激发脉冲。级联性是与创建更大的可激发激光元件系统有关的几个必要特性之一,将在第 8 章中进一步讨论。

6.2.1 半导体环形激光器

SRL 是由耦合到波导的电泵 III-V 环形谐振器组成的。在实验中可以观察到交替振荡[66]。此外,Gelens 等人[16]在 SRLs 的实验中观察到了可激发的脉冲。该小组分析了动力系统,发现 SRL 属于 2 类激发性[67]类别。最近,Coomans 等人从理论上研究了一种 SRL 用于光脉冲激发[17]和一种通过另一个 SRL[19]来激发 SRL 的工程设计。

1. 工作原理

在 InP 基多量子阱衬底上,采用"跑道"几何结构,单片制作了脉冲 SRL(见图 6.5)。该器件在 $\lambda = 1.56\ \mu m$ 下以单横向、单纵向模式工作。环形几何结构使这种模式退化,产生两种反向传播模式,它们以两种方式相互耦合:线性地通过"多模耦合"以及非线性地通过交叉增益饱和(见方程(6.6)~方程(6.9))。

图 6.5 为实验性 SRL 装置。两个波导,称为总线波导,位于环的旁边,这样光就可以直接耦合到波导和环之间。金属接触点沉积在环的顶部和总线波导的所有四个路径上。从芯片发出的功率由多模光纤收集。光纤的切割面也可以作为一个可控的

背向散射元件。其描述了四个波导触点,其中只有一个用 I_{wg} 表示的是偏置的。I_r 是 SRL 的偏置电流。经施普林格出版社许可,转载自参考文献[67]。

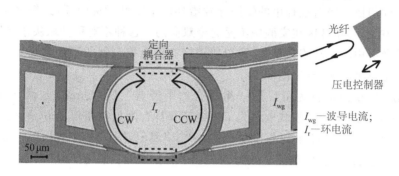

图 6.5　实验性 SRL 装置

图 6.6 中,(a)为样品 SRL 装置的实验(dc)$L\text{-}I$ 曲线。(b)为使用 Runge-Kutta 算法通过方程(6.6)～方程(6.9)优化得到的理论时间平均 $L\text{-}I$ 曲线。$\varphi_k \approx 1.5$。在 $\mu_H = 1.4$ 和 1.65 处的垂直线表示动力系统中的两个 Hopf 分岔。经 Sorel 等人许可转载,来自参考文献[66]。版权所有:2002 年美国光学学会。

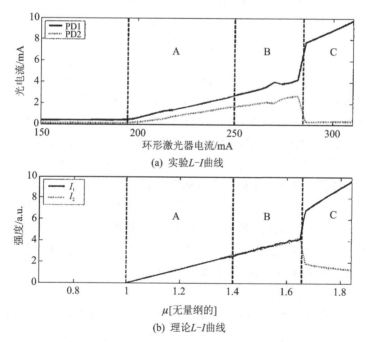

(a)　实验 $L\text{-}I$ 曲线

(b)　理论 $L\text{-}I$ 曲线

图 6.6　SRL 装置的实验和理论 $L\text{-}I$ 曲线

Sorel 等人[66]已经表明,对于多模态耦合系数的某个阶段($\varphi_k \approx 1.5$),在不同的铝-镓-砷下 SRL 有三种不同的状态(见图 6.6)。在 A 区,环形激光器双向工作,两种模式都具有恒定的功率。然而,在 B 区,出现了交替振荡,其中两种反向传播模式随时间谐波进行能量交换。这种行为变化对应于 Hopf 分岔。最有趣的是,在 C 区中,环形激光器是准单向的,没有振荡。然而,向空腔中注入光可能会导致系统在不同模式之间切换。制造过程中的缺陷导致沿环的不变性对称中断,这解释了为什么图 6.6(a)中 A 区和 B 区在实验中不是完全双向的。这种不对称性取决于波导、输出耦合器或散射中心的缺陷。例如,可以使用带有压电控制器的平面光纤和总线波导中的偏置电流进行调谐(见图 6.5)。

激光器的动力学行为可以用一组耦合的半经典兰姆(Lamb)方程(6.6)~方程(6.9)来表示。反传播模式表示为 E^+ 和 E^-(具有附加复相位 $\exp(-j\omega t)$ 的慢变复振幅);$|E^{\pm}|^2$ 表示每种模式下的光子数;"$+$"表示逆时针(CCW);"$-$"表示顺时针(CW)。空腔内的自由载流子数为 N。以下模型改编自参考文献[21,66,67]:

$$\frac{dE^+}{dt} = \frac{1}{2}(1-j\alpha)(G^+ - \gamma_{ph})E^+ + j\Delta\omega E^+ - j\eta_C\gamma_{in}E_{in,1} +$$
$$k(1-\delta)\exp[j(\phi_k - \Delta\phi_k/2)]E^- \tag{6.6}$$

$$\frac{dE^-}{dt} = \frac{1}{2}(1-j\alpha)(G^- - \gamma_{ph})(E^- + j\Delta\omega E^- - j\eta_C\gamma_{in}E_{in,2} +$$
$$k(1+\delta)\exp[j(\phi_k + \Delta\phi_k/2)]E^+ \tag{6.7}$$

$$\frac{dN}{dt} = \mu I_0 - \gamma_C N - G^+|E^+|^2 - G^-|E^-|^2 \tag{6.8}$$

$$G^{\pm} = \frac{\Gamma_{gN}(N-N_0)}{1+\Gamma\varepsilon_{NL}(|E^{\pm}|^2 + 2|E^{\mp}|^2)} \tag{6.9}$$

式(6.6)和式(6.8)描述了每个反向传播模式振幅的变化。α 是线宽展宽因子(也称为亨利因子或阿尔法因子),γ_{ph} 是场衰减率,$\Delta\omega = \omega - \omega_0$ 是注入场 E_{in} 与谐振腔频率之间的失谐。光通过外部波导注入腔内,用 E_{in} 表示,耦合效率为 η_c,速率为 γ_{in}。局域反射(称为背向散射)在两个场之间产生线性耦合,其特征是振幅为 k 以及相移为 ϕ_k。背向散射强度和相位的不对称性分别用 δ 和 $\Delta\phi_k$ 表示。式(6.7)描述了半导体腔中自由载流子的变化。μ 是无量纲的归一化注入电流(在激光阈值处 $\mu=1$),$I_0 \approx (\gamma_{ph}/\Gamma_{gN} + N_0)$ 为在激光阈值处的实际泵浦电流,$G^{\pm}$ 为各模态的增益系数。在公式(6.9)中,$G^{\pm}$ 是差分增益;Γ_{gN} 是腔内模态的约束系数;N_0 是不透明载流子数;ε_{NL} 是非线性增益抑制系数,用于反映载流子加热(carrier heating)和光谱烧孔(spectral hole burning)现象。

图 6.7 为方程(6.6)~方程(6.9)的相图表示。对于 $\mu > 1.65$ 以及 $\phi_k = 1.5$,稳定流形将两个不对称稳定状态的两个吸引域(黑色和白色)分离。图(a)和(b)中的 δ 值分别为 0 和 0.05。经施普林格出版社许可,转载自参考文献[67]。

方程(6.6)~方程(6.9)形成一个动力系统并可以用相图表示。研究表明,在比系统的典型振荡更慢的时间尺度下,空腔中的光子总数($|E^+|^2 + |E^-|^2$)近似恒定。因此,反向传播模的振幅和相位的相对大小足以描述激光的状态。为了辅助几何可

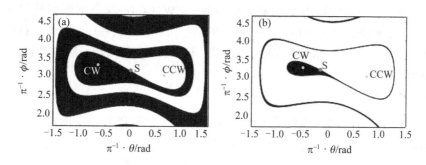

图 6.7　方程(6.6)～方程(6.9)的相图表示

视化,我们引入了两个辅助角变量[67]:$\theta = 2\arctan(|E^+|/|E^-|) - \pi/2 \in [-\pi/2, \pi/2]$以及 $\phi = \arg(|E^+|/|E^{-1}|) \in [0, 2\pi]$。在这里,$\theta$ 表示两个场之间的相对功率分布(例如,$\theta = \pi/2$ 时表示电场集中在 E^+ 模式),ϕ 表示相对相位。

对于多模态耦合和泵浦电流的特定值,稳定点的吸引域被一个对称螺旋形状的流形分开(见图 6.7(a))。然而,不对称的 $\delta > 0$ 导致 CW 吸引域显著收缩,直至其稳定状态变为亚稳态(见图 6.7(b))。为了使 δ 足够大,实际上激光器将始终在 CCW 模式下工作。通过注入一个以共振频率为中心且相对于 CCW 模式具有特定相位的短光脉冲,我们可以确定地迫使系统状态穿过 CW 稳定流形的两个分支(见图 6.8 中的灰色区域)。此后,弛豫轨迹涉及快速绕过 CW 盆地返回到 CCW 点(见图 6.8),在 CW 模式下产生短脉冲。有趣的是,载流子密度与可激发偏移无关——它是两种反向传播模式之间能量的瞬态再分配。

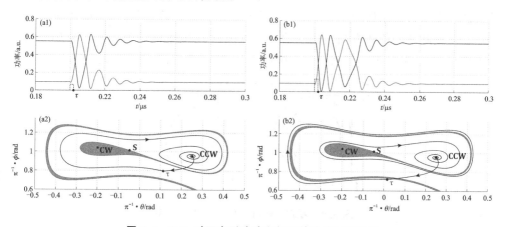

图 6.8　SRL 对正方形脉冲和相图的响应(见彩图)

图 6.8 为当光注入 2 ns 宽的正方形脉冲时的方程(6.6)～方程(6.9)的模拟。(a1)、(b1)为模态强度的时间轨迹。CW(CCW)模态功率用红色/灰色表示。注入的脉冲用黑色虚线表示。请注意,在图中光注入脉冲功率被放大了 10^7 倍。τ 表示注入脉冲结束的时间。(a2)、(b2)为与时间轨迹对应的二维相空间轨迹。点 τ 也对应

于注入脉冲结束的时刻。S 表示鞍形的位置。CW(CCW)状态的吸引域用灰色(白色)表示。参数值：$\delta = 0.045$,(a)中 $E_i = 8 \times 10^{-5}$,(b)中 $E_i = 1.2 \times 10^{-4}$,谐振失谐,相位差 $= 1.3\pi$。经 Coomans 等人许可转载,来自参考文献[17]。版权所有：2011 年美国物理学会。

2. 结　论

以可控的方式激发 SRL,实际上被证明是一个主要障碍。在图 6.8 中,扰动的初始方向受到短脉冲相对于激光状态的相位的严重影响,这导致同步约束变得困难。此外,注入脉冲的功率比 CCW 模式的功率弱 8 个数量级。异相光注入可能会导致系统两次穿过 CW 盆地,从而产生双脉冲(见图 6.8(b))。多脉冲激励也可以由噪声扰动引起,这是因为激励偏移接近 CW 稳定流形。最后,由于相位图中激发性阈值的折叠形状,因此不存在激发性或抑制性扰动的概念——这是参考文献[68]中所讨论的第 2 类激发性的特征(见图 2.7)。

高速的可激发偏移有望在光子学中应用于神经启发的信息处理。Coomans 等人在后来的工作[19]中,研究了两个 SRLs 之间通过单个波导总线的耦合,并模拟了相邻 SRLs 之间的级联单向激励(见图 6.9)。一个 SRL 的 CW 模式可以耦合到另一个 SRL 的 CCW 模式。然而,耦合两个 SRL 对单个激光器的动力学特性会产生影响。尽管如此,该方案仍可能适合于基于相位的连贯网络方法,这将在第 8 章中进一步讨论。

图 6.9 为本书所考虑的可激发非对称 SRL 的耦合方案示意图。SRLa(b)的 CW(CCW)模式与 SRLb(a)的 CW(CCW)模式耦合。环腔上的凹槽只是作为腔的不对称性的视觉指示而添加的。弯曲的黑色箭头表示稳定的静止状态,弯曲的虚线箭头表示可激发脉冲的传播方向。注入的触发脉冲 F 用黑色直箭头表示。经 Coomans 等人许可转载,来自参考文献[17]。版权所有：2011 年美国物理学会。

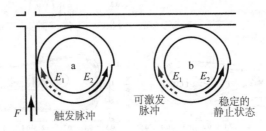

图 6.9　可激发非对称 SRL 的耦合方案

6.2.2　微盘激光器

微盘激光器(MLs)类似于 SRLs,由耦合到总线波导的盘形谐振器组成。最近通过实验证明了 MLs 的稳定、单向的激光操作[64-65]。然而,Alexander 等人结合电泵与光注入,从理论上和数值上都证明了 ML 也可以表现出 1 类激发性[21]。此外,van

Vaerenbergh 等人对两个 MLs 之间的尖峰转移和其他动力学特性进行了数值分析[20]。

1. 工作原理

在绝缘体上硅(SOI)混合平台上使用混合型Ⅲ-Ⅴ制备微盘激光器。ML 是一种盘状 InP 激光腔,具有电泵浦的 InAsP 量子阱增益部分,键合在 SOI 衬底的顶部[64-65](见图 6.10 和图 6.11)。一个单模大小的圆盘支持两种反向传播的回音壁(whispering gallery)模式,它们可以倏逝耦合到 SOI 层中的硅波导上。与 SRLs 类似,激光器是电泵浦的,并且可以从总线波导的两个方向进行光注入。微盘激光器具有与 SRLs 相同的特性,因此可以通过破坏对称表现出与 SRLs 相同的激发性行为。在工作中,van Vaerenbergh 等人没有使用耦合到总线波导上的平面光纤,而是在两种反向传播的回音壁模式之一中通过 CW 光注入,在系统中诱导不对称性,导致一种模式占主导地位,而另一种模式被抑制。

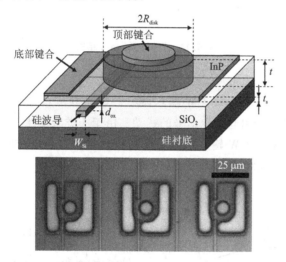

图 6.10　异质微盘激光器结构示意图及光学显微镜图像

图 6.10 中,上图为异质微盘激光器结构示意图,显示了金属接触位置和输出 SOI 线波导;下图为在金属接触沉积之前制作的三个微盘激光器的光学显微镜图像,显示了微盘腔、InP 底部接触层、SOI 线,以及刻蚀到苯并环丁烯(BCB)平面化层的接触偏压。经 van Campenhout 等人许可转载,转载自参考文献[65]。版权所有:2008 年 IEEE。

图 6.11 为"神经元"拓扑结构,使用恒定的锁定信号(CW),微盘被锁定在 SN_1 分岔的正上方。分路器的另一个输入端的脉冲会干扰微盘,可能会引起激发。伴随此激发的 E^- 模式中的能量峰值可以看作是输出脉冲。经 Alexander 等人许可转载,转载自参考文献[21]。版权所有:2013 年美国光学学会。

该工作点在极限圆分岔(limit circle bifurcation)上的鞍节点附近(见图 6.12 中的 SN_1),激光器具有 1 类激发性(见图 2.7),其中小的光注入扰动会引起线性响应,但当输入达到一定阈值时,激光器会在抑制模式下产生光脉冲。这种行为类似于之前讨论的脉冲神经元的 LIF 模型,而不是 Coomans 等人提出的共振激发模型[17]。与 SRL 类似,载流子密度不涉及可激发偏移,说明在主导模式下的每一个向下脉冲在抑制模式下都伴随着一个近似相等的向上脉冲,这些脉冲以相反的方向耦合到总线波导,可以用来激发其他圆盘(见图 6.11)。

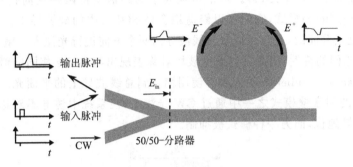

图 6.11 "神经元"拓扑结构

2. 结 论

激发机制如图 6.12 所示。CW 输入锁定了 SN_1 分岔点正上方的微盘。分路器另一个输入端的脉冲会引起锁定信号的扰动。由于 1 类激发性,根据其强度、持续时间以及最重要的相对于 CW 输入的相位的组合,脉冲可以分为抑制性或激发性(见图 6.13)。可以集成连续脉冲以克服尖峰阈值。

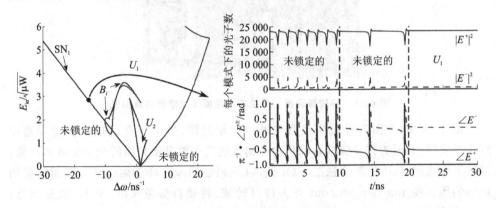

图 6.12 微盘的激发机制(见彩图)

图 6.12 为微盘的激发机制。左图:对于 $I=2.3$ mA 的分岔线和锁定区域,红线代表 Hopf 分岔,蓝线代表极限点。时间轨迹:在 $\Delta\omega=-15$ ns^{-1},$|E_{in}|=2.77$ μW$^{1/2}$ 处跨越 SN_1 分岔点。在 $t=10$ ns 时,锁定振幅从 2.65 μW$^{1/2}$ 提高到 2.76 μW$^{1/2}$;在 $t=20$ ns 时,通过再次增加至 2.78 μW$^{1/2}$ 来跨越分岔。经 Alexander 等人许可转载,转载自参考文献[21]。版权所有:2013 年美国光学学会。

由 Alexander、van Vaerenbergh 等人提出的系统的一个明显的实用优势是,该系统对相位噪声具有更强的鲁棒性。虽然与光注入的 SRL 相比,该系统不像 SRL 那样对输入和激光状态之间的相位误差非常敏感,这种相位误差在实际设置中是无法控制的,但 ML 的相位灵敏度与锁定 CW 信号有关,可以更容易地在外部控制[21]。此外,具有足够振幅的随机相位输入脉冲的大约 25% 会导致激发(见图 6.13),这允许有很大的相位误差容限。可调谐移相器(例如加热器)可以抵消光链路中的相移累积,从而消除在集成平台中互连微盘的潜在障碍。

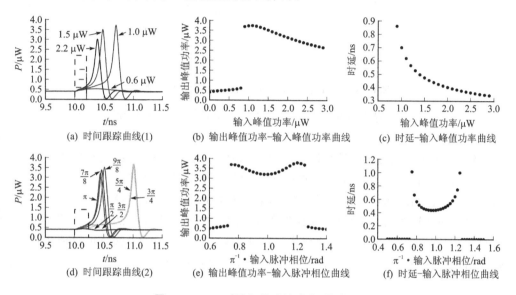

图 6.13　ML 对输入扰动的响应(见彩图)

图 6.13(a)～(c)为对不同脉冲功率的固定长度(0.2 ns)脉冲的响应,与锁定信号不同步。(a)为时间跟踪曲线(1)。(b)为输出峰值功率作为输入峰值功率的函数。(c)为脉冲延迟作为输入峰值功率的函数。(d)～(f)为对固定峰值功率和长度(1.4 μW,0.24 ns)但相位变化的脉冲的响应。(d)为时间跟踪曲线(2)。(e)为输出峰值功率作为相位的函数。(f)为脉冲延迟作为输入脉冲相位的函数。经 Alexander 等人许可转载,转载自参考文献[21]。版权所有:2013 年美国光学学会。

van Vaerenbergh 等人提出了图 6.14 中所示的两个相同的 MLs 的连接拓扑结构。该模拟的目的是演示通过圆盘 1 对圆盘 2 的单向激发。时间跟踪曲线如图 6.15 和图 6.16 所示。微盘和波导的布局方式使得每个圆盘的抑制模式相互发送,从而使得两个 MLs 可以相互激发。请注意,由 ML 产生的脉冲的计算宽度约为 0.2 ns(见图 6.14),远小于约 10 ns 的 SRLs(见图 6.8)。

图 6.14(a)为用于级联两个微盘的拓扑结构。两个激光器之间的连接会产生相位差。图 6.14(b)上图为当第二个圆盘"关闭"(没有电流和锁定信号)时,第一个圆盘的输入和输出功率。图 6.14(b)下图显示了输出脉冲和锁定信号之间的相位差。

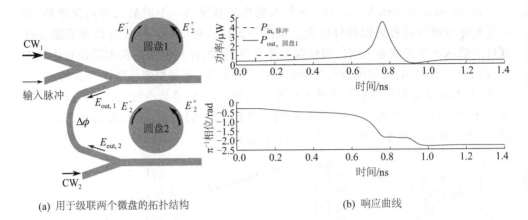

(a) 用于级联两个微盘的拓扑结构   (b) 响应曲线

图 6.14　用于级联两个微盘的拓扑结构及响应曲线

经 van Vaerenbergh 等人许可转载,转载自参考文献[20]。版权所有:2013 年美国光学学会。

　　然而,一对完全对称的耦合圆盘,其相对相位对应于激发连接,这是由于一个激光器被另一个激光器连续激发而产生重复激发。单向激发要求通过微调 CW 锁定信号的相对振幅或相位来打破对称性。因此,虽然两个激光器的耦合不会在物理上影响单个激光器的动力学特性(如在参考文献[17]中的 SRLs),但从圆盘 1 到圆盘 2 的直接"连接权重"不能独立于逆权重。这在尖峰处理的背景下,就对可以使用这种拓扑结构进行物理构建的神经网络类型产生了严格的约束。

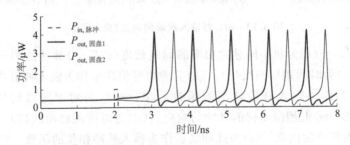

图 6.15　两个圆盘的输入脉冲功率和输出功率

　　图 6.15 为两个圆盘的输入脉冲功率和输出功率。两个盘都以 2.3 mA 电流和 $\Delta\varphi = 2.8$ rad 泵浦。两个盘的锁定信号均为 3.8 $\mu W^{1/2}$。输入脉冲振幅为 1 $\mu W^{1/2}$,宽度为 0.1 ns。经 van Vaerenbergh 等人许可转载,转载自参考文献[20]。版权所有:2013 年美国光学学会。

　　图 6.16(a) 为锁定振幅的差异导致的对称性破坏。第一个盘的锁定信号的振幅为 4 $\mu W^{1/2}$。对于第二个盘,锁定幅度为 3.9 $\mu W^{1/2}$。两个盘都以 2.3 mA 的电流和 $\Delta\varphi = 2.8$ rad 泵浦。输入脉冲的强度为 3 $\mu W^{1/2}$、宽度为 0.2 ns。(b) 为锁定相位差异导致的对称性破坏。两个盘的锁定信号的振幅都为 3.55 $\mu W^{1/2}$,而两个盘都以

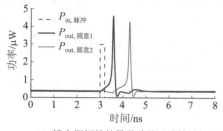
(a) 锁定振幅的差异导致的对称性破坏

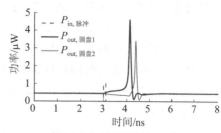
(b) 锁定相位差异导致的对称性破坏

图 6.16　锁定振幅和相位的差异导致的对称性破坏

2.3 mA 的电流和 $\Delta\varphi=4.2$ rad 泵浦。输入脉冲振幅为 1 $\mu W^{1/2}$、宽度为 0.1 ns。经 van Vaerenbergh 等人许可转载,转载自参考文献[20]。版权所有:2013 年美国光学学会。

　　总之,这些圆形腔激光系统自然地产生了可激发行为。两个元件可以通过无源波导相互连接,一般来说,通过相位调谐可以进行精细的控制;同时 van Vaerenbergh 等人还提出了互连和级联性,并对 SRLs 和 MLs 均进行了数值预测。第 6.2.1 小节中回顾的 SRLs 可以在 Hopf 分岔附近呈现共振和激发行为,使得系统能够对精确的脉冲间隔作出响应。注入激光器通常对扰动脉冲的相位非常敏感;然而,第 6.2.2 小节中回顾的 ML 对输入脉冲相位噪声具有良好的鲁棒性(见图 6.13(e))。第 8 章将进一步讨论光学注入激光器可能的网络方法。

6.3　二维光子晶体纳米腔

　　在探索被称为光子晶体(Photonic Crystals,PC)的周期性纳米结构的激发性方面,已经有了令人兴奋的研究。PC 类似于半导体,因为光子的传播受到影响的方式与半导体晶体中的周期性电势通过定义允许和禁止的电子能带影响电子的流动的方式相同[70-71]。PC 是多达三维的由不同的周期性介电常数材料(低和高交替)组成的。这导致了一个光子带隙(Photonic Band Gap,PBG),其中一些频率不允许传播。光可以通过引入改变周期性和破坏 PBG 完整性的缺陷来进行控制和操纵。光在 PBG 区域的局域化引领了基于 PC 的光学器件的设计。

　　Soljačić 等人[72]提出了一个非线性 PC 机中光学双稳态开关的解析模型和数值模拟。微腔和纳米腔的光学双稳定性因在全光晶体管、开关、逻辑门和存储器中的潜在应用而引发关注[73-74]。从那时起,人们对二维(2D)PC 谐振器[22-23,75-76]和 PC 纳米腔中的自脉冲和激发性进行了积极的研究[24,77-80]。光学和电子的非线性都被用来观察这些现象。然而,由于在快速时间尺度(ps 到 ns)上的信号微弱,后者很难实现和观察。在光学领域,三阶克尔非线性对实现双稳态和激发性起着关键作用。关键是要在光的严格限制下增强这种非线性并降低操作阈值。减少光体积和光损耗会导致双稳态阈值的降低，因为后者的尺度为 V/Q^2（其中 V 为光模体积，Q 为腔的品质因数）[72-73]。Yacomotti 等人[22]和 Brunstein 等人[24]在 2D PC 中展示了第 2 类激发性。在第 2 类激发性中，有两个不同的时间尺度在起作用：快速的时间尺度负责可激发的脉冲的发射，而慢速的时间尺度决定完全恢复到静止状态的时间[22,81]。在二维 PC 中，快时间尺度和慢时间尺度分别由载流子复合时间和热扩散引起的热弛豫来控制。

Yacomotti 等人[22]的二维 PC 带边谐振器（见图 6.17(a)）由一个带有圆柱形气孔的石墨晶格组成，通过硅掩膜图案化形成一个 $20~\mu m \times 20~\mu m$、240 nm 厚的 InP 板。晶格常数为 775 nm，孔径为 230 nm。InP 板包含 4 个 InAsP 量子阱（QWs），其发光中心在 1 500 nm 左右。2D PC 下方的布拉格镜确保了 PC 板在垂直方向上的强光限制。Brunstein 等人[24]的研究具有相似的结构（晶格常数为 450 nm，孔直径为 240 nm），但有悬浮的 InP 膜（$10~\mu m \times 50~\mu m$）且没有布拉格镜。用 120 fs 宽、80 MHz 的重复频率、中心波长为 1 570 nm 的 30 nm 的宽带信号探测腔的模式。载流子引起的折射率变化会导致快速的非线性响应[82]。这导致作为注入（泵浦）功率的函数的共振蓝移和缩小，同时改变了输出（反射信号）的强度[77]。波长的范围（见图 6.17(c)、(d)）有助于如图 6.17(e)所示的不同失谐 $\Delta\lambda = \lambda_0 - \lambda_{inj}$ 产生滞后循环，其中 λ_0 是共振波长，λ_{inj} 是注入波长。该滞后循环对应于电子双稳态操作。

对于激发性，系统偏置在双稳态阈值以上，使双稳态分支（较低和较高状态）共存。

通过引入短扰动，系统可以从较低状态切换到较高状态。在这种情况下，加热被增强，这会增加折射率，从而使滞后循环转移到更高的注入功率。因此，发生切换到低输出状态的自感，随后进行冷却，产生两个时间尺度的瞬态响应[24]：脉冲的发射由快速载流子动力学特性控制，而恢复和脉冲持续时间由较慢的热动力学特性控制。

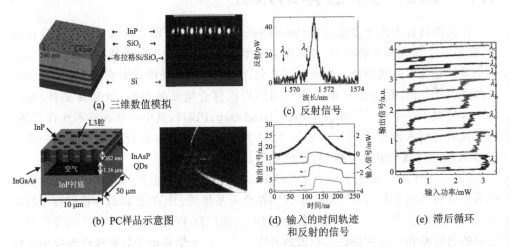

(a) 三维数值模拟

(b) PC样品示意图

(c) 反射信号

(d) 输入的时间轨迹和反射的信号

(e) 滞后循环

图 6.17　光子晶体原理图及实验数据（见彩图）

图 6.17 为光子晶体原理图及实验数据。(a)为通过对真实结构的有限时域差分三维数值模拟，绘制了 2D PC 草图（顶部为石墨晶格的扫描电子显微镜图像）和电磁

能量的横截面分布。顶部的水平线表示注入的 CW 谐振平面波的延伸。注意在 InP 板中的限制。经 Yacomotti 等人许可转载,来自参考文献[22]。版权所有:2006 年美国物理学会。(b)为 PC 样品示意图,显示 L3 腔、整个样品和纤维锥度的图像。经 Brunstein 等人许可转载,来自参考文献[69]。版权所有:2010 年 IEEE。(c)~(e)为参考文献[24]中报道的 2D PC 的实验数据。经 Brunstein 等人许可转载,来自参考文献[24]。版权所有:2012 年美国物理学会。(c)为反射(输出)信号,探头功率为 95 μW。箭头 λ_A 到 λ_I 表示双稳态实验的波长范围。(d)为输入的时间轨迹[黑色(顶部)线(右纵轴)]和反射[蓝色、红色和绿色线(左纵轴)]的信号,分别表示 $\lambda=$ 1.5、1.7、1.9 nm 时的失调。(e)为表现出双稳态行为的滞后循环。关于腔共振的失谐值,从 λ_A 到 λ_I,分别为 1.9、1.8、1.7、1.5、1.3、1.1、0.9、0.7、0.4 nm。开启和关闭开关的切换过程的持续时间约为 6 ns。

1. 工作原理

由于高 Q 腔模式,增益介质中的载流子浓度和热动力学之间的强耦合,导致大量的非线性动力学特性,其中就包括激发性。通常,与热扩散效应有关的时间尺度为慢微秒或毫秒尺度,但由于腔尺寸非常小,它们可能对 2D PC 中的亚纳秒动力学特性产生影响。

关键的物理效应可以通过热电光模型来理解:

$$\frac{\mathrm{d}E}{\mathrm{d}t} = -E(1+\mathrm{i}\theta) + (1-\mathrm{i}\alpha)(N-N_\mathrm{t})E + E_\mathrm{I} \tag{6.10}$$

$$\frac{\mathrm{d}N}{\mathrm{d}t} = -\gamma[N+(N-N_\mathrm{t})\,|\,E\,|^2] \tag{6.11}$$

$$\frac{\mathrm{d}\theta}{\mathrm{d}t} = -\gamma_\mathrm{th}\{\theta - \theta_0 + cE_\mathrm{I}[\mathrm{Re}(E)-|\,E\,|^2]\} \tag{6.12}$$

式中,E 为复场振幅,N 为归一化载流子密度,θ 为由温度引起的腔共振失谐。虽然我们向读者推荐参考文献[22]以获得所有变量的完整定义,但我们在这里指出了其中几个符号。

图 6.18 为反射(输出)功率($E_\mathrm{r}=E_\mathrm{I}-E$)的相图和时间轨迹:(a)为 $\delta_0=-3.2$ 和 $c=0$(无热效应);(b)、(c)为 $c=6$(自持续振荡);(d)、(f)(虚线)为 $\delta_0=-3.35$,扰动 $\Delta N=0.1$(慢激发性);(e)、(f)(实线)为 $\delta_0=-4.225$,扰动 $\Delta N=0.65$(快速激发性)。圆圈表示扰动之后变量 10×2 的值。时间轨迹中的 x 轴,$\tau_\mathrm{th}=0.84$ μs。来自参考文献[22]。版权所有:2006 年美国物理学会。

方程(6.10)是一个复微分方程,$-E(1+\mathrm{i}\theta)$ 项描述腔泄漏(实部)和热对激光频率(虚部)的影响,这取决于 θ。第二项描述了吸收/增益的电光效应以及电子载流子对激光频率的影响。第三项 E_I 也是复数,表示注入的光信号。式(6.11)是常见的具有光学照明的半导体载流子群的微分模型。式(6.12)描述了与温度变化有关的激光频率的动态变化。θ_0 是相对于注入信号频率的线性平衡时的共振频率。参数 c

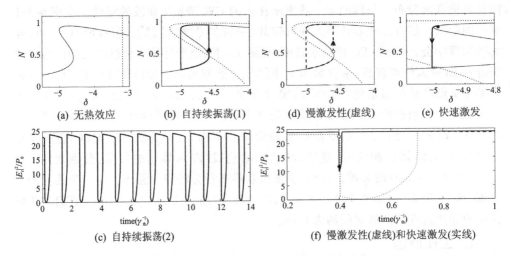

(a) 无热效应　　　(b) 自持续振荡(1)　　　(d) 慢激发性(虚线)　　　(e) 快速激发

(c) 自持续振荡(2)

(f) 慢激发性(虚线)和快速激发(实线)

图 6.18　反射(输出)功率的相图和时间轨迹

描述了通过光吸收发生的加热程度。可以看出,通过将 c 设置为零,θ 总是稳定在 θ_0,并且式(6.10)～式(6.11)可以简化为激光的简单电光模型。如图 6.18 所示,变量 θ(方程式中使用的归一化频率失谐)与变量 δ(图 6.18 中使用的归一化波长失谐)相关,$\delta = (\theta - dN_t)/(1 + N_t)$。

图 6.18 显示了使用该模型可以看到的模拟行为。图 6.18(a)显示了 $c = 0$ 时(即忽略热效应时)的零渐近线(N, δ)。实线表示 $\mathrm{d}N/\mathrm{d}t = 0$ 的相空间部分,虚线表示 $\mathrm{d}\theta/\mathrm{d}t = 0$ 的部分。由于没有热效应,虚线是垂直的,表示 θ(或 δ)在它们各自的归一化平衡值下是静态的。两个零渐近线有一个交点,从而形成一个单一的稳定状态,其中反射了大部分入射功率。当在图 6.18(b)中引入热效应时,零渐近线变为曲线。偏置使得唯一的零渐近线交点出现在 N 零渐近线的两个转折点之间,系统没有稳定的固定点,因此稳定到极限环振荡,其弛豫频率受热时间常数限制(见图 6.18(c))。

图 6.18(d)～(f)引入了输入扰动的概念,以说明快速和慢速的激发性。在图 6.18(d)中,系统的偏置非常接近于产生振荡,如图 6.18(b)所示;然而,零渐近线交点现在低于下拐点意味着系统是稳定的。当一个小的输入扰动到空心圆的状态时,就会发生慢速的可激发响应。这导致了在图 6.18(f)(虚线)中看到的一个大的偏移,可以理解为这类似于图 6.18(c)中看到的一个振荡周期。在图 6.18(e)中,设置为略高于 N 零渐近线的上转折点,而不是略低于 N 零渐近线的下转折点。这个系统在交点处是稳定的。如果一个较大的扰动使得系统移到中间分支上方的状态,它就会骤降到上分支(电子时间尺度)。由于初始的偏置设置在靠近下转折点附近的位置,因此在 N 零渐近线的上分支消失之前,沿着这个分支(热时间尺度)的弛豫会发生很短的时间。在热时间尺度上短时间的弛豫导致了在电子效应时间尺度上的快速可激发脉冲响应,如图 6.18(f)(实线)所示。

2. 结　论

Brunstein 等人[24]通过注入如图 6.19(a)所示的不同振幅的扰动脉冲测试了 PC 纳米腔的可激发状态。该系统使用 2.6 mW 泵浦(注入)功率和 $\Delta\lambda = 1.6$ nm 失谐进行测试。当扰动功率低于 1 μW 时,没有观察到输出(反射)脉冲。在 20 μW 时,将扰动功率增加到正好略高于阈值的程度,会导致 2 μs 持续时间的输出响应。脉冲形状是输入功率进一步增大的典型形式。这是可激发行为的一个明显迹象。此外,由于存在两个不同的时间尺度,即由电子效应驱动的快速时间尺度(纳秒尺度)和由热效应驱动的慢速时间尺度(约 1 μs),使得测试 2 类激发性的置信度成为可能。

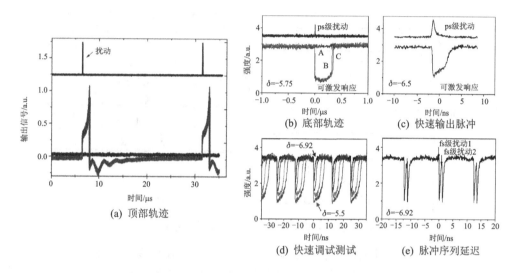

图 6.19　可激发 PC 对输入扰动的响应(见彩图)

图 6.19 为参考文献[24]和参考文献[22]中关于可激发 PC 对输入扰动的响应。(a)为 130 ns 宽的可激发响应(底部轨迹),不同扰动功率的 40 kHz 重复频率脉冲扰动(顶部轨迹),1 μW 低于阈值(黑线);20、35、46 μW 高于阈值[红、蓝、绿线(灰线)]。入射信号功率设置为 2.6 mW,失谐是 $\Delta\lambda = 1.5$ nm。经 Brunstein 等人许可转载,来自参考文献[24]。(b)为 60 ps 宽、80 kHz 重复频率的脉冲扰动的可激发响应(底部轨迹),扰动能量 $U_p = 1.6$ pJ(标记 A)、1.9 pJ(标记 B)和 2.5 pJ(标记 C)皮秒脉冲能量;归一化失谐 $\delta = -5.75$。(c)为 $\delta = -6.5$ 和 $U_p = 7.4$ pJ 时的快速输出脉冲。(d)为 100 fs 宽、80 mHz 重复频率的脉冲的快速调制测试。从最长到最短的输出脉冲:$\delta = -5.5, -6, -6.5, -6.92$;$U_p = 6$ pJ。(e)为(d)中的两个脉冲序列延迟 1 ns;$\delta = -6.92$;$U_{p,1} = 15$ pJ,$U_{p,2} = 6$ pJ。(b)~(e)来自参考文献[22]。版权所有:2006 年美国物理学会。

Yacomotti 等人[22]还通过在不同(归一化)的失谐和不同的扰动(见图 6.19(b)~(e))下测试边带 PC 谐振器(见图 6.17(b))并提出了进一步的见解。首先,在 $\delta =$

−5.75 和 800 nm 左右 60 ps 脉冲宽度(周期为 12.5 μs)的扰动下获得了类似的结果(见图 6.19(b))。当脉冲被量子势垒吸收时,这些扰动可以被视为载流子密度的一次提升,它们的持续时间比电子寿命短得多。微扰能量小于 $U_p = 1.9$ pJ,导致没有输出。然而,对于 $U_p \geqslant 1.9$ pJ,激发态输出不变,脉冲宽度为 300 ns。其次,降低失谐至 $\delta = -6.5$,显著降低了可激发脉冲宽度(3 ns),而阈值却增加到 $U_p = 7.4$ pJ(见图 6.19(c))。Brunstein 等人[24]也做了类似的观察(见图 6.20(a))。再次,即使不应期(稍后将讨论)相对较长(微秒),系统也可以以更高的重复率(80 MHz、100 fs 脉冲)周期性地扰动而不会显著损失对比度(见图 6.19(d)、(e))[22]。

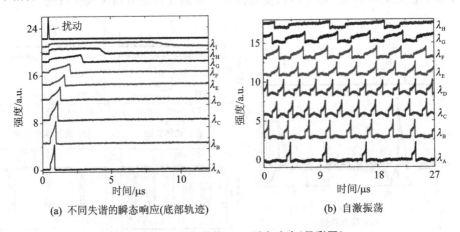

(a) 不同失谐的瞬态响应(底部轨迹)   (b) 自激振荡

图 6.20 不同失谐的 PLC 瞬态响应(见彩图)

图 6.20(a)为不同失谐的瞬态响应(底部轨迹)。失谐值(以纳米为单位)和入射功率(以兆瓦为单位),从 λ_A 到 λ_I,分别为 1.8 和 2.9;1.7 和 2.5;1.6 和 2.2;1.5 和 1.8;1.4 和 1.6;1.3 和 1.3;1.2 和 1.2;1.1 和 0.9;1 和 0.8。顶部的轨迹对应于扰动信号(峰值功率=80 μW)。图 6.20(b)为自激振荡。不同失谐下反射信号随时间变化,从 λ_A 到 λ_H,分别为 1.8、1.7、1.6、1.5、1.4、1.3、1.2、1.1 nm。在锥形光纤输入处测量的输入功率为 3.2 mW。经 Brunstein 等人许可转载,来自参考文献[24]。

如第 2.4 节所解释的,可激发动力学特性发生在周期峰值状态的开始附近,在这种状态下不存在稳定状态,振荡频率由热效应控制。通过在没有任何输入扰动的情况下增加泵浦能量,从静止状态到自激振荡的特征跃迁(见图 6.20(b))进一步巩固了第 2 类激发性的证据。例如,对于 $\Delta\lambda = 1.5$ nm 的失谐,系统自脉冲的泵浦功率约高于 2.9 mW(见图 6.17(e)中滞后图的偏置)。输出脉冲的周期和宽度取决于泵浦功率和失谐情况(见图 6.20(b))。

作为可激发系统的特点,PC 表现出经典的不应期(见图 6.21(a)),即 PC 在第一个扰动达到峰值后,恢复其静止状态(准备好)以进入下一个输入扰动所需的时间。如前所述(见第 6.1 节),这个死区时间近似为导致两个连续响应的两个扰动之间的最小延迟(Δt)。在这种特殊的情况下,不应期大约是 2 μs(参见第 6.1 节中增益 SA

激光器的皮秒时间尺度）。此外，另一个有趣的观察结果是不同失谐的不应期和可激发脉冲持续时间之间的线性关系（见图 6.21(b)）。正如 Brunstein 等人[24]评论所说，需要进一步的理论工作来理解这种尺度。

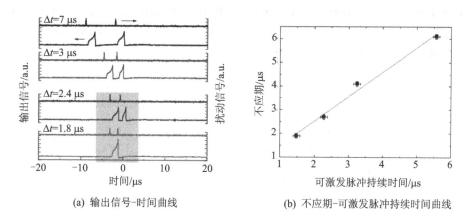

(a) 输出信号-时间曲线 (b) 不应期-可激发脉冲持续时间曲线

图 6.21 不应期测试(见彩图)

图 6.21 为不应期测试。(a)为 808 nm 扰动脉冲之间不同延迟(Δt)的输出和扰动信号（下部和上部迹线）随时间变化的函数；$\Delta \lambda = 1.2$ nm，入射功率为 2.8 mW，扰动功率为 255 μW。不应期约为 2 μs，在两个输出脉冲发生之前（在两种突出显示的情况之间）确定为 Δt。(b)为不应期随可激发脉冲持续时间变化的函数（增加可激发脉冲持续时间 $\Delta \lambda = 1.2、1.1、1、0.9$ nm）。（红色）线：线性拟合。经 Brunstein 等人许可转载，来自参考文献[24]。

总之，除了丰富的物理特性之外，探索光子晶体中的激发性的主要动机是它们可以使系统大小达到光波长的数量级，同时只消耗毫瓦级的功率[72]，使它们在大规模全光集成中具有巨大吸引力。导致双稳态和可激发行为的非线性效应既可以是热效应，也可以是电子效应。Yacomotti 等人[22]注意到，虽然光学双稳定性可以通过热效应表现出来，很容易提供非线性水平，但它在快速信息处理中的应用是一个瓶颈，因为与热弛豫相关的频率通常在兆赫兹范围内，甚至更慢。然而，电子非线性受到载流子寿命的限制，允许更快地切换，但挑战是需将它们与热效应隔离开来。Tanabe 等人[83]已经证明了使用四点缺陷硅二维 PC 高 Q 纳米腔可以进行快速操作，其中电子通过双光子吸收注入。

6.4 谐振隧穿二极管光探测器和激光二极管

Romeira 等人已经证明了一种可激发的光电器件，包括驱动激光二极管(LD)的双势垒量子阱(DBQW)谐振隧穿二极管(RTD)光探测器（见图 6.22(a)）（$\lambda = 1.55$ μm）[25-26]。DBQW-RTD 由夹在两层较薄的高带隙材料(AlAs，2 nm 宽的势垒)之间的低带隙半导体层(InGaAs,6 nm 宽的量子阱)组成。这种结构插入低带隙 n 型材料层(通常是阱材料)之间,形成费米电子海。所制备的 RTDs(见图 6.22(a)) 形成 4 μm 宽、150 μm 长的脊波导[84]。LD 由一个 InGaAsP 多量子阱有源区组成, 在连续波模式下工作,具有 6 mA 阈值电流(约 10 mW 输出光功率)和 0.8 V 阈值电 压(见图 6.22(c))。为了形成神经形态原语,RTD 光探测器和 LD 模具通过印刷电 路板上的 50 Ω 微带传输线串联连接。

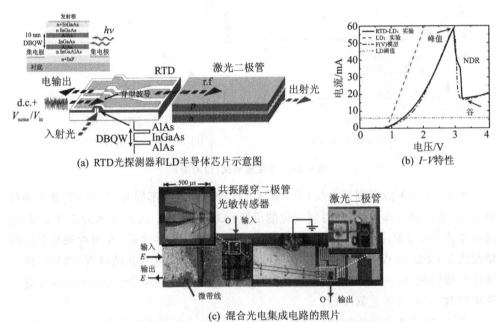

(a) RTD光探测器和LD半导体芯片示意图

(b) I-V特性

(c) 混合光电集成电路的照片

图 6.22 RTD-PD 和 LD 示意图及 I-V 特性(见彩图)

图 6.22 中,(a)为组成 RTD-LD 可激发光电器件的 RTD 光探测器和 LD 半导 体芯片示意图,展示了 RTD 的外延层结构的横截面。(b)为 LD、RTD-LD 和 I-V 模型拟合的实验 I-V 特性。(a)、(b)经 Romeira 等人许可复制,来自参考文献 [25]。版权所有:2013 年美国光学学会。(c)为混合光电集成电路的照片,显示 RTD 和 LD 模具。经施普林格出版社许可,转载自参考文献[26]。

RTD-LD 的一个独特之处在于,它可以用光或电的输入信号(高于阈值)扰动, 在纳秒时间尺度上同时发射光和电脉冲。例如,RTD-LD 可以将信号 V_{in}/V_{noise} 以 及偏置控制 V_{dc} 一起注入 RTD-LD,并在其上测量电压输出 V。DBQW-RTD 典 型的室温直流电流-电压(I-V)特性(见图 6.22(c))有一个明显的负微分电阻 (NDR)区域,这是由于电荷是通过 DBQW 子结构传输的非线性过程产生的。

在神经元动力学特性的研究中,对 RTDs 的兴趣是由在噪声驱动的低频双稳态 RTD 中观察到随机共振引起的[85]。RTDs 也被用于实现紧凑的细胞神经/非线性网 络(CNN)[86]。利用 RTD-LD 的非对称非线性特性,可以在两个独立的区域内工作,以发射单个脉冲或脉冲串。当偏离该区域(Ⅰ和Ⅲ)时,RTDs 可以表现出可激发特性[25-26]和双稳态行为[85];当偏置于 NDR 区域(Ⅱ)时,RTDs 已被证明是能够产生 THz 的高速振荡器[87]。

图 6.23 为单(左图)和双(中间图)势垒量子阱结构的传输系数 $T(E)$ 随入射载流子能量 E 变化的函数。经原作者许可,转载自参考文献[27]。

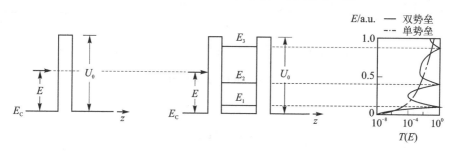

图 6.23　单/双势垒量子阱结构的传输系数

1. 工作原理

一方面,只有具有足够动能的粒子才能通过势垒,而能量较低的粒子会被反射回来;另一方面,量子力学允许能量低于势垒高度的粒子以有限的概率通过势垒。从根本上说,这个概念被观察为通过双势垒的共振隧穿[88]。当载流子的能量等于阱能级之一时,通过相同双势垒的电荷载流子隧穿得到显著增强,在系统共振能的能量值处达到比两个单独的势垒传输系数的乘积高得多的值(完整的隧道传输)(见图 6.23)[89]。

当一个低电压偏置 $V \ll V_p$ 被应用到器件上时,会有一个小的电流流动。电流来自于各种机制,如非共振隧穿、势垒上的热电子发射、散射辅助隧穿过程和通过表面态的泄漏电流,所有这些都有助于产生背景电流。增加偏置电压会提高发射极相对于阱内的谐振电平,并在发射极区域的导带对应于谐振电平时提供最大电流(见图 6.24(a)),从而产生第一个正微分电阻区(PDR)。在这个阶段,更多的电子从发射极区注入到量子阱,因此得到了 I-V 特性中的峰值电流 I_p(见图 6.24(b))。进一步增加电压使谐振电平低于发射极电平并进入禁带,在禁带中不再有载流子可以有效地通过 DBQW。这导致了电流的显著降低,产生了 I-V 特性中的 NDR 特性。在给定的电压 $V_v \gg V_p$ 下,电流达到局部最小值 I_v。偏置电压的额外增加将进一步提升发射极的费米能级,通过更高的谐振能级或通过势垒顶部区域的隧穿将导致新的电流上升,类似于经典的二极管 I-V 特性,从而产生第二个 PDR。

图 6.24 为 RTD 工作原理。(a)为在施加电压下的最低导带分布。(b)为负微分电导电流-电压特性。经原作者许可,转载自参考文献[27]。

正如参考文献[25-26]中详述的,系统的动力学可以用描述光子 S 的单模激光速率方程,以及耦合到 RTD-LD 的电流 I 和电压 V 的 Liénard 方程的 LD 载流子数

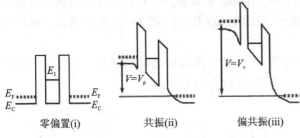

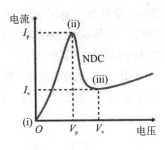

(a) 在施加电压下的最低导带分布   (b) 负微分电导电流-电压特性

图 6.24　RTD 工作原理

N 来建模：

$$\frac{\mathrm{d}V}{\mathrm{d}t} = \frac{1}{\mu}\big[I - f(V) - \chi\xi(t)\big] \qquad (6.13)$$

$$\frac{\mathrm{d}I}{\mathrm{d}t} = \mu\big[V_{\mathrm{dc}} + V_{\mathrm{in}}(t) - \gamma_I - V\big] \qquad (6.14)$$

$$\frac{\mathrm{d}N}{\mathrm{d}t} = \frac{1}{\tau_{\mathrm{n}}}\left[\frac{I}{I_{\mathrm{th}}} - N - \left(\frac{N-\delta}{1-\delta}\right)(1-\varepsilon S)S\right] \qquad (6.15)$$

$$\frac{\mathrm{d}S}{\mathrm{d}t} = \frac{1}{\tau_{\mathrm{p}}}\left[\left(\frac{N-\delta}{1-\delta}\right)(1-\varepsilon S)S - S + \beta N\right] \qquad (6.16)$$

式中，$V_{\mathrm{in}}(t)$ 为输入电压。V_{dc} 是偏置电压。$\mu = V_0/I_0\sqrt{C/L}$ 和 $\gamma = R/(I_0/V_0)$ 是描述等效电路参数的无量纲参数，C 为电容、L 为电感、R 为电阻且 $V_0 = V_{\mathrm{dc}} - V_{\mathrm{th}}$，其中 V_{th} 为阈值处 LD 的电压降。I_{th} 是激光阈值电流。$\delta = N_0/N_{\mathrm{th}}$，其中 N_0 为透明载流子密度，N_{th} 为阈值载流子密度。$\omega_0 = 1\sqrt{LC}$ 为激光增益饱和项。β 为自发辐射影响因子。τ_{n} 和 τ_{p} 分别为载流子和光子寿命。时间被归一化为 LC 回路的共振频率，且 $\tau = \omega_0 t$。$\xi(t)$ 是均值为零的增量相关高斯白噪声。χ 是噪声的方差（强度）。非线性 I-V 特征函数 $f(V)$ 的 NDR 区域引起 RTD-LD 振荡[90]。

图 6.25 为可激发轨道，可分解为四个阶段。第一个快速阶段对应的是电压（黑线）的突然上升，而没有电流的变化。第二阶段是 V 和 I 沿着 $f(V)$ 零渐近线（红线）的右侧缓慢衰减。接下来，另一个快速阶段对应于相同零渐近线（绿色虚线）的另一侧的电压降，电流没有变化。最后是一个缓慢阶段，其中 V 和 I 都恢复了它们的初始值。经 Romeira 等人许可复制，来自参考文献[25]。版权所有：2013 年美国光学学会。

图 6.26 为在 $V_{\mathrm{dc}} = 2.9$ V 时，由方形或脉冲输入信号触发的电学（上图）和光学（下图）RTD-LD 输出的可激发脉冲。经 Romeira 等人许可复制，来自参考文献[25]。版权所有：2013 年美国光学学会。

DBQW-RTDLD 的激发性和尖峰产生机制可以通过将 I-V 曲线视为可激发轨道并将其分解为四个阶段来解释（见图 6.25）。第一个快速阶段对应的是电压（黑

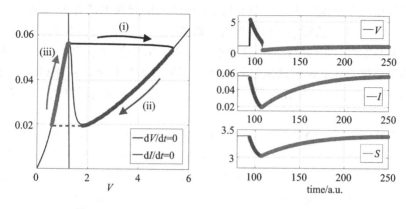

图 6.25 DBQW‐RTDLD 的尖峰产生机制(见彩图)

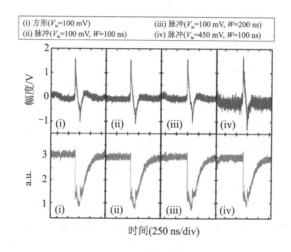

图 6.26 RTD‐LD 的可激发响应

线)的突然上升,而没有电流的变化。第二阶段是 V 和 I 沿着 $f(V)$ 零渐近线(红线)的右侧缓慢衰减。接下来,另一个快速阶段对应于相同的零渐近线(绿色虚线)的另一侧的电压降,电流没有变化,最后是一个缓慢阶段,其中 V 和 I 都恢复了它们的初始值。

2. 结 论

强不对称的 RTD‐LD I‐V 特性导致了两个非常不同的可激发状态。当 RTD 在第一个 PDR 中略偏低于峰值时,可以观察到尖峰行为(见图 6.26),因为当扰动超过给定阈值时,RTD 通过发射可激发脉冲来响应外部扰动。尽管输入信号具有不同的轮廓、振幅和脉冲宽度,V_{in} 从 100 mV 变到 450 mV,脉冲宽度 w 从 100～200 ns,但输出脉冲与约 200 ns 的 FWHM 具有相同的强度和形状。

当系统由一个高斯白噪声源驱动时,还可以观察到典型的神经元脉冲行为(见图 6.27(a))。低噪声强度导致脉冲发射为偶然事件((i)和(ii));较高的噪声强度使得脉冲更容易发射((iii)和(iv))。这些脉冲的重复时间接近于 500 ns 的不应期,这个不应期是根据描述克莱默逃逸过程的典型指数行为的峰电位间隔(ISI)统计数据的直方图(见图 6.27(c))估计的[91],其被可激发轨道的不应期所取代[25]。增大噪声也会导致分布尾部的减少。

当器件在第二个 PDR 中偏置时,输出时间响应由多尖峰脉冲突发组成(见图 6.27(a)中(v)和(vi))。可以通过振荡阈值调节直流偏置来控制突发速率。这是典型的 FitzHugh - Nagumo 神经元模型,是 Hodgkin - Huxley 模型的简化版本,在具有对称零渐近线的可激发系统中,这种特征要么不存在,要么仅限于小参数附近。实验结果与模拟结果一致(见图 6.27(b)、(d))。

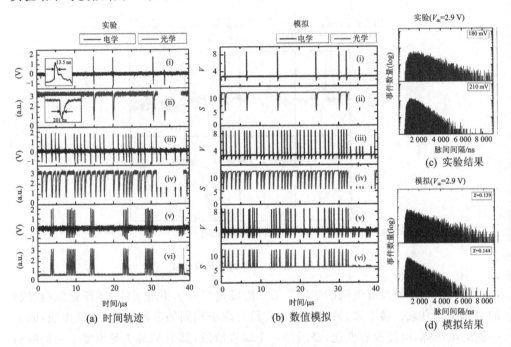

图 6.27　RTD - LD 中噪声诱导的神经元脉冲行为

图 6.27 为 RTD - LD 中噪声诱导的神经元脉冲行为。(a)为在电学和光学领域的 RTD - LD 可激发光电子系统中,电噪声诱导的类神经元脉冲行为的实验和模拟时间轨迹。RTD - LD 在第一个 PDR 区域偏置($V_{dc}=2.9$ V),调制的噪声强度为(i)~(ii),100 mV;(iii)~(iv),175 mV。当 RTD - LD 在第二个 PDR 区域偏置 $V_{dc}=$ 3.2 V 时,会有多脉冲突发,调制的噪声强度为(v)~(vi),150 mV。(b)为电压和光子密度的数值模拟,(V,S)显示了噪声诱导的脉冲在(i)~(iv)第一个 PDR($V_{dc}=$ 2.9 V)以及(v)~(vi)第二个 PDR($V_{dc}=3.5$ V)中的动态状态。在模拟中采用的无

量纲噪声强度为(i)~(ii)，$\chi=0.128$；(iii)~(iv)，$\chi=0.158$；以及(v)~(vi)，$\chi=0.310$。激光输出的 ISI 统计直方图随噪声振幅变化的函数($V_{dc}=2.9$ V)：(c)为实验结果；(d)为模拟结果。经 Romeira 等人许可复制，来自参考文献[25]。版权所有：2013 年美国光学学会。

除了上面模拟的神经动力学特性外，这种结构还可能适用于参考文献[55]中描述的大规模网络结构。该光探测器可以允许对来自于具有特殊波长的 LD 的信号进行加权相加。这将在第 8 章中进行更详细的讨论。

综上所述，基于 RTD－LD 的可激发系统有助于广泛的低速或高速应用，因为可激发响应可以很容易地调整，RTD－LD 的电流、电压波形几乎保持在从直流到 GHz 频率。Romeira 等人[25]指出了该器件的潜在应用，包括储层计算、光网络中的切换，以及神经模拟应用程序，如联想记忆或 CNN 型计算架构，以在神经启发的光子学网络中执行复杂的信息处理。

6.5　具有延迟反馈的注入锁定半导体激光器

自由运行的单模半导体激光器以高于激光阈值(lasing threshold)的电流泵浦速率输出稳定、相干的连续波(Continuous－Wave,CW)光。由于半导体激光器是 B 类激光器，其载流子寿命远大于光腔寿命——对电流泵浦的扰动会导致光强度中的欠阻尼瞬态振荡，最终稳定到新的稳态。这些振荡可以在几种外部影响下成为自维持的极限环，如泵浦调制、光注入或外部光反馈。有研究认为，这类半导体激光器在相干、单模光注入下从所谓的主激光器(master laser)输出，是实现光学可激发性的理想原型[92]。这个想法是扰乱注入光束的相位，在从激光器(slave laser)的腔场中引起 2π 的相位偏移。这些相位扭结表现为循环光强度中的离散脉冲。参考文献[31]对光注入半导体激光器的动力学行为进行了更详尽的报道。

Barland 等人展示了使用光注入在半导体光放大器(Semiconductor Optical Amplifier,SOA)中可激发行为的第一个实验演示[30]。它们表明，光学系统的动力学可以映射到一个通用的菲茨休-南云模型上——这是生理神经元中尖峰脉冲动力学的霍奇金-赫胥黎模型的二维简化——产生 10 s 千赫兹的周期性脉动。Goulding 等人首次报道了在光注入条件下的量子点半导体激光器中的单可激发和双可激发脉动[33]，对注入锁定激光器的动力学特性进行了深入的理论[15,18,31,93]和实验研究[16,35-37,94-97](见第 6.2 节和 6.7 节)。

最近，Turconi 等人演示了在注入锁定 VCSEL 上可激发脉冲的控制触发，这是使用这些系统处理应用问题的一个重要里程碑[36]。我们在第 6.2 节和第 6.7 节中回顾了基于光注入激光器的数值和实验研究。在本节中，我们回顾了 Garbin 等人最近的工作。参考文献[38]实现了对光注入激光器中的可激发性的控制，使其在一定延迟后将输出相位振荡反馈回从激光器，从而触发级联脉冲响应(见图 6.28)。因此,这些振荡被称为可寻址相位比特,并可以在光反馈回路的不同点独立成核和湮灭。

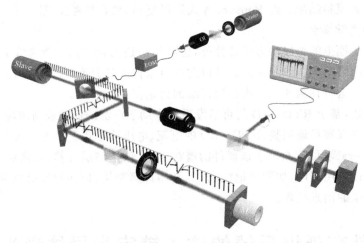

图 6.28　实验装置

1. 工作原理

该实验由一个垂直腔面发射激光器(从激光器)与外部主激光器的相干光稳定锁相组成。从激光器泵浦高于阈值的 6 倍,主激光器频率设置为比从激光器频率低 5 GHz。

图 6.28 为实验装置。从激光器由主激光器进行光注入。通过光隔离器(Optical Isolator,OI)保证了单向耦合,并通过光纤耦合电光相位调制器(Electro-Optic phase Modulator,EOM)对从激光器施加相位扰动。箭头显示了存储在反馈回路中的几个 Φ 位在 $R(E)$、$I(E)$ 平面上的示意图。经麦克米伦出版社有限公司许可转载:来自参考文献[38]。版权所有:2015 年。

注入光束的功率很弱,但足以将腔场的相位锁定在外力上。这些参数将系统带到圆分岔上的鞍节点附近。从物理上讲,这意味着从激光器被锁定,但接近解锁过渡段[36]。通过电光相位调制器对注入光束施加的扰动(<200 ps)会导致从激光器发射 10%～25% 的 DC 值的可激发脉冲,具体取决于偏置。

2. 结　论

Garbin 等人报道,在存在具有非常弱的光反馈和足够的相位失配的情况下,与往返延迟相比,反馈到从激光器的脉冲在一个非常小的延迟时间后再生。因此,由于稳态操作是周期性的,它们将输出强度表示为时空中的共动参考系(在图 6.29(b)→(a)和(d)→(c)的变换中可视化)。每次往返后,脉冲的时序都向右滑动,这意味着脉冲重复率略小于往返周期。这是由于从激光器的动态响应中有再生延迟。据分析,脉冲成核为存储在反馈路径中的 Φ 位。在 3 ns 窗口内的其他点触发类似的相移可能会导致多个循环脉冲。图 6.29(c)说明了在外腔往返路径周期内第二个 Φ 位的创建。

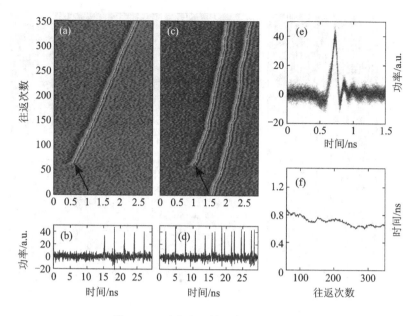

图 6.29　时空表示的两个 Φ 位的成核

图 6.29 为时空表示的两个 Φ 位的成核。图(a)为当系统处于稳定的静止锁定状态时,施加相位扰动(黑色箭头)。在此扰动之后,一个脉冲被成核,并以接近反馈延迟时间的周期而重复,如图(b)所示。时空表示的选择使脉冲几乎是静止的。一段时间后,在系统上再次应用相位扰动(黑色箭头),第一个 Φ 位已经存储。这两个 Φ 位现在在反馈回路中传播,而不相互干扰(见图(c)、(d))。图(e)为单个 Φ 位波形在超过 350 次往返中的叠加。这个非常明确的形状表明了 Φ 位的吸引子性质。脉冲后的振铃归因于检测装置。图(f)为随时间的推移两个脉冲之间的距离的演变。经麦克米伦出版社有限公司许可转载,来自参考文献[38]。版权所有:2015 年。

在这种装置中,不同的 Φ 位可以在每次往返中以不同的速率漂移和重组(见图 6.30(a));此外,Φ 位往往具有一种排斥力,可以在时序上将它们均匀地隔开,间隔大约 790 ps(见图 6.30(b))。这也证明了成核的相反操作,称为湮灭(annihilation)(见图 6.30(c))。这是通过在所需 Φ 位的时间附近精确地施加一个相位扰动来实现的。图 6.30(c)演示了在反馈光回路中的 8 位模式的存储,以及这些位的可寻址创建和湮灭。虽然成核和湮灭是由相位调制控制的,但非相干触发的成核也被用不同的激光器进行了证明[37]。

总之,具有长延迟反馈的注入锁定激光器具有迷人的空间分布动力学特性,使它们具有能够访问空间局部的非线性效应,例如孤子。

图 6.30 为 Φ 位的控制。图(a)为 7 个 Φ 位最初共存于反馈回路中。在取消中央位之后,剩下的 6 个 Φ 位随着时间推移重新组织。图(b)为在反馈回路中存在6个

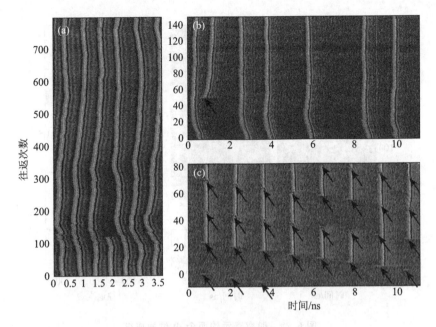

图 6.30　Φ 位的控制

Φ 位。应用扰动(黑色箭头)并使第 7 个 Φ 位成核。两个最近的位相互排斥,直到它们达到足够的时间间隔(790 ps),但其他现有的 Φ 位不受影响。图(c)为在时序上连续施加多个扰动(黑色箭头),并从均匀状态开始成核几个 Φ 位。如果现有的 Φ 位被相位扰动抵消,如近似坐标(6,40)和(8,40)所示,则在这种情况下,存储了 13 个不同的 8 位整数的非单调序列。相同的扰动参数被用于成核和消除。请注意,图(b)、图(c)中的反馈回路是图(a)中的 3 倍。经麦克米伦出版社有限公司许可转载,来自参考文献[38]。版权所有:2015 年。

拓扑 Φ 位具有吸引人的物理特性,如稳定性和可寻址性,并且被认为普遍适用于具有延迟反馈的注入锁定激光器,可用于光通信网络中的信息存储、脉冲整形和相位鉴别[38]。

6.6　半导体激光器受到光反馈的影响

具有低面反射率的半导体激光器放置在激光器(有源)腔外的反射表面旁边,产生一个外部(无源)腔,其中一部分入射光重新进入激光腔。外部反馈腔有自己的一组纵向模式,与激光腔的纵向模式竞争,每个模式都有自己的共振[98]。需通过调整激光器参数来改变半导体激光器的频率以适应外腔共振,从而使整个外腔模式频率可用于激光作用(每个都具有不同的稳定性[99])(稍后会解释)。即使反馈水平低于0.01％或−40 dB[98],也可以观察到丰富的激光动力学特性。对基于光反馈的激光器已经进行了深入的研究(数值和实验研究)[39、98、100-102]。这导致了对极短腔体(即具有集成腔的多段器件)的有趣工作,这些腔体是可激发的、具有 Q 开关或自脉冲(self-pulsing)的[41-43、103、104]。激光器的自脉冲频率可以被锁定在与外腔相关的往返频率上,从而实现脉冲序列重复率的可调性[98]。

图 6.31 为具有相位调谐的多段脊波导 DFB 激光器示意图。请注意,这种激光与参考文献[43]中介绍的激光略有不同。版权所有:1992 年 IEEE。经 Mohrle 等人许可转载,来自参考文献[105]。

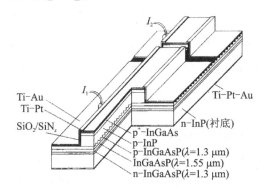

图 6.31　具有相位调谐的多段脊波导 DFB 激光器示意图

1. 工作原理

Lang-Kobayashi 方程[106]通常用于模拟单模激光器,单模激光器在受到来自外腔的光反馈时会表现出多稳定性和迟滞现象。Wunsche 等人[43]制作了一个类似于图 6.31 所示的器件,其中反馈较强,外腔属于同一脊波导,从而形成一个集成的有源-无源多段腔。因此,该腔内的电场会形成一个具有敏感的相位依赖性的时空结构。Wunsche 等人[43]用行波方程(TWE)(方程(6.17))对这种时空结构进行了建模。电场通过在反向传播方向上缓慢变化的振幅进行建模向前 $\Phi_+(t,z)$ 和向后 $\Psi_-(t,X)$。这些模态通过耦合项 $\kappa\Psi_\mp$ 相互耦合,其中 κ 为分布式反馈(DFB)折射率光栅的实际耦合系数,v_g 是光子群速度,α_0 是波导损耗,$\beta(t,z)$ 是波导相对于布拉格光栅波数的瞬时局部传播常数,$p_\pm(t,z)$ 是校正增益色散的偏振贡献(更多的细节请见参考文献[107-108])。

在没有增益色散的无源部分中,$p_\pm=0$ 和 $\beta=\beta_p=2\pi n_{\text{effc}}/\lambda-\beta_0$。$n_{\text{eff}}$ 可以通过等离子体色散效应(也称为载流子折射效应)由注入的电流 I_p 进行调制。在激光部分,$p_\pm$ 由方程(6.18)进行建模,洛伦兹频率相关介电函数的傅里叶变换,高度为 $2\gamma\tau_p$,半宽为 $1/\tau_p$ 以 ω_g 为中心(见参考文献[107]中的推导)。非色散背景传播常数 β 与平均载流子密度 $N(t)$(方程(6.19))动态耦合,后者反过来又通过速率公式(6.20)与光场相连。(α_H:Henry 因子,Γ:横向约束因子,g:差分增益,N_{tr}:透明度密度,ε:增益饱和系数,I:注入电流,V:有源区体积,τ:载流子寿命,$\langle\Psi,\Phi\rangle$:

激光器部分的平均值。)

$$p_\pm = \left(-\frac{\mathrm{i}}{v_\mathrm{g}} \frac{\partial}{\partial t} \mp \mathrm{i} \frac{\partial}{\partial z} + \beta - \mathrm{i} \frac{\alpha_0}{2} \right) \Psi_\pm + \kappa \Psi_\mp \tag{6.17}$$

$$\frac{\partial}{\partial t} p_\pm = \mathrm{i} \omega_\mathrm{g} p_\pm - \frac{p_\pm}{\tau_\mathrm{p}} - \mathrm{i} \Gamma_\gamma \Psi_\pm \tag{6.18}$$

$$\beta = \frac{1}{2} (\alpha_\mathrm{H} + \mathrm{i}) \frac{\Gamma g'[N - N_\mathrm{tr}]}{1 + \varepsilon \Gamma \langle \Psi, \Psi \rangle} - \mathrm{i} \Gamma \gamma \tau_\mathrm{p} \tag{6.19}$$

$$\frac{\partial N}{\partial t} = \frac{I}{eV} - \frac{N}{\tau} - 2 v_\mathrm{g} \mathrm{Im} [\langle \Psi, \beta \Psi \rangle - \langle \Psi, p \rangle] \tag{6.20}$$

这些方程可以用复合腔模式的形式来提出,并利用场关于载流子密度的绝热变化近似,可以将方程(6.17)~方程(6.20)变换成一组普通的常微分方程,这需要分岔分析,现在将进行详细讨论。

2. 结 论

图 6.31 所示是一种典型的两段式器件——带 DFB 的单模激光器,并辅以无源相位段——在 F - P 谐振器中。Wunsche 等人[43]研究了这种激光器的激发性,其增益段长 220 μm,在 1 536 nm 处发射;具有 250 μm 长度和切面的无源部分是一个端镜。无源区带隙(1 300 nm)具有较高的光子能量,从而避免了被激光发射泵浦。从无源部分反馈到有源区域的光的相位可以通过载流子注入来调整,即进入无源部分的偏置电流 I_p。这允许研究激光的有趣动力学特性,即相空间的拓扑结构。光学相移 $\varphi = 2\beta_\mathrm{p} L_\mathrm{p}$ 是由 I_p 通过有效折射率 n_eff 控制的分叉参数($\beta_\mathrm{p} = 2\pi n_\mathrm{eff} c/\lambda - \beta_0$)。

图 6.32 描述了 N 作为对一组特定的激光参数的函数的稳态解。

图 6.32 为从方程(6.17)~方程(6.20)计算得出的稳态载流子密度与相移的关系图。粗线:稳定;细线:不稳定。参数:$v_\mathrm{g} = c/3.8$,$\alpha_0 = 25$ cm^{-1}(激光器),20 cm^{-1}(相位),$\kappa = 180$ cm^{-1},$\Gamma = 0.3$,$g' = 5 \times 10^{-16}$ cm^2,$I = 50$ mA,$V = 9.9 \times 10^{-11}$ cm^{-3},$\alpha_\mathrm{H} = -5$,$\varepsilon = 0$,$N_\mathrm{tr} = 1.3 \times 10^{18}$ cm^{-3},$\tau = 1$ ns,相位部分反射率为 30%,$\tau_\mathrm{p} = 125$ fs,$\gamma = 2.6 \times 10^{15}$ cm^{-1}s^{-1},并且 ω_g 为在 DFB 部分阻带的长波边界。经 Wunsche 等人许可转载,来自参考文献[43]。版权所有:2001 年美国物理学会。

在 A 和 B 之间三个固定点(解)的跨度上同时存在三个不同的分支:1(稳定)、1'(鞍形)和 2(稳定)。分支 1 和分支 1'属于同一模式,而分支 2 属于不同模式,导致点 A 和点 B 之间出现滞后现象。在一定的相位范围内,在 A 周围存在稳定的极限环和鞍形极限环。在 A($\varphi < \pi$)的左侧,这些循环在折叠分岔中湮灭(见第 2.4 节)。在 A 的右侧,在 H 点($\varphi = \pi$),稳定轨道在与 1'的同斜分岔中消失。相空间拓扑在密度-强度平面上的投影在图 6.32 中显示为相空间图。正如预期的那样,鞍形周期轨道围绕着焦点 2,根据相位扰动的方向,它可以坍缩到 2 或 1'。鞍座 1'的不稳定流形有两个根。一个直接指向焦点 1,另一个则在折叠回到焦点 1 之前围绕 2 附近进行大的偏移。1'鞍的稳定流形作为分隔线。如果外部扰动(虚线箭头)减少 N,使系统

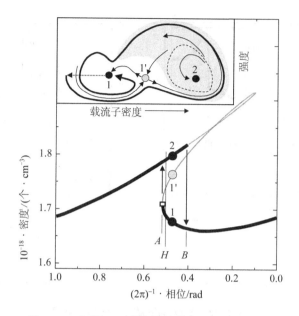

图 6.32 多段 DFB 激光器的载流子密度与相移

进入超过阈值、低于鞍点的相位环(认为是实线),并且其稳定流形在聚焦的过程中出现较大偏移,则可能会发生可激发性 1[43]。

图 6.33 中,(a)为直接从示波器屏幕上获得的动态响应,反映了响应峰值的大小与光激发脉冲的强度的关系。(b)为对应于(a)的情况计算的动态响应。虚线:$P=$ 0.54 pJ;实线:$P=0.63$ pJ。下方插图:激发脉冲结束后解的相空间视图。上方插图:尖峰脉冲强度与光输入脉冲的通量 P 的关系。参数与图 6.32 相同,除了 $\varepsilon=$ 10^{-23} m³。经 Wunsche 等人许可转载,来自参考文献[43]。版权所有:2001 年美国物理学会。

Wunsche 等人[43]通过使用 35 ps 脉冲和重复频率为 15 MHz 的外部扰动来测试他们的器件。图 6.33(a)显示了两级光注入的结果。只有在临界脉冲能量以下,才能观察到平滑且快速阻尼的弛豫振荡。稍微增加了光学输入($1.01P_0$)就会导致激光器的动态响应发生显著变化,输出比平均输出高一个数量级。插图说明了这个阈值或步跃行为,这是可激发性的证据。输出响应对高于阈值的扰动幅度也有微弱的依赖性。这些观测结果得到了数值模拟的证实,如图 6.33(b)所示。输出端的大量抖动(见图 6.33(a))是由于相空间轨迹穿过或接近鞍点,导致瞬态时间减慢约 100 ps。还有一个明显的第二个脉冲的激发,这可能是由相空间轨迹的倾斜引起的(见图 6.33(b))。测量的不应期约为 0.3 ns,这是令人惊讶的,因为它要远小于 1 ns 的增益恢复时间。

最后,通过调整相位电流远离器件切换到自脉冲模式的激发点,也证实了稳定极限环的存在。

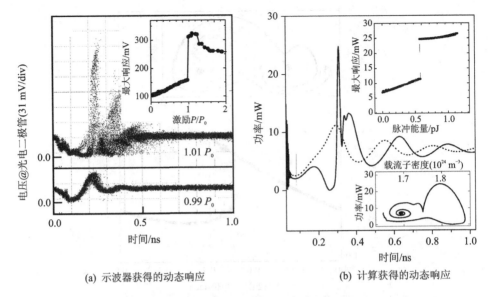

(a) 示波器获得的动态响应　　　　　　　　(b) 计算获得的动态响应

图 6.33　多段 DFB 激光器的动态响应

　　总之,具有光反馈的半导体激光器的物理性质可能非常复杂。然而,从动力学系统的角度来看,这些激光器是很有意义的。光反馈在系统中引入延迟,进而导致高维度,最终产生丰富的行为,包括多稳定性、突发、间歇性、低频波动和完全发展的无序[109]。有几个应用程序利用了动态,包括基于反馈诱导的无序的安全通信和无序密钥分配[99,110-111]。在这里,我们将本节的范围限制在具有反馈的传统 QW 激光器,但也有一个有趣的关于量子点(Quantum Dot,QD)激光器的反馈工作[33-35,112]。一般来说,量子点激光器在光反馈方面表现出比传统的 QW 激光器具有更高的动态稳定性,这是由于增加了弛豫振荡阻尼和降低了相位振幅耦合[112]。在第 8 章中,我们将讨论一种可能的网络方案来将这些激光器相互连接在一起。

6.7　极化反转 VCSEL

　　在这个方案中,Hurtado 等人[46-47]利用 1 550 nm 的商用 VCSEL,利用偏振光注入下器件的极化反转和非线性动力学[95-97]来模拟基本的激发态功能。通过改变系统参数,如电偏置电流、外部注入信号与 VCSEL 谐振波长之间的波长失谐以及背景输入光强度等,可以观察到广泛的动力学行为,包括双稳定性、极限振荡[47]和激发性[113]。请注意,这些生物尖峰神经元的神经计算特性可以在参考文献[56]中找到。

　　图 6.34 为具有和不具有正交偏振光注入的 1 550 nm - VCSEL 的光谱,产生极化反转和注入锁定。经 Hurtado 等人许可转载,来自参考文献[47]。版权所有:2012 年美国物理联合会(AIP)出版有限责任公司。

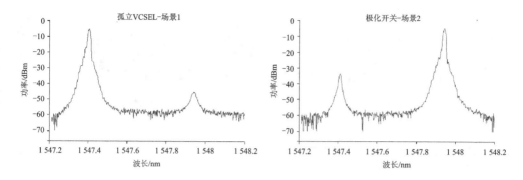

图 6.34　具有和不具有正交偏振光注入的 1 550 nm – VCSEL 的光谱

图 6.35 为 VCSEL 在兴奋性和抑制性刺激下的工作原理。经 Hurtado 等人许可转载，来自参考文献[46]。版权所有：2010 年美国光学学会。

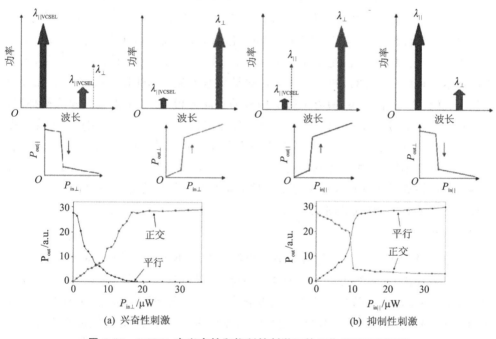

图 6.35　VCSEL 在兴奋性和抑制性刺激下的工作原理(见彩图)

图 6.36 为 VCSEL 对外界刺激(4 ns 长)的响应，产生强直尖峰脉冲行为。下面一行绘制了到达刺激的时间演化和强度。左图：正交极化时变注入到孤立 VCSEL $(I_{\text{Bias}} = 2.5 I_{\text{th}}, \Delta\lambda_{\perp} = -0.04 \text{ nm})$。右图：平行极化时变注入 VCSEL，最初受 CW 正交极化注入其正交模式 $(\Delta\lambda_{\perp} = 0 \text{ nm})$，恒定功率为 20 μW $(I_{\text{Bias}} = 2.5 I_{\text{th}}, \Delta\lambda_{\perp} = 0 \text{ nm})$。经 Hurtado 等人许可转载，来自参考文献[47]。版权所有：2012 年美国物理联合会(AIP)出版有限责任公司。

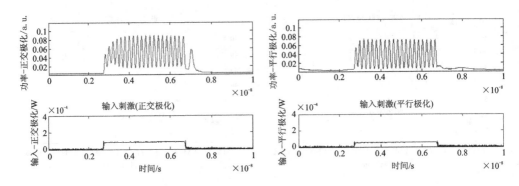

图 6.36　VCSEL 对外界刺激的响应(见彩图)

1. 工作原理

VCSEL 动力学特性的数学处理必须考虑两种竞争模式的振幅和相位(4 个变量),加上载流子密度和电子自旋磁化,从而产生 6 个耦合的 ODE。AlSeyab 等人[93]通过自旋翻转模型绘制了 VCSEL 的不同工作状态,从而深入了解了控制参数空间的动力学特性:偏置电流、光注入功率和光注入频率失谐。在一种偏置条件下,入射光的基本横模(见图 6.34)的两个正交偏振被用来确定 VCSEL 的状态[46]。在没有光注入(静止态)的情况下,只有平行偏振有助于激光模式,而垂直偏振模式被抑制。通过垂直偏振信号增加外部注入,平行激光偏振的信号功率减小,直到达到激光偏振开关的阈值(见图 6.35)。在另一个极化的后续输入可以将 VCSEL 切换回其初始状态。由于偏置不同,其中一个双稳态失去稳定性,导致极限环行为(见图 6.36)。如果输入扰动被表示为保持光束强度的下降,那么在这个跃迁附近的偏置 VCSEL 就能以可激发的方式响应(见图 6.37)。

2. 结　论

该激光器中的模态竞争的行为类似于第 6.2.1 小节中讨论的 SRL。通过特定的光学和电注入,该系统可以在一个具有稳定性、双稳态或极限环动力学特性的状态中工作,其中振荡频率随注入的功率而变化[47]。快速振荡可以通过 VCSEL 谐振模式和注入信号之间的拍动来解释:随着注入功率的增大,谐振波长发生红移,增加了波长失谐,从而增大了拍动频率。在参考文献[113]中,作者预测了可激发性,在 0.5 ns 内将注入的信号功率降低 1.4 dB 后,获得了具有激光输出强度的单个尖峰。图 6.37(a)显示了单个生成的尖峰,比背景输出强度高约 4 dB,持续时间约为 0.1 ns。通过改变输入扰动的深度和宽度,还得到了双重和多重尖峰(见图 6.37(b)、(c))。然后在参考文献[48]中演示了可激发行为。VCSEL 在亚纳秒时间尺度上呈现的丰富动力学特性对神经启发的光子系统来说是令人兴奋的。

总之,VCSEL 技术因具有低制造成本、对光纤耦合效率高、单模运行、低工作功率等诸多标准优点而具有吸引力。然而,与第 6.2.1 小节中的 SRL 提议类似,该方

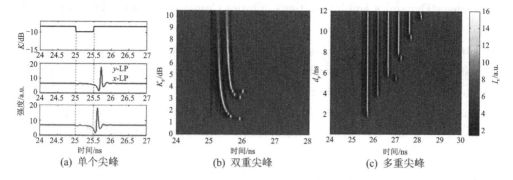

图 6.37　VCSEL 对输入扰动的可激发响应(见彩图)

案在尖峰脉冲之上产生了较大的基能级强度。如参考文献[8]所述,基能级的强度可能会由于引起传播系统依赖性而潜在地减弱。

图 6.37 为 VCSEL 对输入扰动的可激发响应。(a)为在正交(中图)和平行偏振注入(下图)的情况下,具有负扰动的光输入(上图)和 VCSEL 输出的时间轨迹。(b)为输出强度在扰动强度 K_p 范围内的变化轨迹,持续时间 d_p 固定在 0.5 ns。(c)为 K_p 固定在 1.4 dB 的扰动时间范围内的输出强度轨迹。经 Al - Seyab 等人许可转载,来自参考文献[113]。版权所有：2014 年 IEEE。

对突触权值 w_{ij} 进行编程以配置连接强度可能会干扰参数偏置的尝试。虽然生物神经元在动作电位过程中也具有连续变化的状态变量(电压),但实际的反应是受电压门控反转电位的限制,该电位在尖峰脉冲期间只诱导细胞之间的神经递质释放。目前还不清楚这些其他激光器发出的半尖峰脉冲信号是否可以被网络中的后续单元进行有效的处理。除了已经提出的电子工作单元外,这些激光器可能需要一个光学阈值器或一个非线性的 O/E/O 连接。VCSEL 可以轻松地集成到 2D 和可能的 3D 阵列中;然而,任何基于光注入的方法在构建一个可扩展的互连平台时都面临着其他挑战。这将在第 8 章中进行更详细的讨论。

6.8　参考文献

[1] Krauskopf B, Schneider K, Sieber J, et al. Excitability and self-pulsations near homoclinic bifurcations in semiconductor laser systems. Optics Communications, 2003, 215(4-6)：367-379.

[2] Spühler G J, Paschotta R, Fluck R, et al. Experimentally confirmed design guidelines for passively q-switched microchip lasers using semiconductor saturable absorbers. Journal of the Optical Society of America B：Optical Physics, 1999, 16(3)：376-388.

[3] Dubbeldam J L A, Krauskopf B. Self-pulsations of lasers with saturable ab-

sorber: Dynamics and bifurcations. Optics Communications, 1999, 159(4-6): 325-338.

[4] Dubbeldam J L A, Krauskopf B, Lenstra D. Excitability and coherence resonance in lasers with saturable absorber. Phys. Rev. E, 160 Neuromorphic Photonics, 1999, 60: 6580-6588.

[5] Larotonda M A, Hnilo A, Mendez J M, et al. Experimental investigation on excitability in a laser with a saturable absorber. Physical Review A, 2002, 65: 033812.

[6] Elsass T, Gauthron K, Beaudoin G, et al. Control of cavity solitons and dynamical states in a monolithic vertical cavity laser with saturable absorber. The European Physical Journal D, 2010, 59(1): 91-96.

[7] Barbay S, Kuszelewicz R, Yacomotti A M. Excitability in a semiconductor laser with saturable absorber. Optics Letters, 2011, 36(23): 4476-4478.

[8] Nahmias M A, Shastri B J, Tait A N. A Leaky Integrate-and-Fire Laser Neuron for Ultrafast Cognitive Computing. IEEE Journal of Selected Topics in Quantum Electronics, 2013, 19(5).

[9] Shastri B J, Nahmias M A, Tait A N. Simulations of a graphene excitable laser for spike processing. Optical and Quantum Electronics, 2014: 1-6.

[10] Selmi F, Braive R, Beaudoin G, et al. Relative refractory period in an excitable semiconductor laser. Physical Review Letters, 2014, 112(18): 183902.

[11] Nahmias M A, Tait A N, Shastri B J, et al. Excitable laser processing network node in hybrid silicon: Analysis and simulation. Optics Express, 2015, 23(20): 26800-26813.

[12] Selmi F, Braive R, Beaudoin G, et al. Temporal summation in a neuromimetic micropillar laser. Optics Letters, 2015, 40(23): 5690-5693.

[13] Shastri B J, Nahmias M A, Tait A N, et al. Simpel: Circuit model for photonic spike processing laser neurons. Optics Express, Mar. 2015, 23(6): 8029-8044.

[14] Shastri B J, Nahmias M A, Tait A N, et al. Spike processing with a graphene excitable laser. Scientific Reports, 2016, 6: 19126.

[15] Coomans W, Beri S, Sande G V D, et al. Optical injection in semiconductor ring lasers. Physical Review A, 2010, 81(3): 033802.

[16] Gelens L, Mashal L, Beri S, et al. Excitability in semiconductor microring lasers: Experimental and theoretical pulse characterization. Physical Review A, 2010, 82(6): 063841.

[17] Coomans W, Gelens L, Beri S, et al. Solitary and coupled semiconductor ring

lasers as optical spiking neurons. Physical Review E - Statistical, Nonlinear, and Soft Matter Physics, 2011, 84(3): 1-8.

[18] van Vaerenbergh T, Fiers M, Mechet P, et al. Cascadable excitability in microrings. Optics Express, 2012, 20(18): 20292.

[19] Coomans W, van der Sande G, Gelens L. Oscillations and semiconductor photonic devices as excitable processors 161 multistability in two semiconductor ring lasers coupled by a single waveguide. Physical Review A, 2013, 88 (3): 033813.

[20] van Vaerenbergh T, Alexander K, Dambre J, et al. Excitation transfer between optically injected microdisk lasers. Optics Express, 2013, 21 (23): 28922.

[21] Alexander K, van Vaerenbergh T, Fiers M, et al. Excitability in optically injected microdisk lasers with phase controlled excitatory and inhibitory response. Optics Express, 2013, 21(22): 26182.

[22] Yacomotti A M, Monnier P, Raineri F, et al. Fast thermo-optical excitability in a two-dimensional photonic crystal. Physical Review Letters, 2006, 97: 143904.

[23] Yacomotti A M, Raineri F, Vecchi G, et al. All-optical bistable band-edge bloch modes in a two-dimensional photonic crystal. Applied Physics Letters, 2006, 88(23).

[24] Brunstein M, Yacomotti A M, Sagnes I, et al. Excitability and self-pulsing in a photonic crystal nanocavity. Physical Review A, 2012, 85: 031803.

[25] Romeira B, Javaloyes J, Ironside C N, et al. Excitability and optical pulse generation in semiconductor lasers driven by resonant tunneling diode photodetectors. Optics Express, 2013, 21(18): 20931-20940.

[26] Romeira B, Avo R, Javaloyes J, et al. Stochastic induced dynamics in neuromorphic optoelectronic oscillators. Optical and Quantum Electronics, 2014, 46(10): 1391-1396.

[27] Romeira B. Dynamics of resonant tunneling diode optoelectronic oscillators. Ph. D. dissertation, Universidade do Algarve, 2012.

[28] Wieczorek S, Krauskopf B, Lenstra D. Unifying view of bifurcations in a semiconductor laser subject to optical injection. Optics Communications, 1999, 172(1): 279-295.

[29] Wieczorek S, Krauskopf B, Lenstra D. Multipulse excitability in a semiconductor laser with optical injection. Physical Review Letters, 2002, 88: 063901.

[30] Barland S, Piro O, Giudici M, et al. Experimental evidence of van der Pol-Fitzhugh-Nagumo dynamics in semiconductor optical amplifiers. Physical Review E, 2003, 68(3): 036209.

[31] Wieczorek S, Krauskopf B, Simpson T B. The dynamical complexity of optically injected semiconductor lasers. Physics Reports, 2005, 416(1-2): 1-128.

[32] Marino F, Balle S. Excitable optical waves in semiconductor microcavities. Physical Review Letters, 2005, 94(9): 094101.

[33] Goulding D, Hegarty S P, Rasskazov O, et al. Excitability in a quantum dot semiconductor laser with optical injection. Physical Review Letters, 2007, 98: 153903.

[34] Kelleher B, Bonatto C, Skoda P, et al. Excitation 162 Neuromorphic Photonics regeneration in delay-coupled oscillators. Physical Review E - Statistical, Nonlinear, and Soft Matter Physics, 2010, 81(3): 1-5.

[35] Kelleher B, Bonatto C, Huyet G, et al. Excitability in optically injected semiconductor lasers: Contrasting quantum- well- and quantum-dot-based devices. Physical Review E - Statistical, Nonlinear, and Soft Matter Physics, 2011, 83 (2): 1-6.

[36] Turconi M, Garbin B, Feyereisen M, et al. Control of excitable pulses in an injection-locked semiconductor laser. Phys. Rev. E, 2013, 88: 022923.

[37] Garbin B, Goulding D, Hegarty S P, et al. Incoherent optical triggering of excitable pulses in an injection-locked semiconductor laser. Optics Letters, 2014, 39(5): 1254.

[38] Garbin B, Javaloyes J, Tissoni G, et al. Topological solitons as addressable phase bits in a driven laser. Nature Communications, 2015: 1-7.

[39] Giudici M, Green C, Giacomelli G, et al. Andronov bifurcation and excitability in semiconductor lasers with optical feedback. Phys. Rev. E, 1997, 55 (6): 6414-6418.

[40] Yacomotti A M, Eguia M C, Aliaga J, et al. Interspike time distribution in noise driven excitable systems. Physical Review Letters, 1999, 83 (2): 292-295.

[41] Giacomelli G, Giudici M, Balle S, et al. Experimental evidence of coherence resonance in an optical system. Physical Review Letters, 2000, 84: 3298-3301.

[42] Heil T, Fischer I, Elsäaer W, et al. Dynamics of semiconductor lasers subject to delayed optical feedback: The short cavity regime. Physical Review Letters, 2001, 87: 243901.

[43] Wünsche H J W, Brox O, Radziunas M, et al. Excitability of a semiconductor laser by a two-mode homoclinic bifurcation. Physical Review Letters, 2001, 88: 023901.

[44] Aragoneses A, Perrone S, Sorrentino T, et al. Unveiling the complex organization of recurrent patterns in spiking dynamical systems. Scientific Reports, 2014, 4: 4696.

[45] Sorrentino T, Quintero-Quiroz C, Aragoneses A, et al. Effects of periodic forcing on the temporally correlated spikes of a semiconductor laser with feedback. Optics Express, 2015, 23(5): 5571-5581.

[46] Hurtado A, Henning I D, Adams M J. Optical neuron using polarisation switching in a 1 550 nm-VCSEL. Optics Express, 2010, 18(24): 25170-25176.

[47] Hurtado A, Schires K, Henning I D, et al. Investigation of vertical cavity surface emitting laser dynamics for neuromorphic photonic systems. Applied Physics Letters, 2012, 100(10): 103703.

[48] Hurtado A, Javaloyes J. Controllable spiking patterns in longwavelength vertical cavity surface emitting lasers for neuromorphic photonics systems. Applied Physics Letters, 2015, 107(24).

[49] Caulfield H J, Dolev S. Why future supercomputing requires optics? Nat. Photon, 2010, 4(5): 261-263.

[50] Tucker R S. The role of optics in computing. Nat. Photon, 2010, 4(7): 405-405.

[51] Miller D A B. Are optical transistors the logical next step? Nat. Photon, 2010, 4(8): 3-5.

[52] Froemke R C, Dan Y. Spike-timing-dependent synaptic modification induced by natural spike trains. Nature, 2002, 416(6879): 433-438.

[53] Abbott L F, Nelson S B. Synaptic plasticity: Taming the beast. Nat. Neuroscience, 2000, 3: 1178-1183.

[54] Izhikevich E M. Polychronization: computation with spikes. Neural Computation, 2006, 18(2): 245-282.

[55] Tait A N, Nahmias M A, Shastri B J, et al. Broadcast and weight: An integrated network for scalable photonic spike processing. J. Lightw. Technol., 2014, 32(21): 3427-3439.

[56] Izhikevich E M. Which model to use for cortical spiking neurons? IEEE Transactions on Neural Networks, 2004, 15(5): 1063-1070.

[57] Maass W. Networks of spiking neurons: The third generation of neural network models. Neural Networks, 1997, 10(9): 1659-1671.

[58] Strong S P, Koberle R, van Steveninck P R, et al. Entropy and information in neural spike trains. Physical Review Letters, 1998, 80(1): 197.

[59] Nahmias M A, Tait A N, Shastri B J, et al. An evanescent hybrid silicon laser neuron//Photonics Conference (IPC), 2013 IEEE, Sept. 2013: 93-94.

[60] Fang A W, Lively E, Kuo Y H, et al. A distributed feedback silicon evanescent laser. Optics Express, 2008, 16(7): 4413-4419.

[61] Fang A W, Park H, Kuo Y H, et al. Hybrid silicon evanescent devices. Materials Today, 2007, 10(7): 28-35.

[62] Fang A W, Park H, Cohen O, et al. Electrically pumped hybrid algainas-silicon evanescent laser. Optics Express, 2006, 14(20): 9203-9210.

[63] Boudinov H, Tan H H, Jagadish C. Electrical isolation of n-type and p-type InP layers by proton bombardment. Journal of Applied Physics, 2001, 89 (10): 5343.

[64] Mechet P, Verstuyft S, Vries T D, et al. Unidirectional III-V microdisk lasers heterogeneously integrated on SOI. Optics Express, 2013, 21 (16): 1988-1990.

[65] van Campenhout J, Romeo P, van Thourhout D, et al. Design and optimization of electrically injected InP-based microdisk lasers integrated on and coupled to a SOI waveguide circuit. Journal of Lightwave Technology, 2008, 26 (1): 52-63.

[66] Sorel M, Laybourn P J R, Scirè A, et al. Alternate oscillations in semiconductor ring lasers. Optics Letters, 2002, 27(22): 1992.

[67] Gelens L, Beri S, van Der Sande G, et al. Multistable and excitable behavior in semiconductor ring lasers with broken Z2-symmetry. European Physical Journal D, 2010, 58(2): 197-207.

[68] Izhikevich E M. Neural Excitability, Spiking and Bursting. International Journal of Bifurcation and Chaos, 2000, 10(6): 1171-1266.

[69] Brunstein M, Yacomotti A M, Braive R, et al. All-optical, all-fibered ultrafast switching in 2-D inp-based photonic crystal nanocavity. IEEE Photonics Journal, 2010, 2(4): 642-651.

[70] Yablonovitch E. Inhibited spontaneous emission in solid-state physics and electronics. Physical Review Letters, 1987, 58: 2059-2062.

[71] John S. Strong localization of photons in certain disordered dielectric superlattices. Physical Review Letters, 1987, 58: 2486-2489.

[72] Soljačic M, Ibanescu M, Johnson S G, et al. Optimal bistable switching in nonlinear photonic crystals. Phys. Rev. E, 2002, 66: 055601.

[73] Tanabe T, Notomi M, Mitsugi S, et al. All-optical switches on a silicon chip realized using photonic crystal nanocavities. Applied Physics Letters, 2005, 87(15).

[74] Chen C H, Matsuo S, Nozaki K, et al. All-optical memory based on injection-locking bistability in photonic crystal lasers. Optics Express, 2011, 19(4): 3387-3395.

[75] Kim M K, Hwang I K, Kim S H, et al. All-optical bistable switching in curved microfiber-coupled photonic crystal resonators. Applied Physics Letters, 2007, 90(16).

[76] Notomi M, Tanabe T, Shinya A, et al. Nonlinear and adiabatic control of high-q photonic crystal nanocavities. Optics Express, 2007, 15(26): 17458-17481.

[77] Brunstein M, Braive R, Hostein R, et al. Thermo-optical dynamics in an optically pumped photonic crystal nano-cavity. Optics Express, 2009, 17(19): 17118-17129.

[78] Maes B, Fiers M, Bienstman P. Self-pulsing and chaos in short chains of coupled nonlinear microcavities. Physical Review A, 2009, 80: 033805.

[79] Malaguti S, Bellanca G, de Rossi A, et al. Self-pulsing driven by two-photon absorption in semiconductor nanocavities. Physical Review A, 2011, 83: 051802.

[80] Grigoriev V, Biancalana F. Resonant self-pulsations in coupled nonlinear microcavities. Physical Review A, 2011, 83: 043816.

[81] Hoppensteadt F C, Izhikevich E M. Weakly Connected Neural Networks. New York: Springer-Verlag, 1997.

[82] Raineri F, Cojocaru C, Monnier P, et al. Ultrafast dynamics of the third-order nonlinear response in a two-dimensional inp-based photonic crystal. Applied Semiconductor Photonic Devices as Excitable Processors 165 Physics Letters, 2004, 85(11): 1880-1882.

[83] Tanabe T, Notomi M, Kuramochi E, et al. Trapping and delaying photons for one nanosecond in an ultrasmall high-q photonic-crystal nanocavity. Nat. Photon, 2007, 1(1): 49-52.

[84] Romeira B, Javaloyes J, Figueiredo J, et al. Delayed feedback dynamics of lienard-type resonant tunneling-photodetector optoelectronic oscillators. IEEE Journal of Quantum Electronics, 2013, 49(1): 31-42.

[85] Hartmann F, Gammaitoni L, öfling S H, et al. Light-induced stochastic resonance in a nanoscale resonant-tunneling diode. Applied Physics Letters,

2011，98(24)：242109.

[86] Mazumder P，Li S R，Ebong I. Tunneling-based cellular nonlinear network architectures for image processing. IEEE Transactions on Very Large Scale Integration (VLSI) Systems，2009，17(4)：487-495.

[87] Suzuki S，Shiraishi M，Shibayama H，et al. High-power operation of tera-hertz oscillators with resonant tunneling diodes using impedancematched antennas and array configuration. IEEE Journal of Selected Topics in Quantum Electronics，2013，19(1)：8500108.

[88] Bohm D. Quantum Theory. Courier Corporation，2012.

[89] Mizuta H，Tanoue T. The Physics and Applications of Resonant Tunnelling Diodes. Cambridge University Press New York，NY，USA，2006，2.

[90] Schulman J，de Los Santos H，Chow D. Physics-based RTD currentvoltage equation. Electron Device Letters，IEEE，1996，17(5)：220-222.

[91] Lindner B，Garcia-Ojalvo J，Neiman A，et al. Effects of noise in excitable systems. Physics Reports，2004，392(6)：321-424.

[92] Coullet P，Daboussy D，Tredicce J R. Optical excitable waves. Phys. Rev. E，1998，58(5)：5347-5350.

[93] Al-Seyab R，Schires K，Ali Khan N，et al. Dynamics of polarized optical injection in 1 550 nm VCSELs：Theory and experiments. IEEE Journal on Selected Topics in Quantum Electronics，2011，17(5)：1242-1249.

[94] Hurtado A，Quirce A，Valle A，et al. Nonlinear dynamics induced by parallel and orthogonal optical injection in 1 550 nm Vertical-Cavity Surface-Emitting Lasers (VCSELs). Optics Express，2010，18(9)：9423-9428.

[95] Gatare I，Sciamanna M，Buesa J，et al. Nonlinear dynamics accompanying polarization switching in vertical-cavity surface-emitting lasers with orthogonal optical injection. Applied Physics Letters，2006，88(10)：101106.

[96] Pan Z G，Jiang S，Dagenais M，et al. Optical injection induced polarization bistability in vertical-cavity surface-emitting lasers. Applied Physics Letters，1993，63(22)：2999-3001.

[97] Jeong K H，Kim K H，Lee S H，et al. Optical injection-induced polarization switching dynamics in 1.5-μm wavelength single-mode vertical-cavity surface-emitting lasers. Photonics Technology Letters，IEEE，2008，20 (10)：779-781.

[98] van Tartwijk G H，Agrawal G P. Laser instabilities：A modern perspective. Progress in Quantum Electronics，1998，22(2)：43-122.

[99] van Tartwijk G，Lenstra D. Semiconductor lasers with optical injection and

feedback. Quantum and Semiclassical Optics: Journal of the European Optical Society Part B, 1995, 7(2): 87.

[100] Pieroux D, Erneux T, Luzyanina T, et al. Interacting pairs of periodic solutions lead to tori in lasers subject to delayed feedback. Phys. Rev. E, 2001, 63: 036211.

[101] Davidchack R L, Lai Y C, Gavrielides A, et al. Chaotic transitions and low-frequency fluctuations in semiconductor lasers with optical feedback. Physica D: Nonlinear Phenomena, 2000, 145(1-2): 130-143.

[102] Fischer I, van Tartwijk G H M, Levine A M, et al. Fast pulsing and chaotic itinerancy with a drift in the coherence collapse of semiconductor lasers. Physical Review Letters, 1996, 76: 220-223.

[103] Wenzel H, Bandelow U, Wunsche H J, et al. Mechanisms of fast self pulsations in two-section dfb lasers. IEEE Journal of Quantum Electronics, 1996, 32(1): 69-78.

[104] Mohrle M, Sartorius B, Steingruber R, et al. Electrically switchable self-pulsations in integratable multisection dfb-lasers. Photonics Technology Letters, IEEE, 1996, 8(1): 28-30.

[105] Mohrle W, Feiste U, Horer J, et al. Gigahertz self-pulsation in 1.5 mu m wavelength multisection DFB lasers. Photonics Technology Letters, IEEE, 1992, 4(9): 976-978.

[106] Lang R, Kobayashi K. External optical feedback effects on semiconductor injection laser properties. IEEE Journal of Quantum Electronics, 1980, 16(3): 347-355.

[107] Sieber J, Bandelow U, Wenzel H. Travelling wave equations for semiconductor laser with gain dispersion. Weierstrass Institute for Applied Analysis and Stochastics preprint, 1998.

[108] Bendelow U, Radziunas M, Sieber J, et al. Impact of gain dispersion on the spatio-temporal dynamics of multisection lasers. IEEE Journal of Quantum Electronics, 2001, 37(2): 183-188.

[109] Otto C. Dynamics of Quantum Dot Lasers: Effects of Optical Feedback and External Optical Injection. Springer International Publishing Switzerland: Springer Science & Business Media, 2014.

[110] Fischer I, Liu Y, Davis P. Synchronization of chaotic semiconductor laser dynamics on subnanosecond time scales and its potential for chaos communication. Physical Review A, 2000, 62: 011801.

[111] Argyris A, Syvridis D, Larger L, et al. Chaos-based communications at high

bit rates using commercial fibre-optic links. Nature，Semiconductor Photonic Devices as Excitable Processors 167，2005，438(7066)：343-346.

[112] Brien D O，Hegarty S P，Huyet G，et al. Sensitivity of quantum-dot semiconductor lasers to optical feedback. Optics Letters，2004，29（10）：1072-1074.

[113] Al-Seyab R，Henning I D，Adams M J，et al. Controlled Single- and Multiple-Pulse Excitability in VCSELs for Novel Spiking Photonic Neurons//2014 International Semiconductor Laser Conference (ISLC)，2014：165-166.

[114] Koyama F. Recent advances of VCSEL photonics. J. Lightw. Technol.，2006，24(12)：4502-4513.

第 7 章

硅光子学

自引入大规模集成和制造技术以来,微电子行业经历了令人难以置信的发展和进步。同样地,光子集成技术可能是实用的、复杂的光学系统的最重要的促成因素。光子集成是一个相对较老的想法;然而,最近高性能、CMOS 兼容的光子集成电路(Photonic Integrated Circuit,PIC)平台的加速有望大大扩展大规模系统的形成。

硅光子制造和设计生态系统的诞生代表了过去和现在在类脑光信号处理方面的工作之间的关键区别。非常规计算系统比通用的冯·诺伊曼计算机应用更少,因此,即使它们提供了专门的优势,技术开发的成本也必须非常低。代工开发、制造流水线、新材料技术等不可能基于小众应用进行研发。因此,为传统计算机的核间通信链路而建立的硅 PIC 生态系统的确可以降低大规模光信号处理的关键障碍——前提是这些系统与主流技术相兼容。

在本章中,我们将概述硅 PIC 器件的技术。性能、可制造性和广泛需求的结合使硅光子学成为一个非常有前途的主流 PIC 标准。我们并不试图在这里给出一个全面的评论,而是让感兴趣的读者能够参考在下面的段落中引用的关键综述和在整个部分中引用的论文。

作为一种光学平台,绝缘体上的硅(Silicon-On-Insulator,SOI)具有特别高的折射率对比度($n_{core}=3.4$;$n_{clad}=1.5$)和可以强烈地限制光在一个小的横截面,导致紧凑的弯曲。科研人员向硅光子学研究投入大量的资源有两个主要原因[1-2]。首先,SOI 光子器件组可以使用标准 CMOS 代工厂和晶体硅的加工技术制造[3-5]。其次,对高性能计算的需求使得超级计算机和数据中心的光通信技术成为必要,并且趋势正在将数字光子链路的作用向下推到塔内、内核间,最终到芯片内[6]。这导致了 PIC 系统复杂度的快速增加(见图 7.1)[7-8]和 PIC 设计及制造生态系统(代工线、设计工具、标准套件等)的发展[9]。特别是,具有专门为硅光子学量身定制的代工线"无晶圆厂"设计模型,使最先进的设备和可扩展性能够以低成本和小体积获得,从而实现光子系统研究[10]。

图 7.1 为硅光子系统复杂度趋势，以每个芯片的组件数量计，展示的数据点代表 Luxtera、Kotura、Intel、Bell 实验室和 Yoo 实验室的文献结果。版权所有：2012 年。经麦克米伦出版社有限公司许可转载，来自参考文献[7]。

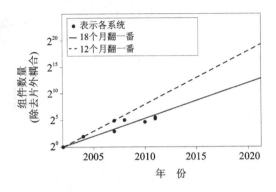

图 7.1　硅光子系统复杂度趋势

7.1　SOI 波导

　　SOI 中的光子纳米线（也称为条形波导）由氧化埋层（BOX）（见图 7.2(a)）上的矩形截面硅带组成。通常，它们也被埋在另一层电介质中，这是在蚀刻后沉积形成的。由于硅与玻璃的高折射率对比度，条形波导相较于低折射率对比度波导具有明显不同的特性。一个单模波导通常高 200～300 nm，宽 300～500 nm。它们是高度双折射的，除非进行特殊补偿并且将光非常紧密地限制在芯层内，从而导致极小的有效模式区域。3D 波导在理论上类似于 2D 波导，因为它们都具有离散数量的支持模式，每个模式都有有效的群折射率。3D 波导的分析方法比较复杂，因此仿真是设计波导光路的关键工具。

　　与电子导线相比，条形波导的制造要求很高，因为单模行为需要较小的特征尺寸。在 436 nm 处的标准紫外光刻技术不具有满足单模条件所需的标准。248 nm 的深紫外光刻技术已被用来解决这个问题[3]，这是在现代加工中采用的方法。在展示了许多初步结果的高校和原型设计环境的研究中，电子束光刻更合适。由于接入波导可以很长（＞5 mm），电子束光刻系统必须将电场多次缝合在一起。干涉控制缝合虽然适用于大多数电子产品，但会在纳米级波导中的每个缝合面引入不可忽略的光损耗和反射，但这个问题已经通过仔细的电子束曝光设计得到解决[11]。

　　纳米级波导损耗的主要贡献者是边缘粗糙度，这可能很难通过标准的垂直刻蚀过程来保持，例如反映离子刻蚀（Reactive Ion Etching，RIE）和电感耦合等离子体（Inductively Coupled Plasma，ICP）刻蚀。一些其他的方法通过后处理步骤来降低边缘粗糙度，包括再氧化[12]和各向异性湿法二次刻蚀[13]。

　　图 7.2 为 SOI 波导的横截面几何图形。

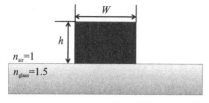

<table>
<tr><td>(a) SOI条形波导</td><td>(b) SOI脊形波导</td></tr>
</table>

图 7.2　SOI 波导的横截面几何图形

脊形波导(见图 7.2(b))类似于条形波导,不同之处在于它置于硅层上,而硅层覆盖在氧化埋层上。单模脊形波导比条形波导更宽,放宽了制造要求并减少了边缘粗糙度损失。另一个优点是由于较大的波导光斑尺寸,光纤到芯片的耦合损耗较低。增加有效面积还可以减少非线性行为并增加弯曲损失。参考文献[14]推导出了这种类型的波导结构的单模条件。参考文献[15]对倾斜侧壁波导得出了类似的结果。脊形波导不是传统意义上的单模波导。它们支持高阶模式,但与一阶模式相比,它们都具有非常高的泄漏率。脊形波导周围的硅层支持满足 $k_y \approx q\,\dfrac{\pi}{h}$,这意味着当满足条件 $h \geqslant \dfrac{H}{2}$ 时,二阶或更高阶的模式会发生泄漏 $\left(k_y \approx q\,\dfrac{\pi}{H}\right)$。单模条件描述如下:

$$t < \frac{r}{\sqrt{1-r^2}} \tag{7.1}$$

式中,$t = \dfrac{w}{H}$ 和 $r = \dfrac{h}{H}$。Lousteau 等人进行的较新的仿真[16]表明这不是垂直方向单模行为的充分条件,因为高阶模式不一定会泄漏到平板中。参考他们的数据以确保我们的最终波导设计落在所有更高模式(上至 EH_{50})至少衰减 30 dB/cm 的区域。在水平方向上,脊是有效的全反射波导,但由于包层的有效折射率介于硅和空气之间,因此不像条形波导那样具有很强的限制性。至于线宽的选择,要基于光刻能力、非线性强度、最小弯曲半径和光纤到芯片插入损耗做出比较理想的权衡。

对于带有玻璃包层的 SOI,$n_s = 1.5,n_f = 3.5,n_c = 1.5$。根据 Lousteau 的仿真,在 $r = 0.67 \pm 0.02,t = 0.81 \pm 0.05$ 处有一个很大的单模行为区域。如果我们在瞄准该区域时,令参数 $h = (2.48 \pm 0.074)\ \mu m$ 和 $w = (3.00 \pm 0.185)\ \mu m$,则会形成单模条件,对三个维度中任何一个维度的不确定性都相对稳定。模式分布在尺寸上与透镜光纤相似,从而提供合理的光纤到芯片耦合损耗。脊形波导的有效区域保持在较小的一侧,以试图增强非线性效应和强约束。走线宽度也可以通过紫外激光直写来获得(最小值约 2 μm)。

脊形波导的制造比条形波导更容易,主要是由于更宽的走线。干法刻蚀是获得垂直脊的一个很好的选择,但必须注意确保侧壁光滑。湿法蚀刻也被证明是可行的[17];然而,由于它是部分平板刻蚀,因此必须非常精确地控制刻蚀时间,以便在不同样品中获得可重复的波导特性。

7.2 片外耦合器

集成光子学的主要实际问题之一是在芯片上和芯片外耦合光。与只需要一个导电结的电子引线键合不同,为了实现有效的耦合,必须满足各种光学特性。光纤到芯片(Fiber-to-Chip,F2C)耦合的方法分为两大类:边缘对接耦合,其中光纤与波导同轴对齐;顶部光栅耦合,其中光纤以精确的非垂直角度对齐,称为光栅耦合器(Grating Couplers,GCs)。最新的一种方法是光子引线键合。图 7.3 总结了边缘耦合面临的挑战。SOI 中的高折射率对比度导致严格限制的模式比标准光纤支持的一阶模式小得多。这种模式的形状也不具有光纤模式的旋转对称性,进一步减少了模式重叠和耦合效率。占据了一定的芯片面积的光学质量垂直刻面的边缘处理不是微电子硅工艺流程的标准组成部分。此外,光纤的对准容差可能与波导的尺寸差不多,并且对滚动、俯仰和偏转对准有额外的要求。对准容差是封装成本的关键因素,也不能依赖电子封装的经验和设备。最后,即使模式形状可能相似,光纤和芯片模式之间的有效折射率差异也会产生非理想传输的有效界面。

1. 边缘耦合器

许多边缘耦合的解决方案已经被证明,然而,后端和专门处理的成本推动了其持续的发展。光纤和波导模式的大小、形状和折射率的不匹配可以在很大程度上利用模式转换锥形来改善[18]。

图 7.3 为光纤和硅波导之间的边缘对接耦合所面临的挑战。使用 BPM 方法对 $W=1.0$、$H=0.5$、$h=0.2\ \mu m$ 的脊形波导进行模拟。(a)为模式的尺寸和形状不匹配。(b)为通过抛光或蚀刻进行光学质量垂直刻面的边缘处理。(c)为严格的对准容差,包括位置和角度。(d)为模式有效折射率不匹配。

通过边缘研磨和抛光,光学质量刻面经常被生产出来用于研究和开发[18-19]。这个后端处理步骤可以通过干法刻蚀放置光纤的深沟槽来避免[10]。光纤对准可以使用可固化环氧树脂主动完成,该环氧树脂在对准后将光纤固定到位,尽管这种方法需要主动对准。研究人员还探索了基于硅芯片中湿法刻蚀 V 形槽的被动自对准方法,以大大减少连接光纤阵列的成本和时间[20]。

2. 光栅耦合器

与波导边缘耦合器需要同轴对齐光纤不同,光栅耦合器(GC)允许光纤从光子芯片的顶部进行连接。GC 具有周期性结构,可以通过衍射有效地重定向光。

一般来说,两种模式之间的光耦合需要能量和相位匹配。然而,在 x 方向上周期为 Λ 的周期性电介质结构中,传播向量相差的模式 $\Delta k_x = \dfrac{2\pi m}{\Lambda}$ 也能交换能量(其

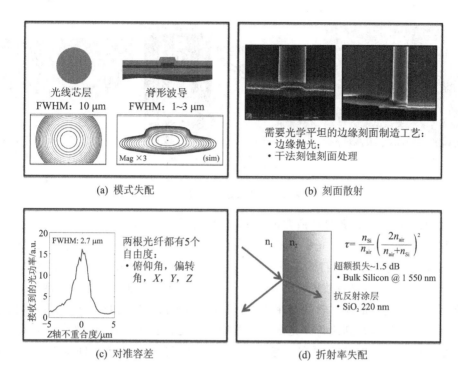

(a) 模式失配　　　　　　　　　　　　(b) 刻面散射

(c) 对准容差　　　　　　　　　　　　(d) 折射率失配

图 7.3　光纤和硅波导之间的边缘对接耦合所面临的挑战

中 m 是整数）。假设空气中的硅板有一个模式，其色散函数为 $\omega = \omega_g(k_x)$。x 方向上的自由空间平面波由 $\omega = ck_x$ 表示。这种关系称为光线。其他角度连续的未引导的、未束缚的平面波由下式描述：$\omega = ck_0 = c\dfrac{k_0}{\sin\theta}$，其中 θ 是垂直于传播方向测量得到的，k_0 是真空波长。

图 7.4 为边缘耦合装置样例。（a）为具有抛光面的倒置纳米锥。版权所有：2003 年，美国光学学会。经 Almeida 等人许可转载，来自参考文献[18]。（b）为在具有干法刻蚀刻面的硅光子代工平台中生产的复合模式转换结构。（c）为转换器中 5 个级别的波导横截面和模式尺寸的描述。版权所有：2014 年 IEEE。经 Tait 等人许可转载，来自参考文献[10]。（d）为硅 V 形槽中被动自对准光纤的横截面。版权所有：2015 年 IEEE。经 Barwicz 等人许可转载，来自参考文献[20]。

这个区域被称为光锥。导模被束缚在硅板中的真正原因是色散函数位于光锥下方。通过在波导的某个区域引入周期性光栅，束缚模式会突然与非束缚平面波耦合，使得

$$\omega_g(k_x) = c\dfrac{k_x + \dfrac{2\pi m}{\Lambda}}{\sin\theta} \tag{7.2}$$

这个方程在给定的 ω 处具有有限解，对应于不同的分解阶数。该等式给出了一个耦

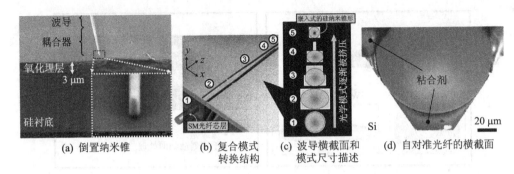

(a) 倒置纳米锥　　　(b) 复合模式　　(c) 波导横截面和　　(d) 自对准光纤的横截面
　　　　　　　　　　　转换结构　　　　模式尺寸描述

图 7.4　边缘耦合装置样例

合角 θ 的设计条件,该条件使所需波长范围的耦合效率最大化。

与边缘耦合器相比,光栅耦合器具有几个重要的优势。它更容易使用标准 CMOS 工艺制造,因为它们不需要边缘刻面处理。它们可以实现更加紧凑和灵活的系统布局,因为它们可以放置在芯片上的任何位置,而无需通过边缘界面耦合。由于与平面内基于波导的模式转换器相比,它们对大面积衍射模式的控制更强,因此它们的对准容差也经常得到改善。光栅耦合器的缺点是偏振灵敏度高、带宽受限和整体效率低,光栅耦合器还必须在广域光栅区域和小型 SOI 波导之间提供某种转换结构[22]。

很多研究都致力于改善这些方面。聚焦光栅可以消除对大的绝热锥形的需求[21-23]。二维光栅可以耦合 TE 和 TM 偏振,并将它们分给不同的波导[23-24]。

图 7.5 为光纤到芯片的光栅耦合器。(a)为基本概念。硅波导中的周期性结构将导模折射为平面外非导波。(b)为先进聚焦亚波长光栅耦合器的 SEM 图像。版权所有:2014 年美国光学学会。经 Wang 等人许可转载,来自参考文献[21]。(c)为 (a)部分的色散图,光锥(黄色)中具有各种角度的非导模和蓝色曲线给出的最低阶导模。绿线表示的周期光栅可以满足特定角度的导模和非导模耦合的相位匹配条件。

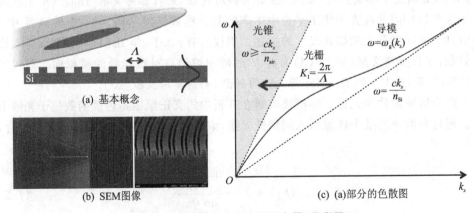

(a) 基本概念

(b) SEM 图像　　　　　　　　　　(c) (a)部分的色散图

图 7.5　光纤到芯片的光栅耦合器(见彩图)

通过使用亚波长结构[21,25]或氮化硅层(例如,参考文献 [26])所允许的额外设计自由度,带宽和效率已从根本上得到改善。高效 GC 需要仔细控制与位于光锥内的不需要的衍射级的耦合。目前 GC 开发的结果显示 1 dB,带宽为 80 nm,耦合效率接近-1 dB(80%)。

图 7.6 为包含用于边缘耦合和光栅耦合的实验室样本布局和测试台的示例。在这两种情况下,耦合都需要精确地对准设备,并且需要温度控制来可靠地测试相敏元件,例如微环。边缘耦合样本必须以 L 形方式布置以适应对边缘的通过,而光栅耦合样本实际上可以任意放置在网格中。在实验室环境中,校准台用于灵活探测每个样本的多个设备。在制造环境中,光纤到芯片的耦合器必须对准一次,然后牢固地固定和封装。尽管在实验室和制造环境中遇到了不同的挑战,但光纤到芯片的耦合是一个特别耗时且成本高昂的过程,因此,任何新平台的上线都会受到极大的研究关注。

3. 光子引线键合

最近,芯片间耦合和光纤间耦合的新概念被引入:光子引线键合(Photonic Wire Bonding,PWB)[27-28]。

图 7.6 为样品布局和测试台,由光纤耦合决定。(a)为用于边缘耦合的样品布局的暗场图像。所有接口都需要通过边缘,这导致了具有长通过波导的 L 形布局。(b)为光栅耦合样品的图像。实验以网格排列,每个实验有 4 个耦合器。(c)为边缘耦合的实验对齐装置。微定位台上的两根锥形光纤与样品的直角边缘对接。(d)为

(a) 边缘耦合样品布局的暗场图像

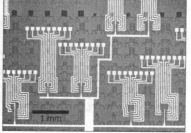
(b) 光栅耦合样品的图像

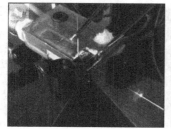
(c) 边缘耦合的实验对齐装置

(d) 光栅耦合的对准装置

图 7.6　用于光纤耦合的样品布局和测试台

光栅耦合的对准装置。样品安装在具有 3 个旋转轴自由度的温控真空台上。光纤 V 形槽阵列(右)与微定位平台对齐。电子探针阵列(左)手动对准探针垫。

这些引线键合由通过激光辅助双光子聚合技术产生的透明聚合物波导组成。与金属引线键合类似,PWB 的形状也很灵活,可以桥接两个相邻 PIC(见图 7.7)或已安装的光纤和 PIC(见图 7.8)。Lindenmann 等人的研究显示,芯片到芯片 PWB 的平均插入损耗为 1.6 dB,多芯光纤到芯片 PWB 的平均插入损耗为 1.7 dB。

虽然 PWB 仍然是一项不成熟的技术,但它们有望补充其他光栅耦合和对接耦合方法。PWB 可以在事后补偿光纤横截面中纤芯放置的不准确性,并且与自动化制造兼容。PWB 还可用于不同材料平台的光子芯片之间。Ⅲ-Ⅴ激光阵列芯片和高性能硅光子芯片之间使用这样的连接可以产生紧凑的系统级封装系统。

图 7.7 为芯片到芯片的光子引线键合制备的光学特性装置。(a)为在同一芯片上连接两个 SOI 波导的 PWB 原型。PWB 波导芯片由 SU‐8 组成,具有大约 2 μm 宽和 1.6 μm 高的矩形横截面。(b)为 PWB 芯片到芯片互连:SOI 波导在水平方向上相互错开大约 25 μm,在垂直方向上错开大约 12 μm。PWB 顶点在上芯片(芯片 2)的顶部表面上方达到 18 μm 的高度。折射率匹配液体用于模拟低折射率包层材料,其残留物在芯片表面上仍然可见。(c)为连接两个 SOI 芯片(芯片 1、芯片 2)的 PWB 组件的光学特性装置。使用标准单模光纤(输入光纤、输出光纤)和传统光栅耦合器将光耦合到 SOI 波导。版权所有:2012 年,美国光学学会。经 Lindenmann 等人许可转载,来自参考文献[27]。

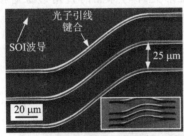

(a) 同一芯片上连接两个 SOI波导的PWB原型

(b) PWB芯片到芯片互连

(c) 连接两个SOI芯片的PWB组件的光学特性装置

图 7.7 芯片到芯片的光子引线键合制备的光学特性装置

正如将在 8.4 节中讨论的那样,用于非常规尖峰脉冲处理的加权光子网络可以在芯片上的子网络模块之间重用光谱资源。如果可以容忍插入损耗,则 PWB 可以在单个封装中创建互连的多芯片模拟光子网络。这个概念可以有多种应用来降低更复杂光子集成系统的封装成本。

7.3 调制器

电信应用的调制技术以 $LiNbO_3$ 电光调制器为主,其中波导的折射率由施加的电场调制。

图 7.8 中,制备样品时光子引线键合(PWB)将四芯光纤的各个纤芯连接到不同的片上 SOI 波导。光子引线键合在 MCF 和 SOI 波导上都呈锥形,以使模态直径分别与光纤纤芯和 SOI 波导的模态直径相匹配。光子引线键合由负性光刻胶组成。在 PWB 中 4 处,可以看到形状缺陷。版权所有:2015 年,IEEE。经 Lindenmann 等人许可转载,来自参考文献[28]。

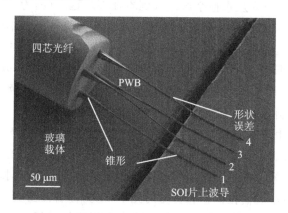

图 7.8 连接到片上 SOI 波导的光子引线键合

硅没有相应的电光效应,但是已经证明了可以使用不同偏置的 PN 结来制成各种的硅相位调制器(见图 7.9)。可以在参考文献[29]中找到对硅中调制器的更详细的回顾和比较。

通过掺杂硅波导层以形成横向 PN 结,可以通过自由载流子注入(正向偏置结)或耗尽宽度(反向偏置结)对折射率进行电子控制。横向 PN 结方法已经实现了40 Gbit/s 的操作,尽管由于需要电连接,但它们与完全蚀刻的条形波导不兼容[30]。耗尽调制需要额外的掺杂层并增加层对准容差,但它们通常比自由载流子更有效,因为当偏置电压恒定时,几乎没有电流[31-32]。因此,耗尽调制器是微环重量组的理想候选者,可在慢时间尺度上重新配置。另一种基于直接掺杂波导的方法是在波导顶部使用 MOS 结构。如果在制造过程中可以使用高质量的栅极氧化物(如在 CMOS 电子平台中),则 MOS 调制器可以实现高速和高能效[33]。

由通过厚介电层与硅波导隔开的加热丝组成的热调制器是最容易制造的。热调制极其缓慢且功耗低,尽管它们仍广泛用于慢时间尺度调谐和电路配置。

相位调制器可以制成带有相敏光路的幅度调制器,通常是马赫-曾德尔调制器(MZM)或微环谐振器配置。

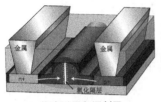 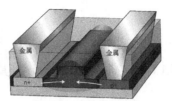 

(a) 载流子累积调制器　　　　(b) 载流子注入调制器　　　　(c) 耗尽型宽度调制器

图 7.9　光相位调制器中的硅 PN 结

图 7.9 为用于控制光相位调制器中载流子等离子体密度的硅 PN 结。(a)为载流子累积调制器,其中薄绝缘层允许在电容器结构中累积电荷。(b)为载流子注入调制器,其中电子和空穴从重掺杂区注入到本征耗尽区。(c)为耗尽型宽度调制器,其中轻掺杂的 PN 二极管反向偏置。偏压调制电荷载流子最密集的耗尽区的宽度。版权所有:2012 年。经麦克米伦出版社有限公司许可转载,来自参考文献[29]。

MZM 具有波长独立的优势,使其易于偏置,对温度不敏感,并且能够采用更先进的调制格式[35]。图 7.10(a)、(b)[30]中再现了一个 MZM 的示例,其中一个臂嵌入了载流子注入调制器。微环调制器具有极高的紧凑性[36]和 WDM 兼容性[37]。图 7.10(c)、(d)[32]中再现了具有嵌入式耗尽宽度调制器的示例微环。在参考文献[38]中介绍了具有嵌入式 PN 结的微环调制器中光学和电学响应的动态仿真。

与在相位敏感光学配置中使用相位调制的设备不同,基于直接控制吸收的调制器可以同时获得更小的占位面积和更宽的光学带宽,尽管需要更复杂的制造工艺和材料。锗是一种常见的材料,它在 CMOS 平台上很容易获得,并且具有可以吸收电信波长的小带隙。外延生长的 Si/Ge 叠层中的多量子阱可以定制以表现出斯塔克效应,其中施加的电压会改变净带隙,从而改变吸收边缘[39]。所谓的电吸收调制器(Electro Absorption Modulators,EAM)也已在混合Ⅲ-Ⅴ/SOI 平台中展示[40](参见7.5 节)。石墨烯作为一种光学和电子材料备受关注。在平衡状态下,它在很宽的带宽上具有很强的吸收性。石墨烯调制器通过石墨烯-氧化物硅电容器上的电荷积累来改变吸收边缘[41]。氧化铟锡(Indium-Tin-Oxide,ITO)MOS 结构中的吸收调制已产生接近波长尺度的调制器[42]。

图 7.10 为硅调幅器几何结构。(a)为载流子注入截面。(b)为马赫-曾德尔调制器配置(插入),其中一个臂具有(a)的横截面。其电特性类似于一个典型的正向偏置二极管。(a)、(b)版权所有:2007 年,美国光学学会。经 Green 等人许可转载,来自参考文献[30]。(c)为耗尽型宽度调制器横截面。(d)为具有(c)横截面的微环调制

器配置。(c)、(d)版权所有：2009 年，美国光学学会。经 Dong 等人许可转载，来自参考文献[32]。

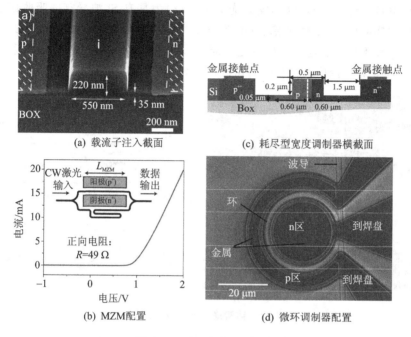

(a) 载流子注入截面

(c) 耗尽型宽度调制器横截面

(b) MZM配置

(d) 微环调制器配置

图 7.10　硅调幅器几何结构

7.4　探测器

硅的 1.1 eV 带隙，对应约 1 130 nm 的吸收波长边缘，使 SOI 成为 1 550 nm 的良好无源波导材料。

然而，它也使全硅探测器的实现具有挑战性。光探测器首先需要一些吸收机制，以便入射光子可以影响材料的电子状态。出于这个原因，锗（Ge）通常被纳入硅光子学工艺，因为它具有较小的带隙，故可在电信波长处吸收[10,43-45]。从制造的角度来看，Ge 是有利的，因为它也是一种 IV 族半导体，在硅铸造中比其他材料（如Ⅲ-Ⅴ材料）更标准。Ge 可以从气相状态在 SOI 上生长[44]，或者绝缘体晶片上的 Ge 可以键合到 SOI 波导晶片上并转移薄 Ge 层[43]。今天的硅光子代工厂将 Ge 专门用于光探测器，因为它的高吸收率实现了紧凑和高速的设备[10]。引入除硅之外的低带隙材料确实带来了加工挑战。例如，在体电子 CMOS 工艺的背景下，纯锗是不可用的。然而，最近在一个 SiGe 探测器的实现被研究了出来[46]。

作为引入低带隙材料的替代方案，吸收也可以通过在 Si 带隙内产生缺陷态来实现。

图 7.11 为具有纵向 MSM 设计的锗雪崩光探测器（Avalanche Photo Detector，

APD)。(a)为波导吸收区的光强度分布。77％的强度集中在 Ge 层。(b)为由外部偏压引起的静态场分布的纵向横截面。最弱的场仍然足以使 Ge 载流子的漂移速度饱和。在触点附近,场强足以诱发雪崩放大。(c)为具有 Si 波导、Ge 吸收区和金属触点的横向横截面的 SEM 图像。(d)为显示交错接触的纵向横截面的 SEM 图像。(e)为 APD 在不同偏置电压下的带宽响应,显示工作频率超过 30 GHz。版权所有:2010 年。经麦克米伦出版社有限公司许可转载,来自参考文献[45]。

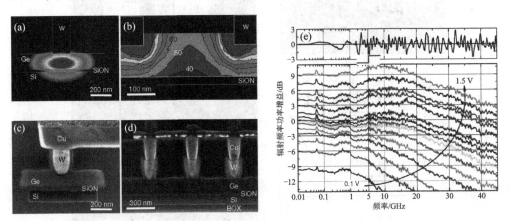

图 7.11　锗雪崩光探测器(见彩图)

这可以通过将大剂量的带电离子注入波导晶体[47]或使用不表现出与晶体硅相同带隙特性的多晶波导[48]来实现。在需要低吸收的情况下,可以使用 N 型电子供体的轻掺杂来产生低密度的吸收中心。低吸收对于非侵入式功率监测非常有用,它可以实现对环境敏感电路的反馈控制[49-50]。可以说,与引入 Ge 相比,离子注入、多晶硅生长和加工以及施主掺杂都具有实际优势,特别是在某些情况下(例如,体电子 CMOS 中的光子学[51]和闭环控制),尽管 Si 探测器的紧凑性目前还没有达到 Ge 探测器的紧凑性。临界耦合的环内探测器可以从根本上减小给定吸收所需的占地面积;然而,当不希望响应度中的尖锐波长具有依赖性时,这种方法并不理想,一旦发生光吸收,就必须想办法清除载流子,以便探测器在接收器电路上产生电效应。从这个意义上说,探测器分为两类:金属-半导体-金属(Metal-Semiconductor-Metal,MSM)设备[43,45,49]和基于结的光电二极管设备[44,46,48]。雪崩探测器[45]和光电晶体管[47]是更复杂的物理效应,但大致属于一类或另一类设备结构。当在 MSM 探测器中产生电子-空穴对时,自由载流子密度的增加会导致电导率发生变化。

图 7.12 为一种具有横向 PIN 结设计的多晶硅探测器。(a)为器件的光学图像,采用体 CMOS 工艺制造。(b)为 TEM 波导横截面显示器件尺寸并揭示波导区域的多晶晶格结构。(c)为器件示意图,显示了嵌入微环中的结,该微环经过严格耦合以最大限度地提高响应度。(d)为说明横向 PIN 结设计的横截面示意图。需要重掺杂区域(p＋和 n＋)来形成金属触点。(e)为多晶硅 PIN 探测器在三种偏压下的带宽响

应。实线表示 3 dB 滚降拟合,其值在图例中已注明。版权所有:2014 年,美国光学
学会。经 Mehta 等人许可转载,来自参考文献[45]。

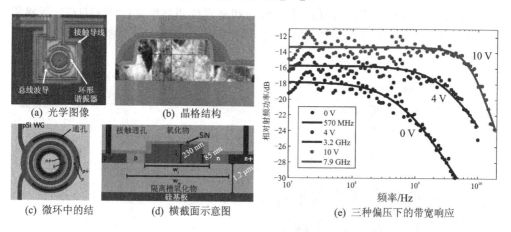

(a) 光学图像　　　　(b) 晶格结构

(c) 微环中的结　　(d) 横截面示意图　　(e) 三种偏压下的带宽响应

图 7.12　多晶硅探测器(见彩图)

在自由载流子密度中,会导致电导率的变化。MSM 探测器通常更容易制造,因
为它们不依赖于掺杂结的物理特性;然而,由于外部偏置电压与内部场相关,它会在
响应度和暗电流之间表现出权衡之势。二极管和晶体管器件内置了可以快速清除产
生光载流子的场,从而产生电流(而不是电导率变化)。在容易获得许多掺杂层的情
况下,这些器件可实现相当大的设计自由度。P-I-N 结允许非常高带宽的载流子
从吸收区传输到触点[48],而光电晶体管可以显著提高探测器的响应度[47]。

7.5　混合激光源

硅光子学为与电子 CMOS 代工厂兼容的紧凑型系统集成提供了许多有前途的
特性;然而,它的主要缺点之一是缺乏能够提供光学增益的材料。虽然将片外激光功
率耦合到芯片中是一种普遍接受的方法,但过去十年的重要研究已将激光材料和激
光源直接集成到硅芯片上。这不仅可以消除对任何片外耦合和敏感封装的需求,而
且片上源方法可以在扩展到使用许多波长的更大系统的情况下提供性能优势[52]。
在硅上集成激光源的方法需要引入新的直接带隙材料。虽然已经探索了稀土离子掺
杂[53],但这些方法中的大多数都涉及Ⅲ-Ⅴ半导体(InGaAsP、AlGaInAs 等),并被称
为混合集成工艺。2006 年,第一个与硅纳米线波导耦合的电泵浦混合激光源[54-55]紧
随这些技术逐渐成熟,硅光子代工厂预计将提供混合线。该领域进展的综述可以在
参考文献[56-62]中找到。

图 7.13 为具有分子键合的混合激光器。(a)为混合增益区域的横截面示意图,
显示了绝缘体上硅波导顶部的图案化 Ⅲ-Ⅴ层堆叠。光强度分布是叠加的。(b)为
制造的法布里-珀罗激光器中相应横截面的 SEM 图像,阈值电流为 65 mA。(a)、

(c)为具有分布式反馈（Distributed Feed Back，DFB）腔的较新的分子键合混合激光器，具有紧凑的占位面积、低阈值（8.8 mA）和高直接调制带宽（>9 GHz）。版权所有：2014 年，美国光学学会。经 Zhang 等人许可转载，来自参考文献[63]。

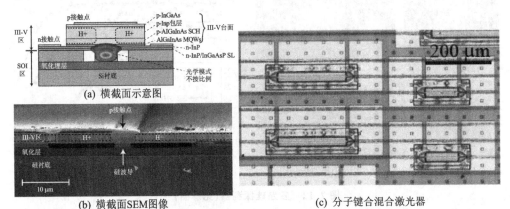

(a) 横截面示意图

(b) 横截面SEM图像

(c) 分子键合混合激光器

图 7.13　具有分子键合的混合激光器

混合Ⅲ-Ⅴ/Si 源的关键推动进步之一是低温晶片键合技术。Ⅲ-Ⅴ 外延层结构为量子阱、电子和介电工程提供了巨大且可控的设计空间。Ⅲ-Ⅴ 在 Si 上的异质外延生长是困难的，因为晶格失配会导致大的缺陷密度，从而破坏材料的光学特性。强限制 SOI 波导对Ⅲ-Ⅴ部分的放置极为敏感，因此对于将预先图案化的器件连接到波导芯片提出了挑战[57]。将未图案化的Ⅲ-Ⅴ外延叠层转移到 SOI 晶片上的晶片键合方法是一种有吸引力的选择，因为可以在键合步骤之后执行图案化，并与下面的 SOI 电路光刻对准。为了承受后处理步骤，牢固的粘合是必不可少的。传统的晶圆键合需要大于 1 000 ℃的高温退火，由于两种半导体之间的热系数不匹配，因此会破坏Ⅲ-Ⅴ/Si 界面[59]。低温Ⅲ-Ⅴ/Si 晶圆键合工艺根据键合界面的激活方式分为两类：(1) 等离子体辅助活化，用于天然表面材料之间的直接分子键合[55,64,65]；(2) 聚合物活化用于粘合剂键合，其中一层薄薄的聚合物键合两种材料[54,66]。图 7.13 显示了分子键合混合激光器的示例，图 7.14 显示了粘合混合激光器的示例。

图 7.14 为粘合剂结合的混合微盘激光器。(a)为完全在与底层 SOI 波导耦合的Ⅲ-Ⅴ层中的微盘腔示意图。(b)为制造激光器的 SEM 图像。(c)为显示金属触点、Ⅲ-Ⅴ层、下面的硅波导、掩埋氧化物和硅衬底的 SEM 横截面。Ⅲ-Ⅴ/Si 界面填充有 DVS-BCB 粘合剂聚合物。(d)为耦合到总线 SOI 波导的波长复用混合源的光学图像。(e)为泵浦激光时总线波导外的测量光谱。四个最突出的激光峰对应于四个微盘激光器。经约翰威立国际出版公司许可转载，来自参考文献[61]。

除了放大器[67]、光探测器[68-69]和电吸收调制器[40]之外，已在混合平台上展示的光子器件包括各种类型的激光器。以反射面终止的直混合波导可用于形成法布里-

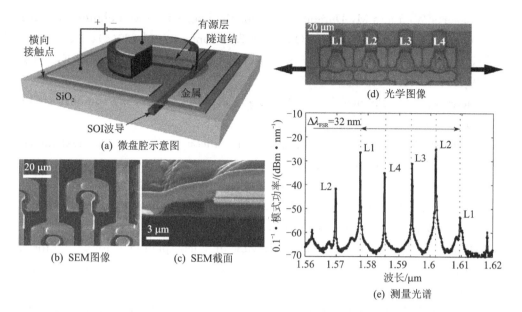

图 7.14　粘合剂结合的混合微盘激光器

珀罗激光器,这种激光器最容易制造,但纵向模式控制较差。蚀刻到 SOI 波导中的光栅可以形成分布式反馈(Distributed FeedBack,DFB)腔,以实现不需要访问芯片面的紧凑和单模行为(见图 7.13(c))[63,70]。具有两个混合电气部分的激光器可以偏置以产生锁模脉冲序列输出[71]。热管理是影响混合激光器性能的一个关键设计考虑因素,因为它们的有源区域散热横截面很小[72-73]。因此,大型 DFB 激光器可以实现长距离光纤链路所需的高输出功率,而紧凑型微盘激光器可以实现密集集成的多波长片上链路所需的低阈值电流(见图 7.14)[61,74]。除了微盘几何形状外,图 7.14 还展示了由弯曲的混合波导部分组成的微盘腔[75]。

7.6　参考文献

[1] Jalali B, Fathpour S. Silicon Photonics. Journal of Lightwave Technology, 2006, 24(12): 4600-4615.

[2] Soref R. The past, present, and future of silicon photonics. IEEE Journal of Selected Topics in Quantum Electronics, 2006, 12(6).

[3] Bogaerts W, Baets R, Dumon P, et al. Nanophotonic waveguides in silicon-on-insulator fabricated with cmos technology. Journal of Lightwave Technology, 2005, 23(1): 401-412.

[4] Beausoleil R G. Large-scale integrated photonics for high-performance inter-connects. J. Emerg. Technol. Comput. Syst., 2011, 7(2): 6:1-6:54.

[5] Bogaerts W, Fiers M, Dumon P. Design challenges in silicon photonics. IEEE Journal of Selected Topics in Quantum Electronics, 2014, 20(4): 1-8.

[6] Gunn C. CMOS photonics for high-speed interconnects. Micro, IEEE, 2006, 26(2): 58-66.

[7] Baehr-Jones T, Pinguet T, Lo Guo-Qiang P, et al. Myths and rumours of silicon photonics. Nat. Photon, 2012, 6(4): 206-208.

[8] Hochberg M, Harris N C, Ding R, et al. Silicon photonics: The next fabless semiconductor industry. IEEE Solid-State Circuits Magazine, 2013, 5(1): 48-58.

[9] Chrostowski L, Hochberg M. Silicon Photonics Design: From Devices to Systems. Cambridge University Press, 2015.

[10] Lim A J, Song J, Fang Q, et al. Review of silicon photonics foundry efforts. IEEE Journal of Selected Topics in Quantum Electronics, 2014, 20 (4): 405-416.

[11] Bojko R J, Li J, He L, et al. Electron beam lithography writing strategies for low loss, high confinement silicon optical waveguides. Journal of Vacuum Science Technology B, 2011, 29(6).

[12] Biberman A, Shaw M J, Timurdogan E, et al. Ultralow-loss silicon ring resonators. Optics Letters, 2012, 37(20): 4236-4238.

[13] Lee K K, Lim D R, Kimerling L C, et al. Fabrication of ultralow-loss Si/ SiO₂ waveguides by roughness reduction. Optics Letters, 2001, 26 (23): 1888-1890.

[14] Pogossian S, Vescan L, Vonsovici A. The single-mode condition for semiconductor rib waveguides with large cross section. Journal of Lightwave Technology, 1998, 16(10): 1851-1853.

[15] Powell O. Single-mode condition for silicon rib waveguides. Journal of Lightwave Technology, 2002, 20(10): 1851.

[16] Lousteau J, Furniss D, Seddon A B, et al. The single-mode condition for silicon-on-insulator optical rib waveguides with large cross section. Journal of Lightwave Technology, 2004, 22(8): 1923.

[17] Xia J, Yu J, Wang Z, et al. Low power 2×2 thermo-optic SOI waveguide switch fabricated by anisotropy chemical etching. Optics Communications, 2004, 232: 223-228.

[18] Almeida V R, Panepucci R R, Lipson M. Nanotaper for compact mode conversion. Optics Letters, 2003, 28(15): 1302-1304.

[19] Khilo A, Popovic M A, Araghchini M, et al. Efficient planar fiber-to-chip

coupler based on two-stage adiabatic evolution. Optics Express, 2010, 18 (15): 15790-15806.

[20] Barwicz T, Boyer N, Harel S, et al. Automated, self-aligned assembly of 12 fibers per nanophotonic chip with standard microelectronics assembly tooling. in IEEE 65th Electronic Components and Technology Conference (ECTC), 2015: 775-782.

[21] Wang Y, Wang X, Flueckiger J, et al. Focusing sub-wavelength grating couplers with low back reflections for rapid prototyping of silicon photonic circuits. Optics Express, 2014, 22(17): 20652-20662.

[22] Alonso-Ramos C, Nux A O M, Molina-Fernandez I, et al. Efficient fiber-to-chip grating coupler for micrometric SOI rib waveguides. Optics Express, 2010, 18(14): 15189-15200.

[23] Mekis A, Gloeckner S, Masini G, et al. A grating-coupler-enabled cmos photonics platform. IEEE Journal of Selected Topics in Quantum Electronics, 2011, 17(3): 597-608.

[24] Taillaert D, Chong H, Borel P, et al. A compact two-dimensional grating coupler used as a polarization splitter. Photonics Technology Letters, IEEE, 2003, 15(9): 1249-1251.

[25] Halir R, Ortega-Monux A, Schmid J, et al. Recent advances in silicon waveguide devices using sub-wavelength gratings. IEEE Journal of Selected Topics in Quantum Electronics, 2014, 20(4): 279-291.

[26] Sacher W D, Huang Y, Ding L, et al. Wide bandwidth and high coupling efficiency Si_3N_4-on-soi dual-level grating coupler. Optics Express, 2014, 22(9): 10938-10947.

[27] Lindenmann N, Balthasar G, Hillerkuss D, et al. Photonic wire bonding: A novel concept for chip-scale interconnects. Optics Express, 2012, 20 (16): 17667.

[28] Lindenmann N, Dottermusch S, Goedecke M L, et al. Connecting silicon photonic circuits to multicore fibers by photonic wire bonding. Journal of Lightwave Silicon Photonics 187 Technology, 2015, 33(4): 755-760.

[29] Reed G T, Mashanovich G, Gardes F Y, et al. Silicon optical modulators. Nat. Photon, 2010, 4(8): 518-526.

[30] Green W M J, Rooks M J, Sekaric L, et al. Ultra-compact, low rf power, 10 gb/s silicon mach-zehnder modulator. Optics Express, 2007, 15 (25): 17106-17113.

[31] Watts M, Trotter D, Young R, et al. Ultralow power silicon microdisk mod-

ulators and switches//2008 5th IEEE International Conference on Group IV Photonics, Sept. 2008: 4-6.

[32] Dong P, Liao S, Feng D, et al. Low Vpp, ultralow-energy, compact, high-speed silicon electro-optic modulator. Optics Express, 2009, 17(25): 22484-22490.

[33] Liu A, Jones R, Liao L, et al. A high-speed silicon optical modulator based on a metal-oxide-semiconductor capacitor. Nature, 2004, 427 (6975): 615-618.

[34] Sacher W D, Green W M J, Assefa S, et al. Coupling modulation of microrings at rates beyond the linewidth limit. Optics Express, 2013, 21(8): 9722-9733.

[35] Patel D, Ghosh S, Chagnon M, et al. Design, analysis, and transmission system performance of a 41 GHz silicon photonic modulator. Optics Express, 2015, 23(11): 14263-14287.

[36] Xu Q, Schmidt B, Pradhan S, et al. Micrometre-scale silicon electro-optic modulator. Nature, 2005, 435(7040): 325-327.

[37] Xu Q, Schmidt B, Shakya J, et al. Cascaded silicon micro-ring modulators for WDM optical interconnection. Optics Express, 2006, 14(20): 9431-9436.

[38] Dube-Demers R, St-Yves J, Bois A, et al. Analytical modeling of silicon microring and microdisk modulators with electrical and optical dynamics. Journal of Lightwave Technology, 2015, 33(20): 4240-4252.

[39] Kuo Y H, Lee Y K, Ge Y, et al. Strong quantum-confined stark effect in germanium quantum-well structures on silicon. Nature, 2005, 437(7063): 1334-1336.

[40] Kuo Y H, Chen H W, Bowers J E. High speed hybrid silicon evanescent electroabsorption modulator. Optics Express, 2008, 16(13): 9936-9941.

[41] Liu M, Yin X, Ulin-Avila E, et al. A graphene-based broadband optical modulator. Nature, 2011, 474(7349): 64-67.

[42] Sorger V J, Lanzillotti-Kimura N D, Ma R M, et al. Ultracompact silicon nanophotonic modulator with broadband response. Nanophotonics, 2012, 1 (1): 17-22.

[43] Chen L, Lipson M. Ultra-low capacitance and high speed germanium photodetectors on silicon. Optics Express, 2009, 17(10): 7901-7906.

[44] Vivien L, Osmond J, Fedeli J M, et al. 42 GHz p. i. n. germanium photodetector integrated in a silicon-on-insulator waveguide. Optics Express, 2009, 17(8): 6252-6257.

[45] Assefa S, Xia F, Vlasov Y A. Reinventing germanium avalanche photodetector for nanophotonic on-chip optical interconnects. Nature Letters, 2010, 464: 80-84.

[46] Alloatti L, Srinivasan S A, Orcutt J S, et al. Waveguide-coupled detector in zero-change complementary metal-oxide-semiconductor. Applied Physics Letters, 2015, 107(4).

[47] Geis M W, Spector S J, Grein M E, et al. Silicon waveguide infrared photodiodes with 35 GHz bandwidth and phototransistors with 50 AW-1 response. Optics Express, 2009, 17(7): 5193-5204.

[48] Mehta K K, Orcutt J S, Shainline J M, et al. Polycrystalline silicon ring resonator photodiodes in a bulk complementary metal-oxide-semiconductor process. Optics Letters, 2014, 39(4): 1061-1064.

[49] Jayatilleka H, Murray K, Angel Guillen-Torres M, et al. Wavelength tuning and stabilization of microring-based filters using silicon in-resonator photoconductive heaters. Optics Express, 2015, 23(19): 25084-25097.

[50] Mak J, Sacher W, Xue T, et al. Automatic resonance alignment of high-order microring filters. IEEE Journal of Quantum Electronics, 2015, 51(11): 1-11.

[51] Orcutt J S, Moss B, Sun C, et al. Open foundry platform for high-performance electronicphotonic integration. Optics Express, 2012, 20(11): 12222-12232.

[52] Heck M, Bowers J. Energy efficient and energy proportional optical interconnects for multi-core processors: Driving the need for on-chip sources. IEEE Journal of Selected Topics in Quantum Electronics, 2014, 20(4): 332-343.

[53] Bradley J D B, Hosseini E S. Monolithic erbium- and ytterbiumdoped microring lasers on silicon chips. Optics Express, 2014, 22(10): 12226-12237.

[54] Roelkens G, Thourhout D V, Baets R, et al. Laser emission and photodetection in an inp/ingaasp layer integrated on and coupled to a silicon-on-insulator waveguide circuit. Optics Express, 2006, 14(18): 8154-8159.

[55] Fang A W, Park H, Cohen O, et al. Electrically pumped hybrid algainas-silicon evanescent laser. Optics Express, 2006, 14(20): 9203-9210.

[56] Fang A W, Park H, Kuo Y H, et al. Hybrid silicon evanescent devices. Materials Today, 2007, 10(7): 28-35.

[57] Roelkens G, Campenhout J V, Brouckaert J, et al. III-V/Si photonics by die-to-wafer bonding. Materials Today, 2007, 10(7-8): 36-43.

[58] Park H, Fang A W, Liang D, et al. Photonic integration on the hybrid silicon evanescent device platform. Advances in Optical Technologies, 2008.

[59] Liang D, Fang A W, Chen H W, et al. Hybrid silicon evanescent approach to optical interconnects. Applied Physics A, 2009, 95(4): 1045-1057.

[60] Liang D, Roelkens G, Baets R, et al. Hybrid integrated platforms for silicon photonics. Materials, 2010, 3(3): 1782.

[61] Roelkens R, Liu L, Liang D, et al. IIIV/silicon photonics for on-chip and intra-chip optical interconnects. Laser and Photonics Reviews, 2010, 4(6): 751-779.

[62] Duan G H, Jany C, Liepvre A L, et al. Hybrid III-V on silicon lasers for photonic integrated circuits on silicon. IEEE Journal of Selected Topics in Quantum Electronics, 2014, 20(4): 158-170.

[63] Zhang C, Srinivasan S, Tang Y, et al. Low threshold and high speed short cavity distributed feedback hybrid silicon lasers. Optics Express, 2014, 22(9): 10202-10209.

[64] Liang D, Fang A W, Park H, et al. Low-temperature, strong SiO_2-SiO_2 covalent wafer bonding for III-V compound semiconductors-to-silicon photonic integrated circuits. Journal of Electronic Materials, 2008, 37(10): 1552-1559.

[65] Liang D, Bowers J. Highly efficient vertical outgassing channels for low-temperature inp-to-silicon direct wafer bonding on the silicon-on-insulator substrate. Journal of Vacuum Science Technology B: Microelectronics and Nanometer Structures, 2008, 26(4): 1560-1568.

[66] Messaoudene S, Keyvaninia S, Jany C, et al. Low-threshold heterogeneously integrated INP/SOI lasers with a double adiabatic taper coupler. Photonics Technology Letters, IEEE, 2012, 24(1): 76-78.

[67] Chen H W, Fang A, Peters J, et al. Integrated microwave photonic filter on a hybrid silicon platform. IEEE Transactions on Microwave Theory and Techniques, 2010, 58(11): 3213-3219.

[68] Park H, Kuo Y H, Fang A W, et al. A hybrid algainas-silicon evanescent preamplifier and photodetector. Optics Express, 2007, 15(21): 13539-13546.

[69] Park H, Fang A W, Jones R, et al. A hybrid algainas-silicon evanescent waveguide photodetector. Optics Express, 2007, 15(10): 6044-6052.

[70] Fang A, Sysak M, Koch B, et al. Single-wavelength silicon evanescent lasers. IEEE Journal of Selected Topics in Quantum Electronics, 2009, 15(3): 535-544.

[71] Koch B R, Fang A W, Cohen O, et al. Mode-locked silicon evanescent lasers. Optics Express, 2007, 15(18): 11225-11233.

[72] Sysak M, Liang D, Jones R, et al. Hybrid silicon laser technology: A ther-

mal perspective. IEEE Journal of Selected Topics in Quantum Electronics, 2011, 17(6): 1490-1498.

[73] Sysak M N, Liang D, Beausoleil R, et al. Thermal management in hybrid silicon lasers//Optical Fiber Communication Conference/National Fiber Optic Engineers Conference 2013. Optical Society of America, 2013: OTh1D. 4.

[74] Duan G, Jany C, Liepvre A Le, et al. Integrated hybrid III-V/Si laser and transmitter//2012 International Conference on Indium Phosphide and Related Materials (IPRM), 2012: 16-19.

[75] Liang D, Fiorentino M, Srinivasan S, et al. Low threshold electrically-pumped hybrid silicon microring lasers. IEEE Journal of Selected Topics in Quantum Electronics, 2011, 17(6): 1528-1533.

第 8 章

可重构模拟光子网络

只有在网络环境中,尖峰脉冲激光才能被视为神经元。神经元之间可配置的模拟连接强度称为权重,其对于网络处理任务与单个元素的动态行为一样重要。集成光子学的进步,虽然旨在数字应用,但可以为大规模模拟光子系统打开大门,包括动态激光神经元的加权网络。Tait 等人[1]最近提出了一种使用波分复用(WDM)的光子神经网络方案,称为广播和权重(broadcast-and-weight)。

在每个神经网络模型中,每个节点接收来自许多其他节点的信号,执行一些处理,并将单个输出信号的副本传输给多个接收神经元(见图 8.1(a))。每个输入都由一个可重构的乘法器(也称为权重)独立调制,权值可以是正的、负的,也可以是零。加权后,在调制非线性元素之前,对神经元的所有输入进行相加求和;在这种情况下,神经网络模型是一个激光神经元装置。系统的构型由其权值矩阵决定,其中元素表示神经元 i 与神经元 j 之间的连接强度。权重配置在时间尺度上的发生比网络动态慢得多。神经网络问题包括突出的一对多(多播)和多对一(扇入)组件。加权光子网络集成的目标是使用第 7 章讨论的标准器件技术,在分布式光子处理元件组之间支持大量并行的、异步的、可重构的和高速的连接。

模拟光子网络由三个方面组成:协议、遵守该协议的节点和支持这些节点之间多重连接的网络介质。本章将以作为波分复用协议的广播和权重开始,在该协议中,许多信号可以共存于一个波导中,并且所有节点都可以访问所有信号。第 8.2 节介绍了处理网络节点(PNN),它分别执行广播加权网络和神经形态处理所需的物理和逻辑功能。第 8.3 节介绍了广播环路(BL),它定义了广播网络存在的媒体,并将一组处理网络节点物理地连接到另一组。在高层次地介绍该方法之后,第 8.5 节将讨论可行性方面的问题。第 9~11 章将深入探讨基于尖峰脉冲处理的加权光子网络的演示、实现和设计。

168

8.1　广播和权重协议

波分复用信道化是有效利用波导全容量的一种方法,其可用传输窗口可达 60 nm (7.5 THz 带宽)[2]。在光纤通信网络中,一种被称为广播和选择的波分复用协议已经使用了几十年,可在通信节点之间创建许多潜在的连接。在广播和选择中,不是通过改变中间介质,而是通过调整接收端的滤波器以降低所需的波长来选择主动连接[3]。广播和权重还包括一组共享公共广播媒体的节点,其中每个节点的输出被分配一个唯一的传输波长(见图 8.1(b))。它的不同之处在于,将多个输入同时导向一个或两个检测器,其有效下降强度的连续范围在 −1～+1 之间,对应于一个模拟加权函数。

在广播和权重网络中的加权是通过在每个节点上设置一个可调的谱滤波器组来实现的。通过在 0%～100% 下降状态之间连续调整,每个滤波器下降其相应波长通道的一部分,从而应用一个类似于神经权重的传输系数。给定接收机的滤波器并行工作,允许它同时接收多个输入。互连模式是由滤波器的局部状态决定的,而不是节点之间传输介质的状态决定的。该网络中的路由是透明的、并行的和无开关的,这使得它非常适合支持异步尖峰脉冲和模拟信号。

独立控制每个连接、每个权重的能力对于创建处理元素之间的差异至关重要。尽管共享一组共同的可用输入信号,但各种各样可能的权重配置均允许一组功能相似的单元来计算各种各样的函数。与权重适应或学习相对应的过滤器下降状态的重新配置,有意地发生在比尖峰脉冲信号(ps)慢得多的时间尺度(µs 或 ms)上。例如,可重构滤波器可以由微环谐振器实现,其谐振器的共振是热或电子调谐的。在一组 N 个节点的 N 个波长中,每个节点都需要一个专门的加权滤波器,用于所有($N-1$ 个)可能的输入,加上一个自己波长的滤波器,以将其输出添加到广播媒体。因此,系统中滤波器的总数将与 N^2 成比例。第 9.4 节给出了缩放分析和滤波器组的设计。

8.2　处理网络节点

在生物神经系统中,连接神经元的物理导线(即轴突)的复杂结构在很大程度上决定了网络的互联模式,因此神经元的作用主要是计算性的(如加权相加、阈值分割、尖峰脉冲化)。第 6 章讨论了具有这些特性的半导体可激发激光器。

图 8.1 为一种与神经网络模型相似的光广播权重网络。(a)为尖峰脉冲神经网络的功能模型,描述了四个神经元。每个神经元都有一个输出信号,这个信号被发送到其他多个神经元。输入信号在求和前由一个模拟系数(以灰度值表示)独立加权。求和信号驱动一个动态处理模型,如尖峰脉冲泄漏整合-激发(由可激发系统的相位图表示)。版权所有:2014 年,IEEE。经 Tait 等人许可改编转载,来自参考文献[1]。

(b)为广播和权重网络。一组源激光器输出不同的波长(用纯色表示)。这些通道是单一波导(多色)的波长多路复用(WDM)。独立的加权函数由可调的光谱滤波器在每个单元的输入实现。解复用不会在网络中发生。相反,每个光谱加权信号的总光功率被检测,产生输入通道的总和。电子信号被转换成光学信号。

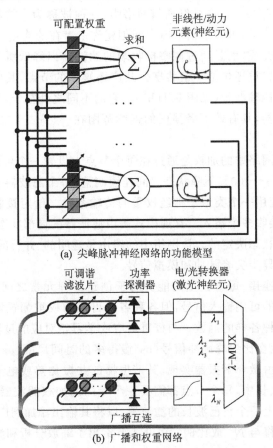

(a) 尖峰脉冲神经网络的功能模型

(b) 广播和权重网络

图 8.1   一种与神经网络模型相似的光广播权重网络

然而,参与光广播网络让光子神经元承担了网络控制的额外责任(可配置路由、波长转换、波分复用信号生成等)。一个能同时执行两种功能的子电路被称为处理网络节点(PNN)。

图 8.1 比较了处理网络节点广播网络中的计算函数和光电子函数,图 8.2 表示了单个处理网络节点的超快通路上的信号流。波分复用输入信号采用频谱滤波器加权,有效地配置模拟网络。加权波分复用信号通过光/电转换进行求和,其中不同波长信息被故意破坏。产生的光电流调制非线性处理器,也可用作电/光转换器。单一波长的输出可以被复用并广播到类似的处理网络节点。本章的其余部分将集中讨论处理网络节点的一个特定版本,第10.3节将探讨各种各样的遵循处理网络节点概念

的各种不同公式。

图 8.2 为 PNN 信号通路。由不同波长 λ_1、λ_2、λ_3 携带的多个输入信号进入一个带有某些传输函数的光谱滤波器,该滤波器有效地将单个权重 w_1、w_2、w_3 应用于每个信号。结果撞击到光电探测器上,光电探测器对加权信号的总和作出反应。产生的电流信号驱动一个电光换能器,它可以是一个激光神经元或调制器。

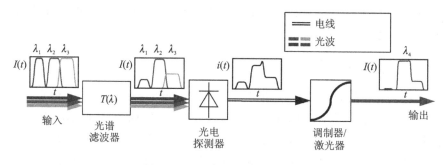

图 8.2　PNN 信号通路(见彩图)

处理网络节点(Processing Network Node)的基本特征:

1. 加权:配置和重新配置每个尖峰脉冲激光元件对其他元件的影响强度的能力。

2. 扇入:将来自多个源的加权信号组合成一个物理变量的能力,然后可以调制一个尖峰脉冲元件。

3. 非线性/动态操作:对于尖峰脉冲网络,我们需要在第 2.2 节中列出的一系列特性:积分、阈值、复位/不应期和规则的脉冲。第 6 章综述了光子器件中观察到的尖峰脉冲动力学特性。非尖峰脉冲方法必须满足级联性的标准。

4. 级联输出产生:一个激光元件能够产生物理上调制其他几个元件的信号,包括足够的功率和正确的波长。

8.2.1　波分复用加权加法

处理网络节点通过两个可调滤波器组与 WDM 波导相互作用。一个滤波器组代表兴奋性(正)输入连接的权重,而另一个控制抑制性(负)输入。这些权重配置可以存储在本地共集成或片外 CMOS 存储器中。广播信道的两个加权(即光谱滤波)子集在没有解复用的情况下被丢弃到一个平衡的光电二极管对中。光电探测器输出代表总光功率的电流,以在将波分复用输入转换为电子信号的过程中计算加权和,从而能够调制激光器件。

平衡光电二极管配置使抑制加权成为可能,这是模拟和神经网络基于权重的基本能力。

扇入(即多对一耦合)是神经网络中定义的基本操作。在处理网络中组合来自多个源的多个信号的能力,使整个分布式系统从根本上比它的组成元素更复杂。在人工神经网络中,加法通常作为扇入函数。相干相互干扰与光学神经网络密切相关,因为需要扇入。可调的权重也是任何神经网络的必要组成部分,因为这种重新配置网络的能力允许展示各种各样的不同行为和执行任务。单个处理元素(例如,激光偏置控制)的可调谐性对一些计算神经科学任务也很有用;然而与权重可配置性相比,它总是处于次要地位。

8.2.2 总功率检测

波分复用信号的总光功率检测是一种相对少见的技术,因为它不可逆地剥离WDM信号的识别波长的任何痕迹。该特性已在多个应用中得到利用,包括副载波光多路复用[4]、多输入"或"函数[5]和模拟射频光子信号处理[6];然而,在大多数情况下,它是适得其反的。在多波长通信系统中,关于信号来源的信息是可取的,并且在检测之前通过多路复用来保持。然而,在神经计算的环境中,这种通道信息的破坏正好与求和函数相对应。因此,光电二极管可以在这种意义上被视为双重用途,其不仅是一个传感器,而且是一个可以多对一波长扇入的加法计算元件。

图 8.3 为耦合到一个广播波导的一个处理网络节点(PNN)。前端由两组连续可调的微环降滤波器组成,部分下降 WDM 信道存在。两个波导集成光电探测器(PDs)将光信号转换为电流,并对加权的兴奋性和抑制性输入进行求和运算。一根短导线减去这些光电流并调制注入可激发激光神经元的电流,该神经元执行阈值检测并在光学腔中形成脉冲。激光的输出被耦合回广播波导并发送到其他 PNN。图 8.3 代表了波导的谱图示例。(a)为有 6 个 WDM 通道的广播波导;(b)为其中三个通道部分下降到兴奋性 PD;(c)为另外两个通道部分下降到抑制性 PD。被丢弃的信道子集由每个滤波器的调谐状态决定(未显示驱动电路)。版权所有:2014 年,

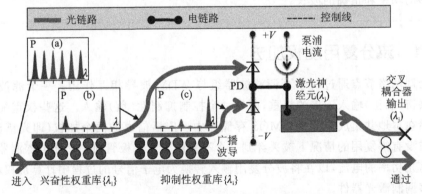

图 8.3　耦合到一个广播波导的一个处理网络节点(见彩图)

IEEE。经 Tait 等人许可改编转载，来自参考文献[1]。

处理网络节点前端不受众所周知的光/电/光（O/E/O）转换的影响。通常在 O/E/O 中所耗费的成本、能量和复杂性，实际上不是由于物理传导本身产生的，而是由于光纤通信链路[7]中通常在检测之后的电子接收阶段（即放大、采样和量化）产生的。在这种情况下，连接光电二极管到激光神经元的"无接收器"通道，由于无论扇入程度如何，都可以做得很短（约 20 μm），因此能够不受色散或电磁干扰（EMI）的影响。在参考文献[8]中提出了满足这些条件的结构，最近的参考文献[9]探讨了光/电/光转换的物理原理。

来自平衡光电探测器对的电子信号调制激光处理器，执行一些动态和强非线性过程，在参考文献[9-10]中有更详细的描述。调制激光增益介质是一种有源光学半导体，它作为一个亚阈值时间积分器，时间常数等于载流子复合寿命。

激光系统本身充当阈值探测器，当腔的净增益越过单位时，快速地将存储在增益介质中的能量送入到光模式中，很像偏置在阈值以下的被动调 Q 激光器。通过这种方式，它在皮秒时间尺度上模拟了尖峰脉冲神经元最关键的动力学特性之一——兴奋性。虽然在以前的工作中没有明确讨论波分复用的可能性，但可激发分布反馈（DFB）激光器阵列的激光波长可以通过改变光栅[11]的间距来调整。

这些导线大致类似于无源树突状传导，关键在于无论输入通道的数量如何，都只有一根导线。虽然传输线会受到许多影响，使其不适合于高带宽互连，但在电子转换和无源处理时，神经前端的灵敏度、带宽并没有明显降低。由阻抗失配、衰减、色散和辐射干扰耦合所引起的失真，对于远短于所关心信号的传输线波长的导线来说，都是可以忽略不计的。采用共集成线设计使电子连接保持局域性。一根 20 μm 的导线表现出高达近 10 THz 的集总电路特性，对亚太赫兹信号不会产生明显的传输线失真。这一环节将在第 10 章中进行论证和进一步分析。

8.2.3　非线性电/光转换

任何关于计算原语的提议都必须解决实际可级联性的问题，特别是当打算使用多个波长通道时。可级联的输出生成包含了尖峰脉冲所涉及的一些逻辑概念（例如，逻辑级恢复），但也包括物理需求。解决波长级联问题的一种方法是在电子领域进行加法扇入处理和调制注入。通过在单一波长产生干净的、定型的脉冲，激光器提供了一种可被许多其他 PNN 接收的光信号。

在一个大规模的计算中，还需要一个非线性的电/光动态的过程来抑制模拟噪声的传播。所有的线性模拟处理器的复杂性都是有限的，因为信噪比在线性阶段中是下降的，必须用一些方法来提高每个阶段的信噪比。这可以被认为是每个神经模型的非线性激活函数的基本思想；然而，尖峰脉冲不仅仅是振幅噪声抑制。当使用尖峰脉冲编码时，尖峰脉冲能量归一化基本是非线性的，但为了获得尖峰脉冲编码的优点，还必须重新生成尖峰脉冲的形状和宽度。上面讨论的器件展示了应用于光电物理变量的尖峰脉冲动力学的基本特性——迈向尖峰脉冲处理网络的一步。其他可与电/光转换相结合的非线性和/或动态过程的实现将在第10.3节中进行讨论。

最后,输出耦合器将产生的信号加到广播波导中。其他波长名义上不受这个耦合器的影响,但是处理网络节点的指定波长处的任何传入信号将完全丢弃并终止,避免与新产生的输出碰撞。

表8.1为主信号通路中计算功能与网络功能的对应关系。

表 8.1 主信号通路中计算功能与网络功能的对应关系

元 件	计算功能	网络功能
光谱滤波器	权重乘法	WDM 电路布线
光电探测器	加/减	多波长扇入
光/电链路	时间积分	激光调制
电/光转换器	尖峰或非线性	干净信号产生

8.3 广播环路

上述提出的网络架构的最后一个方面是在一组处理网络节点的输出耦合器和输入光谱滤波器组之间传输 WDM 光信号的物理介质。由于路由已经由 PNN 滤波器执行,广播媒体必须简单地实现一个对所有的互连、支持参与单元之间的所有 N^2 个潜在的必要的实际连接。这个角色可以由一个具有环形拓扑结构的单一集成波导来完成,我们称之为广播环路(BL)。因此,一个广播加权单元由几个耦合到 BL 介质的 PNN 基元组成,如图8.4所示。它的环形形状让人想起城域光纤网络,BL 对片上模拟网络的可扩展性和模块化的影响将在第8.4节中进一步考虑。

BL 波导在其长度的所有点上都是完全多路复用的。大多数信号功率被允许通过 PNN 继续工作,即使它的一部分被丢弃。这种被称为"丢弃并继续"的技术是光路分裂的一个实例,在这种技术中,光通道所携带的信息可以被动地和即时地复制,尽管功耗有所降低[12]。丢弃并继续的权重相关的信号功率分布确实造成了不同神经元的滤波器权重之间的不期望的相互依赖,这可能给自适应系统带来控制问题。丢弃并继续是光多播的一种物理解决方案,可以从根本上减少给定的虚拟互连密度[13]的网络流量。在广播环路中,这种技术达到了它的最大潜力,在只有 N 个通道的波导中支持 N^2 个独立的互连。

图8.4为全互联网络与光学实现之间的对应关系。"突触"(即从一个节点到另一个节点的连接)的数量为给定网络的计算复杂性和可重构性设置了一个上限。波分复用(WDM)网络方法为解决网络瓶颈提供了一种巧妙的解决方案。(a)为具有 $N=4$ 个节点(减去自引用连接)的全互联网络示例。在这种结构中,每个神经元呈扇形分布到其他三个神经元。当然,这将需要 12 根独立的导线。(b)为在基于波分

复用的光学实现中,只需要一个光波导。一个波导可以同时支持几百个虚拟节点,相当于同时连接数万个节点。

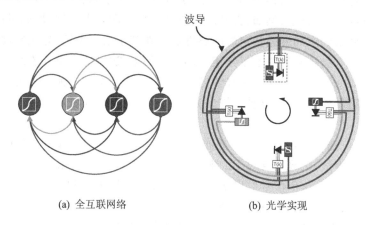

(a) 全互联网络　　　　　　　(b) 光学实现

图 8.4　全互联网络与光学实现之间的对应关系

图 8.5 显示了一个紧密包装的折叠布局示例。信道波长分配是定义子网中信道的唯一协议。

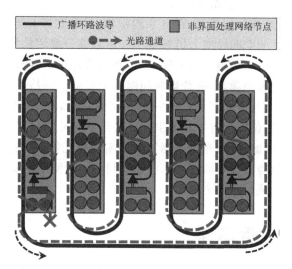

图 8.5　广播和权重单元的折叠布局示例(见彩图)

由于缺乏其他约束,即使在同一芯片上的不同子网中,这种分配也可以灵活地改变。在某些情况下,在由较慢的神经元组成的更密集的多路复用网络对合成许多独立源的预处理信息进行更高级的处理之前,使用相对较少的高速神经元对输入进行预处理可能是有利的。信道的分配可以通过滤波器将光子神经元输出耦合到广播子网络中的特性来控制。

空间布局

BL 波导可以采用任何形状,以适应一组处理网络节点的任何布局。这与物理神经形态结构的许多方法(例如,交叉阵列或全息矩阵向量乘法器)形成对比,在这些方法中,计算原语的布局遵循特定的网络方法。在基于信号位置、导线或波矢量来区分信号的情况下,物理布局继承了互连线的几何约束,这可能会给互连结构带来切实的限制(例如,Rent 规则[14])。生物学可以通过在每个连接中使用专用电线(即轴突)来避免多路复用。然而,这种三维的方法是不可能与最先进的(准)二维制造技术兼容的。

图 8.5 为广播和权重单元的折叠布局示例,显示 5 个 PNN(由绿色区域分隔)。一个通道(蓝色虚线)的光路穿过 BL 波导并分支到多个滤波器组。信号在最左边的 PNN 中开始和终止,这个信号可以部分下降到 BL 周围的任何一个 PNN 中。每个处理节点都必须在一个独特的波长通道上传输,并且每个节点的滤波器组都可以丢弃当前信道的线性叠加,从而产生一个完全可重构的全对全互连。抑制性途径未显示。

虽然这种维度差异的确切含义超出了目前的范围,但我们可以暂时断言,在集成系统布局中,空间自由度的任何守恒都可能是极其重要的。在广播和选择中,空间自由度基本上是不确定的,仅根据波长就可以区分节点。

在长度尺度上,光波导的带宽-距离乘积很大,这意味着与电传输线[15]相比,色散的破坏作用在很大的空间尺度上仍然很小。尽管波分复用技术和光学的带宽-距离特性已经在通信网络中应用了几十年,但空间不确定性的分布式处理结果尚未得到探讨。这不是疏忽的问题,而是背景的问题。光纤通信网络在地理位置之间传输信号,这一目的本质上与空间有关。另一方面,处理网络在一组计算节点之间传输信号,它的节点或信号的位置没有本质区别。在任何空间尺度上,广播环路的实现都依赖于相同的器件库(即滤波器、光电探测器和可激发激光器)。在分布式处理的环境中,多路复用协议、信号传输和器件技术中的空间不变性使得在多广播环路架构中实现有趣和重要的结构成为可能。

8.4　多重广播环路

集成在同一芯片上的多个广播环路可以通过指定接口处理网络节点进行交互:从一个广播环路接收输入并传输到另一个广播环路的节点(见图 8.6)。通过这种方式,可以创建一个由多个广播环路组成的统一处理系统,而无需任何额外的仲裁、路由或器件技术。通过接口处理网络节点进行交互的广播环路构成了不同的广播媒体,因此可以重用相同的光谱,就像移动电话网络在地理上重用光谱一样。然而,与移动电话网络不同的是,只要环路拓扑存在,这些广播媒体的操作与它们的确切几何形状就是分离的。在第 11 章中,相关的空间自由将为多重广播环路架构带来多种可能性。

虽然不同环路中的处理网络节点可以通过接口处理网络节点间接相互作用,但一个多广播环路系统并不表现出在单个广播环路中观察到的所有潜在的互连。这可能会导致具有许多接口的 BLs 系统的不同部分之间的信息碎片化和出现瓶颈,有效地抵消了伸缩节点数的计算功能。我们认为,只要设计遵循适当的原则,由频谱复用产生的互连稀疏性并不一定有害于整体计算复杂度。在确定分布式处理网络中的结构约束时,通信和计算从根本上是相互交织的,因此组织多重广播环路架构的设计规则必须转移到调用通信网络领域[16]之外的概念,这将在第 11.4 节中进一步讨论。我们发现,在光学系统中结合这些分布式处理原理的能力是源于广播和权重的特殊拓扑性质,我们称之为空间布局自由。

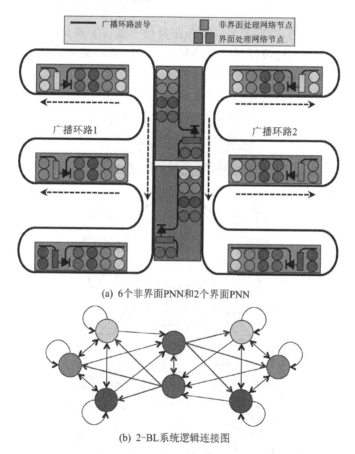

(a) 6 个非界面 PNN 和 2 个界面 PNN

(b) 2-BL 系统逻辑连接图

图 8.6　2 个 BL 之间的 PNN 示例(见彩图)

图 8.6 为 2 个 BL 之间的 PNN 示例。(a)为显示 6 个非界面 PNN(绿色区域)和 2 个界面 PNN(蓝色区域)。总共有 4 个波长被重复使用了 2 次,尽管整个网络不再是全对全。每个 PNN 的输出波长都由其紧跟着电/光转换器(灰色框)的添加耦合器的颜色表示。抑制性途径未显示。(b)为 2-BL 系统逻辑连接图,其中圈的颜色表示对应 PNN 的波长。非界面 PNN 是连接的子组件(黑色箭头)。界面 PNN 从一个

177

BL 接收输入,投射输出(蓝色箭头)到对面 BL 的 PNN。

图 8.7 展示了一个多重广播环路结构,展示了层级组织的关键特征。每个广播环路都重用相同的频谱和波分复用信道,但可以表示不同的组织层次。一级广播环路与其他一级广播环路(通过"横向"处理网络节点)和二级广播环路(通过"上行线路"和"下行线路"处理网络节点)接口。处理网络节点接口可以看作是常规处理网络节点,其输入的光谱权重库接收不同广播环路的广播信号(见图 8.5)。这虽然在某些方面与传统光通信网络(也可以有分层组织)中的路由接口相似,但处理网络节点接口是在传输信息时本质上进行信息转换的尖峰脉冲处理器。

由于对网络节点接口的处理,一个广播环路中的网络节点不能直接将其输出发送到其他广播环路中的节点,多个广播环路系统不能再实现全对全互连。处理网络节点接口不是试图忠实地将任何一个信号从一个广播环路传递到另一个广播环路,而是创建超越广播环路边界的相互信息关系。

图 8.7 为分层组织的波导广播体系结构,显示了可扩展的模块化结构。彩色矩

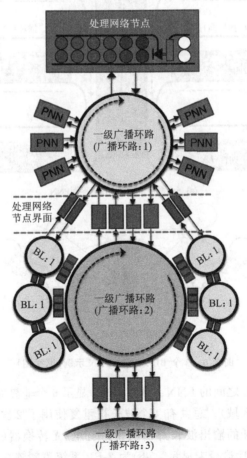

图 8.7 分层组织的波导广播体系结构(见彩图)

形表示 PNN。绿色的 PNN 表示输入和输出耦合到同一个广播环路。蓝色 PNN 接口在不同的 BL 之间并根据它们在层次结构中的位置分类为"上行线路"、"下行线路"或"横向"。每个发射 PNN 在其给定的广播空间内都有唯一的输出波长,但频谱在不同的 BL 之间重复使用。版权所有:2014 年,IEEE。经 Tait 等人许可改编转载,来自参考文献[1]。

图 8.8 为分层广播环路与小世界架构的等价性概述。(a)表示光输入和输出为脉冲的 PNN 示意图。(b)为对应的神经元示意图。(c)为连接到相同广播环路的多个 PNN 可以通过波长编码脉冲相互通信,形成一个如图(d)所示的完全互连的神经元簇。(e)所示界面 PNN 可以将其输出到其他广播环路中,而不是将其输出到接收其输入的同一广播环路中。这导致图(f)所示拓扑上相邻集群之间的连接和图(g)所示分层网络组织,允许在拓扑上遥远的集群之间快速处理脉冲。(h)为可以创建复杂的光子神经元互连模式。经美国科学促进会(AAAS)许可,转载自参考文献[17]。

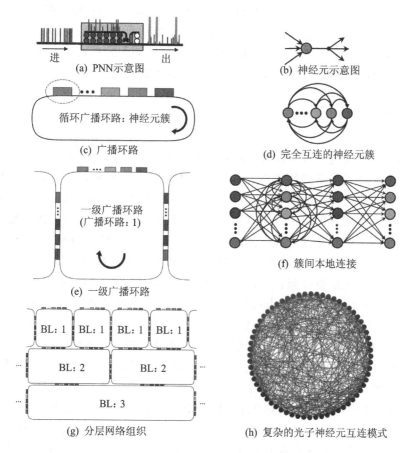

(a) PNN示意图

(b) 神经元示意图

(c) 广播环路

(d) 完全互连的神经元簇

(e) 一级广播环路

(f) 簇间本地连接

(g) 分层网络组织

(h) 复杂的光子神经元互连模式

图 8.8　分层广播环路与小世界架构的等价性概述(见彩图)

同时,处理网络节点接口没有额外的缓冲或波长分配约束,广播环路通信负载在不同层次上是恒定的,而不是像纯通信网络那样以指数方式增长。其他多广播环路布局及其对应的虚拟网络如图 8.8 所示。

图 8.9 显示了对应于图 8.7 的网络的布局。最低层是由折叠环连接起来的紧凑排列的计算原语组(见图 8.9(c))。一些计算原语与其他环路连接,或直接与附近的第一级环路连接,或与在芯片尺度上物理连接较远的组件的第二级环路连接。第二级环(见图 8.9(d))与第一级相比具有类似的功能,但它占据了更大的面积,代表了更复杂的动态处理网络。虽然在这个例子中,芯片规模只对应于第二级,但其他情况下芯片上的中间级也是完全可能对应的。在这个层次的方向上继续,可以考虑基于光纤环路的多芯片系统(见图 8.9(e))。通过板内或机架内光波导实现多片硅光子芯片的全光接口是未来研究的一个有趣的课题。

空间布局自由可以被视为一个强大的工具,以对抗多重广播环路光谱复用中固有的稀疏互连约束,并允许广泛的潜在的各种系统组织。然而,确定特定的多重广播环路组织和分配在每个接口上的处理网络节点数量是重大的设计挑战。影响网络结构的设计参数从根本上超过了纯粹的通信理论,必须调用分布式计算理论,如功能神经网络和/或皮质组织。这些主题将在第 11.4 节重新讨论。

8.5 讨 论

使用动态系统进行计算在很大程度上依赖于控制复杂行为的能力。电光系统、激光系统和非线性光学器件的物理动力学特性构成了一个令人着迷的分析领域,在电子学中很少有类似的领域[18-22],但是目前没有一个光学系统在信息(information)处理应用中成为明显的赢家。要解决一个计算任务,一个动力系统必须是复杂的;它必须拥有足够多的状态变量和配置参数,以显示极其庞大的行为库。对于分布式非线性系统来说,这种情况并不常见,因为它们最终变得容易描述(即简化)为更简单的过程。有了足够大的指令集,很有可能会有一种可能的行为去执行手头的计算任务;然而,从大量的指令集中挑选出这种特殊的行为是一个重大的挑战。这就是可编程性的问题,随着复杂性的增加,问题变得更加严重。

图 8.9 为一个分层网络的布局策略示例,展示了波导广播环路的尺度无关的性质。(a)为一个接口 PNN,其输出耦合到与其输入不同的 BL 波导中。(b)为一个非接口 PNN,它在同一个广播环路中传输和接收。(c)为广播和权重网络构成了第一级层次结构,由一组潜在的全对全连接的 PNN 组成。为了提高封装效率,可以采用折叠式布局。(d)为一个芯片级的第二级广播网络,将来自许多一级广播环路的接口 PNN 互连起来。一级广播环路也可以通过横向接口 PNN(紫色虚线)直接进行接口。(e)为多芯片的第三级网络,说明了与广播环路的光纤实现兼容。广播和权重网络在概念上与其他级别相同,但广播环路波导由耦合光纤和集成波导组成。版权所

有：2014 年，IEEE。经 Tait 等人许可改编转载，来自参考文献[1]。

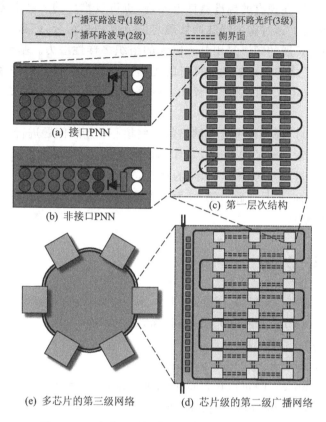

图 8.9　一个分层网络的布局策略示例(见彩图)

神经网络模型是弥合动力系统和计算之间差距的一个有希望的候选模型，这在很大程度上是因为几十年来它们已经在各个领域得到了大量的研究。网络是一种组合对象，它提供了一种模块化的方式来持续增加动态系统变量(神经元状态)和可配置参数(网络权值)的数量。一个广泛的、跨学科的知识库围绕着神经网络算法、应用和编程。无论是软件[23]还是硬件[24]，网络算法都是一个活跃的研究领域。当前的神经形态电子学领域在很大程度上依赖于几十年来已知的编程神经网络的技术和策略。同样地，一种能够提供可配置模拟网络模型的光学系统也可以充分利用这些知识。

8.6　总　结

广播和权重架构汇集了光纤通信的原理、计算神经科学技术以及光子系统制造的最新技术进展。它提出了一种可重构的处理网络节点，为最近研制的可激发激光处理器提供网络功能,该处理器的动态行为类似于尖峰脉冲神经元模型。PNN 是一种电路方法,它可以在现有的标准器件上实现,也可以推广纳入到更先进的技术,甚至是电子动力单元。通过将尖峰脉冲处理与波分复用相结合,广播环路网络展示了空间灵活性,使可扩展的频谱复用具有巨大的组织多样性潜力。基于接口的广播环路架构似乎解决了之前在可扩展和可行的光信息处理方面遇到的许多挑战,这在很大程度上是缘于光电子学的物理过程和尖峰脉冲模型中的行为函数之间的特定对应关系。

　　下面的三章对广播和权重处理网络的一些核心和新颖问题进行了更具技术性的描述。首先,第 9 章回顾了硅光子权重库的研究进展,包括控制方法、定量分析和仿真技术。第 10 章进一步考虑了 PNN 的性能,重点讨论了探测器与电/光转换器或激光神经元之间的电信号通路。第 11 章介绍了模拟光子处理网络和多重广播环路系统的系统设计原则。

8.7　参考文献

[1] Tait A N, Nahmias M A, Shastri B J, et al. Broadcast and weight: An integrated network for scalable photonic spike processing. J. Lightw. Technol. , 2014, 32(21): 3427-3439.

[2] Preston K, Sherwood-Droz N, Levy J S, et al. Performance guidelines for wdm interconnects based on silicon microring resonators//CLEO: 2011 - Laser Applications to Photonic Applications. Optical Society of America, 2011: CThP4.

[3] Ramaswami R. Multiwavelength lightwave networks for computer com munication. Communications Magazine, IEEE, 1993, 31(2): 78-88.

[4] Wood T, Shankaranarayanan N K. Operation of a passive optical network with subcarrier multiplexing in the presence of optical beat interference. Journal of Lightwave Technology, 1993, 11(10): 1632-1640.

[5] Xu Q, Soref R. Reconfifigurable optical directed-logic circuits using microresonator-based optical switches. Optics Express, 2011, 19(6): 5244-5259.

[6] Chang J, Deng Y, Fok M P, et al. Photonic microwave fifinite impulse response fifilter using a spectrally sliced supercontinuum source. Applied Optics, 2012, 51(19): 4265-4268.

[7] Miller D A B. Are optical transistors the logical next step? Nat. Photon, 2010, 4(1): 3-5.

[8] Nahmias M A, Tait A N, Shastri B J, et al. An evanescent hybrid silicon laser neuron//Photonics Conference (IPC), 2013 IEEE, Sept. 2013: 93-94.

[9] Nahmias M A, Tait A N, Shastri B J, et al. Excitable laser processing network node in hybrid silicon: analysis and simulation. Optics Express, 2015, 23 (20): 26800-26813.

[10] Nahmias M A, Shastri B J, Tait A N, et al. A Leaky Integrate-and-Fire Laser Neuron for Ultrafast Cognitive Computing. IEEE Journal of Selected Topics in Quantum Electronics, 2013, 19(5).

[11] Fang A, Sysak M, Koch B, et al. Single-wavelength silicon evanescent lasers. IEEE Journal of Selected Topics in Quantum Electronics, 2009, 15(3): 535-544.

[12] Zhang X, Wei J, Qiao C. Constrained multicast routing in WDM networks with sparse light splitting. Journal of Lightwave Technology, 2000, 18(12): 1917-1927.

[13] Psota J, Miller J, Kurian G, et al. ATAC: Improving performance and programmability with on-chip optical networks//Proceedings of 2010 IEEE International Symposium on Circuits and Systems (ISCAS), 2010: 3325-3328.

[14] Christie P, Stroobandt D. The interpretation and application of Rent's rule. IEEE Transactions on Very Large Scale Integration (VLSI) Systems, 2000, 8 (6): 639-648.

[15] Miller D A B. Device requirements for optical interconnects to silicon chips. Proceedings of the IEEE, 2009, 97(7): 1166-1185.

[16] Merolla P, Arthur J, Shi B, et al. Expandable networks for neuromorphic chips. IEEE Transactions on Circuits and Systems I: Regular Papers, 2007, 54(2): 301-311.

[17] Merolla P A, Arthur J V, Alvarez-Icaza R, et al. A million spiking-neuron integrated circuit with a scalable communication network and interface. Science, 2014, 345(6197): 668-673.

[18] Rosanov N N. Spatial Hysteresis and Optical Patterns. Springer Series inReconfigurable Analog Photonic Networks 209 Synergetics. Springer-Verlag, Berlin, Heidelberg, 2013.

[19] Romeira B, Javaloyes J, Figueiredo J, et al. Delayed feedback dynamics of lienard-type resonant tunneling-photo-detector optoelectronic oscillators. IEEE Journal of Quantum Electronics, 2013, 49(1): 31-42.

[20] Soriano M C, Ort S, Brunner D, et al. Optoelectronic reservoir computing: Tackling noise-induced performance degradation. Opt. Express, 2013, 21(1): 12-20.

[21] Aono M, Naruse M, Kim S J, et al. Amoeba-inspired nanoarchitectonic com-

puting: Solving intractable computational problems using nanoscale photoexcitation transfer dynamics. Langmuir, 2013, 29(24): 7557-7564.

[22] Garbin B, Javaloyes J, Tissoni G. Topological solitons as addressable phase bits in a driven laser. Nature Communications, 2015: 1-7.

[23] Silver D, Huang A, Maddison C J, et al. Mastering the game of go with deep neural networks and tree search. Nature, 2016, 529(7587): 484-489.

[24] Friedmann S, Fremaux N, Schemmel J, et al. Reward-based learning under hardware constraints-using a RISC processor embedded in a neuromorphic substrate. Frontiers in Neuroscience, 2013, 7(160).

第 9 章

光子权重库

光子波分多路复用(Wavelength Division Multiplexed,WDM)权重库是广播和权重系统中与网络相关的核心器件。使用可调谐光谱滤波器控制 WDM 信号可实现光网络中的多播路由;同时,可配置加权加法是描述神经网络中互连和扇入操作的关键功能。因此,光子权重库器件的性能与广播和权重系统的带宽、可扩展性和可重构性密切相关。

微环谐振器(MRR)是在芯片上实现光子权重组的理想选择,因为它们紧凑、普遍且易于调谐。MRR 权重组由平行耦合的微环权重组成,每个权重都独立控制一个 WDM 信号(见图 9.1)。当光信号波长与 MRR 共振时,它会完全重新路由到 DROP 端口,否则继续到 THROUGH 端口。当由一个光电探测器跟踪检测时,会发现这个子电路可以执行 WDM 加权加法。使用平衡光电探测器将互补输出用于正/负加权。中间模拟权重值是通过沿每个滤波器边缘连续调谐来获得的,将功率以一定比例引导至 DROP 端口和 THROUGH 端口。权重的调整速度比信号带宽慢得多,因此即使是热调谐也足以配置超快网络。

图 9.1 为光子波分复用权重库。(a)为波分复用加权加法光路中的微环谐振器(MicroRing Resonator,MRR)权重库。在共振和偏离共振之间调谐微环,会在 DROP 端口和 THROUGH 端口之间产生连续变化的光功率。平衡光电探测器(Photo Detector,PD)产生加权信号的和与差。(b)为硅 MRR 权重库的光学显微照片,显示一组四个热调谐 MRR。(c)为广域显微照片,显示光纤到芯片的光栅耦合器[8]。

在$-1\sim+1$范围内对输入进行加权的能力对于模拟和神经处理至关重要,包括运动通路控制的稳定性[1]和视觉通路的编码效率[2-3]。抑制也是应用神经工程框架(Neural Engineering Framework,NEF)的必要能力,NEF 是一种将实际工程功能编译到模拟网络中的强大方法[4]。互补加权在光学直接检测系统中可能是一个挑战,其中信号由功率包络表示,功率包络严格为正。基于匹配滤波的射频光子电路也总是需要某种方式来影响匹配滤波的负权重(也称为系数)。这种应用环境也引发了光

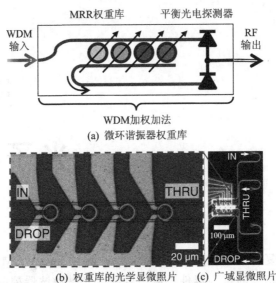

(a) 微环谐振器权重库

(b) 权重库的光学显微照片　　(c) 广域显微照片

图 9.1　光子波分复用权重库

纤中的多种方法[5-6]，其中包括差分检测[7]。

　　MRR 权重库与其他基于 MRR 的 WDM 器件有一些相似之处，但几个关键的不同之处需要新的工程方法。图 9.2 比较了示例 MRR 分插（解）复用器（或复用器）和 MRR 权重库的光路图、图像和透射光谱，包括 Q 因子和精细度在内的谐振器特性与两种基于 MRR 的 WDM 器件的性能密切相关。端口名称 DROP 和 THROUGH 也是共享的（见图 9.2(a)、(b)）。不与 MRR 交互的信号在 THROUGH（也称为 THRU）端口上离开器件，而谐振信号在 DROP 端口上离开。

　　与复用器不同，权重库提供的输出在检测之前仍然是多路复用的，因为检测器旨在检测这些通道的模拟总和。这意味着权重库只有一个 DROP 光谱，其峰值特征可归因于所有微环，而复用器的每个通道都有不同的 DROP 光谱，每个通道只有一个微环（见图 9.2(e)、(f)）。由于不同端口之间的串扰在分析中起着重要作用，因此发现这种差异会激发通道密度的独特性能指标（见 9.4.2 小节）[9]。

　　图 9.2 为 MRR 分插（解）复用器和 MRR 权重库。(a)为 MRR 分插波分复用器的概念和端口。每个 DROP 端口都有一个解复用通道。(b)为 MRR WDM 权重库的概念和端口。单个 DROP 端口仍然是多路复用的。(c)为两个 20 通道可重构 MRR 解复用器的 SEM 图像。(d)为 8 通道 MR 权重库的 SEM 图像。(e)为(c)中解复用器的 DROP 端口的透射光谱。颜色表示从 1（紫色）到 11（红色）的端口号。(f)为(d)中权重库的 DROP 端口（黑色）和 THROUGH 端口（灰色）在两个自由光谱范围（FSR）上的透射光谱。单个谐振器的 FSR 用红色表示。被测器件中的跑道谐振器的周长为 $[30.0, 30.1, \cdots, 30.7]\,\mu m$，总线和 MRR 波导之间的所有定向耦合间

隙为 200 nm 宽,直段长为 2 μm。尽管没有应用热调谐,但 8 组共振大致均匀分布。单个滤光片的测量 FSR 为 18.7 nm,Q 因子为 11 070。这意味着它们的精度为 133,这是确定使用这种设计的谐振器可能实现的 WDM 通道数的重要数字。(c)、(e)版权所有：2011 年,美国光学学会。经 Dahlem 等人许可转载,来自参考文献[15]。

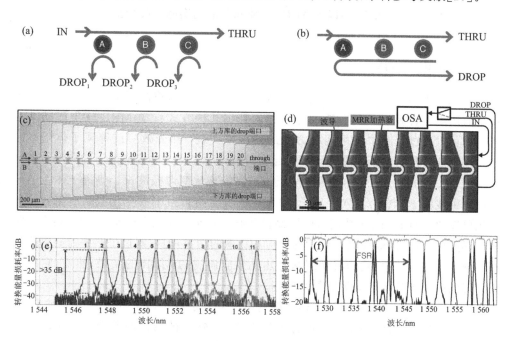

图 9.2　MRR 分插(解)复用器和 MRR 权重库(见彩图)

权重库的另一个基本原则是它能作为可重新配置的模拟处理器件(权重乘法),而不仅仅是 WDM 信号路由器件。虽然可重构光分插(解)复用器(Reconfigurable Optical Add/Drop deMultiplexers,ROADM)通常用于数字网络配置,但每个 MRR 都可以理解为双态交叉开关[10]。另一方面,MRR 权重库必须作为连续可调的处理器件进行分析(见 9.4.1 小节)[9]。

对精确连续控制的需求与缺乏用于功率监测的多路分解输出相结合,排除了反馈控制的使用。正因如此,校准步骤和前馈控制方法被开发用于实际的权重控制[11]。这些将在第 9.2 节中进行重点讨论。

权重库有两个平行的波导(称为总线波导),它们与每个 MRR 耦合。具有这种几何形状的光路被研究出来用于迎合光学滤波响应的某些特征[12-14];然而,这种通常具有单个总线波导的器件拓扑在基于 MRR 的 WDM 器件中并不常见。如果光信号部分地通过一个以上的 MRR 耦合,则多条光路会发生相干干涉。9.3 节进一步讨论了涉及总线波导的相干 MRR 间效应,并且对 MRR 权重库中的模拟要求(见 9.6 节)和性能分析(见 9.4.2 小节)具有重要影响。

本章将首先概述 MRR 权重库、互补性和滤波器边缘控制的演示。实用的控制方法将在 9.2 节中详细讨论。权重库的相关物理影响将在 9.3 节中进行探讨,并将在 9.4 节中进行包含这些影响的定量分析。对于控制和分析很重要的数学建模和计算方法将分别在 9.5 节和 9.6.2 小节中详细介绍。附录将讨论 MRR 权重库设计的一些进一步指导(见 9.7 节)以及 MRR 表征和调谐的实际情况(见 9.8 节)。

9.1 演 示

如 3.3.1 小节所述,由于循环增强效应,MRR 的折射率的任何变化都将对其传输系数产生显著影响。我们特别感兴趣的是用某种方式移动 MRR 权重库的共振峰。这可以通过在硅中使用两种方便的效应来实现:热光效应或等离子体色散效应。热光效应是指由于温度变化而引起的折射率的变化。硅在室温下的典型系数为 $dn/dT = 10^{-4} \text{ K}^{-1}$[16],腔体的高 Q 因子,足以显著改变谐振波长。等离子体色散效应将自由载流子(电子/空穴等离子体)密度的变化与折射率的变化联系起来。这种变化可以通过对 p-i-n 结进行电压偏置并通过载流子注入来触发[17]。与热光调制相比,等离子体色散效应具有更好的响应和更低的功耗,但在制造工艺中需要精确的掺杂分布。在本节中,我们将介绍基于热光效应调制的 MRR 的结果,然而,它的大部分仍然适用于其他形式的折射率调制。

参考文献[18]中演示了使用热共振调谐的互补加权。四个电流源连接到 MRR 权重库中的加热元件,并使用频谱分析仪将每个 MRR 的谐振调谐到四个 WDM 载波波长之一,它们之间的间隔为 200 GHz。由于所有 MRR 只有一个 DROP 波导,因此将光谱峰值归因于不同的 MRR。首先需要单独调谐它们并记录峰值偏移。DROP 和 THROUGH 端口的输出在光纤中相等,以确保正负臂之间的功率和延迟匹配,然后在平衡光电探测器中被检测到。设置过程将在 9.2.1 小节中进一步详细说明。

图 9.3 显示了单个通道的谐振调谐。从图 9.3(a)可以看出其他 MRR 滤波器受调谐通道 2 的影响最小。平衡光电探测器中的能量损耗和通过输出的电子减法导致互补的正(见图 9.3(c))和负(见图 9.3(d))有效权重。

图 9.3 为互补加权的共振调谐。电流施加到图 9.1(b)所示的器件的热元件上,以使 4 个滤波器峰值与 4-WDM 信号(蓝色)发生共振,并使 MRR 2 略微偏离共振(红色)。(a)为 WDM 信号(黑色)的功率谱和一个 FSR 上的权重库 DROP 谱。(b)为通道 2 周围的放大倍率。用 800 ps 脉冲调制 WDM 通道 2,并将 DROP 和 THRU 输出耦合到平衡光电探测器。(c)为偏置 MRR 2 共振(蓝色)导致净正权重。(d)为使 MRR 2 从共振(红色)中失谐会导致净负权重。版权所有:2016 年,IEEE。经 Tait 等人许可转载,来自参考文献[20]。

图 9.3(c)中的脉冲扩展是由该特定共振中的反向散射耦合引入的共振上色散

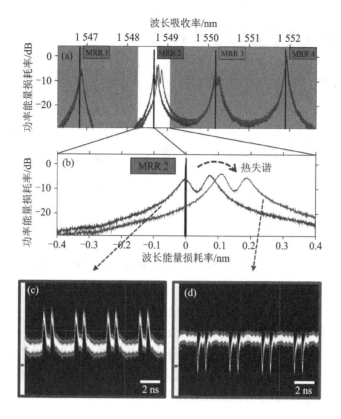

图 9.3　互补加权的共振调谐(见彩图)

引起的,这导致明显的分路共振。通过在图(b)和(c)所示情况之间连续失谐,可以获得有效权重的完整互补范围。参考文献[19-20]中显示了沿着过滤器边缘进行连续调整以产生精确权重的范围。

图 9.4 为对多通道 MRR 权重库的精确、连续控制。(a)为显示控制器准确度和精度的二维权重扫描。在校准过程之后,目标权重在 -1～1 的网格(黑色网格)间扫描 5 次。黑点是测量的权重数据。红线显示每个目标网格点的平均偏移量。蓝色椭圆表示平均值的一个标准差。跨度的平均误差幅度小于 0.072。标准差保持在 0.063 以下,负权重有更大的趋势。从这个图中,可以以 3.8 位的精度控制权重。(b)为[1-9]对应于(a)中标记的点的输出信号。预期信号为红色,而测量的轨迹线为蓝色。所有时间轴和电压轴都有相同的刻度。

参考文献[11]中展示了对多通道 MRR 权重库的精确、连续控制,其使用如图 9.1(b)、(c)所示的 4 通道器件。在校准程序(见 9.2 节)之后,对命令的权重矢量进行二维扫描,同时记录实际权重,如图 9.4 所示。图 9.4(b)显示了在几个权重值下与预期相比的时间轨迹。轨迹 2 和 6 代表原始输入,轨迹 8 和 4 代表它们各自的逆。图 9.4(a)中的扫描用于分析准确度(也称为平均误差或可重复误差(红线))和

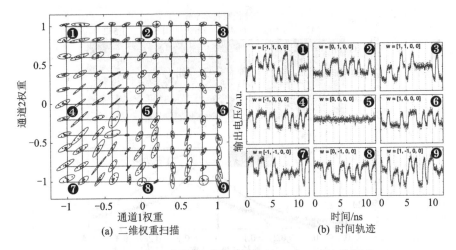

(a) 二维权重扫描   (b) 时间轨迹

图 9.4　对多通道 MRR 权重库的精确、连续控制（见彩图）

精密度（也称为动态误差或不可重复误差（蓝色椭圆））。平均误差在该范围内小于
0.072，对应于 3.8 位的权重准确度；而动态误差小于 0.062，对应于 4.0 位的权重精
密度（加上符号位）。换句话说，每个 MRR 权重都可以独立设置为 −1 和 +1 之间
的 32 个可区分值。MRR 权重库中滤波器边缘的前馈控制需要专门的离线校准程
序。以下部分描述了单通道技术以及基于模型的方法，用于处理更多通道和更高维
度的信号，而不会使校准时间呈指数增长。

9.2　MRR 权重库的控制

对制造工艺变化、热波动和热串扰的敏感性使 MRR 控制成为 WDM 解复用
器[10]、高阶滤波器[21]、调制器[22]和延迟线[23]应用中的重要课题。通常，MRR 控制
的目标是跟踪谐振中相对于信号载波波长的特定点，例如其中心或最大斜率点。反
馈控制方法非常适合 MRR 解复用器和调制器控制[24-25]，但 MRR 权重控制并非如
此。为了将光信号乘以连续范围的权重值，MRR 权重必须在滤波器滚降区域中的
任意点偏置。波分复用信号在检测前不会解多路复用，这使得监测整个滤波状态变
得困难。另外 WDM 信号在检测之前从未解复用，因此很难监控完整的滤波器状
态。另一个困难是这些方法依赖于具有一致平均功率的参考信号。在模拟网络中，
信号活动很大程度上取决于权重值，因此这些信号不能用作估计权重值的参考。这
些原因决定了基于预校准阶段的前馈控制方法，其中参考信号是已知的[20]。

9.2.1　设置和方法

图 9.5(a) 所示的实验装置由一个多波长参考输入发生器[6]组成，它通过在
2 Gbps 伪随机比特序列（PRBS）上施加与信道相关的延迟来产生统计上独立的信号

（见图 9.5（b））。一个 4 通道、13 位数/模转换器（Digital-to-Analog Converter，DAC）NI PCI-6723，用于调整每个 MRR 加热器中耗散的电功率。加热器共享一个公共连接以减少电气 I/O 口的数量。由于这条公共线不是完全导电的，因此有效公共电压会随着总电流的流动而波动。电流模式驱动程序可以用于避免此问题。MRR 权重组的下降和直通输出被放大，它们的净延迟被一个平衡的光电二极管（PD）匹配和检测。传输频谱分析仪（未显示）也连接到该器件，以同时监测滤波器谐振峰值，将它们调谐到与 WDM 输入信号产生谐振（见图 9.5（c）），并协助热模型校准。

华盛顿纳米制造工厂的 UBC SiEPIC 快速原型设计小组在绝缘体的硅晶片上制造了这样的样品。硅厚度为 220 nm，氧化埋层厚度为 3 μm。500 nm 宽的 WG 通过 Ebeam 光刻进行图案化，并完全蚀刻到氧化埋层物[26]。权重库电路由两个总线 WG 和 MRR 组成，采用并行添加、删除配置（见图 9.2（d））。然后将钛金加热触点沉积在 3 μm 氧化物钝化层的顶部。这些触点中的欧姆加热会导致热光指数偏移，因此对 MRR 顶部图案的加热可以调整其谐振波长。加热器功率由 DAC 控制，每个通道可提供高达 80 mA 的缓冲。

样品安装在温度控制的对准台上。TE 波导模式使用聚焦亚波长光栅耦合器阵列从硅电路耦合到光纤阵列[8]。光传输频谱分析仪测量从 IN 到 DROP 端口和从 IN 到 THRU 端口的传递函数（见图 9.2（f））。

图 9.5 为测试多通道 MRR 权重库的实验装置。（a）为实验装置。输入发生器通过对单个 PRBS 进行时间延迟，在不同波长上创建不相关的信号。DFBs：分布式反馈激光器；AWG：阵列波导光栅；PPG：脉冲模式发生器；MZM：马赫-曾德尔调制器；FBG：光纤布拉格光栅。微环权重库由电流模式 DAC（数/模转换器）进行热调谐。分路和直通输出由掺铒光纤放大器（EDFA）放大，并在由平衡光电探测器

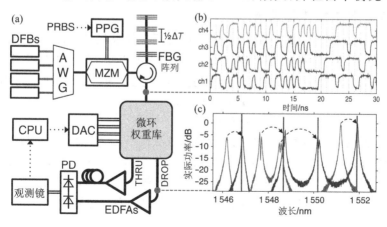

图 9.5　测试多通道 MRR 权重库的实验装置（见彩图）

(PD)检测之前进行延迟匹配。计算机(CPU)执行校准例程。(b)为不同波长通道上参考输入信号的时域轨迹。(c)为当调谐电流关闭(灰色)并调谐到谐振(蓝色)时,WDM 输入的光谱(红色)和下降端口的透射光谱,用下降端口光谱分析仪(未显示)测量。

　　尽管在操作阶段不一定知道 MRR 权重库的输入信号,但校准阶段可以利用已知的参考输入,以便同时测量每个通道的有效权重。在这种情况下,参考是延迟的 PRBS 信号,每个都存储为 $x_i(t)$。对于足够长的模式(在这项工作中为 2^7 bit),如果信道延迟超过一个比特周期,则相关性 $\langle x_i(t) \cdot x_j(t) \rangle_t$ 接近于零。然后可以根据存储的参考分解单个测量值 $m(t)$ 来确定所有权重 μ_i。

$$\mu_i = \frac{\langle x_i(t) \cdot m(t) \rangle_t}{\langle x_i(t) \cdot x_j(t) \rangle_t} \tag{9.1}$$

　　校准例程估计施加的电流到权重的映射表示为 $\vec{i} \to \vec{\mu}$。这种映射的逆变成了用于实现所需权重向量的前馈控制规则。我们将映射分为几个物理阶段以进行热调谐 $(\vec{i} \to \vec{\Delta\lambda})$:MRR 权重库传输 $(\vec{\Delta\lambda} \to \vec{T})$ 和实际检测到的权重 $(\vec{T} \to \vec{\mu})$。

9.2.2　单通道连续控制

　　在参考文献 [19-20] 中,使用基于插值的校准方法显示了单个通道的连续权重控制。图 9.6(d)所示的调谐扫描校准结果表明,使用前馈校准的简单共振调谐足以可靠地获得模拟权重值的连续范围。图 9.6(i)～(iii)在时域中显示了信号效率可以通过使用平衡 PD 和只有一个调谐自由度来反转。图 9.6(ii)中的零权重输出并未完全取消。尽管可以平衡下降和直通端口的功率比,但在目前的校准模型中没有考虑滤波器的色散效应。这种效果可以通过使用耦合调制来改善,而不是共振调谐,以便将信号从高度色散的滤波器边缘移开[27]。

1. 滤波器边缘传输插值

　　为了确定影响期望/命令权重的失谐,执行两次校准扫描。首先,滤波器谐振在远离载波波长处失谐,其中几乎没有输入功率进入 DROP 端口,并且参考信号 $r(t)$ 被测量和存储。测量信号 $m(t)$ 的有效权重 μ 在此定义为对该参考的归一化投影:

$$\mu \equiv \frac{\langle r(t) \cdot m(t) \rangle_t}{\langle r(t) \cdot r(t) \rangle_t} = f(\Delta\lambda) \tag{9.2}$$

式中,$\langle \cdot \rangle_t$ 是时间平均值。使用基于投影的方法而不是简单的 RMS,以便在权重接近零时减少噪声的影响。有效权重是失谐的未知函数 f。为了估计 f,应扫描调谐电流,使滤波器经历谐振,同时监测有效权重(见图 9.6(a)、(b))。测量点的线性插值提供了权重函数的估计。校准后的控制规则就是简单的逆函数:

$$\Delta\lambda \leftarrow \hat{f}^{-1}(\hat{\mu}) \tag{9.3}$$

式中,$\hat{f}$ 是估计的调谐函数,$\hat{\mu}$ 是命令权重。由于 f 的尖锐非线性,它的初始估计采样不佳,导致校准不准确。通过对 $\hat{\mu}$ 执行第二次扫描并使用更均匀采样的数据集更新 $\hat{f}$ 的估计来细化校准。校准后,使用扫描指令权重来评估控制器的准确性(见图 9.6(c)、(d))。

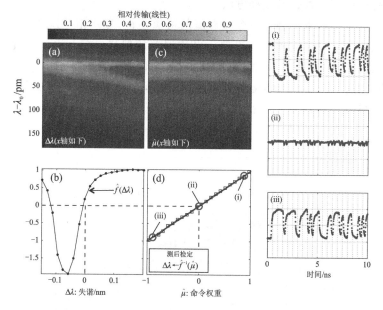

图 9.6　使用基于插值的校准方法的单个通道的连续权重控制(见彩图)

图 9.6 为使用基于插值的校准方法的单个通道的连续权重控制。(a)、(b)为失谐中的初始扫描:(a)显示了滤波器相对透射光谱与共振失谐的关系(即 $\Delta\lambda = \lambda - \lambda_0$)。输入光信号比光谱分析仪的扫频激光源强,在 $\lambda - \lambda_c = 0$ 处可见。(b)为测量的权重与失谐,显示从 $-1 \sim +1$ 的完整范围。权重值是根据式(9.2)计算的。该曲线用作调谐函数 $\hat{f}$ 的估计。(c)、(d)为指令权重的校准扫描:(c)为滤波器谐振波长的偏移,是命令权重的强非线性函数,它大致反映了(b)中调谐函数估计的倒数,因此在(d)中,命令和测量的有效权重之间存在良好的控制对应关系。理想的 $x = y$ 线以红色绘制。(i)~(iii)为当有效权重为正(i)、零(ii)和负(iii)时加权输出的时间轨迹。零位消除并不完美,因为 5 Gbps 信号在穿过 MRR 时会略微失真。版权所有:2016 年,IEEE。经 Tait 等人许可转载,来自参考文献[20]。

在图 9.6(b)中,权重值低于 -1,因为 DROP/THRU 臂的幅度不完全平衡;然而,在这种情况下,$-1 \sim +1$ 之外的值会被忽略(见图 9.6(d))。

每个 MRR 滤波器边缘的传输效应都被视为一个独立的函数:$f_i: \Delta\lambda_i \rightarrow T_i$,并使用最初为单通道开发的基于插值的方法进行校准[20]。对每个滤波器的 20 个样本进行插值,以获得正向函数 $\hat{f}_i(\Delta\lambda_i)$ 和反向函数 $\hat{f}_i^{-1}(\hat{T}_i)$ 的连续估计。这个估计是通过采取第二组名义上在 T_i 中均匀的样本来改进的。校准后的边缘传输函数如

图 9.8 所示。插值方法的优点是,对任意和非理想滤波器边缘形状具有鲁棒性;但是,它要求通道间距足够大,以使滤光片不会发生光学相互作用。在这种情况下,大约 150 GHz 的最小通道间隔可以提供足够的隔离(见图 9.5(c)),但未来增加通道密度的工作必须重新检查边缘校准方法。

    图 9.7 为校准权重控制与命令权重值的可重复性,显示出单次校准后 5 次扫描的数据。试验之间可重复的误差表现为平均误差的偏移($|\langle \mu \rangle - \hat{\mu}|$,蓝色实线);而不可重复的误差,例如噪声,则通过扩大标准偏差包络线(RMS($\mu - \langle \mu \rangle$),淡蓝色区域)来表现。在该实验中,可重复误差占主导地位,这表明可以通过更稳健的校准算法来提高准确性。版权所有:2016 年,IEEE。经 Tait 等人许可转载,来自参考文献[20]。

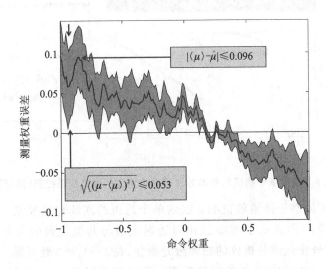

图 9.7 校准权重控制与命令权重值的可重复性(见彩图)

2. 准确度和精密度

    权重控制精度可以用权重范围(归一化为 1.0)与扫描中最坏情况下的权重不准确性之比来表征,并以比特或动态范围表示。图 9.7 显示了存储校准模型的高分辨率测试,该模型对 44 个不同的命令权重进行 5 次扫描,无需中间重新校准。该数据表明,权重控制器的动态范围(即范围除以最大误差)为 9.2 dB;换言之,能够以 3.1 位的精密度可靠地设置权重。从该图中还可以看出,与噪声标准偏差(± 0.053)相比,误差主要由可重复的不准确度(± 0.096)主导。

    这意味着控制器准确度的改进很可能采用更复杂的校准方法。例如,在函数估计和插值期间迭代更多次和/或拒绝离群数据点。然后,对控制器算法的改进可以产生 4.2 位的噪声限制分辨率(动态范围为 12.7 dB)。不可重复误差的来源很可能主要是光纤系统中影响光纤到芯片耦合效率的偏振漂移,以及在较小程度上影响温控硅光子芯片中的环境热波动。偏振控制对于芯片上产生的光来说不是问题,并且可以在光纤实验中通过使用保偏光纤或偏振分离或转换光纤到芯片的耦合器来改善。

9.2.3　多通道同步控制

　　MRR 权重库的另一个关键特性是同时控制所有通道。当考虑一个权重和另一个权重之间的串扰源时,不可能独立地插入每个通道的传递函数。扩展在整个范围内测量一组权重的先前基于插值的方法将需要许多校准测量,这些校准测量随着通道数呈指数增长,因为范围的维度随着通道数的增加而增长。因此,在存在串扰的情况下进行同步控制激发了基于模型的校准方法,这在参考文献[11]中的 4 通道器件中得到了证明,导致权重精度为 3.8 位。基于模型与基于插值相反,校准涉及用于串扰诱导效应的参数化模型。这些模型必须提供调整当前权重的映射、反向权重的当前映射,以及基于测量协议观察模型参数的方法。

　　串扰的主要来源是附近集成加热器之间的热泄漏,并且在实验室设置中,光纤放大器中的通道间交叉增益饱和,尽管光学放大器对于完全集成系统来说不是问题。当特定加热器产生的热量轻微影响相邻器件的温度时,就会发生热串扰。原则上,相邻通道可以通过稍微减少其加热器产生的热量来抵消这种影响。热效应的校准模型提供了两个基本功能:正向建模(给定施加电流的矢量,合成温度的矢量是多少)和反向建模(给定所需的温度矢量,应该施加什么电流)。这样的模型必须通过将参数拟合到测量值来校准到物理器件。在线性热模型的情况下,参数是近对角矩阵 K 的元素,该矩阵将施加的电流平方映射到滤波器波长偏移。K 代表一系列物理效应(加热器效应及电阻、热流、热光效应和谐振器特性);然而,潜在的物理现象是不可直接观察到的。K 可通过频谱分析仪测量直接观察到。校准参数化模型需要至少与自由参数一样多的测量值。

　　对于潜在相互依赖的两个主要来源——热串扰和交叉增益饱和,需要基于模型的校准。在这项工作中,我们扩展了参考文献[28]中的初步结果,建造了一个模型,其参数可以与光谱和示波器测量的 $O(N)$ 常规程序进行拟合(即校准)。尽管具有 20 点分辨率的仅插值方法需要 $20^4=160\,000$ 次校准测量,但所提出的校准程序大约需要 $4\times[10(\text{加热器})+20(\text{滤波器})+4(\text{放大器})]=136$ 次校准测量。然后,我们评估影响权重精度的因素,包括热串扰模型的复杂性。我们演示了同时 4 通道 MRR 权重控制,每个通道的准确度为 3.8 位,精密度为 4.0 位(加上 1.0 位符号位)。虽然最佳权重分辨率仍然是神经形态电子学界讨论的主题[29],但一些具有专用权重硬件的最先进架构已确定为 4 位分辨率[30-31]。实用、准确和可扩展的 MRR 控制技术是迈向基于 MRR 权重库的大规模模拟处理网络的关键一步。

1. 热串扰模型

MRR 波导的温度主要受正上方加热器的影响,但热量也可能在附近的 MRR 之间泄漏。耗散电功率 $i^2\vec{R}$ 和谐振波长偏移 $\vec{\lambda}-\vec{\lambda}_0$ 之间的关系是线性的,可以用矩阵 $\boldsymbol{K}$ 建模[15]。假设加热器电阻恒定,有

$$\vec{\lambda}-\vec{\lambda}_0 = \boldsymbol{K}\vec{i}^2 \tag{9.4}$$

式中,λ_0 是零调谐电流下的谐振波长,$\boldsymbol{K}$ 是描述热光效应、传热耦合和加热器电阻的近对角矩阵,其非对角线部分描述了从给定加热器到不同通道过滤器的意外热传递,也称为热串扰。用 $q_j \equiv i_j^2$ 代替以使式子更清晰,这个方程可以替换为 WDM 信号波长为 $\vec{\lambda}_{\text{sig}}$ 时的微分形式,并且调谐电流需要将滤波器偏置到信号 $\vec{q}_{\text{bias}}$ 的共振状态。

$$\vec{\lambda}_{\text{sig}}-\vec{\lambda}_0 = \boldsymbol{K}\vec{q}_{\text{bias}} \tag{9.5}$$

$$\vec{\lambda}-\vec{\lambda}_{\text{sig}} = \boldsymbol{K}(\vec{q}-\vec{q}_{\text{bias}}) \tag{9.6}$$

$$\Delta\vec{\lambda} = \boldsymbol{K}\Delta\vec{q} \tag{9.7}$$

该线性模型易于校准和反转,但它依赖于恒定加热器电阻的假设。通常,由于热电自加热,加热器电阻也取决于温度。对于环境电阻为 R_0 和热电系数为 α 的单电流驱动加热器,有

$$R(q)=R_0[1+\alpha qR(q)] = \frac{R_0}{1-\alpha R_0 q} \tag{9.8}$$

这当然不是恒定的,甚至在 $q=(\alpha R_0)^{-1}$ 处具有奇点,表示热失控。我们没有结合上面的多元和非线性方程,而是简单地注意到非常数阻力意味着在 $\Delta\vec{q}$ 处 $\Delta\vec{\lambda}$ 的二阶和高阶导数非零但足够小,以至于泰勒展开式可以包含非线性。

$$\Delta\vec{\lambda} \approx \sum_{d=1}^{D}\boldsymbol{K}_d\Delta\vec{q}^{\,d} \tag{9.9}$$

式中,D 是模型阶数,$\Delta\vec{q}$ 的指数是逐元素的,模型现在包含 D 个不同的 $\boldsymbol{K}$ 矩阵。

泰勒近似校准的主要优点是提供了一个拟合 $\boldsymbol{K}$ 矩阵的简单方法。每个通道的调谐电流在感兴趣的工作范围内扫描(约 4 个滤波器线宽),而每个滤光片峰值的波长偏移由光谱分析仪测量。每个峰值偏移函数都与一个 D 阶多项式拟合,以获得每个 $\boldsymbol{K}$ 矩阵的一个元素。对每个通道重复该过程。本实验中的 $\boldsymbol{K}$ 值如图 9.8 所示。为防止过拟合,每个通道必须至少有 D 个频谱测量值。为了增加稳健性,我们进行了 $5DN$ 测量以增加稳健性,发现 $D=2$ 使热建模误差足够小,以免限制整体的精密度,这在第 9.4 节中重新讨论。

多项式映射 $\Delta\vec{q} \rightarrow \Delta\vec{\lambda}$ 必须反转以提供前馈控制规则。虽然它没有封闭形式的逆,但以下迭代解很快收敛。

$$\Delta\vec{q}_{[0]} = \vec{0} \tag{9.10}$$

$$\vdots$$

$$\Delta\vec{q}_{[n+1]} = \boldsymbol{K}_1^{-1} \left[\Delta\vec{\lambda} - \sum_{d=2}^{D} \boldsymbol{K}_d (\Delta\vec{q}_{[n]})^d \right] \tag{9.11}$$

该迭代利用了这样一个事实,即由 $\boldsymbol{K}_{d>1}$ 矩阵表示的对加热器电阻的热电效应是相对较小的扰动。由于加热器偏向更接近式(9.8)中的热失控奇点,热电效应变得更强。这意味着需要更多的步骤来收敛,并且必须使用更高阶的泰勒近似,从而需要更多的校准测量。

2. 交叉增益饱和度模型

EDFA 作为权重库的输出端(见图 9.5(a))会受到慢时间尺度交叉增益饱和的影响,这取决于每个通道的权重,以及可能随极化、环境温度、环境温度波动的绝对功率水平以及纤维应变而变化。

图 9.8 为本实验中校准参数值拟合的建模阶段图。偏置阶段将变量以差分形式围绕所有滤波器的状态与 $\vec{\lambda}_{\text{sig}}$ 信号共振。加热器级主要使用对角线、线性 $\boldsymbol{K}_1$ 矩阵和非线性校正(显示的 $D=2$ 阶)模拟热电、热传递和热光效应。滤波器级由沿每个 MRR 滤波器边缘传输的 4 个独立的基于插值的估计组成。放大器级模拟光检测之前的绝对光功率和光纤放大器饱和特性。

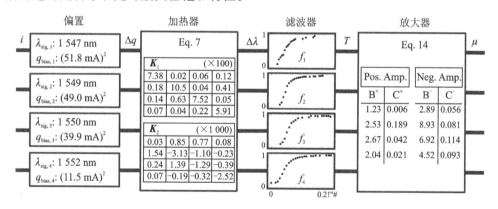

图 9.8　本实验中校准参数值拟合的建模阶段图

目前的纤维实验必须模拟这种交叉增益饱和以获得无偏的权重库结果。虽然光放大器尚未在硅 PIC 上广泛使用,但已经研究了硅中的半导体和稀土离子放大器[32-33],并且可能使用类似的模型。我们模拟了两个均匀展宽的 EDFA 在非耗尽泵状态下的交叉增益饱和效应:

$$\mu_i = P_{\text{in},i} T_{\text{c},i} \left[T_i \frac{g_{i,\text{ss}}^+}{1 + \dfrac{P_{\text{amp}}^+}{P_{\text{s}}^+}} - \gamma_i (1 - T_i) \frac{g_{i,\text{ss}}^-}{1 + \dfrac{P_{\text{amp}}^-}{P_{\text{s}}^-}} \right] \tag{9.12}$$

$$P_{\mathrm{amp}}^{+} = \sum_j P_{\mathrm{in},j} T_{\mathrm{c},j} T_j \tag{9.13}$$

$$P_{\mathrm{amp}}^{-} = \sum_j P_{\mathrm{in},j} T_{\mathrm{c},j} \gamma_j (1 - T_j) \tag{9.14}$$

式中，i 表示通道号，T 是通过端口传输的可调微环。P_{in} 为输入功率，T_{c} 为净耦合效率，γ 为压降效率，g_{ss} 为放大器小信号增益，P_{s} 为饱和功率，与通道无关。P_{amp} 表示 EDFA 上的总功率事件。上标（＋，－）分别表示直通和分路输出端口上的放大器。并非所有物理参数都可以从权重测量中观察到，但以下参数化产生了一个合适的模型：

$$\mu_i = \frac{B_i^{+}}{1 + \sum_j C_j^{+} T_j} T_i - \frac{B_i^{-}}{1 + \sum_j C_j^{-} (1 - T_j)} (1 - T_i) \tag{9.15}$$

参数向量 $\vec{B}^{(+,-)}$ 和 $\vec{C}^{(+,-)}$（总共 $4N$ 个参数）可以与特定调谐状态下的一系列 $4N$ 测量值拟合（即校准）。当通道 $T_{j=i}$ 的传输是 x 并且其他通道 $T_{j \neq i}$ 的传输是 y 时，我们引入一个符号 $\mu_i^{(xy)}$ 来表示通道 i 的测量权重。例如，$\mu_2^{(10)}$ 表示通道 2 在传输到直通端口（$T=1$）并且通道 1、3 和 4 耦合到分接端口（$T=0$）时的权重。校准过程从测量 $\mu_i^{(11)}$ 和 $\mu_i^{(10)}$ 开始：

$$\mu_i^{(11)} = \frac{B_i^{+}}{1 + \sum_j C_j^{+}}, \quad \mu_i^{(10)} = \frac{B_i^{+}}{1 + C_i^{+}} \tag{9.16}$$

这些包含 $2N$ 个未知参数和 $2N$ 个已知测量值的方程，可以解析求解如下：

$$\frac{\mu_i^{(11)}}{\mu_i^{(10)}} = \frac{1 + C_i^{+}}{1 + \sum_j C_j^{+}} \tag{9.17}$$

$$C_i^{+} = \frac{\mu_i^{(11)}}{\mu_i^{(10)}} \left(1 + \sum_j C_j^{+}\right) - 1 \tag{9.18}$$

通过对所有 i 求和并重新排列，C^{+} 的总和可以完全用测量到的权重表示：

$$\sum_i C_i^{+} = \frac{N - \sum_j \dfrac{\mu_j^{(11)}}{\mu_j^{(10)}}}{\sum_j \dfrac{\mu_j^{(11)}}{\mu_j^{(10)}} - 1} \tag{9.19}$$

在这一点上，可以代入式（9.18）恢复单个参数 C^{+}。然后参数 B^{+} 在式（9.16）中微不足道地下降。DROP 端口放大器参数 C^{-} 和 B^{-} 在测量 $\mu_i^{(00)}$ 和 $\mu_i^{(01)}$ 时遵循相同的程序。通过式（9.1）将 $m(t)$ 的单个测量值分解为所有权重的能力，意味着 $\vec{\mu}^{(11)}$ 和 $\vec{\mu}^{(00)}$ 只需要一次测量，而不同的测量需要不同的调谐状态，因此每个放大器需要 N 次测量。在这个推导中，假设完全切换到 $T=0$ 是可能的，但实际上并非总是如此。可以类似地推导出具有非零 T_{min} 的更复杂的代数校准技术，但此处省略。为该实验找到的校准参数值如图 9.8 所示。

一旦前向模型参数被校准,我们就必须反转映射 $\vec{T} \to \vec{\mu}$,见式(9.15),以便作为前馈控制器的工作规则。

$$\mu_i + \frac{B_i^-}{1 + \sum_j C_j^- (1 - T_j)} = \frac{B_i^+}{1 + \sum_j C_j^+ T_j} T_i + \frac{B_i^-}{1 + \sum_j C_j^- (1 - T_j)} T_i$$

$$(9.20)$$

$$T_i = \frac{\mu_i + \dfrac{B_i^-}{1 + \sum_j C_j^- (1 - T_j)}}{\dfrac{B_i^+}{1 + \sum_j C_j^+ T_j} + \dfrac{B_i^-}{1 + \sum_j C_j^- (1 - T_j)}} \qquad (9.21)$$

迭代求解如下:

$$T_{i[0]} = 1 \qquad (9.22)$$
$$\vdots$$

$$T_{i[n+1]} = \frac{\mu_i + \dfrac{B_i^-}{1 + \sum_j C_j^- (1 - T_{j[n]})}}{\dfrac{B_i^+}{1 + \sum_j C_j^+ T_{j[n]}} + \dfrac{B_i^-}{1 + \sum_j C_j^- (1 - T_{j[n]})}} \qquad (9.23)$$

当 C 参数较小时,此迭代会快速收敛。图 9.8 所示即为信号功率小于放大器饱和功率时的情况。

3. 简化的热物理模型

使用热物理简化模型的效果如图 9.9 所示。当完全忽略热串扰和自热(即 $D=1$ 且 K_1 是对角线)时,准确度降低到 2.8 位。图 9.9(b)使用了一个恒定电阻模型(即 $D=1$),对 3.0 位产生了小幅改进。在这两种情况下,图 9.9 中的平均误差没有显示出明显的趋势,除了对更小的负数权重值不太准确外。令人惊讶的是,引入线性串扰模型几乎没有提高权重准确度。这可以通过滤波器传输对谐振波长的灵敏度来解释。MRR 滤波器边缘的敏感响应需要非常精确的热建模,在这种情况下,$D=2$ 提供了显著的改进。对于本研究中的器件,我们发现 $D=3$ 对 $D=2$ 的改进可以忽略不计,因为其他因素限制了准确度;但是,具有不同偏差、加热器设计、材料等的MRR 权重库可能需要增加泰勒阶数才能获得足够的热模型精度。

图 9.9 为 5 次迭代的简化热串扰模型的权重扫描。目标网格(黑色)、平均误差向量(红色)和标准偏差椭圆(蓝色)如图 9.4(a)所示。图 9.9 中,(a)为未应用热串扰模型,权重准确度为 2.8 位(8.4 dB 动态范围)。(b)为应用热串扰的一阶 $D=1$ (即恒定电阻)模型,权重准确度为 3.0 位(9.0 dB 动态范围)。(c)为应用二阶($D=2$)热模型来解释加热器电阻的热电变化。权重准确度为 3.8 位(11.4 dB 动态范

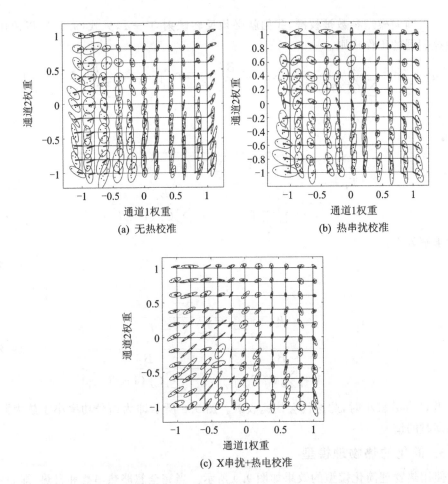

(a) 无热校准　　　　　　　　　　(b) 热串扰校准

(c) X串扰+热电校准

图 9.9　5 次迭代的简化热串扰模型的权重扫描（见彩图）

围）。在所有情况下，都应使用放大器交叉增益校准模型以隔离热串扰建模的影响。

热调谐的替代方法是耗尽调制[34]，它可以消除热串扰和电流平方依赖性，但需要更复杂的制造工艺，包括顶部硅层的部分蚀刻和 4 个掺杂剂水平。

9.3　MRR 通道间的相干效应

不同通道的滤波器之间的相干作用是 WDM 系统环境中的一种新的物理效应，它影响到权重库的设计和分析。权重库有两个并行总线 WG，它们与每个 MRR 并行耦合，而其他基于谐振器的 WDM 器件只有一个总线 WG（见图 9.10）。已经研究了具有两条总线的电路几何形状以定制各种形式的滤波器[14]，包括高 FSR[13,35] 和平坦通带[12]。双通道 SCISSOR 是这种结构的周期性重复，可以用 Bloch 模式来表征[36-37]。然而，这些并行耦合的 MRR 器件并不用于 WDM 信号控制。据作者所知,影响 WDM 通道数的相干效应是 WDM 光子权重库所独有的,其中每个 MRR 滤波器都控制一个不同的 WDM 通道[9]。相干效应的性能影响将在 9.4.2 小节中讨论,它们的物理原理将在 9.6.1 小节中形式化。本节将描述对相干作用的观察并进行深度讨论。

当共振隔很近时,多 MRR 相干作用尤其重要,因此考虑它们对于控制密集波分复用(Dense WDM,DWDM)信号和分析通道密度的限制至关重要。同时,这些相互作用意味着不能将权重库建模为单个 MRR 模型的简单组合。在这种类型的结构中,当给定信号通过相邻的 MRR 耦合,而不是引起通道间串扰时,它可以通过相反的总线 WG 耦合回来并完成一个往返程,从而形成一个涉及多个 MRR 的相干反馈回路(见图 9.10(c))。在每个滤波器具有偶数个串行 MRR(即极点)的 MRR 权重库中,相干特性从反馈(类似谐振器)变为前馈(类似干涉仪),如图 9.10(d)所示。前馈相干条件取决于总线路径长度差而不是总和。在考虑实际制造方法时,这一事实尤其重要,其中绝对有效光路长度很难精确制造。

单极 MRR 之间的共振反馈相互作用取决于总线波导的总光路长度(参见第 9.6.1 小节中对这种现象的数学描述)。为了观察总线的相位条件对多 MRR 相互作用的影响,我们制作了一个带有总线调谐触点的双通道硅权重库。权重库包含两个周长分别为 80.0 μm 和 80.1 μm 的跑道形谐振器。单个 Q 因子为 7 750。每条长为 60 μm 的总线波导上都安装有额外的加热器。为了测试该器件,我们首先使用 MRR 加热器将两个共振调整为 0.4 nm 间隔(2 个滤波器线宽)。然后,我们在 0~70 mA 之间非均匀地调整了总线加热器,以便以大致均匀的电功率间隔来获取数据轨迹。

电流均匀地施加到每个总线加热器上,以防止在整个器件上产生不对称的温度分布。加热器的"S"形是为了尽可能地局部化热量,但热串扰仍然存在,导致总线电流的变化,会影响滤波器的谐振。

图 9.10 为波分复用系统中的微谐振器。(a)为 MRR 光分插复用器。当一个波长通道的一部分到达错误的下降端口时,就会发生串扰。(b)为具有调制信号 x_i 的 WDM 调制器。当波长通道被相邻信号部分调制时,就会发生串扰。(c)为单极 MRR 权重库,其中只有一个下降端口和一个通过端口。两个总线波导的存在为相似频率的谐振之间的相干反馈创建了一条路径。(d)为双极 MRR 权重库。在总线波导内,前馈相干干扰是可能的,而不是反馈。

通过均匀地施加电流,并依靠器件的(粗略)对称性,使两个谐振器一起移动,使它们的间距保持在 2 个线宽。图 9.11(c)中去掉了背景偏移。用这种技术很难研究总线波导之间的相位差,但预计不会对类似谐振器的相干相互作用效应产生影响。

图 9.11(c)显示,总线调谐对滤波器之间的下降影响很大,相对于峰值传输,其深度范围为 -2.7~-25.0 dB。滚降区的陡度也会受到轻微影响。如图 9.11(b)所示,测量结果与相应的模拟结果非常吻合,在这些模拟结果中,有效总线相位被均匀

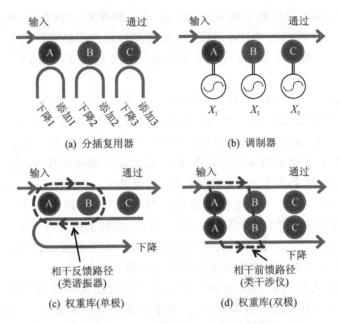

(a) 分插复用器 (b) 调制器

(c) 权重库(单极) (d) 权重库(双极)

图 9.10   波分复用系统中的微谐振器

地参数化和扫描。这验证了参数传输模拟器可以对密集信道区域中的权重组做出准确的预测。

从直观的角度来看,这种依赖于总线相位的相干效应似乎会对通道密度产生影响。图 9.11 为带有总线调谐加热器的双通道权重库内相干权重相互作用的实验验

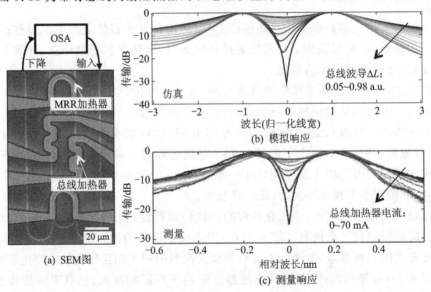

(a) SEM图 (b) 模拟响应 (c) 测量响应

图 9.11   带有总线调谐加热器的双通道权重库内相干权重相互作用的实验验证(见彩图)

证。(a)为被测器件的 SEM 图,是光谱分析仪（Optical Spectrum Analyzer,OSA）测量组的 IN 端口和 DROP 端口之间的传输。(b)为当在谐振附近并且总线波导相位扫过半个周期(0～π)时该器件的模拟响应。(c)为当总线加热器电流均匀地施加于两个总线加热器时,该器件的测量响应。调整 MRR 直到相隔 0.4 nm（2 个线宽）。然后,总线电流在 0～70 mA 范围内变化,从而所施加的功率近似均匀地被采样。热串扰导致共振绝对偏移,但它们的间距保持一致。峰值之间的中心最小值的绝对波长偏移已被消除。

如果目标是能够独立设置相邻 WDM 信道的权重/传输,那么将响应模糊成单个峰值（如图 9.11(b)、(c)中的红色线）将是不利的。另一方面,有可能利用到由蓝色线表示的峰之间的深度隔离。相干 MRR 间效应在光子权重库的行为中起着重要的作用。用于精确建模、控制和定量分析的模拟工具必须与这些影响相关联。在接下来的部分中,我们将量化权重到可以独立设置的程度,并使用模拟器来研究这个指标如何受到通道间距和 MRR 相干相互作用的影响。

9.4 光子权重库的定量分析

工程分析和设计依赖于性能的量化描述,量化描述称为指标。"有多少通道是可能的"以及随后的"不同设计会增加或减少多少通道"的自然问题通常通过研究权衡来解决。增加通道计数性能指标最终会降低性能的某些其他方面,直到违反最低规范为止。

本节中使用的一种便利的归一化方法是滤波器线宽或半高宽（Full-Width at Half Maximum,FWHM）。线宽归一化和线宽单元在一定程度上与谐振器的性能无关,因此强调了基于谐振器的 WDM 器件的电路效应。线宽归一化同样适用于频域和波长域。这些单元中的信道间隔可以用作 WDM 品质因数。将给定谐振器设计的精细度除以线宽归一化通道间距,得到单个 FSR 中可以支持的最大 WDM 通道数。

起初,WDM 权重库分析似乎可以与传统数字互连中基于 MRR 的波长解复用器类似地进行。在用于复用、解复用和调制 WDM 信号的 MRR 器件的常规分析中,限制通道间距的权衡因素是通道间串扰[38-40]。与每个通道耦合到不同波导输出的 MRR 解复用器[10]不同,MRR 权重库只有两个输出,每个通道的一部分都耦合到每个输出。所有通道都应按一定比例发送到两个探测器,因此信号之间的串扰概念被打破。因此,由串扰指标驱动的分析在应用于光子权重库时充其量是近似的。

串扰驱动分析

在解复用器和调制器分析中,例如在参考文献 [38,40]中,性能受到通道间串扰指标的限制,该指标随着通道密度的增加而降低。谐振将滤波器的传递函数近似为洛伦兹函数:

$$T(\delta) = \frac{1}{1+\delta^2}, \quad \delta = \frac{Q}{\omega_0}(\omega - \omega_0) \tag{9.24}$$

式中，δ 是线宽归一化频率，Q 是品质因数（$Q \approx 10\,300$），ω_0 是滤波器的中心频率。通道间串扰是滤波器 i 在相邻通道波长 $i+1$ 和 $i-1$ 处的传输。对于 50 nm 的传输窗口和 $\Delta\lambda_0 = 5.3$ 线宽（0.8 nm）的通道间隔，发现硅 WDM 链路的 FSR 限制的最大波长计数为 $N=62$。

虽然串扰驱动分析可用于估计通道密度的数量级[41]，但权重库几何形状和功能的差异促进了更精确的分析技术，尤其是针对密集通道的。滤波器峰值最终合并在一起，降低了权重库独立加权相邻信号的能力。要将这种效应量化为功率代价，串扰权重指标必须包含调谐范围（tuning range）的概念（见 9.4.1 小节）。在此描述之后，进行了示例通道密度分析，以推导出使用特定技巧的微谐振器的权重库的可扩展性（见 9.4.2 小节）。用于有效处理连续、多维范围和器件建模的程序的实施细节将在 9.6.2 小节中讨论。

9.4.1　串扰权重功率代价指标

如第 9.4.2 小节所述，通道间串扰的概念在 MRR 权重库中不是一个有意义的概念。这对通道缩放分析提出了一个问题，因为以前的分析方法使用通道间串扰作为驱动指标，该指标会随着通道数量的减少而降低。此外，权重库中多个 MRR 之间的相干相互作用使得指标基于孤立的分插滤波器，必须将权重库响应视为具有多个自由度的单个传输元件的响应。需要一个说明这些独特功能的新指标。在参考文献[9]中，我们引入了一种称为串扰权重功率代价的指标，它量化了与理想 WDM 权重库相比，实际 WDM 权重库独立控制信号的能力。

在单通道情况下，理想的可调谐权重库具有一系列调谐状态，包括将入射光信号完全引导到通过端口（正权重）、完全引导到下降端口（负权重）或两者的任何中间比率。如果实际权重发生一些损失，则其权重范围将成为理想权重的子集。假设下降端口和通过端口之间的损耗存在差异，那么可达到的权重范围也会不平衡。可以公平地假设，在大多数使用权重的情况下，它们必须是平衡的，这样，通过一些归一化因子，它们可以影响从 $-1 \sim +1$ 的权重范围。然后我们可以将单通道权重的可用范围定义为以零为中心的区间，其跨度由极正权重和极负权重的最小绝对值确定（见图 9.12）。将可用范围与理想范围进行比较会得出一个比率 W，它可以量化真实器件执行可调光学加权的能力。

$$W(1-D) = \min\left[\max_p(\mu), \max_p(-\mu)\right] \tag{9.25}$$

式中，p 是调整参数，μ 是权重。此时，需要注意的是，这个平衡的归一化因子依赖于权重范围极值的概念。虽然它往往是显而易见的，但一般来说，在扫描、搜索或其他优化之前，我们不知道调整参数空间中的哪些状态对应于这些权重极值。

由于加权是线性函数,理想范围和可用范围之间的归一化因子被很方便地表示为功率代价,这意味着再现理想器件所呈现的功率水平需要额外的光输入功率。功率代价是定量系统分析的一种有用的工具,因为它允许比较不同的效应。

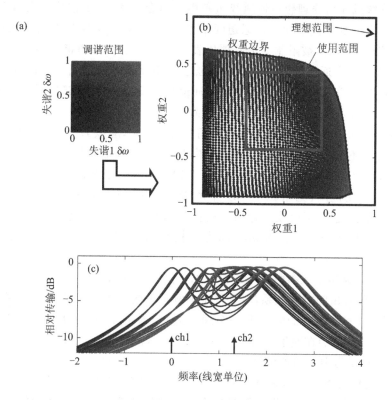

图 9.12　双通道 MRR 权重库中的串扰权重功率代价示例(见彩图)

图 9.12 为双通道 MRR 权重库中的串扰权重功率代价示例。(a)为该装置有两个调谐自由度,即每个滤波器的谐振失谐。红、蓝颜色向量用于表示调谐状态,这意味着(a) 描绘了红色=x,蓝色=y。(b)为权重库相对于理想范围(外部边界框)可获得的可能权重状态范围。红色、蓝色表示映射到特定权重点的调整状态。可用范围(绿色框)在图形上是完全位于以零为中心的可能权值范围内的最大正方形。(c)为相同模型在 5×5 参数网格上的下降端口光谱,轨迹线颜色用于指示调谐。频率被归一化,使得 MRR1 峰的中心为 0,半高宽(FWHM)为 1.0。此模拟中的通道间距为 1.31 个线宽。

可能与功率代价相关的单通道效应示例包括平衡 PD 中的响应度失配、不成比例地影响丢弃信号的环内传播损耗,当然还有影响所有信号的总线传播损耗。需要一个多通道功率代价指标来研究多 MRR 交互的影响和通道间隔,其中通道间隔对于这个分析来说最重要。

在 N 通道情况下,理想的 WDM 权重库能够完全独立地切换 WDM 通道。它可以被认为是一组 N 个孤立的、理想的单通道权重;然而,非理想权重库的 N 通道泛化更为复杂。如果给定的调整参数可以影响多个权重值,那么库的权重范围就不能线性地分解成任何非理想单通道权重范围的组合。图 9.12 描述了由 MRR 失谐参数化的模拟 2 通道组的映射。通道间距为 1.31 个线宽,WG 损耗为 2 dB/cm。调谐范围(见图 9.12(a))被限制为最好地代表一个现实的 N 通道情况,这样 0 表示导通谐振,1 表示一个通道间隔。虽然可以通过在相反方向失谐或通过许多通道间距失谐来扩展 2 通道权重范围,但对于更多通道来说,这两种策略都是不可能的。

在调谐范围内均匀的二维扫描会导致二维权重空间中的点分布不规则(见图 9.12(b))。为了可视化和调整权重之间的对应关系,应该为每个权重点分配一个(红色、蓝色)颜色向量,以指示相应的(失谐 1、失谐 2)调谐向量。与一维情况一样,可用范围可以定义为可达到的权重范围完全覆盖的最大平衡区间(即二维中的零中心正方形)。可用范围(见图 9.12(b) 中的绿色方块)与理论理想值(见图 9.12(b) 中的黑色边界框)进行了比较。它们的边长之比 W_x 表示与多通道加权相关的非理想值(本例中 $W_x = 0.45$)。该比率称为串扰权重功率代价,可以用分贝表示为 $-10\log(W_x) = 3.5$ dB。

图 9.12(c)显示了在参数扫描上模拟的下降端口透射光谱。线的颜色(红色、蓝色)表示与调谐向量的对应关系,尽管很难理解每条线。(0,0):失谐共振条件(纯黑色)具有两个以零为中心的峰值和一个通道间距,通道 1 和 2 分别位于通道间距。(0,1):失谐(纯蓝色)在通道 2 中心频率处具有最深的下降。(1,0):失谐(纯红色)显示为以通道 2 为中心的单个峰。

可以用更精确的术语来表述串扰权重代价。图 9.12(b) 中的点云实际上是一个连续平滑流形的采样。调谐范围是这个权重流形的笛卡儿参数化,具有用传输理论描述的映射(见第 9.5 节)。由于它的参数化是有界的,因此权重流形也必须有一个明确定义的边界。在 2D 中,该边界是一条简单的闭合曲线(见图 9.12(b) 中的黑色轮廓),这意味着该边界 $B \in \mathbf{R}^2$ 可以由一个圆来参数化:

$$B(s) = [\mu_1(s), \mu_2(s)], \quad 0 < s < 2\pi \tag{9.26}$$

式中,μ_i 是通道 i 的权重。

我们使用协调边界算法[42-43]从离散点云估计此边界曲线。协调边界与凸包不同,它可以向内收缩以更好地估计由离散点采样的连续流形,前提是样本要足够密集。在曲线 B 上,有一个点限制了可用的调谐范围 W_x,可表示为

$$W_x(2-D) = \min_s \left[\max_{i=1,2} | \mu_i(s) | \right] \tag{9.27}$$

式中,绝对值确保+/-平衡,通道上的内部最大值确保通道之间的范围相等。从图形上看,W_x 是与边界 B 相交的最大正方形的大小。这种将串扰权重代价定义为流形边界与以零为中心的区间的交集在概念上可以扩展到更高维度和具有任意数量通道的 WDM 权重库。在三维空间中,边界是由 $s_1 = \phi$、$s_2 = \theta$ 参数表示的球面的映射,

其中 $-\pi<s_1<\pi$，且 $0<\theta<2\pi$。在 N 维中，边界是由 $N-1$ 维向量 $\vec{s}$ 参数化的 $N-1$ 维闭流形，其串扰权重代价可定义为

$$W_x(N-D)=\min_{\vec{s}}\left[\max_{i\in 1,\cdots,N}\mid\mu_i(\vec{s})\mid\right] \tag{9.28}$$

W_x 量化了光子权重库的非理想性。我们假设权重库必须能够对每个 WDM 通道提供互补和独立的控制，但可能的范围是整个调谐范围的一个子集。W_x 可以被直观地认为是实现权重函数的一种效率。1.0 是其理想的最大值，小于 1.0 表现为范围更小或权重效应更弱。假设 $W_x=0.5$，则权重库等效于插入损耗为 0.5 的理想 $W_x=1.0$ 权重库。因此，W_x 可以表示为以 dB 为单位的功率代价：$-10\log(W_x)$ 描述了使非理想权重库表现得像具有给定输出功率的理想权重库所需的额外输入功率（以 dB 为单位）。

9.4.2　权重库通道限制

信道密度分析的最后一步是研究随着 WDM 信道间隔越来越密集而限制指标的降低。在 WDM 任务中讨论基于谐振器的电路的功效的一个有用的品质因数是精细度与通道数的比率。这个数字相当于线宽归一化的通道间距 $\delta\omega$，并且与谐振器平台的类型或性能无关。该数字的理论最小值为 1.0。此外，$\delta\omega^{-1}$ 可以被认为是通道封装效率损失，以便 WDM 电路执行其功能。以线宽为单位进行模拟，以便首先分析通道封装效率，并将对精细度和谐振器实现的讨论推迟到最后。

修改一下上一节中描述的 2 通道权重库模型，使其系统操作点（通道间距 $\delta\omega$ 和总线长度变化 ΔL）是可变的。然后对操作点执行 50×50 扫描。$\delta\omega$ 范围为 0～9 个线宽，并且 ΔL 范围为 0～0.2，以相对于初始总线的长度为单位。两个总线 WG 的长度保持彼此相等。对于此扫描中的每个操作点，可用权重范围和串扰权重功率代价是根据 MRR 失谐限制在 0 和 1 通道间距之间的点扫描计算的，如上一节所述。在给定的操作点，串扰权重算法有 $\delta\omega$ 和 ΔL 常数，将它们视为固定的系统参数。50×50 扫过 300×300 个调谐点和 2 个通道频率，包括对式（9.41）和式（9.42）的 450 MHz 评估。利用第 9.6.2 小节中描述的优化，在大约 5 分钟内即可完成。

图 9.13 显示了 $-10\log(W_x)$ 与 $\delta\omega$ 和 ΔL 产生的功率代价等值线。我们可以从这个情节得出几个结论。首先，当信道间隔碰壁时，功率代价具有渐近线。当滤波器峰值合并在一起时，所有频率都耦合到下降端口，使其不可能达到（0,0）的权重。这意味着无论可接受的功率代价如何，都存在绝对的最小通道间隔。显示的 10 dB 等值线（黄色）非常接近此渐近线。其次，当信道间隔增加到绝对值以上时，串扰权重功率代价平稳下降。这代表了 WDM 信道间隔和功率代价之间的系统设计达到权衡。最大通道数可以根据加权允许的功率预算来确定，或者可以通过给定的通道规范设置额外的功率要求。由于光损耗，功率损失不能完全达到 0 dB。再次，通道密度墙以及密度和功率之间的权衡都受到总线长度变化的显著影响。得到的近似周期性（这里，～0.12 以任意长度单位表示）表示相干效应，这也可以预期当谐振频率相

似时,基于类似谐振器的多 MRR 相互作用的可能性。检查 10 dB 等值线,通道间距壁在 0.85 和 1.4 线宽之间随 ΔL 波动。令人惊讶的是,即使通道间隔相对较远,总线长度的影响仍然很显著。1 dB 等值线(蓝色)在 ΔL 期间在 2.7 和 3.4 线宽之间波动。

图 9.13 描述了在 5 个通道间距以及最佳和最坏情况下的总线长度可达到的权值范围。绘图格式如图 9.12(b) 所示。这提供了关于性能趋势背后的一些机制的更多信息。随着通道间距的减小,可用范围(绿色)既受到可能的权重范围覆盖的整体较小区域的影响,也受到该范围远离正方形的翘曲程度增加的影响。从一行到另一行,人们看到顶部总是表现更好。总线调谐阶段的最佳情况不取决于通道间距。最左下角的面板显示了一个不包括 (0,0) 的不可行权重范围的示例。

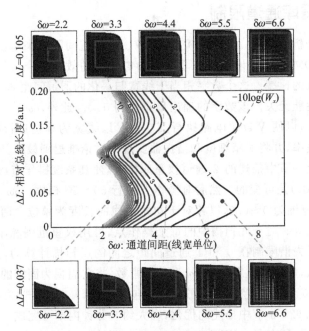

图 9.13 作为通道间距和总线 WG 长度函数的功率密度折衷(见彩图)

图 9.13 为作为通道间距 δω 和总线 WG 长度偏移量 ΔL 的函数的串扰权重功率代价表面。在 1 dB(蓝色)和 10 dB(黄色)之间以 0.5 dB 的增量绘制功率代价等值线。代价随着通道密度的降低而增大,最终达到渐近线。这种折衷也显著且近似周期性地依赖于表明总线 WG 中相干多 MRR 交互的影响。外围图显示了可能的权重状态范围,如图 9.12(b) 所示,在图 9.13 中用红色圆圈表示 10 个选定操作点。顶行 ΔL = 0.105,代表功率和通道密度之间的最佳平衡;底行 ΔL = 0.037,代表最坏情况。

WDM 通道数与谐振器的精细度及以线宽归一化单位表示的通道间距有关。精细度可能随制造平台和谐振器设计而显著变化,而归一化间距是电路的一个属性(即多路复用器、调制器与权重库)。假设允许 3 dB 的串扰权重代价,我们发现最小通道间距介于 3.41 和 4.61 线宽之间,具体取决于总线长度。参考文献[40]中 2.5 处和参考文献[38]中 5.8 处的串扰驱动的解复用器分析可以计算出相应的数字,其差异可以归因于不同的串扰规范的选择。在参考文献[41]中,串扰驱动分析被应用于可调 MRR 权重库,估计信道间距为 8.8,几乎是这里得到的最坏情况估计值的 2 倍。我们在第 9.2.1 小节测试的 8 通道硅权重库中测量了 133 的灵敏度。产生的这种类型的谐振器的绝对通道数为 39,尽管它没有针对精细度进行优化。优化后的 MRR 设计,如参考文献[44](精细度=368)和参考文献[45](精细度=540),在 MRR 权重库电路中可以分别支持 108 个和 148 个通道。其他类型的硅谐振器,如椭圆微盘[46](精细度=440)和行波微谐振器[47](精细度=1 140),可分别达到 129 个和 334 个通道。

可以根据通道数和谐振器大小来估计网络所需的滤波器的占用空间。假设我们使用参考文献[44]中的谐振器(通道数=108),那么在这种情况下,单个滤波器组的近似占位面积为 $108 \times 4\ \mu m \times 4\ \mu m = 1\ 728\ \mu m^2$,而单个 PNN 中的有源器件占位面积约为 $4\ 000\ \mu m^2$。相应的 BL 占位面积为 $108 \times (4\ 000 + 1\ 728)\mu m^2 = 0.62\ mm^2$。BL 波导的长度至少为 $108^2 \times 4\ \mu m = 46\ mm$,以容纳此数量的滤波器。考虑到参考文献[48]中的 SOI 波导损耗,最小功率代价约为 4 dB。我们做了简化假设,即每个连接都有一个专用的可调谐 MRR 滤波器,这些滤波器都与总线波导严格耦合,并且它们是单极(即单 MRR)。

容许功率预算也是一个非常重要的设计考虑因素,然而,传统数字互连中的噪声和信号功率分析不能简单地映射到目前的系统中。尽管存在类似的噪声机制(例如,ASE、串扰等),但光尖峰脉冲链路中 SNR 和尖峰错误率之间的关系需要进一步研究。对于完整的系统设计,还必须指定整个系统功能对通信错误的容限。这种容差取决于应用程序,但与数字系统相比,由于神经形态算法的统计和固有噪声的性质,这种容差可能会放宽。

9.5　WDM 加权的数学描述

在本节中,我们首先简要地从数学角度介绍如何将一个与平衡光电探测器互补输出的通用可调谐光谱滤波器表示为加权相加电路。波长多路复用信号由一组 N 个频率为 ω_i 的光载波组成,其功率包络已被调制为表示一组 N 个不同的数据信号 $x_i(t)$。如果信号带宽远小于光载波频率,则缓慢变化的包络近似和短时傅里叶变换会为 WDM 输入生成一个方便的时频表达式:

$$E_{[in]}(\omega,t) = \sum_{i=1}^{N} E_{0,i}\sqrt{1+x_i(t)}\,\delta(\omega-\omega_i) \tag{9.29}$$

式中,$E_{0,i}$ 是载波场幅度,δ 是狄拉克函数,$x_i(t)$ 严格大于 -1,因为功率包络不能表

示负值。然后将该输入信号发送到可调谐光谱滤波器,这是一个线性光学系统。该滤波器的传输状态可通过调整参数来控制:

$$E_{[\text{wei}]}^{(+,-)}(\omega,t) = H^{(+,-)}(\omega;\vec{\Delta})E_{[\text{in}]}(\omega,t) \tag{9.30}$$

式中,H 是可调谐的滤波器组线性频率响应。接下来,平衡光电二极管(PD)的效应表示为从加权信号导出的两个光电流之间的差异,而这又是在静止复用信号的波长域上的积分:

$$i_{\text{PD}}(t) = \int_{\omega} R(\omega)(|E_{[\text{wei}]}^+(\omega,t)|^2 - |E_{[\text{wei}]}^-(\omega,t)|^2)\mathrm{d}\omega \tag{9.31}$$

式中,$R(\omega)$ 是探测器响应度。联立式(9.29)~式(9.31),我们最终得到一个完全符合加权加法形式的网络函数:

$$y(t) = \sum_{i=1}^{N}[1+x_i(t)]\underbrace{A_i(|H^+(\omega_i;\vec{\Delta})|^2 - |H^-(\omega_i;\vec{\Delta})|^2}_{\mu_i}$$

$$= \underbrace{\sum_{i=1}^{N}\mu_i x_i(t)}_{\text{加权加法}} + \underbrace{\sum_{i=1}^{N}\mu_i}_{\text{直流偏置}} \tag{9.32}$$

式中,$A_i \equiv R(\omega_i) \cdot v_\pi/Z_0 \cdot E_{0,i}^2$,且 $y = i_{\text{PD}} \cdot Z_0/v_\pi$,$v_\pi$ 是 π 相移处的电压,Z_0 是特性阻抗。这是加权加法的基本形式:$y = \vec{\mu} \cdot \vec{x}$。我们假设 ω_i 之间的距离明显大于 $x(t)$ 的带宽,否则总和无法从幅度函数中提取出来;换句话说,相干差拍噪声会破坏加权功能。在大多数理论上感兴趣的情况下(包括以下等式),所有 A_i 将彼此相等,因此 μ 和 μ_{eff} 之间的区别是微不足道的;然而,在实验中,必须考虑实际信号增益和信道衰减效应。

9.6 可调谐波导器件的仿真技术

我们已经看到 MRR 权重库指标涉及表征器件所有状态的范围,而 MRR 权重库控制涉及模型拟合和反演。所有这些计算都需要对模型进行大量评估,将调整的参数与权重相关联(式(9.33)中的 μ_i)。同时,MRR 之间相干交互的可能性意味着当通道间隔很近时,权重库不能建模为单个 MRR 模型的简单组合。这些因素使数值分析和权重控制可能非常耗费时间和内存。

在本节中,我们将描述构建可调谐广义波导电路的有效模拟技术,尤其是 MRR 权重库。该方法涉及将 4 端口线性器件的一般理论与参数模型接口相结合。当应用符号编程方法时,发现这种组合可以进行大量的预计算。这种预计算在模型的在线评估中提供了极大的加速,即使它保持了评估任何调整状态的权重的能力。本节首先详细介绍广义传输理论,该理论描述了如何从更简单的组件构建任意线性 4 端口电路,然后继续介绍该理论的有效参数化及其在软件中的实现。

9.6.1　广义传输理论

图 9.14 说明了一种使用参考文献[49]中介绍的通用 4 端口传输线耦合器对一组微环谐振器的传递函数进行建模的方法。如图 9.14(a) 所示,使用参数为 (a, K_1) 的 5 型耦合器来模拟广播波导和微环谐振器的耦合。然后,可以通过一对传输线对微环本身进行建模,这些传输线在另一个 5 型耦合器中相遇,(a, K_2) 参数连接环和 DROP 波导。这些加上端口交换操作的组合产生了一个 3 型耦合器,用于模拟单个 MRR,端口 1 和 3 连接到广播波导,端口 2 和 4 连接到 DROP 波导(见图 9.14 (b))。可以计算将左侧输入(1:IN 和 2:DROP)与右侧输出(3:THRU 和 4:ADD)相关联的散射传递矩阵 $\boldsymbol{A}_{\mathrm{MRR}}$,如下所示:

$$[a_1 \quad b_1 \quad a_2 \quad b_2]^{\mathrm{T}} = \boldsymbol{A}_{\mathrm{MRR}}[b_3 \quad a_3 \quad b_4 \quad a_4]^{\mathrm{T}} \tag{9.33}$$

式中,a_i 和 b_i 分别表示进出端口 i 的信号,如参考文献[49]中所示。这很有用,因为多个 MRR 的散射传递矩阵是各个散射传递矩阵的乘积。4 端口耦合器的另一种可能表示是散射矩阵 $\boldsymbol{S}_{\mathrm{MRR}}$,它给出了所有端口的输出信号和输入信号之间的关系:

$$[b_1 \quad b_2 \quad b_3 \quad b_4]^{\mathrm{T}} = \boldsymbol{S}_{\mathrm{MRR}}[a_1 \quad a_2 \quad a_3 \quad a_4]^{\mathrm{T}} \tag{9.34}$$

图 9.14 为基于广义传输理论的 MRR 权重库的参数化建模。(a)为按照参考文献[49]中所示的方法构建 MRR 权重库的模型。波导(WG)和光耦合器被建模为 4 端口传输线耦合器模块。在这些耦合器中,实线和虚线分别表示直接连接和耦合连接。a 与耦合的插入损耗参数 γ 有关,$a = \sqrt{1-\gamma}$;K 为耦合系数。波导块仅具有与光路长度(nL)成比例的相移的直接连接。(b)为一个微环谐振器(MRR),可以用两个耦合器来模拟波导环相互作用和用一个波导块来模拟环的每个臂。然后,将这些块连接起来形成一个 MRR 滤波器,它实际上是一种 3 型耦合器,即一个在相对端口之间具有直接连接并且在同一侧端口之间具有耦合连接的耦合器。请注意,由于 K 值和 L 值不同,该耦合器不再对称。(c)为 MRR 滤波器,它可以通过波导块连接在一起以形成权重库。BW 指广播波导,DW 指 DROP 波导。

$\boldsymbol{S}_{\mathrm{MRR}}$ 和 $\boldsymbol{A}_{\mathrm{MRR}}$ 之间的关系可以很容易地推导出来,在参考文献[49]中有明确表达。使用上述 3 型耦合器(见图 9.14(b))设计的单个 MRR 的 $\boldsymbol{S}$ 矩阵应具有以下形式:

$$\boldsymbol{S}_{\mathrm{MRR}} = \begin{bmatrix} 0 & D_1 & T_1 & 0 \\ D_1 & 0 & 0 & T_2 \\ T_1 & 0 & 0 & D_2 \\ 0 & T_2 & D_2 & 0 \end{bmatrix} \tag{9.35}$$

式中,参数 D_1、D_2 和 T_1、T_2 突出了系统的对称性。例如,如果输入在端口 1 中,则传输(S_{31})和下降(S_{21})系数分别为 T_1 和 D_1。请注意,我们在这里忽略了后向散射项($S_{11} = S_{41} = 0$)。T_1 和 T_2 之间的不对称性可以通过不同的耦合系数 K_1 和 K_2 来

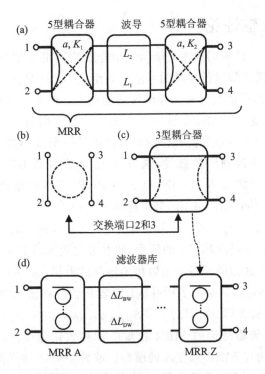

图 9.14　基于广义传输理论的 MRR 权重库的参数化建模

解释,而 D_1 和 D_2 的不对称性可以通过微环的每个臂的可能不同的路径长度来解释。这些区别很快就会在数学上变得清晰。该矩阵在参考文献[50]中有明确计算。然而,权重库过滤器的分析将需要以一种直观的方式来表达每项 T_j 和 D_j,因为多个环会以有趣的方式相互干扰。首先,我们定义了一组有用的变量:微环腔的往返幅度损耗为 $G \stackrel{\text{def}}{=\!=} a^2 \sqrt{1-K_1} \sqrt{1-K_2} \exp(-\alpha L)$,其中 $L=L_1+L_2$ 是空腔长度(见图 9.14(a));且腔谐振放大因子 $F \stackrel{\text{def}}{=\!=} [1-G\exp(-\mathrm{i}\beta L)]^{-1}$,其中 βL 是往返相移, $\beta=2\pi n_{\text{eff}}/\lambda=n_{\text{eff}}\omega/c$ 是波导的波数。观察 1:请注意,由于 $G<1$,当相移为 2π 的整数倍时,即当微环处于共振状态时,F 最大化。观察 2:F 是因子 $G\exp(-\mathrm{i}\beta L)$ 的无穷几何级数的收敛和,即环的往返复振幅损失。

因此,T_j 和 D_j 可表示为

$$T_j = \underbrace{a\sqrt{1-K_j}}_{\text{间接耦合}} \cdot \underbrace{(1-FK_j)}_{\text{负反馈}} \qquad (9.36)$$

$$D_j = \underbrace{a\mathrm{i}\sqrt{K_1}}_{\text{耦合顶端}} \cdot \underbrace{a\mathrm{i}\sqrt{K_2}}_{\text{耦合底端}} \cdot \underbrace{\mathrm{e}^{-(\alpha+\mathrm{i}\beta)l_j}}_{\text{光学通路}} \cdot \underbrace{F}_{\text{正反馈}}$$

$$= -a^2 \sqrt{K_1 K_2}\, \mathrm{e}^{-(\alpha+\mathrm{i}\beta)l_j} F \qquad (9.37)$$

式(9.36)可以直观地理解为：由于 MRR 和广播波导之间耦合的插入损耗，输入信号的幅度下降了 $a\sqrt{1-K_j}$；部分信号耦合到 MRR，幅度下降了 $i\sqrt{K_j}$；然而，耦合信号完成了 MRR 周围的环路，并以 F 的幅度返回广播-MRR 结，以值为 $i\sqrt{K_j}$ 的幅度下降耦合回到广播环路；然后反馈信号会干扰传输的信号，产生的干扰因子为 $1+i\sqrt{K_j}\cdot F\cdot i\sqrt{K_j}=(1-FK_j)$。由于当 MRR 处于共振状态时 F 最大，因此 MRR 有效地诱导了负共振反馈。

式(9.37)可以同样直观地理解为：输入信号耦合进出环，幅度下降了 $i\sqrt{K_1}$ 和 $i\sqrt{K_2}$(顺序不重要，因为因子相乘)；此外，光路导致值为 $e^{-\alpha l_j}$ 的损失和值为 $e^{-i\beta l_j}$ 的相移；在 MRR 和 DROP 波导的连接处，方程式中存在相同的往返干涉机制。式(9.37)发生，但没有来自 ADD 端口的信号，干扰项只是 F。在这种情况下，当 F 最大时(即 MRR 处于谐振状态时)，下降的信号最大化，因此 MRR 有效地诱导正谐振反馈。

注意：环谐振的影响完全包含在变量 F 中，尽管耦合因子 $\sqrt{K_j}$ 很小，但正是这个因子允许丢弃的信号具有显著的幅度。

1. 双通道权重库

如前所述，多个 4 端口耦合器的散射传递矩阵可以级联相乘以得到 MRR 组的散射矩阵。方程式(9.35)中的 S 矩阵可以转换回等价的矩阵[49]：

$$A_{\mathrm{MRR}}=\begin{bmatrix} \dfrac{1}{T_1} & 0 & 0 & -D_2 T_1^{-1} \\[2ex] 0 & \dfrac{T_1 T_2 - D_1 D_2}{T_2} & D_1 T_2^{-1} & 0 \\[2ex] 0 & -D_2 T_2^{-1} & T_2^{-1} & 0 \\[2ex] \dfrac{D_1}{T_1} & 0 & 0 & \dfrac{T_1 T_2 - D_1 D_2}{T_1} \end{bmatrix} \tag{9.38}$$

让我们假设连接广播侧和 DROP 侧的两个相邻环的波导长度分别为 ΔL_{BW} 和 ΔL_{DW}。该组件的 A_{WG} 矩阵为

$$A_{\mathrm{WG}}=\mathrm{diag}(e^{j\theta_{\mathrm{BW}}}, e^{-j\theta_{\mathrm{BW}}}, e^{j\theta_{\mathrm{DW}}}, e^{-j\theta_{\mathrm{DW}}}) \tag{9.39}$$

式中，$\theta_{\mathrm{BW,DW}}=(\beta-i\alpha)\Delta L_{\mathrm{BW,DW}}$。让我们定义 $\Delta L \overset{\text{def}}{=\!=\!=} \Delta L_{\mathrm{BW}}+\Delta L_{\mathrm{DW}}$。我们将这两个环索引为 MRR A 和 MRR B，但我们假设这两个环具有相同的系数 a 和 $K_{1,2}$。总散射传递矩阵可以计算为

$$A_{\mathrm{2MRR}}=A_{\mathrm{MRR,A}}\cdot A_{\mathrm{WG}}\cdot A_{\mathrm{MRR,B}} \tag{9.40}$$

这可以很容易地转换为 S 矩阵。由于对称性，我们只对元素 S_{31}(THRU) 和 S_{21}(DROP) 感兴趣。在这种情况下，可以证明：

$$S_{31}(\mathrm{2MRR})=T_{1,A}T_{1,B}e^{-\Delta L_{\mathrm{BW}}(a+i\beta)}F_{AB} \tag{9.41}$$

$$S_{21}(2\text{MRR}) = D_{1,A} + T_{1,A} D_{1,B} T_{2,A} e^{-\Delta L(\alpha+i\beta)} F_{AB} \tag{9.42}$$

式中,有一个方便的因子,$F_{AB} = [1 - D_{1,B} D_{2,A} e^{-\Delta L(\alpha+i\beta)}]^{-1}$。查看 F_{AB},可以发现它是 $D_{1,B} D_{2,A} e^{-\Delta L(\alpha+i\beta)}$ 因子的无穷几何级数的收敛和,即两个环之间往返的复衰减因子:$D_{1,B}$ 是环 B 的下降因子,$D_{2,A}$ 是环 A 从其 ADD 端口的下降因子,$e^{-\Delta L(\alpha+i\beta)}$ 是连接两个环的波导引起的衰减。还值得注意的是,忽略 MRR 之间的共振反馈效应相当于从表达式中删除 F_{AB}。当 MRR 谐振频率间隔很远时,这种非相干近似是好的,因为 $D_{1,B}$ 或 $D_{2,A}$ 在每个给定波长下都非常小。

2. N 通道权重库

一种分析方法在双滤波(2-filter)情况下显得很直观。虽然由于相干 MRR 相互作用的复合潜力,高阶表达式会显得更加笨拙,但可以导出解析解并将其应用于加速符号建模和模拟,计算方法在第 9.6.2 小节中讨论。

先前研究了对间接耦合到两个公共波导的周期性分布的微环序列的广义分析,称为双通 SCISSOR(Side-Coupled Integrated Spaced Sequence of Resonators,侧耦合集成间隔序列谐振器)。参考文献[36]中的研究表明,分布式谐振反馈在任一波导中产生光子带隙,而与匹配耦合系数的损耗参数 a 无关(K_1 和 K_2 满足 $1-K_iF=0$(见方程(9.36))。由于微环之间的光程长度可以调节,故我们的分析必须更普遍地考虑这些因素。在具有大序列 MRR 的滤波器组中,由三个或更多环的共振而引起的相干干扰也会生效,产生额外的共振因子,如 F_{AC}、F_{BD} 等。幸运的是,有一种直观的方法来计算和分析表达这些项。首先,让我们定义几个会用到的集合:

① $\Omega_{\text{left}}(\Theta,\Lambda) = \{(\Theta_1,\Lambda)\}$,其中 $\Theta \leqslant \Theta_1 < \Lambda$。例如 $\Omega_{\text{left}}(B,E)$ 相当于"$(B,E),(C,E),(D,E)$"。

② $\Omega_{\text{right}}(\Theta,\Lambda) = \{(\Theta,\Theta_2)\}$,其中 $\Theta < \Theta_2 \leqslant \Lambda$。例如 $\Omega_{\text{right}}(B,E)$ 相当于"$(B,C),(B,D),(B,E)$"。

③ $\Omega_{\text{all}}(\Theta,\Lambda) = \{(\Theta_1,\Theta_2)\}$,其中 $\Theta \leqslant \Theta_1 < \Theta_2 \leqslant \Lambda$。例如 $\Omega_{\text{all}}(B,E)$ 相当于"$(B,C)(C,D),(D,E),(B,D),(C,E),(B,E)$"。

这些集合很有用,因为它们允许我们选择所有的超级环(super-rings),即包含在环 A 和环 D 之间的有序环对($\Omega_{\text{all}}(A,D)$)。所有这些环在传输功率中都具有谐振反馈效应。根据这些定义,并将 MRR 从 A 到 $L(n)$(拉丁字母表中的第 n 个字母)命名,式(9.43)和式(9.44)中的项 S_{31} 和 S_{21} 的解析形式如下,其中 $d_{\Lambda,\Theta}$ 为字母 Λ 和 Θ 间的距离。

$$S_{31}(n-\text{rings}) = e^{-(n-1)\Delta L_{BW}(\alpha+i\beta)} \cdot \prod_{\Theta=A}^{L(n)} T_{1,\Theta} \cdot$$

$$\prod_{(\Theta_1,\Theta_2)\in\Omega_{\text{all}}(A,L(n))} F_{\Theta_1\Theta_2} \tag{9.43}$$

$$S_{21}(n-\text{rings}) = \sum_{m=1}^{m=n} D_{1,L(m)} e^{-(m-1)\Delta L(\alpha+i\beta)} \cdot$$

$$\left(\prod_{\Lambda=A}^{L(m)-1} T_{1,\Lambda} T_{2,\Lambda} \prod_{(\Theta_1,\Theta_2)\in\Omega_{\text{right}}(\Lambda,L(n))} F_{\Theta_1\Theta_2} \right) \tag{9.44}$$

与

$$F_{\Theta\Lambda}^{-1} = 1 - D_{1,\Lambda} D_{2,\Theta} e^{-d_{\Lambda,\Theta}\Delta L(\alpha+i\beta)} \cdot \left(\prod_{\Gamma=\Theta+1}^{\Lambda-1} T_{1,\Gamma} T_{2,\Gamma} \right) \cdot$$

$$\left(\prod_{(\Theta_1,\Theta_2)\in\Omega_{\text{all}}(\Theta,\Lambda-1)} F_{\Theta_1\Theta_2} \right) \cdot$$

$$\left(\prod_{(\Theta_1,\Theta_2)\in\Omega_{\text{all}}(\Theta+1,\Lambda)} F_{\Theta_1\Theta_2} \right) \tag{9.45}$$

尽管式(9.43)与式(9.41)相比具有相对不透明度,但它具有可识别的项:复振幅损耗项 $e^{-L(\alpha+i\beta)}$、每个环 $\Theta T_{1,\Theta}$ 的透射率值的乘积和所有共振反馈项 F 的乘积。式(9.44)更复杂,但仍有可识别的项。分路端口的电场幅度是每个环中所有分路信号的相干和,这解释了求和项 $\sum_{m=1}^{m=n} D_{1,L}(m)$。然而,由 A 和 A 右侧的另一个环形成的环对的谐振反馈放大了 A 的 DROP 端口处的每个干扰项。公式(9.45)又更复杂,但它是由在 9.6.1 小节中采用的级联散射传输矩阵乘法得到的 S_{31} 和 S_{21} 的符号计算得出的,故得到了分析验证。

解析表达式(9.43)~式(9.44)的有趣之处在于,它们允许对大量 MRR($n\gg1$)的散射项进行巧妙近似。例如,可以忽略所有谐振反馈而只考虑微环谐振($F_{AB} = F_{BC} = \cdots = 1$),或者可以忽略三个以上环的谐振反馈($F_{AC} = F_{BD} = \cdots = 1$),使分析更易于处理。这些解析表达式可以帮助优化带有相干干扰的大型可调谐滤波器组的建模。

9.6.2　参数化传输模拟器

参数建模是工程分析的有力工具,特别是对于可调系统。虽然数值模拟可以预测特定器件在特定状态下的响应,但参数化模型是自由参数的函数,或者可以被认为是特定器件所有可能状态的表示。结合不同的搜索和优化功能,参数化模型是问题的核心,例如找到再现观察到的响应的状态(例如,测量拟合),找到给出所需响应的状态(例如,优化、前馈控制),或者参考一系列可能的状态执行分析,例如权重状态(见 9.4.1 小节)。基于模型的策略被用于在存在热串扰的情况下控制多通道 MRR 权重库[11]。

广义传输理论方法自然适合面向对象的结构,能够从波导对和耦合器开始构建任意 4 端口传输线电路。图 9.14(a)为将波导和耦合器连接到 MRR 滤波器中的示意图,该滤波器也是一种 4 端口对象。然后将这些过滤器加入到权重库结构中(见图 9.14(c))。当对象连接在一起时,它们会执行相应的符号计算以获得结果 4 端口模块的 S 和 A 矩阵。现在更详细地讨论模拟环境。

预计算是实现参数化模型的重要考虑因素。预先计算每个可能的响应会迅速变得密集和浪费时间。随着参数维度数量的增加,对整个范围进行采样所需的状态数量呈指数增长,而用户可能只对识别少量特定状态感兴趣。一种更有成效的方法是将整个模型分成具有固定或其他不变响应的子系统。当参数改变时,这些子响应可以被重用。例如,在 MRR 解复用器和调制器的情况下(见图 9.10(a)、(b),在调整下游 MRR－C 时,我们会知道 DROP1 输出不能改变,从而省去了新的计算。此外,2 端口线性系统理论提供了一种将 MRR 分解为完全独立的传输响应的明显方法,然后将其简单地相乘以获得整体响应。尽管调整上行 MRR－A 可能会影响 DROP3 输出,但它不会影响 MRR－C 的传输响应,从而省去了一些重新计算。

将 MRR 权重库分成子系统更具挑战性,因为可能会产生涉及总线 WG 的相干效应(见图 9.10(c)、(d))。反馈需要广义矩阵传递方法,该方法引入了显著的代数相互依赖性和复杂性。这意味着,原则上任何参数变化都会影响器件中每个点的信号。此外,虽然仍然是线性代数理论,但如何理解一般的整体表达式并不那么明显(见式(9.43)～式(9.45))。当必须重新计算时,很难手动识别子响应和依赖规则。另一方面,广义矩阵分析的代数结果必须包含一些结构,例如,调整加热器不会改变环的数量。如果结构可以自动识别依赖关系,那么看起来一定数量的预计算是可能的。许多语言提供了非常适合自动化分析操作及数值计算的符号数学包。

通过将符号编程方法与广义矩阵传递理论相结合,我们获得了一种高效的波导电路参数仿真器。电路值(例如 WG 长度)可以表示为低级组件的 S 矩阵内的符号变量。光频率也被视为变量。然后将这些组件连接起来形成更复杂的电路,程序以代数方式计算整个 S 矩阵。在将一个或多个 MRR 的滤波器连接到库结构之前,端口 2 和 3 必须交换,这是参考文献[49]中描述的操作。代表整个滤波器组的最终符号对象保留了低级值的可变性质。S_{31} 和 S_{21} 的最终表达式在 9.6.1 小节中进行了描述。它用于在为感兴趣的变量(例如 βL_i)指定数值之前,通过替换结构变量(例如 λ、a、K 等)来生成模型的预先计算公式。符号表达式易于操作,但在评估数值时效率不高,应使用内置的包函数将其转换为针对数字优化的函数。

最后,针对 S_{31} 和 S_{21} 的优化函数封装在参数模型对象中,该对象还包含 WDM 通道频率和参数数组。参数具有可指定的默认和自由范围属性。简单模型函数通过、下降和权重馈送的参数分别默认为 $|S_{31}|^2$、$|S_{21}|^2$ 和 $|S_{31}|^2 - |S_{21}|^2$。其他函数在内部确定在该范围内使用哪些参数。第 9.4.1 小节中定义的指标目前由一个简单的扫描器实现,但其他用于优化、控制或拟合由广义传输模型描述的器件测量功能可以合并到此接口中。

9.7　附录：高级权重库设计

图 9.15 描述了一些替代电路设计方案,旨在增加 MRR 权重组可达到的通道

数。在图 9.15(a) 中,使用了双极滤波器。就像在电子滤波器设计中一样,2 极 MRR 滤波器表现出更陡峭的滚降(即更多的矩形通带)。

图 9.15 为可替代权重库设计。(a)为 2 极滤波器组,每个通道都具有两个串联 MRR。(b)为带有总线调谐加热器的 2 通道 2 极组。(c)为用于与广播网络交互的级联库。

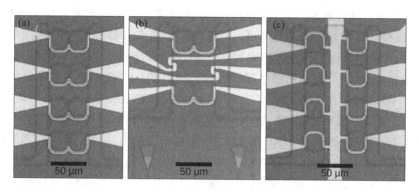

图 9.15　可替代权重库设计(见彩图)

对于给定的交叉权重功率面板规范,可以允许更密集的通道间距。多极滤波器提供了通过类似游标(Vernier)的 FSR 剪裁增加通道数量的额外机会,其中不同尺寸的串联耦合 MRR 可以表现出净精细度增强[51],尽管实际上调整此类结构通常需要为每个 MRR 使用一个加热器。图 9.15(a)中的 2 极滤波器可以根据几何对称性为每个滤波器使用一个加热器。

在图 9.15(b) 中,总线调谐加热器包含在一个 2 极、2 通道的权重库中。与 MRR 解复用器(其中引入端口是不同的波导)或 MRR 调制器(其中只有一个总线波导)不同,MRR 权重库具有两个总线波导。这为特定波长的多条路径在总线之间耦合创造了可能性,因此在滤波器之间产生了相位敏感的相互作用。随着通道变得更加密集(即更多),滤波器间的影响变得显著。总线调谐结构允许研究相干滤波器间的串扰,以设计减轻甚至利用相干效应的 MRR 权重库。

在图 9.15(c)中,显示了单极点级联滤波器组。级联滤波器组对于广播和权重体系结构至关重要,因为一个组可以控制与广播网络的交互,而另一个组调整权重极性(例如,见图 10.4、图 8.3 和图 11.8)。中央的金色带是公共连接,电流型数/模转换器控制两侧加热器的电流。

9.8　附录:基本微环特性

在这一节中,我们将提供一组热调谐的 MRR 的基本特征。这是为了给实验参数和方法提供一个实用的例子。图 9.16(a)中的特征器件是一个具有两层金属层(布线:Al,加热器:Ti/W)的 4 通 MRR 权重库。功率驱动器在电流模式下工作,这样有几个优点。首先,可以使用公共连接来节省引脚。其次,由于这种连接的走线和探测电阻不为零,所以电压模式驱动器所消耗的功率对总的施加功率很敏感。电流模式驱动器允许将每个电路独立地视为与所有非加热器电阻 R_w(即导线、触点、通孔、走线)串联的加热器电阻 R_h。功率注入效率是加热器电阻占总电阻的百分比。

该装置的电特性可以估计如下。用四点结构测量了各金属层和它们之间的通孔的方块电阻率。通过将其与相同结构两点测量值进行比较来测量探头接触电阻。根据 CAD 设计和测量的方块电阻率,可以估算出探头和器件之间的迹线电阻。将接触电阻、布线跟踪电阻和通孔电阻加在一起,我们估计 R_w 约为 149 Ω。使用加热器电阻率和 CAD 估算的加热器电阻,它们的总和(201 Ω)接近被测实际器件的测量电阻(192 Ω)。如果存在热扩散,用这种方法估计有效电阻可能是不准确的,因为在位于 MRR 顶部不直接散热的区域中,一些热量仍然可能影响 MRR 温度。

图 9.16 为一组热调谐 MRR 的基本特性。(a)为具有 4 个计算机控制的电流驱动器的 MRR 权重库。为了节省探头引脚,在芯片上连接了公共接地。(b)为单通道的电气模型。R_w 是导线、探头触点和迹线的寄生电阻。R_h 为加热器电阻。电流模式驱动器允许在独立电路中将公共接地线的电阻与 R_w 集总在一起。

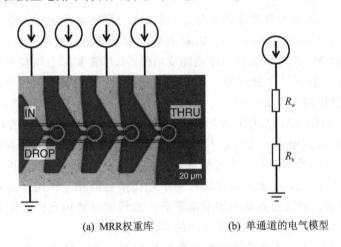

(a) MRR权重库   (b) 单通道的电气模型

图 9.16 一组热调谐 MRR 的基本特性

9.8.1 光学表征

光学测试由监测 DROP 端口的传输频谱分析器执行。功率注入输入端口。权重库中的谐振器设计为有效周长,$L = (2\pi \cdot 10 + [0; 0.1; 0.2; 0.3]) \mu m$。耦合区域的间距为 200 nm,平行长度为零。从图 9.17(a)中固定的滴谱中,我们可以看到 2 组 4 个峰值。在这种情况下,每组中的 4 个峰对应于 4 个 MRR,不同组中对应的峰之间的自由光谱为 9.1 nm。这意味着有效组指数为 4.20,这与早先从同一过程中测量的结果一致。检查这些谐振的 3 dB 带宽,测量所有谐振的品质因数 Q 约为

22 000。同一组内 MRR 之间的平均谐振间隔约为 1.2 nm(150 GHz),尽管由于制造敏感性,初始间隔无法精确控制。

9.8.2　调谐效率

图 9.17 为单组内三个 MRR 谐振的调谐响应。在每个子图中,扫描了一个加热器的功率,两个峰值响应,因为它们是同一 MRR 的不同共振。组内的其他峰值(其他 MRR)不受影响。

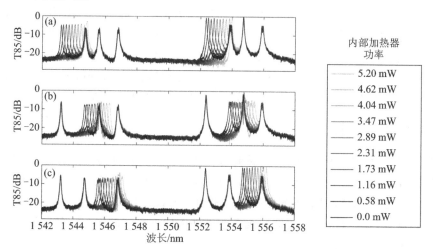

内部加热器功率

——	5.20 mW
——	4.62 mW
——	4.04 mW
——	3.47 mW
——	2.89 mW
——	2.31 mW
——	1.73 mW
——	1.16 mW
——	0.58 mW
——	0.0 mW

图 9.17　单组内三个 MRR 谐振的调谐响应(见彩图)

图 9.17 中通过扫描施加的电力测量了 3 个 MRR 的调谐效率。我们不直接测量电压,但假设固有加热器电阻为 52 Ω,则扫描以加热器功率为单位。(壁式插头电源要乘以 4,因为电效率为 25%)。将波长漂移与估计的内部功率进行拟合,调谐效率可表示为 0.29 nm·mW^{-1}(即 27 μW·GHz^{-1}),或 31 mW/FSR。

另一种表示调谐效率的方法是 π 功率,即将光学相位移动半个周期所需的电功率。这通常是用马赫-曾德尔干涉仪测试结构测量的,但在这种情况下可以估计。MRR 半径为 10 μm,加热器覆盖了大约一半。热扩散没有被测量,但可能起到了一定的作用(参见下一节中的热串扰)。我们可以对无扩散和完全扩散两种情况下每瓦特光程长度的变化进行限制,然后将该数值应用于具有这种加热器设计的任何 WG。在没有热扩散的情况下,我们估计 P_π 约为 16 mW,而在完全热扩散的情况下,P_π 约为 32 mW。

9.8.3　故障表征

使用 MRR3 进行故障测试,从零开始扫描施加的功率,直到加热器故障(见图 9.18)。故障表征是驱动器设计中的一个重要步骤,以避免意外损坏器件,并适当地设计驱动器范围,以便在所需范围内获得最大的 DAC 分辨率。对于电流源驱动器和金属加热器,热电失控会导致灾难性故障(见 9.2.3 小节)。我们假设固定加热器电阻为 52 Ω 以获得单位功率;然而,加热器电阻在大电流下不是恒定的。准确地说,扫描是使用电流源驱动器以电流的平方均匀地完成的。热电效应可以被视为偏离失控附近的线性位移。

在这种情况下,热失控电流为 26 mA(使用固定电阻近似为 35 mW)。这被视为光谱回到其静止状态的不连续快照,在图 9.18 中不变。热串扰也可以在图 9.18 中观察到,这是由于未调谐的 MRR 导致的峰值的无意移动。比较 MRR4(未调谐)和 MRR3(调谐)的调谐斜率,3 和 4 之间的热串扰为 7%。完整的 FSR 移位符合调谐范围,安全裕度为 13%。对于电压源驱动器和功率传感驱动器,热电效应会导致负反馈,且不会发生失控。根据故障前的最后一次光谱判断,看到的最大波长漂移为 15.6 nm。这表明实际故障功率大于 54 mW。使用数值 0.29 nm·mW^{-1},可将失控时的实际加热器电阻近似为 80 Ω,而不是在环境温度下看到的 52 Ω。

9.8.4 驱动器设计

驱动器的设计取决于调谐范围要求和总电阻。以该器件为例,调谐一个 FSR 需要电流符合 24 mA,电压符合>24 mA×192 Ω=4.6 V。虽然这种电流型驱动器的故障极限接近 26 mA,但电压或功率模式驱动器的设计可以覆盖整个范围,比如说,60 mW。假设热电效应对电阻的影响在此条件下代表额外的 30 Ω,则驱动器应针对 230 Ω 的负载进行优化。

图 9.18 为电加热器功率的破坏性扫描。扫描从 0 mW 开始,然后增加,直到频谱迅速恢复到其静止状态(35 mW)。在热失控附近,由于正的热电反馈,波长漂移变为超线性。因此,接近击穿时的实际功耗远远高于 y 轴上的恒定电阻估计值。

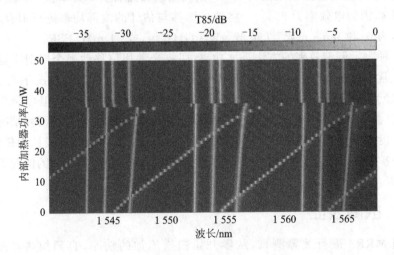

图 9.18 电加热器功率的破坏性扫描

虽然电压模式驱动器可以通过避免正热电反馈来扩展最终的调谐范围,但它们会使减少电气 I/O 计数的常用连接的使用变得复杂。如果公共连接是阻性的,则其电压随所有驱动器电压而波动。由于这实际上是参考电压,因此在通道之间产生了相关性。这种权衡的一个解决方案是使用半导体加热器[24-25]。半导体具有负的热电系数,这使得它们更适合于使用电流模式驱动器进行控制。

9.9　参考文献

[1] Aron A R. The neural basis of inhibition in cognitive control. The Neuroscientist, 2007, 13(3): 214-228.

[2] Alitto H J, Dan Y. Function of inhibition in visual cortical processing. Current Opinion in Neurobiology, 2010, 20(3): 340-346.

[3] King P D, Zylberberg J, DeWeese M R. Inhibitory interneurons decorrelate excitatory cells to drive sparse code formation in a spiking model of v1. The Journal of Neuroscience, 2013, 33(13): 5475-5485.

[4] Stewart T C, Eliasmith C. Large-scale synthesis of functional spiking neural circuits. Proceedings of the IEEE, 2014, 102(5): 881-898.

[5] Chang M, Tait A, Chang J, et al. An integrated optical interference cancellation system//2014 23rd Wireless and Optical Communication Conference (WOCC), May 2014: 1-5.

[6] Tait A N, Chang J, Shastri B J, et al. Demonstration of WDM weighted addition for principal component analysis. Optics Express, 2015, 23(10): 12758-12765.

[7] Sales S, Capmany J, Marti J, et al. Experimental demonstration of fibre-optic delay line filters with negative coefficients. Electronics Letters, 1995, 31(13): 1095-1096.

[8] Wang Y, Wang X, Flueckiger J, et al. Focusing sub-wavelength grating couplers with low back reflections for rapid prototyping of silicon photonic circuits. Optics Express, 2014, 22(17): 20652-20662.

[9] Tait A N, Wu A X, de Lima T F, et al. Microring weight banks. IEEE Journal of Selected Topics in Quantum Electronics, 2016(99): 1.

[10] Klein E, Geuzebroek D, Kelderman H, et al. Reconfigurable optical add-drop multiplexer using microring resonators. Photonics Technology Letters, IEEE, 2005, 17(11): 2358-2360.

[11] Tait A N, Ferreira de Lima T, Nahmias M A, et al. Multi-channel control for microring weight banks. Optics Express, no. peer review, 2016.

[12] Melloni A. Synthesis of a parallel-coupled ring-resonator filter. Optics Letters, 2001, 26(12): 917-919.

[13] Grover R, van V, Ibrahim T, et al. Parallel-cascaded semiconductor microring resonators for highorder and wide-fsr filters. Journal of Lightwave Technology, 2002, 20(5): 872.

[14] Schwelb O. Phase-matched lossy microring resonator add/drop multiplexers//Photonics North, 2006, 6343: 63433P-63433P-10.

[15] Dahlem M S, Holzwarth C W, Khilo A, et al. Reconfigurable multi-channel second-order silicon microringresonator filterbanks for on-chip WDM systems. Optics Express, 2011, 19(1): 306-316.

[16] Komma J, Schwarz C, Hofmann G, et al. Thermo-optic coefficient of silicon at 1550-nm and cryogenic temperatures. Applied Physics Letters, 2012, 101(4).

[17] Treyz G V, May P G, Halbout J. Silicon mach-zehnder waveguide interferometers based on the plasma dispersion effect. Applied Physics Letters, 1991, 59(7): 771-773.

[18] Tait A, Nahmias M, Shastri B, et al. Balanced WDM weight banks for analog optical processing and networking in silicon//Summer Topicals. IEEE/OSA, 2015, MC 2. 3.

[19] Tait A, Nahmias M, Ferreira de Lima T, et al. Continuous control of microring weight banks//Proc. IEEE Photonics Conf. (IPC), 2015.

[20] Tait A, Ferreira de Lima T, Nahmias M, et al. Continuous calibration of microring weights for analog optical networks. Photonics Technology Letters, IEEE, 2016, 99: 1-4.

[21] Mak J, Sacher W, Xue T, et al. Automatic resonance alignment of high-order microring filters. IEEE Journal of Quantum Electronics, 2015, 51(11): 1-11.

[22] Cox J A, Lentine A L, Trotter D C, et al. Control of integrated micro-resonator wavelength via balanced homodyne locking. Optics Express, 2014, 22(9): 11279-11289.

[23] Cardenas J, Foster M A, Sherwood-Droz N, et al. Wide-bandwidth continuously tunable optical delay line using silicon microring resonators. Optics Express, 2010, 18(25): 26525-26534.

[24] DeRose C T, Watts M R, Trotter D C, et al. Silicon microring modulator with integrated heater and temperature sensor for thermal control//Conference on Lasers and Electro-Optics 2010. Optical Society of America, 2010: CThJ3.

［25］Jayatilleka H，Murray K，Angel Guillen-Torres M，et al. Wavelength tuning and stabilization of microring-based filters using silicon in-resonator photoconductive heaters. Optics Express，2015，23(19)：25084-25097.

［26］Bojko R J，Li J，He L，et al. Electron beam lithography writing strategies for low loss，high confinement silicon optical waveguides. Journal of Vacuum Science Technology B，2011，29(6).

［27］Sacher W D，Green W M J，Assefa S，et al. Coupling modulation of microrings at rates beyond the linewidth limit. Optics Express，2013，21(8)：9722-9733.

［28］Tait A N，Wu A X，Zhou E，et al. Multi-channel microring weight bank control for reconfigurable analog photonic networks//2016 IEEE Optical Interconnects Conference (OI)，2016：104-105.

［29］Hasler J，Marr B. Finding a roadmap to achieve large neuromorphic hardware systems. Frontiers in Neuroscience，2013，7(7)：118.

［30］Friedmann S，Fremaux N，Schemmel J，et al. Reward-based learning under hardware constraints - using a RISC processor embedded in a neuromorphic substrate. Frontiers in Neuroscience，2013，7(160).

［31］Akopyan F，Sawada J，Cassidy A，et al. Truenorth：Design and tool flow of a 65 mW 1 million neuron programmable neurosynaptic chip. IEEE Transactions on Computer-Aided Design of Integrated Circuits and Systems，2015，34(10)：1537-1557.

［32］Park H，Hao Kuo Y，Fang A W，et al. A hybrid algainas-silicon evanescent preamplifier and photodetector. Optics Express，2007，15(21)：13539-13546.

［33］Bradley J D B，Hosseini E S. Monolithic erbium- and ytterbium-256 Neuromorphic Photonics doped microring lasers on silicon chips. Optics Express，2014，22(10)：12226-12237.

［34］Dong P，Liao S，Feng D，et al. Low Vpp，ultralow-energy，compact，high-speed silicon electro-optic modulator. Optics Express，2009，17(25)：22484-22490.

［35］Geuzebroek D，Klein E，Kelderman H，et al. Thermally tuneable，wide FSR switch based on micro-ring resonators//Proceedings Symposium IEEE/LEOS Benelux Chapter. Amsterdam：Vrije Universiteit Amsterdam，2002.

［36］Heebner J E，Chak P，Pereira S，et al. Distributed and localized feedback in microresonator sequences for linear and nonlinear optics. Journal of the Optical Society of America B：Optical Physics，2004，21(10)：1818-1832.

［37］Schwelb O. Microring resonator based photonic circuits：Analysis and design.

in IEEE Int. Conference on Telecommunications in Modern Satellite, Cable and Broadcasting Services, 2007: 187-194.

[38] Preston K, Sherwood-Droz N, Levy J S, et al. Performance guidelines for WDM interconnects based on silicon microring resonators//CLEO: 2011—Laser Applications to Photonic Applications. Optical Society of America, 2011: CThP4.

[39] Sherwood-Droz N, Preston K, Levy J S, et al. Device guidelines for WDM interconnects using silicon microring resonators//Workshop on the Interaction between Nanophotonic Devices and Systems (WINDS). co located with Micro, 2010, 43: 15-18.

[40] Jayatilleka H, Murray K, Caverley M, et al. Crosstalk in SOI microring resonator-based filters. Journal of Lightwave Technology, 2015(99): 1.

[41] Tait A N, Nahmias M A, Shastri B J, et al. Broadcast and weight: An integrated network for scalable photonic spike processing. J. Lightw. Technol., 2014, 32(21): 3427-3439.

[42] Ardeshir Goshtasby A. Parametric circles and spheres. Comput. Aided Des., 2003, 35(5): 487-494.

[43] Gao B, Hu S G, Song X W, et al. Theory of constructing closed parametric curves based on manifolds. Frontiers of Electrical and Electronic Engineering in China, 2006, 1(4): 451-454.

[44] Xu Q, Fattal D, Beausoleil R G. Silicon microring resonators with 1.5-μm radius. Optics Express, 2008, 16(6): 4309-4315.

[45] Biberman A, Shaw M J, Timurdogan E, et al. Ultralow-loss silicon ring resonators. Optics Letters, 2012, 37(20): 4236-4238.

[46] Xiong K, Xiao X, Hu Y, et al. Single-mode silicon-on-insulator elliptical microdisk resonators with high Q factors//Photonics and Optoelectronics Meetings (POEM), 2011, 8333: 83330A-83330A-7.

[47] Soltani M, Li Q, Yegnanarayanan S, et al. Toward ultimate miniaturization of high Q silicon traveling-wave microresonators. Optics Express, 2010, 18(19): 19541-19557.

[48] Lee K K, Lim D R, Kimerling L C, et al. Fabrication of ultralow-loss Si/SiO$_2$ waveguides by roughness reduction. Optics Letters, 2001, 26(23): 1888-1890.

[49] Schwelb O. Generalized analysis for a class of linear interferometric networks. i. analysis. IEEE Transactions on Microwave Theory and Techniques, 1998, 46(10): 1399-1408.

[50] Schwelb O. Transmission，group delay，and dispersion in single-ring optical resonators and add/drop filters - a tutorial overview. Journal of Lightwave Technology，2004，22(5)：1380-1394.

[51] Schwelb O，Frigyes I. Vernier operation of series-coupled optical microring resonator filters. Microwave and Optical Technology Letters，2003，39(4)：257-261.

第 10 章
处理网络节点

为了与网络方法兼容,必须将激光神经元与其他元素打包,以提供处理网络节点(PNN)的全部功能。作为一个黑盒子,PNN 必须接收多个光输入并输出自己的光信号。正如在第 9 章中所述,使用波长作为信道标识符、可调谐滤波器作为权重,以及用于非相干功率求和的光电探测器,对于集成光子平台上的模拟神经网络来说具有许多吸引人的特性。第 6 章回顾了各种可以作为候选激光神经元的激光器件;然而,在波分复用(WDM)模拟网络中使用这些器件需要对它们进行电调制,除非可以引入一些其他的加权和波长转换方法。因此,求和光电探测器和激光神经元之间的模拟电子链接是创建光子尖峰网络的关键部分。

直接从光电探测器驱动激光器或调制器对光子系统来说是非典型的,因为它缺少接收电路。在光通信链路中,光电检测之后总会接一个数字接收器。数字接收器包括跨阻抗放大、滤波、采样和量化,试图恢复光信号所携带的数字信息。在使用长距离光纤系统中的光/电/光(O/E/O)再生器的情况下,恢复的比特流被重新调制到一个新的光载波上。即使是模拟光子链路,通常也包括一个跨阻抗接收器,尽管模拟再生器通常是不可能的,因为信噪比(SNR)在通信链路的每个阶段都会不可逆转地降低。在神经处理网络中,神经元本身通过应用非线性饱和或动态来降低信噪比。虽然它们的输出是输入加权和的过程,但它并不试图重现输入,所以降低信噪比是可能的,实际上是稳定运行所必需的。

本章讨论了 PNN 作为模拟光子处理网络中的一个整体单元,重点关注连接波分复用加权相加器(网络)和激光器(处理器)的模拟电子链路。首先,介绍 PD 和激光器之间直接驱动的实验演示。然后,介绍完整 PNN 的理论考虑、建模和仿真。

10.1　PNN 的演示

参考文献[2]中展示了一个由具有加权波分复用(WDM)输入的 PD 直接驱动的

半导体激光神经元组成的 PNN(见图 10.1)。这个装置的带宽为几百 MHz,并有可能上升到十几 GHz。在这个装置中,PD 接收光输入并通过直流链路驱动相邻的激光器,而无需中间处理。这种配置已经在光纤原型中进行了探索[3],在完整的器件模型中进行了模拟[4],并与参考文献[5]中提及的配置在架构上有相似之处。激光器的 $L-I$ 曲线起简单的模拟 sigmoid 类非线性作用。尽管为了简单起见,这里展示了三个波长,但扩展到更大的数字,只需要增加更多的波长和可调谐的滤波器。正如参考文献[6]中所研究的那样,通过创建多波导拓扑结构,也可以实现超过波长通道限制的网络。

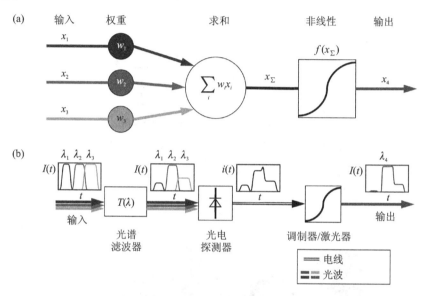

图 10.1　使用波分复用(WDM)神经网络处理网络节点的一般描述(见彩图)

图 10.1 为使用波分复用(WDM)神经网络处理网络节点的一般描述。这种策略允许可扩展的网络兼容处理器。(a)为一个神经网络节点,由一组输入信号 x_i、一组权重 w_i、求和运算 $x_i = \sum_i w_i x_i$ 和非线性运算 $y = f(x_\Sigma)$ 组成。根据所使用的神经模型,非线性运算的范围可以从简单的 sigmoid 函数到复杂的动态系统。(b)描述了如何以光子方法实现该模型。具有特定波长 λ_1、λ_2、λ_3 的不同输入进入具有某种传输函数 $T(\lambda)$ 的光谱滤波器,有效地对每个信号施加单独的权重 w_1、w_2、w_3。结果影响到光电探测器,该探测器对每个信号做出线性响应,并通过受激载流子的热弛豫进行非常快速(约 ps)的求和运算。由此产生的电流信号驱动应用非线性函数 $y = f(x)$ 的激光器或调制器。经 Nahmias 等人许可转载,来自参考文献[1]。版权所有:2016 年,美国物理联合会(AIP)出版社。

图 10.2 中(a)为实验装置,反映了基本处理节点的示意图。通过嵌套在两个阵列式波导光栅(AWGs)之间的一系列可变衰减器,产生的输入信号经历了不同的权

重。WDM 信号进入 PD,PD 对邻近的激光器进行电流调制。随后在取样范围内测量激光输出。(b)为在显微镜下拍摄的制造好的器件图片。有源 InGaAlAs 器件被安装在独立的接地焊盘上,并被制作在一个硅衬底上。PD 的顶部(P 区)用铝线直接连接到激光器的顶部(P 区)。通过适当的偏压($V_b = 3$ V,$I_p = 85 \sim 95$ mA),将光输入转换为电流信号,可以通过激光的作用进行阈值处理。经 Nahmias 等人许可转载,来自参考文献[1]。版权所有:2016 年,美国物理联合会(AIP)出版社。

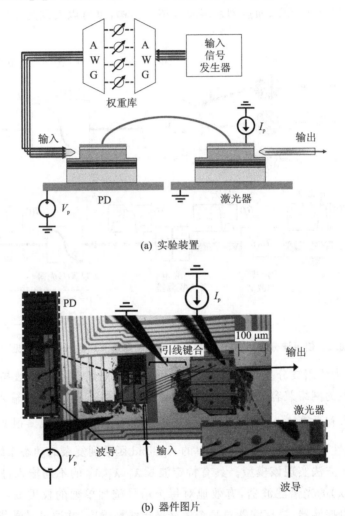

(a) 实验装置

(b) 器件图片

图 10.2　实验装置及器件图片

使用磷化铟上的标准 AlGaInAs 多量子阱外延结构制造了有源器件,设计为在光学 C 波段工作。使用湿法刻蚀技术制造了 5 μm 宽的波导脊。随后通过等离子体增强化学气相淀积、接触窗口的干法刻蚀和金属淀积形成电绝缘层(SiO_2)。将样品研磨至 50 μm 的厚度,然后手动切割并安装到定制的芯片级子底座上。在 1 cm² 的硅芯片上制作基板：在每个样品上沉积厚度约为 50 nm 的氧化层（SiO$_2$）以提供绝缘，然后进行金属淀积。我们的样品是手动定位的，并通过银环氧树脂安装到接地焊盘上。随后，在 PD 和激光器之间进行铝线键合。图 10.2(b)显示了一个完全制造好的装置的图片。

两个光纤锥体以正交角独立与 PD 和激光器对齐（见图 10.2(b)）。输入系统由脉冲模式发生器（PPG）和嵌套在两个阵列式波导光栅（AWG）之间的衰减器和延迟线阵列组成。由于所有的波长通道只使用单个 PPG 信号，所以需要延迟线在每个通道上创造独立的信号。产生的信号由外部高频 PD 进行功率监测，以测量和校准输入。在到达接收 PD 之前，输入信号通过掺铒光纤放大器进行放大。然后使用连接到高频采样范围的 PD 测量所产生的输出。实验装置（不包括放大器）的简单示意图如图 10.2(a)所示。

由于激光器和 PD 共享相同的顶部接触，因此需要适当的偏压以使每个组件下面都有独立的接地焊盘。光电探测器焊盘上的正向偏压（$V_b = 3$ V）保证了 PD 的反向偏压操作，并抵消了激光器的正向泵浦电流（85～95 mA）在键合线结上的流动。除了允许 PD 和激光器共享相同的顶部触点之外，这种偏压配置还保证了检测到的电流信号直接进入激光器。如图 10.3(a)所示，我们的复合装置可以同时接收来自不同波长通道的信号。激光器的输出是一个简单的带宽受限的输入总和。通过给每个通道分配单独的波长，信号可以在 PD 内进行求和。虽然这里没有显示操作 $\omega_i x_i$ 的加权部分，但已经使用相同的嵌套 AWG 系统进行了演示[7]，并且也在集成的硅微环平台上进行了演示[8]。

PNN 模型包括了两个主要的操作：一个是输入信号的加权求和$\Big($即 $x = \sum_i w_i x_i$，对于权重 w_i 和输入 $x_i\Big)$，一个是非线性操作（即对于某个非线性滤波器 G，$y = G\{x\}$）。非线性可以根据所使用的神经模型，从简单的 sigmoid 变化到复杂的动态系统[9]。尽管许多研究人员已经探索了激光动力学的非线性特性，但加权和加法还没有在半导体激光平台上得到证明。然而，这种装置可以同时应用求和和非线性操作。这里，我们简单地实现一个非线性模型，作为一个简单的阈值函数（即感知器），通过激光器的 L-I 曲线使之成为可能。尽管如此，更复杂的激光动态模型当然也是可以实现的。两个通道之间的脉冲重合（大约发生在 43 ns）导致较大的振幅，这是多个波长通道的信号相加的表现。这是意料之中的，因为这些信号位于 L-I 曲线的线性区域内（见图 10.3(b)，右）。由于 L-I 曲线包括小输入振幅和大输入振幅的饱和区域，因此这些单元的网络原则上可以逼近任何函数[10]或模拟任何动态系统[11]。

图 10.3 中(a)为多通道求和演示，上图为进入光电探测器的三个独立波长通道（1 538 nm、1 543 nm、1 548 nm）的归一化时间脉冲曲线；下图为偏置为 95 mA 时的激光器的输出。(b)为求和及阈值处理演示，上图为器件的输入，其中包括两个波长

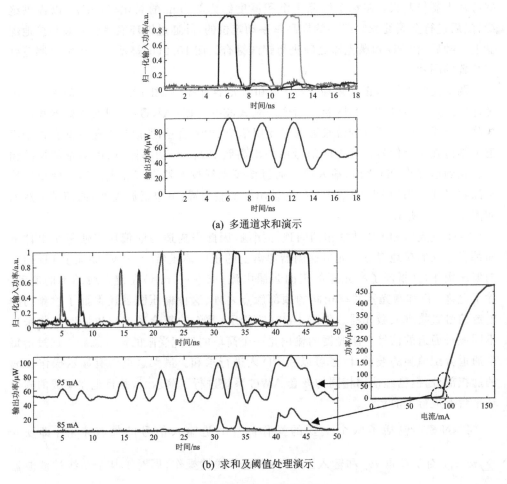

(a) 多通道求和演示

(b) 求和及阈值处理演示

图 10.3　多通道求和及阈值处理演示

通道;下图为低于和高于发光阈值的激光器的输出。通过使用 L-I 曲线的不同区域,激光器可以在线性(95 mA)和非线性(85 mA)模式下工作。如果在阈值以下运行,激光器会抑制低电平信号,这是处理器级联性的一个重要要求。右图为激光器在工作时使用的 L-I 曲线的相应区域。经 Nahmias 等人许可转载,来自参考文献[1]。版权所有:2016 年美国物理联合会(AIP)出版社。

　　该装置的带宽(约 250 MHz)主要受本演示中的光电探测器的限制。尽管如此,它仍然超过了目前的电子实现,后者通常被限制在几百 MHz 范围内。光子方法可能不像电子实现那样可以小型化,因为光子器件受光的衍射极限(约 1 μm)的限制。然而,它们能够实现更高的速度和更低的处理延迟。尽管金属桥具有相关的电容,但基于等效电路模型的仿真表明,带宽主要受到器件寄生效应的限制,这可以通过缩小接触焊盘或器件的尺寸来改善。如参考文献[2]中所示,通过优化器件的几何尺寸,带宽可以达到>10 GHz 的水平。此外,虽然目前的实现涉及 PD 和激光器之间的直接线键合,但顶部的接地焊盘将允许 PD 激光系统在一个合适的技术平台上进行单片印刷。总的来说,这个装置代表了具有网络和扇入兼容性的光子处理器的重要一步。该装置可以作为未来网络兼容的激光神经元模型的模板,它有可能在更高的信号带宽下运行,具有更丰富、更强大或更有效的激光动力学性能。

10.2　PNN 的理论研究

Tait 等人[6]提出了一个 PNN 的实例化,并由 Nahmias 等人[4]进行了研究。它由两个光谱滤波器组、一个平衡光电探测器和一个电驱动的可激发激光器组成。这两个光谱滤波器组被指定为兴奋性和抑制性,这具体取决于它们连接到哪个光电探测器。这个方案需要在激光前端提供互补加权。

光电二极管已经在用于激光增益部分的同一混合硅条逝平台上进行了演示,其响应时间受寄生电容的限制[12]。模拟的兴奋性和抑制性光电流通过推拉线结被动削减。净光电流在短线上传导以调制激光器的增益部分。这种 PD 到激光器的驱动方法已经在参考文献[4]中进行了深入研究。电子链路所带来的带宽限制并不会显著削弱(即几十 GHz,带宽 B 仍然是可能的)。此外,带宽限制实际上可以通过模拟突触动力学来提供功能,而突触动力学通常被建模为简单的低通滤波器。虽说传输线会受到许多因素的影响而不适合用于高带宽的互连,但在电子转换和无源处理过程中,神经前端的灵敏度带宽并没有明显的降低。阻抗失配、衰减、色散和辐射干扰耦合引入的失真对于比感兴趣信号短得多的导线都可以忽略不计。

图 10.4 中上图为嵌入在网络中的 PNN 激光神经元的描述。下图为激光神经元的示意图,包括滤波器、平衡光电探测器和可激发激光器。经 Nahmias 等人许可转载。来自参考文献[4]。版权所有:2015 年,美国光学学会。

让我们考虑一个实际(但典型的)具有横向 PD 和激光器的有源激光系统中的 PNN 器件模型,如图 10.4 所示。来自其他激光神经元的输入在到达光电探测器之前在光域中被加权。光电探测器产生的光电流与总光功率相加。不需要对许多输入通道进行解复用,因为所有 WDM 通道的非相干总和是由光电探测器有意计算的。光电探测器接收来自网络的光脉冲,并产生一个调制激光载波注入的电流信号。可激发激光器进行非线性辨别并再生脉冲信号,类似于神经轴突触。这里提出的光电探测器前端允许显著的信号扇入,而可调滤波器允许调整神经元之间的权重,从而实现网络的可重构性。

我们描述了混合/Ⅲ-Ⅴ平台中 PNN 的一个实例。这个平台包括与底层无源硅光子互连网络结合的Ⅲ-Ⅴ材料。在一个典型的器件中,光学模式在硅和Ⅲ-Ⅴ层之间同时杂化[14]。波导、谐振器和光栅所需的纳米结构是严格在硅中制造的,而Ⅲ-Ⅴ层则提供光学增益。选择这个平台是因为它能够方便地将空间上的许多有源元件组

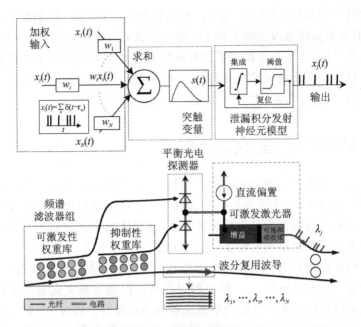

图 10.4　PNN 器件模型

织在单一的 PIC 上。下面的分析使用来自实验论文[14-16]的实际参数,并分为三个主要部分:(a)输入 WDM 脉冲信号的滤波(即神经加权);(b)光电探测器到相邻激光器的求和及电转换;(c)激光腔内本身存在的动力学特性。完整的建模结构示意图如图 10.5 所示。

图 10.5 为硅/Ⅲ-Ⅴ混合激光神经元的装置截面和完整的建模结构(不包括抑制性光电探测器)。对沿 n 个不同的波长通道 $\lambda_1, \cdots, \lambda_N$ 的一系列的脉冲进行光谱滤波(即加权)。这引起了激发性光电探测器的电流响应,这种响应传播到上面描述的等效电路中。利用速率方程模拟了腔内、增益和 SA 部分中光子之间的相互作用。沿着波长,产生的输出功率成为给定网络中其他神经元的输入。经 Nahmias 等人许可转载,来自参考文献[4]。版权所有:2015 年,美国光学学会。

在加权模拟网络配置中,大量的 PNN 共享一个波导,并通过一个光子权重库有选择地耦合进出光。在一个具有 N 个节点的给定广播环中,N 个滤波器与每个节点相关联,以调整总共 N^2 个的连接强度。在这个分析中,为了简单起见,我们在一个给定的节点中只包括 4 个滤波器。由式(9.29)可知,光输入功率谱为

$$P_{\text{out},[i]}(\lambda, t) = P_{0,i} x_i(t) \delta(\lambda - \lambda_i) \tag{10.1}$$

$$B(\lambda, t) = \sum_i P_{\text{out}[i]}(\lambda, t) \tag{10.2}$$

式中,信号 x_i 是在波分复用载波上以光频率 ω_i 进行振幅调制,在这种情况下,$x(t)$ 严格为正,复用信号 B 入射到权重库上。由于输出实际上是一个随时间变化的信号,因此通过调制可以扩展光谱线宽;此外,还可以通过非理想情况(如载波引起的啁

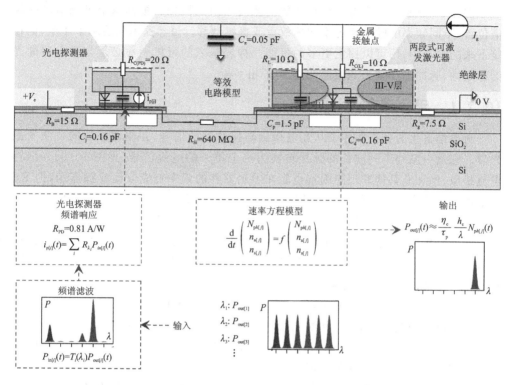

图 10.5　硅/Ⅲ-Ⅴ混合激光神经元的装置截面和完整的建模结构

啾)进一步扩展光谱线宽。尽管如此,我们考虑了一个理想的情况,在这种情况下,带有静态载波频率的时频表达近似有效。从式(9.33)中可知,每个通道的权重为

$$\mu_i = A_i(\mid H^+(\lambda_i;\vec{\Delta})\mid^2 - \mid H^-(\lambda_i;\vec{\Delta})\mid^2) \qquad (10.3)$$

式中,H 是滤波器组的传输函数,维度归一化 A_i 考虑了功率电平、探测响应度等。在这个例子中使用间隔较宽的信道,使我们可以在表达式中忽略相干性和可调性串扰效应。为了简化表达式,我们还省去了下降端口的传输,使得

$$\mu_i = A_i \mid H^+(\lambda_i;\Delta_i)\mid^2 \approx A_i T_i(\lambda_i) \qquad (10.4)$$

式中,$T_i(\lambda_i)$ 是给定微环的传输,应用于以 λ_i 为中心的相应输入信号。

基于这些假设,我们可以将滤波器的线宽近似为显著大于信号带宽。本模拟中使用的 40 ps sech^2 脉冲的变换限制带宽为 $\Delta\delta = 0.42(0.063\ \text{nm})$,远远小于滤波器的带宽(如图 10.6(b)所示),使得这一近似是有效的。我们假设光电探测器的响应在 C 波段上大约是光谱平坦的[12],并且忽略了载波扩散对频率响应的限制,这与本模型中包含的 RC 限制相比是很小的。这使得我们可以将响应度近似为一个常数 $R_{\lambda_i}\{P(t)\} = R_{\text{PD}}P(t)$,并将此值代入 A_i。光电二极管电流简化为

$$i_{\text{p}[j]}(t) \approx \sum_i R_{\text{PD}} T_i(\lambda_i) P_{\text{out}[i]}(t) \qquad (10.5)$$

233

图 10.6 显示了一个有 4 个滤波器的滤波器组的模拟。根据每个可调谐环的频谱位置,不同频率的脉冲经历不同的权重或振幅漂移。虽然这里只展示了 4 个,但在接下来的章节中,还可以探索更多的可能。神经扇入的可扩展性必须与激光器的光谱稳定性、脉冲的线宽和滤波器的 Q 因子相平衡。

10.2.1　电子突触

对电结寄生的分析描述了从光电探测器接收到的信号,并驱动相邻的可激发激光器。它从一系列不同波长的脉冲转换为一个单一的电流信号(见图 10.6)。尽管电流扩散、饱和和其他非理想因素也能在限制器件的频率响应方面发挥作用,但 RC 充电次数往往占主导地位[12]。我们使用几篇实验论文[14-16]中确定的寄生值将电子突触建模为集总电路(见图 10.5)。

在本分析中,为了简单起见,我们只考虑了单个光电探测器驱动激光器的带宽,尽管如果需要的话,多个光电探测器可以用于推挽式激发性和抑制性输入。不同波长的多个脉冲入射到光电探测器上,提供了求和的作用,并将信号转换为电流脉冲。该系统的原理图如图 10.5 所示,包括寄生电路模型的叠加图像。建立该模型的目的是找到光电探测器电流 $i_p(t)$ 和激光器驱动电流 $i_e(t)$ 之间的关系。

$$i_e(t) = F\{i_p(t)\} \tag{10.6}$$

式中,F 是模型电路的线性传递函数。

图 10.7 中显示了多个输入脉冲的模拟。激光器用稳定的电流源 I_p 进行泵浦,而 PD 用大电压(>5 V)反向偏置以抵消 I_p 的影响。假设响应度为 0.81 A/W[17]。结保持相当短(约 100 s/μm),以避免传输线效应。

虽然链路的复数阻抗的一般表达式涉及较多,但在实际中,主要的寄生参数是金属线的电容 C_π 和接触电阻 R_{PD}、R_L。金属线的电容 C_π 是最容易进行光刻调整的,可以通过改变氧化层的高度或金属桥所占的面积来改变结的特性。

突触动力学常见的一阶模型是带衰减项的积分器[13]:

$$\frac{ds}{dt} = -\frac{s}{\tau} + I(t) \tag{10.7}$$

式中,$I(t)$ 是输入,τ 是时间常数,s 是突触变量。一个神经元通常会对来自多个突触 $s_i(t)$ 的信号进行求和,并将其作为输入接收。在生物系统中,突触变量通常代表神经递质的浓度。在我们的例子中,它代表了 RC 带电信号。这种行为在体细胞中独立于时间整合发生。因此,突触的时间常数与该电路的 RC 时间常数有对应关系。

如图 10.6 所示,电子突触不会明显降低输入脉冲的带宽,其 FWHMs 约为 ps 量级。事实上,使用标准光刻技术,RC 时间常数可以低至 30 ps[2]。这表明,如果电子突触很短的话,则不需要光注入来保持高带宽脉冲的信息含量。尽管如此,通过在线结上设计一个更大的电容,仍然可以得到一个较慢的突触时间常数,这对各种处理应用都很有用。

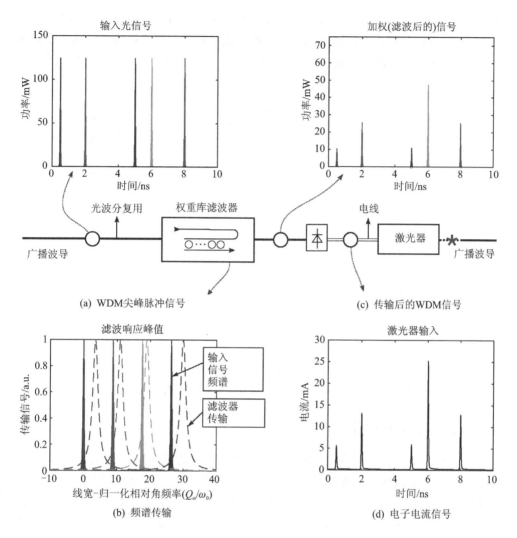

图 10.6　模拟处理网络节点在每一步的响应(见彩图)

图 10.6 为模拟处理网络节点在每一步的响应。(a)为来自广播波导的输入 WDM 尖峰脉冲信号,FWHM=40 ps。痕迹颜色表示每个脉冲的载波波长。(b)为权重库滤波器(虚线)和输入信号的功率谱(实线)的频谱传输。假设输入信号在 10 ps 脉冲下处于变换极限。(c)为通过滤波器组传输后的 WDM 信号。同一波长通道上的脉冲获得相同的权重,然后被检测出来。(d)为电子电流信号,$i_e(t)$ 在穿过图 10.5 中的寄生电路模型后调制激光神经元。脉冲在经过器件寄生后被低通滤波至 FWHM=56 ps。经 Nahmias 等人许可转载,来自参考文献[4]。版权所有: 2015 年,美国光学学会。

图 10.7 模拟了图 10.6(d)中激光神经元对调制信号的内部动力学响应。(a)为输入电调制 $i_e(t)$(黑线)导致在 6 ns 附近释放一个大的光脉冲(红线)。插图显示了

放大的输出尖峰脉冲,这大约是一个 sech^2 脉冲,其 FWHM=16.5 ps。(b)为激光增益(蓝线)和饱和吸收(紫线)部分的模拟载流子密度。虚线表示透明载流子密度 n_0。经 Nahmias 等人许可转载,来自参考文献[4]。版权所有:2015 年,美国光学学会。

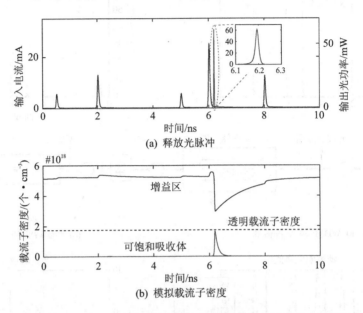

(a) 释放光脉冲

(b) 模拟载流子密度

图 10.7 模拟图 10.6(d)中激光神经元对调制信号的内部动力学响应(见彩图)

10.2.2 激光神经元

我们的处理模型行为所依据的动态系统是一个增益吸收腔,描述了具有增益和可饱和吸收(SA)部分的单模激光器。尽管它很简单,但它可以表现出很大范围的可能行为[18-19],并可在各种情况下作为光处理器的基础进行研究[20]。最简单形式的两段式激光器可以用相同的无量纲方程来描述,如第 5 章(见式(5.1))。在一个特定的参数体系中,激光器类似于泄漏积分发射(LIF)的神经元模型,通常在计算群速度神经科学中用于模拟生物神经网络(见 5.2 节)。

我们在混合平台中考虑了两段式分布式反馈(DFB)可激发激光器,与第 5.6.2 小节相比,它具有不同的尺寸模型。DFB 腔体可以保证单纵向激光模式,通过硅-绝缘体光栅间距对激光波长进行光刻定义。四分之一波长偏移的缺陷不对称地放置在腔内,使光线向一个方向发射。一个离子注入区将半导体吸收器和增益部分电隔离,单独的注入在吸收器部分提供了较小的寿命。超过 Q 开关阈值的小调制电流将触发大的脉冲放电(见图 10.7(a))。

我们将每个部分的有效增益和吸收因子定义为

$$\widetilde{g}(n_{g[j]}) = \Gamma_g \frac{v_g g_0}{n_0}(n_{g[j]} - n_0) \tag{10.8}$$

$$\widetilde{\alpha}(n_{a[j]}) = \Gamma_{\alpha}\frac{v_g g_0}{n_0}(n_0 - n_{a[j]}) \tag{10.9}$$

式中，Γ_g、Γ_α 表示横模 QW 部分的约束因子。v_g 是波导群速度，g_0 是材料的增益系数，n_0 是透明度密度，n_g、n_a 分别表示增益部分和吸收部分的载流子浓度。

对于激光器 j，我们可以用以下方程组来描述内部腔体的动力学：

$$\frac{dN_{ph[j]}}{dt} = \left[\widetilde{g}(n_{g[j]} - \widetilde{\alpha}(n_{a[j]}) - \frac{1}{\tau_{ph}}\right]N_{ph[j]} + \widetilde{g}(n_{g[j]})\frac{n_s}{V_g} \tag{10.10}$$

$$\frac{dn_{g[j]}}{dt} = \frac{I_{g[j]} + i_{e[j]}(t)}{eV_g} - \frac{n_{g[j]}}{\tau_g} - \widetilde{g}(n_{g[j]})\frac{N_{ph[j]}}{V_g} \tag{10.11}$$

$$\frac{dn_{a[j]}}{dt} = -\frac{n_{a[j]}}{\tau_a} + \widetilde{\alpha}(n_{a[j]})\frac{N_{ph[j]}}{V_a} \tag{10.12}$$

式中，$N_{ph}(t)$ 是腔内光子总数，$n(t)$ 是载流子数量，n_0 是透明载流子密度，V 是腔体体积，Γ 是约束因子，τ 是载流子寿命，τ_{ph} 是光子寿命，n_s 是自发发射因子，$i_e(t)$ 表示由光电探测器系统提供的增益中的电调制，与恒流偏压 I_g 分开。下标 g 和 α 区分有源区和吸收区。参数值如表 10.1 所列，是基于参考文献[12,16]中的参数值。假设吸收器有较快的寿命，这有助于提高输入信号的动态性和一致性[22]。通过一组变量的替换，方程可以简化为无量纲的方程组[21,23]。结果如图 10.7 所示。

表 10.1　混合／Ⅲ-Ⅴ激光器参数

参　数	描　述	值
V_g	增益部分体积/cm³	$1.68×10^{-11}$
V_a	SA 部分体积/cm³	$3.36×10^{-12}$
Γ	QW 因子	0.056
n_0	透明载流子密度/(个·cm⁻³)	$1.75×10^{18}$
v_g	群速度	$c/3.49$
g_0	QW 增益系数/cm⁻¹	966
τ_g	增益载流子寿命/ns	1.1
τ_a	SA 载流子寿命/ps	100
τ_{ph}	光子寿命/ps	2
n_{sp}	自发噪声因子	2
I_g	增益泵浦系数/mA	21
η_i	入射效率	0.6
η_c	微分量子效率	0.26
λ	激光波长/nm	1 550

激光器 j 的输出功率可以通过以下公式进行计算：

$$x_{out[j]}(t) = \frac{\eta_c}{\tau_{ph}}\frac{hc}{\lambda_j}N_{ph[j]}(t) \tag{10.13}$$

式中，η_c 为输出耦合效率，τ_{ph} 为光子寿命，h 为普朗克常量，c 为光速，λ_j 为波长，以及 $N_{ph}(t)$ 为光子数量。如第 10.2 节所述，激光器的单模功率谱的形式为 $P_{out[j]}(\lambda,t) = x_{out[j]}(t)\delta(\lambda-\lambda_i)$。信号 $S_{out[j]}$ 被耦合到广播回路中，成为其他 PNN 的输入。

10.2.3　讨　论

尽管这一分析已经考虑了信号通路的物理学原理，但仍有许多非理想情况需要进一步研究和考虑。这里讨论的是对可能导致性能下降的主要来源的简要概述。首先，让我们考虑扇入限制。除了基本的变换限制带宽 $\delta\lambda_B$ 之外，还有温度引起的线宽波动 $\delta\lambda_T$ 和载波引起的激光啁啾 $\delta\lambda_C$。如果滤波器的线宽为 $\delta\lambda_F$，则我们必须让滤波器间隔至少为

$$(\Delta\lambda)^2 \approx (\delta\lambda_B)^2 + (\delta\lambda_T)^2 + (\delta\lambda_C)^2 + (\delta\lambda_F)^2 \tag{10.14}$$

以避免明显的干扰。间隔紧密、重叠的滤波器会无意中让同一信号干扰自身，从而导致相干串扰。这表现为每条路径之间的相位差 $\delta\phi$ 成为可见的振幅噪声 δP，其 SNR 取决于滤波信号之间的幅度差。

因此，对于一个给定的信道间距 $\Delta\lambda$ 和增益带宽 G_λ（通常在 50 nm 左右），系统的最大通道扇入容量 C_f 可定义为

$$C_f \approx \frac{G_\lambda}{\delta\lambda} \tag{10.15}$$

这对神经元的扇入作用进行了相当严格的限制。在最好的情况下（即具有 10 ps 脉冲的带宽限制通道，增益带宽为 50 nm），我们可以期待最多约 200 个通道。虽然这是一个硬性限制，但与电子技术中可能出现的情况相比，这个数值仍然很高，而且在如此巨大的信号带宽（即约 40 GHz）下仍然无法匹配。此外，正如第 11 章所探讨的那样，多重 BL 架构可能包含比单 WG 多路复用限制多得多的 PNN。

我们还必须考虑在信号通过系统时可能损害其信噪比的噪声源，这里还没有研究过。要考虑的噪声源有很多，包括放大自发发射（ASE）噪声、热噪声以及光信号和电信号的散粒噪声。由于激光泵浦电流 I_p 是通路中最大的信号，我们可以预期，随着输入功率的降低，其散粒噪声 σ_s 贡献将占主导地位。尽管如此，所有的噪声源都有助于降低信号的信噪比，因为它通过通路，混淆了激光器根据其输入做出离散决策的能力。噪声对这一通路的影响还有待研究，尽管它不会有明显高于直接调制的激光二极管和光电探测器中看到的噪声。

这种模拟表明，PNN 设计符合一系列重要的可扩展性标准：动态处理模型是可级联的且具有恢复性，信号通路可以接受大的扇入并执行求和，PNN 组件由可以在 PICs 上实现的标准元素构建。先前对尖峰脉冲激光神经元的研究主要集中在单个激光动力学现象上，同时提出了全光处理网络的可能性。目前还没有提出对光注入激光器进行多对一互连的切实可行的方法，而众所周知的全光调制挑战（波长转换、相位噪声积累、双光束拍频干涉）仍然是这些系统中需要解决的问题。

10.3　其他 PNN 的表述方式

PNN 是一个统一框架,用于确定与加权光子网络兼容的节点的需求。虽然到目前为止大多数分析集中在通过电注入调制的尖峰脉冲激光器上,但对于处理模型及其光子实现来说,还有许多其他的可能性。基于连续非线性节点的非尖峰神经处理模型,如感知器网络和霍普菲尔德(Hopfield)网络,可以在光电器件中表示。此外,在第 6 章中回顾的许多关于尖峰脉冲激光神经元的建议都是通过光注入来调制的。到目前为止,还没有用这些类型的器件来探索网络。只要它们可以被表述为 PNN,广播和权重结构的网络概念就可以广泛地扩展到各种光子神经形态器件。

PNN 的表述方式主要可分为两大类:O/E/O 和全光。O/E/O 版本检测光电探测器(PD)中的加权 WDM 输入,如第 10.2 节所述。PD 输出驱动一个 E/O 转换器,其光输出是其电子输入的非线性动态过程。第 10.3.1 小节探讨了 O/E/O PNNs 的变体。PNN 全光的版本必须有某种方法来对多波长信号求和,这需要大量的电荷载流子。在光纤神经形态光子学的早期研究中,这是通过半导体光放大器(SOA)[24-26](见第 4 章)中的载波介导交叉增益调制(XGM)完成的。第 10.3.3 小节将详细介绍这种方法的网络兼容版本。

10.3.1　O/E/O PNNs 的分类

第 10.1 节中对探测器和 E/O 转换器之间的短模拟电子链路的演示也适用于其他类型的 E/O 转换器。根据应用和技术平台的不同,这些其他的器件方法中的一部分可能更适合作为 PNN 的非线性部分。如表 8.1 所讨论的,PNN 的 E/O 子电路必须采用代表输入的互补加权和的电子输入,执行一些动态的或非线性过程,并在单个波长上产生一个干净的输出。非线性并不是绝对必要的;然而,我们忽略了纯线性的 PNN,因为它们在存在噪声的情况下无法在大型网络中保持信号的保真度[27]。从工程的角度来看,神经元的逻辑功能可以被认为是信噪比的增大,而这在线性系统中往往会降低,无论这意味着抑制模拟噪声的连续非线性,还是抑制脉冲衰减和扩散的尖峰脉冲动力学特性。在这一要求中,有几种非线性的分类及其实现。

图 10.8 为对可能构成 PNN 的非线性和实现进行的分类。对应于不同神经模型的非线性类型可以被分为动态系统和连续非线性,两者都有一个单一的输入 u 和输出 y。连续非线性由函数 $y = f(u)$ 描述。这包括连续时间递归神经网络(CTRNNs),如 Hopfield 网络。y 的导数 s.t. $\dot{y} = f(u)$ 引入了一种时间感,这是考虑递归网络所必需的,尽管它不排除时间不起作用的前馈模型,如感知器模型。动力系统有一个内部状态 $\vec{x}$,由 $\dot{\vec{x}} = g(\vec{x}, u)$;$\dot{y} = h(\vec{x}, u)$ 描述。基于兴奋性、阈值行为、弛豫振荡等的尖峰脉冲模型种类繁多,参见参考文献[28]。

图 10.8 为 PNN 非线性的分类和可能的实现。(a)为尖峰脉冲激光神经元。

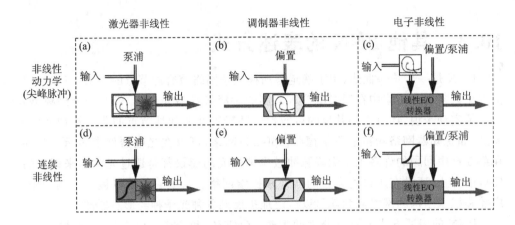

图 10.8　PNN 非线性的分类和可能的实现

(b)为尖峰脉冲调制器。(c)为驱动线性电/光(E/O)换能器的尖峰或任意电子系统——调制器或激光器。(d)为过驱动的连续激光神经元,如第 10.1 节所述。(e)为连续调制器神经元,如第 11.2 节所述。(f)为具有光输出的连续纯电子非线性系统。

　　这些非线性的物理实现可以来自于大致分为三类的器件:纯电子学、调制器中的电光物理和有源激光行为。图 10.8(a)说明了尖峰脉冲激光器,在第 5 章中有详细介绍,并且在充分利用最近关于尖峰处理效率和表现力的理论成果方面提供了最有希望的方法。图 10.8(b)是一个尖峰脉冲调制器。参考文献[29]中的工作可能适用于这种分类;然而,据作者所知,一种超快的尖峰脉冲调制器仍有待证明。图 10.8(c)说明了一种处理非线性神经行为的纯电子方法。线性 E/O 可以通过调制器或直接驱动的激光器来实现。这类可以包含与硅中有效模拟电子神经元的有趣交集[30-31]。这些方法的一个局限性是需要足够慢的运行速度,以便将输出数字化成适合于电子时分复用(TDM)和/或地址事件表示(AER)路由的形式(见第 14.2.1 小节)。高度可编程的电子神经元与超宽带模拟光广播和权重网络相结合,可以代表一种富有成效的可能性,特别是对于生物相关电路的加速模拟[32]。

　　图 10.8(d)描述了一个具有连续非线性的激光器,其中包含了第 10.1 节中讨论的完整的 PNN 演示。图 10.8(e)显示了一个具有连续非线性的调制器,第 11.2 节中描述了在 PNN 和递归网络中的第一个演示。图 10.8(d)与(e)的比较与目前在硅光子学界正在进行的片上与片外光源辩论的逻辑大致相同。

　　片上光源可以显著节省能源[33]。它们需要在硅 CMOS 工艺中引入特殊材料来提供光学增益,这方面的积极研究旨在实现这一目标[15,34]。对立的学派认为,片上光源仍然是一种新兴的技术[35]。虽然光纤到芯片的耦合存在着实际问题[36],但离散激光源价格低廉且易于理解。此外,片上激光器会消耗大量的功率[37],其全部影响可能会使系统设计复杂化[35]。基于调制器的神经元可以为近期内大规模集成光子神经元系统提供一种技术上更可行的但性能较低的尖峰脉冲激光神经元替代方案。无论在哪种情况下,由光子权重库、探测器和 E/O 转换器组成的 PNN 模块的概念,作为广播和权重网络的参与者,都可以应用于广泛的神经元模型和技术实现。

10.3.2 O/E/O 和全光 PNN 的比较

一些提出的器件(见 6.2 节和 6.7 节)的可激发性依赖于对激光腔的直接光注入,其他器件(见 6.1 节和 6.4 节)依赖于电流注入。光注入系统相比电子系统具有不同的权衡——一般来说,它们可以运行得更快,但更难以建立网络和扩展。例如,这些模型通常包含较少的电子元件;它们可能是严格依赖于全光非线性效应的全光器件[38-39]。该方法的带宽取决于用于调制的物理特性。例如,参考文献[20-21,40]中基于载波调制的模型受到载波弛豫时间的限制。不幸的是,涉及载流子的选择性腔内调制需要专门的谐振腔结构或注入技术,这些技术允许在不同的腔模式下输入和输出。这是一个具有挑战性的问题,因为全光 λ-转换通常有不利的功率和效率影响[41-42]。同样,具有 λ_q 的芯片范围外延定义的 VCSEL 和微柱方法可能会受益于 λ-转换。光注入神经元模型所带来的网络困难可以通过使用特殊的电路来缓解,从而允许实现 λ-转换。尽管这些方法的可扩展性有限,但它们确实避免了电注入方法的一些速度限制,因为信号带宽不受器件寄生效应的影响。

尽管如此,这种技术在物理实现和可扩展性方面缺乏电子方法的一些优势。首先,光注入的输入总是会导致原本要孤立的输入和输出场难以解耦。相比之下,电隔离要更容易实现,并且可以在高分辨率(例如,通过使用离子轰击[43])下实现。此外,模拟电子中介方法不会带来数字通信系统中 O/E/O 转换的典型缺陷,因为在该方法中传输与接收分离(即采样、量化、重定时)。这是因为光学系统中电子转换的能量和成本主要来自于高速时钟晶体管电路[44]以及转换前需要解复用 WDM 通道[45]。在 O/E/O 模型中,电子转换不会再生信号,而是利用电子物理学原理进行中间模拟处理。虽然这种技术受到中间器件的 RC 寄生效应的限制,但它在为输入和输出选择 λ 的能力方面获得了很大进步。光学域和电子域之间的转换限制了光学相位噪声的传播和直接波长转换的需求,消除了可扩展光学计算面临的两个主要障碍[46]。同时,向电子域的临时转换不会显著降低信号,如第 10.2 节所示。

利用沿信号通路的对比,物理效应与生物神经元中的信号表征没有什么不同,在生物神经元中,电动作电位在到达突触(神经元之间的连接处)时被转换为称为神经递质的化学信号。化学信号传导是一个相对较短的过程,但与直接电调制相比,它引入了更多的功能(例如,激发和抑制、各种突触时间常数,以及适应连接强度的能力)。突触后神经元体被动地积累许多突触的信号,其内部尖峰动力学产生适合长距离传输的单通道动作电位。这一过程与 PNN 中的 O/E/O 转换大致平行:平衡光电探测器和模拟电链路实现多波长输入的级联求和,可激发激光器从中产生新的尖峰光信号。这种功能不会影响带宽性能,因为电链路可以是非常短的距离——这与神经递质链的几何形状相似,它也非常短,以减少延迟增加、失真和化学信号损失的影响。

10.3.3　全光 PNNs

在本小节中,我们将讨论一种全光 PNN,它使任何可激发的激光模型与广播和权重网络方法兼容。这种方法与第 4 章介绍的早期对光纤神经元的研究非常相似,可以将光注入的波长限制与 WDM 网络的波长限制分开。我们还讨论了其他可能适合此类器件的替代方法。

虽然在光注入装置中显示了大量的非线性效应,但兼容的加权相加(即对于输入的 s_i,有 $x = \sum_i w_i s_i$)仍然是一个悬而未决的问题。半导体激光器模型尚未被证明可以接收多个输入,这是构建神经网络的核心要求(尽管光注入的微环已被证明可以级联驱动类似器件的线性链路[29,47])。在单模波导中,具有单波长的光学扇入需要相干光学求和,以避免拍频噪声和扇入损耗[48]。如第 8 章所述,利用波分复用构造互不相干信号的广播网络,避免了信道间的拍频干扰问题。

波分复用引入了与光注入的波长限制相冲突的波长约束。相干注入模型的特征是输入信号直接与腔模相互作用,使输出与输入处于同一波长上[49-53]。由于相干光学系统在单波长 λ 上工作,故信号彼此之间缺乏可区分性。如参考文献[49]所示(见图 6.13),相干注入输入的有效权重也具有很强的相位相关性。全局光学相位控制在同步激光系统中提出了额外的挑战,而在非同步激光系统中是不可能的。相比之下,非相干注入模型注入波长为 $λ_p$ 的光,以选择性地调制腔内特性,然后在输出波长 $λ_q$ 处触发可激发的输出脉冲。许多方法[20,21,40,54]包括那些基于光泵浦的方法都属于这一类。在我们的方法中,输出波长通常与输入波长有严格的关系。例如,可激发微柱激光器[20,55]被精心设计为支持一种输入模式,其中节点与激光模式的波腹重合。在输入也用作泵浦的情况下[3,56,57],输入波长必须小于输出波长,以实现载流子粒子数反转。因此,网络光注入器件的一种方法是围绕这些波长限制进行工程设计。

为了分离波分复用和光注入各自的波长限制,一种可能性是使用泵浦-探针加权相加(pump-probe weighted addition)。图 10.9(a)说明了在早期光纤尖峰脉冲实现中使用的这种技术[24-26](见第 4 章)。WDM 输入被加权和多路复用。然后,在光电载流子群中进行非相干加性扇入,而不是在光电探测器中进行。通过交叉增益调制(XGM)感知这个群体的状态。然后,XGM 调制的探针被用作光注入神经元的输入——在这种情况下,它是一个简单的阈值器。对探针波长 $λ_p$ 的唯一约束条件是它不同于输入波长,所以可以对其进行过滤。虽然加法的关键功能需要有有源费米电子效应,但这种方法是"全光"的,因为信号从来没有用电荷载流子的输运来表示。

图 10.9(b)是全光 PNN 的原理图,显示了与早期光纤技术的几个相似之处。来自广播网络的 WDM 输入在使用集成的权重库进行多路复用时被加权。加权输出不被检测到,而是调制载流子群的密度,该载流子群可以是半导体光放大器(SOA)

或电吸收调制器(EAM)[58]。探针通过 XGM 用这个求和信号进行调制,然后用作集成光子神经元的输入。

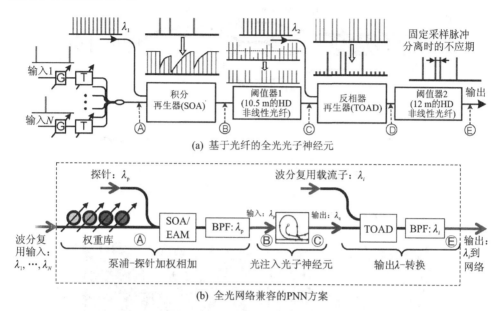

(a) 基于光纤的全光光子神经元

(b) 全光网络兼容的PNN方案

图 10.9 光纤神经元与全类 PNN 公式的比较(见彩图)

图 10.9 为光纤神经元与全光 PNN 公式的比较。(a)为早期基于光纤的全光光子神经元。输入用光学加权,其和用半导体光放大器(SOA)的载流子密度表示。该 SOA 载流子群在波长 λ_1 处通过交叉增益调制进行探测。TOAD=太赫兹光学非对称解复用器。经 Kravtsov 等人许可转载,来自参考文献[26]。版权所有:2011 年,美国光学学会。(b)为全光网络兼容的 PNN 方案。对波分复用信号进行加权,这些信号入射在集成的载波群上——SOA 或电吸收调制器(EAM)。λ_p 处的探针获取加权和信号,然后作为光注入神经元的输入。BPF=带通滤波器。这个神经元的输出被转换为 PNN 指定的 WDM 波长 λ_i。光注入神经元和 WDM 网络之间的波长约束完全分离。

在 λ_q 处的神经元输出可能需要额外的波长转换级才能到达 PNN 在 λ_i 处分配的 WDM 载波。图 10.9(b)中的虚线框表示具有多波长输入和单波长广播输出的 PNN 黑盒。探头输入 λ_p 和激光输出的 λ_q 完全由光注入的约束决定,这些约束通过波长转换级与 WDM 约束隔离开来。因此,这种技术是可推广的,允许光注入的可激发激光器与加权网络进行接口。图 10.10 说明了全光 PNN 中子电路的一些变化。

我们可以对这个模型进行扩展,允许使用一些额外的机制进行正加权和负加权。图 10.10(a)显示了参考文献[61]中提出的泵浦探针加权相加的互补(+/−)版本,它在马赫-曾德尔干涉仪的臂中采用推挽式交叉相位调制(XPM)。这个电路(见

图 10.10(a))类似于 O/E/O 加权相加方案中的平衡光电检测电路。

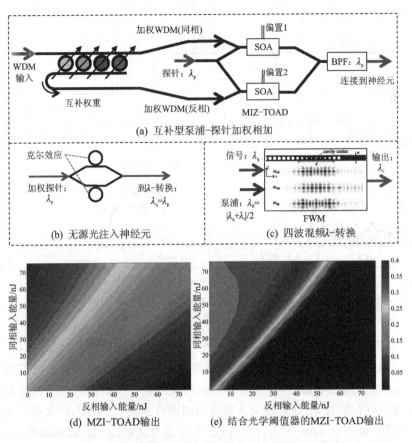

(a) 互补型泵浦-探针加权相加

(b) 无源光注入神经元

(c) 四波混频λ-转换

(d) MZI-TOAD输出

(e) 结合光学阈值器的MZI-TOAD输出

图 10.10　全光 PNN 中的子电路的一些变化(见彩图)

图 10.10 中(a)为互补型泵浦-探针加权相加,使用互补 MRR 权重库和马赫-曾德尔双 SOA 结构(MZI - TOAD)[59]作为差分交叉相位调制器。这是一种使用光学注入神经元模型的加权相加的方法。(b)为利用克尔非线性来实现非尖峰脉冲神经元模型(即连续非线性)的无源光学装置。在这种情况下,输出波长与输入波长相同。(c)为用于高效波长转换的三谐振纳米腔中的四波混频(FWM)。经 Lin 等人许可转载,来自参考文献[60]。版权所有:2014 年,美国物理学会。(d)为模拟 MZI TOAD 差分放大器的输出,为模拟反相和同相输入时总光能的函数。(e)为模拟 MZI TOAD 输出,后接无源全光阈值器。色条范围:0～400 pJ。经参考文献[61]作者许可改编。

装载 SOA 的 MZI 类似于太赫兹光学非对称解复用器(MZI - TOAD)[59]。MZI - TOAD 传输与同相输入和反相输入之间的 WDM 总输入功率的差异有关。整个传输过程在 λ_p 处进行了探测。基于 MZI - TOAD 的互补泵浦-探头加权相加的模拟如图 10.10(d) 所示。当没有输入存在时,一个固定的 $\frac{\pi}{2}$ 偏置将传输率设置为 50%。当同相输入端存在光功率时,会略微降低上层 SOA 中的自由载流子密度,从而降低其折射率。相反,反相输入端的功率将耗尽下层 SOA 中的载流子。这与前面描述的光物质相互作用机制相同,但由于它位于 MZI 的另一个臂上,因此会对透射率产生相反的影响。

使用这个硬件框架可以增加可能的嵌入式神经元模型的变化。图 10.10(b) 是 PNN 中光注入神经元的另一种替代方案。基于被动克尔效应非线性的阈值器[62],当结合泵浦-探针加权相加时,可以实现连续时间神经模型的非线性方面,类似于图 10.8 中讨论的基于调制器的 O/E/O 神经元。这种方法将与下面描述的网络方法相兼容。MZI-TOAD 泵浦探针器件后接无源 DREAM 阈值器的模拟如图 10.10(e) 所示。图 10.10(c) 描绘了一种采用克尔非线性的 λ-转换方法,而不是图 10.9(a) 所示的交叉增益调制(XGM)方法。

除了这些不同的注入方案之外,还有一种完全相干光网络方法,它完全保持在麦克斯韦方程的范围内。单个信号的丰富度的增加(这是复杂值函数)可能允许更多的维度,包括完全基于相位调谐的兴奋性和抑制性反应。相干方法并不一定需要受到寄生效应限制的光电器件(如光电探测器、激光器或调制器)。这将使人们能够完全避免在电子领域中的载流子或电压/电流效应。这种方法的速度只会受到底层空腔的 Q 因子的限制(除非利用其他电光物理效应),时间尺度为以 $\tau = 2Q/\omega_0$ 的顺序,同时 $\omega_0 = 2\pi c/\lambda$,其中 λ 为工作波长。为了使这种方法起作用,必须创建可以同时考虑振幅和相位的可调网络,并且网络权重和器件变量之间的映射可能并不明显或微不足道。在这方面,有一些成熟的技术可以用来执行这些映射[63]。相干方法已经在储层计算中得到了更普遍的验证(见第 13.2.2 小节),最近 MIT[64] 提出了一种可调整的架构来应对这些挑战。在其他情况下,如在参考文献[65-67]中,也探索了实现相干光线性运算的类似技术。相干光网络将允许输入和输出处于同一波长,这将使多个可激发的激光模型(例如,相干注入模型[49-53],其中 $\lambda_q = \lambda_p$)具有网络兼容性。然而,相干网络的可扩展性可能受到限制,因为它可能需要一个马赫-曾德尔阵列(MZs)来实现可调性,这通常比可调谐滤波器的空间效率低。尽管如此,它们潜在的增加信号带宽和易于制造的特性,也使其成为本章和后续章节中所强调的光电方法的更有希望的替代品,并可能导致出现不同类别的光子神经形态系统。

10.4 参考文献

[1] Nahmias M A, Tait A N, Tolias L, et al. An integrated analog O/E/O link for multi-channel laser neurons. Applied Physics Letters, vol. (accepted), 2016.

[2] Nahmias M, Tait A, Shastri B, et al. A receiver-less link for excitable laser neurons: Design and simulation//Summer Topicals Meeting Series (SUM), 2015. Nassau, Bahamas: IEEE, 2015: 99-100.

[3] Shastri B J, Nahmias M A, Tait A N, et al. Spike processing with a graphene excitable laser. Scientific Reports, 2016, 6: 19126.

[4] Nahmias M A, Tait A N, Shastri B J, et al. Excitable laser processing network node in hybrid silicon: Analysis and simulation. Optics Express, 2015, 23(20): 26800-26813.

[5] Romeira B, Javaloyes J, Ironside C N, et al. Excitability and optical pulse generation in semiconductor lasers driven by resonant tunneling diode photo-detectors. Optics Express, 2013, 21(18): 20931-20940.

[6] Tait A N, Nahmias M A, Shastri B J, et al. Broadcast and weight: An integrated network for scalable photonic spike processing. J. Lightw. Technol., 2014, 32(21): 3427-3439.

[7] Tait A N, Chang J, Shastri B J, et al. Demonstration of WDM weighted addition for principal component analysis. Optics Express, 2015, 23(10): 12758-12765.

[8] Tait A N, Ferreira de Lima T, Nahmias M A, et al. Multi-channel control for microring weight banks. Optics Express, 2016, 24(8): 8895-8906.

[9] Maass W. Networks of spiking neurons: The third generation of neural network models. Neural Networks, 1997, 10(9): 1659-1671.

[10] Hornik K, Stinchcombe M, White H. Multilayer feedforward networks are universal approximators. Neural Networks, 1989, 2(5): 359-366.

[11] Funahashi K, Nakamura Y. Approximation of dynamical systems by continuous time recurrent neural networks. Neural Networks, 1993, 6(6): 801-806.

[12] Park H, Fang A W, Jones R, et al. A hybrid algainas-silicon evanescent waveguide photodetector. Optics Express, 2007, 15(10): 6044-6052.

[13] Destexhe A, Mainen Z F, Sejnowski T J. Kinetic models of synaptic transmission. Methods in Neuronal Modeling, 1998, 2: 1-25.

[14] Fang A, Sysak M, Koch B, et al. Single-wavelength silicon evanescent lasers. IEEE Processing-Network Node 283 Journal of Selected Topics in Quantum Electronics, 2009, 15(3): 535-544.

[15] Liang D, Bowers J E. Recent progress in lasers on silicon. Nature Photonics, 2010, 4(7): 511-517.

[16] Zhang C, Srinivasan S, Tang Y, et al. Low threshold and high speed short cavity distributed feedback hybrid silicon lasers. Optics Express, 2014, 22

（9）：10202-10209.

[17] Fang A W, Park H, Kuo Y H, et al. Hybrid silicon evanescent devices. Materials Today, 2007, 10(7)：28-35.

[18] Dubbeldam J L A, Krauskopf B, Lenstra D. Excitability and coherence resonance in lasers with saturable absorber. Phys. Rev. E, 1999, 60：6580-6588.

[19] Dubbeldam J L A, Krauskopf B. Self-pulsations of lasers with saturable absorber：Dynamics and bifurcations. Optics Communications, 1999, 159(4-6)：325-338.

[20] Selmi F, Braive R, Beaudoin G, et al. Relative refractory period in an excitable semiconductor laser. Physical Review Letters, 2014, 112(18)：183902.

[21] Nahmias M A, Shastri B J, Tait A N, et al. A Leaky Integrate-and-Fire Laser Neuron for Ultrafast Cognitive Computing. IEEE Journal of Selected Topics in Quantum Electronics, 2013, 19(5).

[22] Nahmias M A, Tait A N, Shastri B J, et al. An evanescent hybrid silicon laser neuron//Photonics Conference (IPC), 2013 IEEE, 2013：93-94.

[23] Shastri B J, Nahmias M A, Tait A N, et al. Simpel：Circuit model for photonic spike processing laser neurons. Optics Express, 2015, 23（6）：8029-8044.

[24] Rosenbluth D, Kravtsov K, Fok M P, et al. A high performance photonic pulse processing device. Optics Express, 2009, 17(25)：22767-22772.

[25] Fok M P, Deming H, Nahmias M, et al. Signal feature recognition based on lightwave neuromorphic signal processing. Optics Letters, 2011, 36（1）：19-21.

[26] Kravtsov K S, Fok M P, Prucnal P R, et al. Ultrafast alloptical implementation of a leaky integrate-and-fire neuron. Optics Express, 2011, 19(3)：2133-2147.

[27] Sarpeshkar R. Analog versus digital：Extrapolating from electronics to neurobiology. Neural Computation, 1998, 10(7)：1601-1638.

[28] Izhikivich E M. Dynamical Systems in Neuroscience：The Geometry of Excitability and Bursting. Cambridge, MA：MIT Press, 2006, 25.

[29] van Vaerenbergh T, Fiers M, Mechet P, et al. Cascadable excitability in microrings. Optics Express, 2012, 20(18)：20292.

[30] Indiveri G, Linares-Barranco B, Hamilton T J, et al. Neuromorphic silicon neuron circuits. Frontiers in Neuroscience, 2011, 5(73).

[31] Pickett M D, Medeiros-Ribeiro G, Williams R S. A scalable neuristor built with Mott memristors. Nature Materials, 2013, 12(2)：114-117.

[32] Schemmel J, Briiderle D, Griibl A, et al. A wafer-scale neuromorphic hardware system for large-scale neural modeling//Proceedings of 2010 IEEE International Symposium on Circuits and Systems. IEEE, 2010: 1947-1950.

[33] Heck M, Bowers J. Energy efficient and energy proportional optical interconnects for multi-core processors: Driving the need for on-chip sources. IEEE Journal of Selected Topics in Quantum Electronics, 2014, 20(4): 332-343.

[34] Roelkens G, Liu L, Liang D, et al. IIIV/silicon photonics for on-chip and intra-chip optical interconnects. Laser and Photonics Reviews, 2010, 4(6): 751-779.

[35] Vlasov Y. Silicon cmos-integrated nano-photonics for computer and data communications beyond 100g. Communications Magazine, IEEE, 2012, 50(2): s67-s72.

[36] Barwicz T, Boyer N, Harel S, et al. Automated, self-aligned assembly of 12 fibers per nanophotonic chip with standard microelectronics assembly tooling//Electronic Components and Technology Conference (ECTC), 2015. IEEE 65th, 2015: 775-782.

[37] Sysak M, Liang D, Jones R, et al. Hybrid silicon laser technology: A thermal perspective. IEEE Journal of Selected Topics in Quantum Electronics, 2011, 17(6): 1490-1498.

[38] Grigoriev V, Biancalana F. Resonant self-pulsations in coupled nonlinear microcavities. Physical Review A, 2011, 83: 043816.

[39] Marino F, Balle S. Excitable Optical Waves in Semiconductor Microcavities. Physical Review Letters, 2005, 94(9): 094101.

[40] Selmi F, Braive R, Beaudoin G, et al. Temporal summation in a neuromimetic micropillar laser. Optics Letters, 2015, 40(23): 5690-5693.

[41] Durhuus T, Mikkelsen B, Joergensen C, et al. All-optical wavelength conversion by semiconductor optical amplifiers. Journal of Lightwave Technology, 1996, 14(6): 942-954.

[42] Hill J T, Safavi-Naeini A H, Chan J, et al. Coherent optical wavelength conversion via cavity optomechanics. Nature Communications, 2012, 3: 1196.

[43] Boudinov H, Tan H H, Jagadish C. Electrical isolation of n-type and p-type InP layers by proton bombardment. Journal of Applied Physics, 2001, 89 (10): 5343.

[44] Miller D A B. Are optical transistors the logical next step? Nat. Photon, 2010, 4(1): 3-5.

[45] Le Beux S, Trajkovic J, O'Connor I, et al. Optical ring network-on-chip

(ORNoC)：Architecture and design methodology//Design，Automation Test in Europe Conference Exhibition (DATE)，2011，2011：1-6.

[46] Feitelson D. Optical computing：A survey for computer scientists. Cambridge，MA (US)：MIT Press，1988.

[47] Coomans W，Gelens L，Beri S，et al. Solitary and coupled semiconductor ring lasers as optical spiking neurons. Physical Review E - Statistical，Nonlinear，and Soft Matter Physics，2011，84(3)：1-8.

[48] Goodman J W. Fan-in and fan-out with optical interconnections. Optica Acta：International Journal of Optics，1985，32(12)：1489-1496.

[49] Alexander K，van Vaerenbergh T，Fiers M，et al. Excitability in optically injected microdisk lasers with phase controlled excitatory and inhibitory response. Optics Express，2013，21(22)：26182.

[50] Coomans W，Beri S，Sande G V D，et al. Optical injection in semiconductor ring lasers. Physical Review A，2010，81(3)：033802.

[51] Brunstein M，Yacomotti A M，Sagnes I，et al. Excitability and self-pulsing in a photonic crystal nanocavity. Physical Review A，2012，85：031803.

[52] Garbin B，Goulding D，Hegarty S P，et al. Incoherent optical triggering of excitable pulses in an injection-locked semiconductor laser. Optics Letters，2014，39(5)：1254.

[53] Giudici M，Green C，Giacomelli G，et al. Andronov bifurcation and excitability in semiconductor lasers with optical feedback. Phys. Rev. E，1997，55(6)：6414-6418.

[54] Hurtado A，Javaloyes J. Controllable spiking patterns in longwavelength vertical cavity surface emitting lasers for neuromorphic photonics systems. Applied Physics Letters，2015，107(24).

[55] Barbay S，Kuszelewicz R，Yacomotti A M. Excitability in a semiconductor laser with saturable absorber. Optics Letters，2011，36(23)：4476-4478.

[56] Shastri B J，Tait A N，Nahmias M，et al. Coincidence detection with graphene excitable laser//CLEO：2014. Optical Society of America，2014：STu3I. 5.

[57] Shastri B，Tait A，Nahmias M，et al. Spatiotemporal pattern recognition with cascadable graphene excitable lasers//Photonics Conference (IPC)，2014 IEEE，2014：573-574.

[58] Fok M P，Tian Y，Rosenbluth D，et al. Pulse lead/lag timing detection for adaptive feedback and control based on optical spike-timing-dependent plasticity. Optics Letters，2013，38(4)：419-421.

[59] Studenkov P V, Gokhale M R, Lin W, et al. Monolithic integration of an all-optical mach-zehnder demultiplexer using an asymmetric twin-waveguide structure. IEEE Photonics Technology Letters, 2001, 13(6): 600-602.

[60] Lin Z, Alcorn T, Loncar M, et al. High-efficiency degenerate four-wave mixing in triply resonant nanobeam cavities. Phys. Rev. A, 2014, 89: 053839.

[61] Tait A N. The dual resonator enhanced asymmetric mach-zehnder interferometer: An ultrafast thresholder for integrated photonic platforms. Undergraduate Thesis, Princeton University, 2012.

[62] Tait A N, Shastri B J, Fok M P, et al. The dream: An integrated photonic thresholder. Journal of Lightwave Technology, 2013, 31(8): 1263-1272.

[63] Reck M, Zeilinger A, Bernstein H J, et al. Experimental realization of any discrete unitary operator. Phys. Rev. Lett., 1994, 73: 58-61.

[64] Shen Y, Skirlo S, Soljacic M, et al. On-chip optical neuromorphic computing//Conference on Lasers and Electro-Optics. Optical Society of America, 2016: SM3E. 2.

[65] Harris N C, Steinbrecher G R, Mower J, et al. Bosonic transport simulations in a large-scale programmable nanophotonic processor. arXiv preprint arXiv: 1507.03406, 2015.

[66] Mower J, Harris N C, Steinbrecher G R, et al. High-fidelity quantum state evolution in imperfect photonic integrated circuits. Phys. Rev. A, 2015, 92: 032322.

[67] Clements W R, Humphreys P C, Metcalf B J, et al. An optimal design for universal multiport interferometers. arXiv preprint arXiv: 1603.08788, 2016.

第 11 章

系统架构

在讨论了单个处理网络节点所有部分的演示和设计方法之后,我们现在转向完整的网络。本章讨论了集成光子广播加权网络的设计结果和未来的发展方向。首先,在星形和广播环路(BL)拓扑中都考虑了具有单一广播波导的系统,介绍了 MRR权值库的网络兼容版本,并演示了自身突触网络的权重控制动力学特性。然后,本章将考虑跨多个广播环路波导复用波长通道的系统(即多 BL 系统)。多 BL 系统提供了实现巨大可扩展性的潜在途径,但需要与光子和神经网络相交的新方法。本章主要介绍了多 BL 系统的架构设计规则和分析。

11.1　广播和加权系统

广播互连具有全对全连接的潜力,其中每个节点都可以访问其他节点的输出。这是一种方便的抽象,因为如果连接强度是可调的,那么任何可能的网络都可以进行编程。有几种方法可以安排多路复用链路以形成一个广播网络。在星形网络中,所有来自不同节点的信号都被发送到一个集中式多路复用器。然后这个多路复用的信号被分割并返回到每个节点。广播网络也可以有一个更分散的环(即环路)拓扑结构。在环形网络中,一个公共光纤或波导在穿过一组节点时承载多路复用信号。每个节点都可以开发所有信号的子集并添加自己的新信号。

11.1.1　广播拓扑

在模拟广播和加权网络中,广播拓扑结构对 MRR 加权所需的器件有影响,如图 11.1 所示。图 11.1(a)中的星形拓扑示例显示了 4 个节点的广播和加权,其中16 个调谐自由度对应于 16 个权重。在被耦合到标记为"IN (WDM)"的中心端口之前,将产生信号并在芯片外复用 WDM。在芯片上,该信号被平均分成 4 个波导,并发送到 4 个独立的 MRR 权重库。这些库执行加权并提供互补输出("OUT＋"和

"OUT－")。在芯片外检测互补输出,生成的电信号用于调制相应波长通道上的新信号。除了星形分解外,这个网络大致上只是由独立的 MRR 权重库组成。另一方面,广播环路网络需要设计新的权重库。

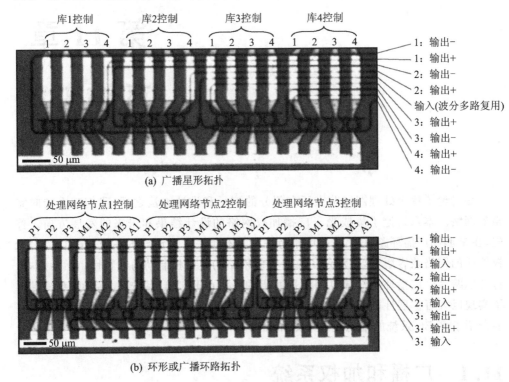

(a) 广播星形拓扑

(b) 环形或广播环路拓扑

图 11.1　无源硅片上的小型加权网络

图 11.1 为无源硅片上的小型加权网络。(a)为广播星形拓扑。输入在芯片外多路复用,并在芯片上平均分配给 4 个相同的、独立控制的 MRR 权重库。每个库提供一对加权互补输出。(b)为环形或广播环路(BL)拓扑。多路复用到环路波导是分布式的,发生在标有 A1－3 的 MRR。每个处理网络节点(PNN)前端都包含一对 3 通道 MRR 权重库。量纲(M)组控制与主 BL 的广播和继续的比例,极性(P)库提供互补的下路/通过输出,控制权重极性在＋/－范围内。

在广播环路(BL)网络中(见图 11.1(b)),共有 3 个节点和 21 个调谐自由度来控制 9 个权重。芯片外不发生多路复用或解多路复用。输入信号耦合到不同的端口,并分别添加到不同位置的多路环路,要求这些 MRR 加/降耦合器与相应的通道调谐共振。BL 网络的前端必须有一对级联的权重库,其原因将在第 11.1.2 小节中讨论。在图 11.1(b)中,每个 PNN 都标记了控制端口。字母标签表示 MRR 添加耦合器(A:添加),MRR 耦合器通过控制从 BL 下路的量级(M)执行下路并继续,MRR 权重库通过控制权重的极性(P),为并联检测提供互补输出。数字标签表示 MRR 处理的波长通道。M 和 P 组前端在 PNN 上是相同的,而 A 耦合器被调谐到不同的通道。

本例中,广播星形拓扑的优点是具有较低的输入/输出(I/O)要求。由于多路复用发生在芯片外,因此只需要一个输入,并且由于前端只需要一个 MRR 权重库,因此电路的自由度要小得多。当片上没有高速探测器或调制器时,星形网络是测试小型广播和加权网络的理想选择。相比之下,当片上有探测器和调制器时,BL 网络更易于扩展。如第 10 章所述,处理网络节点(PNN)是一个模块化单元,其中唯一的光学 I/O 是广播波导。一个单一的、全复用的 BL 波导可以支持分布式 PNN 之间的每一个连接。模块化是可扩展系统构建的关键特征,广播星形网络不能被分解成模块化组件。大型星形网络可能需要在分布式节点(根据节点数量缩放)和集总多路复用器之间进行大量的非多路波导路由,此外还有许多在集总多路复用器之后分解并返回到节点前端的多路复用波导。由于回路拓扑可能为扩展真实系统提供更有利的途径,因此我们将进一步关注前端的加权并继续。广播环路还提供了一种简单而强大的方法,可以在单个芯片上连接多个广播网络,这已在 8.4 节中介绍了。

11.1.2　加权并继续的级联库

广播环路中的处理网络节点可以丢弃某些信号的一部分,而其余的光功率则继续传递给网络的其他部分。MRR 权重库是 4 端口器件,有输入端口、下路端口和通过端口。第四个端口称为添加端口,不输出任何功率。并联加权可以通过发送下路和通过输出到并联探测器来完成,本质上是进行电子减法。因此,同时并联加权和下路-继续多点传送需要由两个 MRR 权重库组成的频谱滤波前端级联提供三个输出(见图 11.2)。前端加权的下路并继续可以有两种形式,对应于从第一权重库的下路或通过端口级联第二权重库。

在并行情况下,两个相同的光子权重库直接耦合到广播环路波导(见图 11.2(a))。它们的下路端口输出被发送到并联探测器的相反两侧。第一组的通过端口成为第二组的输入端口,第二组的通过端口作为继续端口。2 极权重库用于一个更直观的图像,信号从左到右传播,即使 1 极权重库也可以级联。图 11.2(b)显示了一个并行级联 2 极前端的图像。在一个孤立的 MRR 权重库中,应用于通道 i 的权重 μ_i 取决于下路 D 和通过 T 之间的传输差值。相反,由并联级联权重库赋予的权重是

$$\mu_i = \mid D_+(\omega_i, \vec{\Delta}_+) \mid^2 - \mid T_+(\omega_i; \vec{\Delta}_+) D_-(\omega_i; \vec{\Delta}_-) \mid^2 \tag{11.1}$$

式中,ω_i 为通道 i 的载波频率,下标 +、- 表示不同权重库,$\vec{\Delta}$ 为各权重库的调谐参数。通道 i 的继续端口传输 C_i 可以表示为

$$CC_i = \mid T_+(\omega_i; \vec{\Delta}_+) T_-(\omega_i; \vec{\Delta}_-) \mid^2 \tag{11.2}$$

在串联情况下,第二个光子权重库从第一个光子权重库的下路端口获得其输入(见图 11.2(c))。第一组的通过端口为继续端口,第二组的下路输出和通过输出均

用于互补并联探测。第一个库在这里被称为"M"或量级库,因为它可以用于 BL 的信号下路量级。第二个库在这里被称为"P"或极性库,控制 μ_i 的符号,其操作类似于用于互补加权的孤立 MRR 权重库。图 11.2(c)说明了使用 2 极 MRR 滤波器的一系列级联加权并连续前端,图 11.2(d)显示了使用 1 极 MRR 滤波器的显微照片。图 11.2(b)中有 2 极 MRR 滤波器,而图 11.2(d)显示 1 极 MRR 滤波器只是偶然现象。即使被下路信号的方向是相反的,但串联/并联级联可以应用于任何滤波器顺序。串联级联前端可以描述为

$$\mu_i = |D_m(\omega_i;\vec{\Delta}_m)|^2 [|T_p(\omega_i;\vec{\Delta}_p)|^2 - |D_p(\omega_i;\vec{\Delta}_p)|^2] \tag{11.3}$$

$$C_i = |T_m(\omega_i;\vec{\Delta}_m)|^2 \tag{11.4}$$

式中,有效权重值 μ_i 和连续量级 C_i 如式(11.1)所示,表示权重库的下标用 m、p 代替+、-。

串联级联光谱滤波器非常方便地分离互补加权函数(在 P 库中)和控制与下路并继续网络的相互作用(在 M 库中)。这可能为设置和控制模拟下路并继续策略提供更多的余地。串联级联组在这种情况下也有优势,因为只有一个单一组直接耦合到广播环路,在零信道上的非理想插入损耗更小。

下路并继续策略

持续通过 PNN 的功率是一个重要的考虑因素,尤其是在绝对功率水平影响有效权值的模拟网络中。

图 11.2 中(a)为并联级联前端到 PNN,由正权重库和负权重库组成。(b)为一对并联级联权重库的硅 MRR 的显微镜图像。(c)为串联级联到 PNN 前端,由量级(M)和极性(P)权重库组成。(d)为一系列级联对硅 MRR 权重库的显微镜图像。(a)、(c)中的灰色框是 E/O 转换器,如激光神经元。

每个 PNN 继续端口沿 BL 的透射光谱将相乘,从而影响每个通道的输入功率。同时,一个 PNN 的权重配置不能影响后续权重的设置。有两种控制潜在依赖关系的通用策略。在这种情况下,每个 PNN 都可以从每个通道中降低恒定量的功率。这将防止不同 PNN 之间的权重相互依赖。根据 PNN 从某一特定信道来源下路的顺序设置下路传输,可以在网络中平均分配功率。另一种方法涉及到每个 PNN 降低所需的功率,以达到所需的权重。第二种方法需要 PNN 之间的协调,以确保下游仍有足够的功率;然而它可以在给定权值矩阵的情况下,优化分配可用功率,使网络插入损耗最小化。

就级联权重库的实现而言,固定的下降量级可以由并联或串联级联版本执行。并联情况依赖于信号减法来设置一个特定的权重,并且结合两组的控制规则必须确保在信号波长处的网络传输保持不变。对于串联级联前端,连续量级完全由 M 库决定。这可能有一些好处,因为一旦设置为正确的下路配置文件,就不需要动态地调整。此外,还可以将 M 库中特定 MRR 的耦合器失配设置为精确失配。这意味着 M

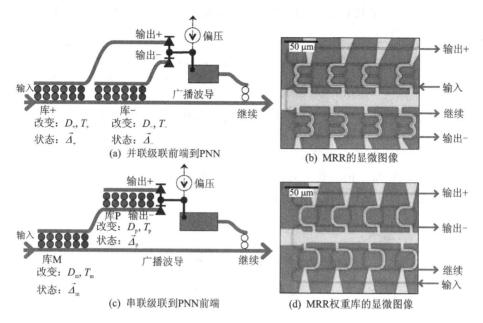

图 11.2　加权并继续的级联库

库只需停留在共振上即可产生必要的继续端口传输配置文件。在实践中,锁定共振比沿着滤波器边缘找到一个特定的点要简单得多。

　　不同的下降量级需要多个 PNN 之间的协调,以确保准确控制权重。由于 MRR 加权网络已经需要大量基于模型的控制,因此这种方法可能是可行的。与每个 PNN 上降低固定量的功率不同,源功率被认为是固定的,并且每个 PNN 降低的一部分功率与它的绝对期望权重成比例,相当于从给定信道扇出的连接的功率绝对权重之和。这最大限度地分配给每个 PNN 的信号,同时仍然提供了整个网络所需的权重配置文件。需要一个网络控制器来考虑传输系数相乘的网络间效应。变量下路在许多权值为零的稀疏网络中具有最大的优势。

11.2　延时动力学的权重库控制

　　参考文献[1]首次证明了硅 MRR 权重库对光电动力系统的控制。最简单的加权递归网络是一个带有反馈连接和外部输入连接的单节点,有时被称为自身突触(autapse)。调整 MRR 库的权重会导致稳定态和振荡态之间的分岔。虽然所展示的延时电光振荡器具有极其丰富的行为库,但它们相对而言几乎没有能力配置到基于网络的模型中[2-4]。调制器方法代表了一种激光动力学的替代方案,它与硅光子技术更兼容。虽然需要片外光源,但由于硅光子学中这些光源的通用性和便利性,已经存在有效封装片外激光系统的技术。基于调制器的 PNN 在 10.3 节中已讨论。

图 11.3(a)显示了具有自身突触的单个非线性单元的模型。描述该系统的延时微分方程是

$$\frac{ds(t)}{dt} = W_1 \cdot x(t) + W_F \cdot y(t - T) \tag{11.5}$$

$$y(t) = \sigma[s(t)] \tag{11.6}$$

式中,$x(t)$ 为外部输入,$s(t)$ 为内部状态变量,y 为输出,W_1 为输入权重,W_F 为反馈权重,$\sigma(\cdot)$ 为饱和非线性函数。T 是由积分时间常数归一化的反馈延迟。如果 $T \ll 1$,那么动力学分析就会很简单[5]。较强的正反馈权重有效地增加了输入/输出传递函数的非线性,唯一的分歧是向双稳定性的过渡。然而,当 T 变得非常大时,行为会变得非常复杂以及对环境变得敏感,从建模的角度来看,这是不可取的。

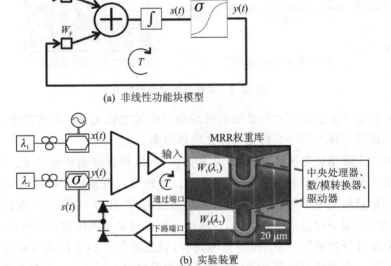

(a) 非线性功能块模型

(b) 实验装置

图 11.3　非线性功能模型及实验装置

图 11.3 中(a)为带加权输入和自反馈连接的非线性功能块模型。(b)为具有片上权重的光纤调制器神经元的实验装置。一个双通道 MRR 权重库控制 W_1 和 W_F,该方程模拟了单个神经元的动力学。

实验装置如图 11.3(b)所示。信号发生器的输入信号在光载波 λ_1 处进行调制。另一种采用 λ_2 载波的调制器由并联 PD 驱动。采用马赫-曾德尔调制器将非线性效应引入系统。马赫-曾德尔调制器具有正弦传递函数 σ,但其驱动强度仅足以表现出微弱的电光非线性。λ_1 和 λ_2 信号被复用,并输入到 MRR 权重库。权重库样品通过光栅耦合器[6]耦合到光纤;波导是全刻蚀的,500 nm 宽,氧化包层。Ti/Pt/Au 加热触点提供热光学 MRR 共振调谐。权重库装置由两个总线波导和两个并联上路/下路配置的 MRR 组成。它使用参考文献[7]中所示的方法用测试信号离线校准,以便

获得权重值的准确估计。并联 PD 检测到的加权和被放大,反过来驱动 λ_2 调制器,在系统中创建一个反馈回路。测量反馈延迟 T 约为 100 ns。

图 11.4 显示了观察到的行为。在图 11.4(a)中,反馈权重保持为零,输入权重发生变化。$W_1=1$ 时的 $y(t)-x(t)$ 图仅表示调制器的非线性传递函数 σ。改变输入权重会影响净传递函数的振幅和非线性。斜率可以倒转,因为权重是互补的。

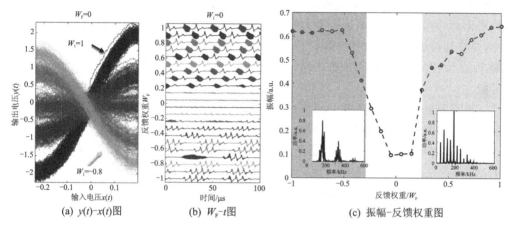

(a) $y(t)-x(t)$图　　　(b) W_F-t图　　　(c) 振幅-反馈权重图

图 11.4　观察到的行为(见彩图)

图 11.4 中(a)为当反馈权重保持为零时,改变输入权重的信号的 $y(t)-x(t)$ 图。(b)为反馈权重 W_F(主 y 轴)扫描时的输出电压 y(次 y 轴)与时间(x 轴)。在接近零时,系统如预期的那样稳定,当权重绝对值较大时,系统会出现复杂的极限行为。(c)为数据的极限循环振幅。阴影区域表示不同的动力学区域。插图:代表性数据点的电功率谱,更清楚地说明了蓝色和红色极限循环的区别。

显然在这种情况下,可达到的最小权重并没有完全达到 -1。在图 11.4(b)中,输入权重保持为零,并且允许反馈系统振荡。当反馈权重的绝对值较低时,系统稳定,输出为零。随着 $|W_F|$ 的增大,出现了极限循环行为。由于延迟反馈系统的环境敏感性,很难将具体的振荡模式与理论预测进行比较;但是可以看出,极限循环波形和周期取决于反馈权重符号。换句话说,观察到两种截然不同的分岔。这些振荡的振幅与反馈权重的关系如图 11.4(c)所示。阴影区域之间的边界出现在 $W_F \approx \{-0.30, +0.25\}$ 处,是稳定和不稳定区域之间的分岔或过渡。在频域中(见图 11.4)很容易观察到负反馈波形(蓝色)和正反馈波形(红色)之间的区别。

该演示代表了使用 MRR 权重库控制模拟网络动态的重要步骤。其结果受到由大反馈延迟 T 引起的时间延迟动力学行为的严重限制。这些复杂的动力学行为是难以建模的,这阻止了该实验和神经网络理论之间的任何实际比较。下面的演示说明了这个问题的解决方案,并描述了这种比较的核心重要性。

11.3 小型光子神经网络

首先,在实验中演示了广播和加权结构,并与参考文献[9]中的神经网络模型进行了比较。结果显示了用于模拟光学网络的 STAR 拓扑结构;其次,使用电光调制器作为光子神经元,作为激光神经元的补充替代品(见 10.3.1 节)。动力学行为的定性变化,称为分岔,是用来表征动力学系统的关键指标。通过重构网络权重来诱导分岔,并将其与小型神经网络[5]理论相对应,作为光子神经网络的概念证明。与前面的第 11.2 节相反,神经时间常数比光纤反馈延迟更长,从而使理论预测分岔演示成为可能。

没有明显反馈延迟的神经网络由一组通过可重构权重矩阵 $\boldsymbol{W}$ 耦合的常微分方程描述。根据神经模型的类型,每个神经元在这些方程中要么用非线性函数(例如,连续时间)表示,要么用一个动态子系统(例如,尖峰脉冲)表示。在连续时间条件下,有

$$\frac{\mathrm{d}\vec{s}(t)}{\mathrm{d}t} = \boldsymbol{W}\vec{y}(t) + \vec{w}_{\mathrm{in}}x(t) \tag{11.7}$$

$$\vec{y}(t) = \sigma[\vec{s}(t)] \tag{11.8}$$

式中,$\vec{s}(t)$ 是突触变量,$\vec{y}(t)$ 是神经元输出,$\vec{w}_{\mathrm{in}}$ 是输入权重,$x(t)$ 是输入。

集成网络的实验装置和图像如图 11.5 所示。广播 STAR 配置中的网络由分裂的 Y 形结和 4 个 MRR 权重库组成,每个权重库有 4 个权重。光电探测加权和构成突触信号 s,它驱动马赫-曾德尔调制器(MZMs)调制不同波长的 $\lambda_1 \sim \lambda_3$。MZMs 具有正弦电光传递函数,即与连续时间神经元相关联的饱和非线性 σ。第四个权重库未使用,作为外部输入 x。三个神经元输出 y 和输入信号 x 在芯片外复用。每个 MRR 权重库都使用参考文献[7]中介绍的方法进行离线校准。样品的制作方法详见第 9.2.1 小节。

图 11.5 为三个 MZM 神经元的实验装置,在 AWG 中波长多路复用,并耦合到一个片上广播和加权神经网络中。λ_4 携带来自信号发生器的外部输入。3×3 递归网络状态由 MRR 权重库配置。

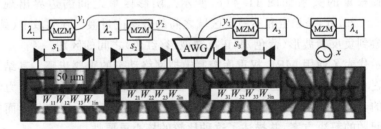

图 11.5 三个 MZM 神经元的实验装置

当所有权重都为零,并且扫描一个自动连接时,从稳态到双稳态的转变如图 11.6 所示。在 $y=0$ 平面上看到的是双稳态区域的形状,这个区域的过渡被称为尖端分岔。输入电压是 3 kHz、占空比为 50% 的三角波。在上升(蓝色)和下降(红色)输出之间的区域开口表明了双稳态,其形状与理论预测很好地吻合。双稳性测量也作为控制显示,不存在由于延时动力学行为引起的寄生振荡。

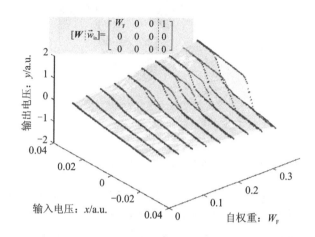

图 11.6 具有自连接和外部输入的单节点的尖端分岔(见彩图)

图 11.6 为具有自连接和外部输入的单节点的尖端分岔。自权重 W_F 的扫描范围由 MRR 权重控制。蓝点:增加输入电压。红点:降低输入电压。从稳态到双稳态的转变是由权重参数化的。

当两个神经元用非对称非对角权重连接时,会发生振荡。将两种反馈权重同时改变,系统在稳定循环和极限循环之间发生了超临界 Hopf 分岔,如图 11.7 所示。振荡频率根据反馈强度在 2~5 kHz 范围内连续变化。

在双节点系统中可观察到的其他行为机制(未显示)包括合作双稳态、竞争双稳态和四稳态。Hopf 分岔出现在一维以上的系统中,从而证实了对小型集成光子神经网络的观测。

通过光纤组件的大反馈延迟(约 100 ns)迫使运行缓慢,以破坏延时动态,如第11.2 节所述。延时动力系统抵制应用于连续时间递归神经网络的简单分析,它们对环境扰动的敏感性会混淆动态观测。通过限制突触检测器-驱动器电路的操作带宽至 10 kHz,消除了所有的延时动力学行为,这从图 11.6 中观察到的预期稳定性得到了证明。

图 11.7 为包含两个节点且无输入的超临界 Hopf 分岔。非对角线权重是不对称的,并且对角线自权重是一致扫描的。观察到稳定振荡和自主振荡之间的过渡,颜色代表自权重值,数据以黑色投影在 x-z 平面上。

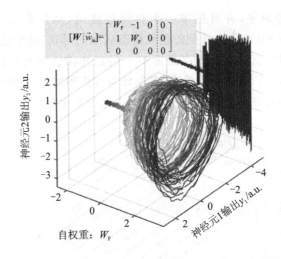

$$[W \,\vdots\, \vec{w}_{\mathrm{in}}] = \begin{bmatrix} W_{\mathrm{F}} & -1 & 0 & 0 \\ 1 & W_{\mathrm{F}} & 0 & 0 \\ 0 & 0 & 0 & 0 \end{bmatrix}$$

图 11.7　包含两个节点且无输入的超临界 Hopf 分岔（见彩图）

对于片上调制器或激光器，小于 1 ps 的飞行时间延迟允许在 GHz 范围内使用可用的操作带宽。虽然其他种类的电光振荡器，包括那些基于延时动力学的振荡器，已经被证明具有丰富的行为库，但这种复杂的路径缺乏神经网络的理论支持。储层技术将在第 13 章中展示和回顾。符合基于网络模型的硬件的一个关键优势是，以现有的编程神经网络来完成所需计算任务的研究非常广泛。虽然这个演示只使用了两个节点，但添加神经元以一种模块化和易于使用已知编程方法的方式增加了复杂行为的集合。

神经网络抽象是将物理动力学应用到一些领域中的一种非常通用的方法，在这些领域中，它们可以以足够复杂的行为来达到实用性，同时也提供了一个模块化的参数组合，从而产生极其广泛的行为。符合神经网络模型的硬件的一个关键优势是现有的使用这种模型来完成计算任务研究的广度。有许多工具和方法来编程模拟神经网络的权重。其中一个例子是神经工程框架[8]，我们将在第 11.4.5 小节简要回顾一下。

在一个潜在的全对全连接的单一 BL 网络中，实际连接强度的结构完全取决于程序员，这意味着物理光学系统设计和功能神经网络编程可以独立进行。然而，单个 BL 的容量和聚合带宽受到光子权重库性能的严格限制（见 9.4.2 小节）。在下一节中，将讨论可扩展的频谱复用和亚全到全网络的可能性。

11.4　多重广播环路系统

在第 8 章中提出，复用通过特殊 PNN 接口的多个 BL 子网之间的频谱，可以提高可扩展性——可能是很多倍的可扩展性。多重广播环路系统并非潜在地全对全互连。可能的功能网络取决于器件和波导的布局方式。这意味着多重广播环路系统的设计规则必须包含物理光子学和功能神经网络的概念。理解这种关系是评估多重广播环路系统的可扩展性和实际适用性之间关系的第一步。

环路广播配置中基于加权的互连组合所产生的特殊空间布局自由在其他处理系统或网络系统中是观察不到的。例如,在光学全息图系统中,光束可以不像导线那样"彼此通过",没有类似的空间自由度;光束可以通过它们的角度或横向传播矢量来识别和区分。另一方面,当信号被波长识别时,空间布局自由度就会产生。使用简单的接口,PNN 在不同的波导中复用频谱来连接广播环路,多重广播环路的缩放可能性似乎只受到芯片面积的限制。

多重广播环路系统不像单个广播环路那样是全对全的网络,因此多重广播环路接口的结构对可以实现的功能网络类型进行了限制。一个重要的问题是如何设计物理约束的结构与功能目标的结构相互交织的大规模系统。空间布局自由度导致了布局设计自由度的过剩:波导弯曲和 PNN 的位置变化。此外,这种布局并不能特别洞察关键的设计约束,以及广播环路中 WDM 通道的数量和波导交叉的缺失。为了消除不必要的自由度和阐明约束,需要对多重广播环路系统进行更抽象的表示。

在本节中,我们将介绍一个多重广播环路系统及其约束的有用表示。这些组件是开发具体设计规则的前提部分,尽管设计规则还必须包含目标或指标,以便在可能的约束条件下进行优化。两种设计可能分别围绕物理约束和功能目标。一个使用神经工程框架(NEF)的例子已在参考文献[8]中讨论。

11.4.1　广义接口 PNN

在此分析中,我们对广播环路接口做了一些简化的概括。我们只关心潜在的连接,因为权重可以调整实际的功能网络。一个接口 PNN 与多达两个平行波导相互作用,这两个平行波导是两个广播环路的一部分。PNN 不允许将它的单波长信号输出到两个广播环路,因为这实质上是对通道的浪费;然而,PNN 可能通过第二个 MRR 权重库接收来自两个广播环路的输入(见图 11.8)。这种设计使扇入增加了 1 倍,但占用了 2 倍的空间,并使电气 PD-激光连接的电容增加了 1 倍。像这样实际构建 PNN 是否有意义取决于系统性能限制;在任何情况下,关键是这些类型的连接是可能的。在进一步的分析中,我们要求每个 PNN 都能在两个广播环路之间进行潜在的连接。这不会影响拓扑结构,同样也没有说明特定的系统实例是否一定需要实现每个潜在的权重。

图 11.8 为两个广播环路之间的广义 PNN 接口。输入可以通过两对权重库从两个广播环路输入。激光输出只加到一个广播环路上,使得该 PNN 只占用一个波长通道。

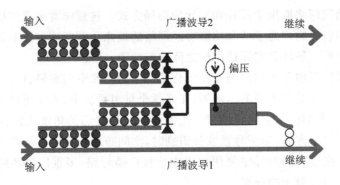

图 11.8　两个广播环路之间的广义 PNN 接口

11.4.2　作为嵌入图的多重广播环路

广播环路波导是平面内没有自截面的连续闭合曲线,在拓扑学中,这被称为 Jordan 曲线。该波导以及与之耦合的所有 PNN 具有一些不变的特性,这些特性不会定性地改变多重广播环路系统的功能结构或行为。显然,改变其中一些特性将对量化性能产生影响(例如,广播环路波导长度对波导损耗有影响);然而,我们在分析中忽略了所有这些影响,因为它们在定性系统结构设计后在很大程度上可以得到解决。没有功能连接效应的空间变化包括:

① 转换 PNN 在 BL 路径周围的位置;

② 在 BL 上交换 PNN 的顺序;

③ BL 波导的连续变形。

这些不变的性质表明 PNN 的位置不会影响设计。BL 网络不仅可以表示为 Jordan 曲线,还可以表示为任何 Jordan 曲线;换句话说,表示为任何一个圆的连续映射。BL 之间的接口是简单的、开放的曲线,它们是表示两个 BL 被连接的闭合曲线的共享部分。

图 11.9(a)中展示了一个 3 - BL 布局示例。这个系统可以用广义 PNN 群体之间的潜在逻辑连接图(见图 11.9(b))以更功能性的方式表示。利用 PNN 位置和顺序是不变量的事实,图 11.9(c)显示了闭合曲线对之间的共享曲线取代单个 PNN。Jordan 曲线有明确的内部轮廓,用灰色阴影表示。在图 11.9(d)中,BL 连续变形为窄臂接口的局部节点。现在有一个明确的对应图,我们称之为嵌入图(见图 11.9(e))。布局中的每个 BL 在嵌入图中都有一个对应的节点,每个 PNN 群体对应一条有向边。边缘值是总体中 PNN 的数量。

多重广播环路嵌入的优点在于它可以直接映射到多重广播环路布局,但去掉了空间自由度,同时简化了约束条件。嵌入图形必须是平面的,以便映射到没有波导交叉的布局。平面性是一个被广泛研究的图论概念[10-12]。例如图 K_5,可以证明全连通的 5 节点图是非平面的。由此我们可以说,5 - BL 系统不能在其所有对的广播环路之间有接口,至少在没有波导交叉的情况下是这样。多重广播环路设计的第二个主要约束是传输到特定重广播环路的 PNN 数量必须小于权重库所能支持的 WDM 信道的最大数量。这个约束表示为

$$\sum_i e_{ij} \leqslant N_\lambda, \quad \forall j \tag{11.9}$$

式中,N_λ 为 WDM 信道的最大值,e_{ij} 为从节点 i 到 j 的嵌入边值,即从 BL_i 接口输出到 BL_j 的 PNN 个数。乍一看,图 11.9(b)的函数表示与图 11.9(e)的抽象嵌入表示之间的对应关系非常有限。

图 11.9 为三 BL 电路中功能网络与嵌入网络的关系。(a)为布局图。接口 PNN 是表示输出波长的彩色矩形。PNN 的群体可以根据它们所属的接口以及它们的输出耦合到两个相邻的 BL 中的一个来组织。群体 P1 输出到回路 L1,P3 输出到回路 L3。两个群体 P2 和 P4 都输出到 L2,因此必须在彼此内部和之间都有唯一的波长。(b)为群体表示。群体图的节点是潜在的完全互连的 PNN 组,它的边(二进制的、有向的)是潜在的功能连接束。(c)、(e)为布局与嵌入图之间的映射。(c)为三条具有共享接口的闭合曲线。(d)为连续变形逼近有连接边的节点。(e)为嵌入图的节点是 BL,它的边(整数,有向的)是输出到接收 BL 的 PNN 群体,并接收来自接收器和源 BL 的输入。(b)和(c)是对(a)相同布局的完全不同的表述,(b)与设计目标有关,(c)与设计约束有关。

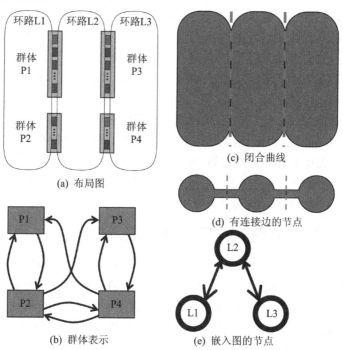

图 11.9　三 BL 电路中功能网络与嵌入网络的关系(见彩图)

263

11.4.3 多重广播环路嵌入到功能网络的映射

在上一小节中,我们提出了一种仅表示多重广播环路系统空间不变性质的图结构。

这种表示允许用图的平面性最大程度来紧凑地表述约束,然而,我们仍然必须将这些约束与所支持的 PNN 网络的功能联系起来。在本小节中,我们将提出两种方法用于多重广播环路嵌入图与对应的功能网络图之间的转换。第一种方法从一个给定的嵌入图开始,生成一个最大的势函数图。第二种方法从一个给定的函数图开始,找到一个有效的嵌入。

给定一个由第 11.4.2 小节所述的多重 BL 和 PNN 布局导出的嵌入图 $\mathcal{M}$,PNN 之间的所有潜在连接都是已知的。这意味着可以构造一个极大泛函图 $\mathcal{F}$。多重 BL 系统所能实现的功能(加权)网络的集合是与其子图同构的图集。$\mathcal{M}$ 中的每条边都被定向,并用对应接口上 PNN 的数量来标记。在 $\mathcal{F}$ 中,边是有向的和二进制的,表明存在功能连接。子图是通过将未使用的潜在连接的权重设置为零来实现的。

映射算法 $\mathcal{M} \rightarrow \mathcal{F}$ 类似于寻找线图,也被称为伴随图、共轭图或对偶图[13]。每条边都与线图中的一个节点相关联,共享一个公共节点的边在线图中有对应的节点相连接。在本例中,由于多重 BL 图是有向的,且边代表 PNN 的群体,因此该过程略有修改。因此,$\mathcal{M}$ 中的每一条有向边在 $\mathcal{F}$ 中都会形成一个团(即完全连接的组件)。$\mathcal{M}$ 中的节点要么是边的源,要么是边的目标(这些边在 $\mathcal{F}$ 中有相应的团)。对于每一条以 $\mathcal{M}$ 中的给定节点 L 为目标的边,$\mathcal{F}$ 中对应的团将投射到 L 中 $\mathcal{M}$ 条边对应的所有其他团。这里,投影是指从一组节点到另一组节点的所有边。注意,由于第 11.4.1 小节介绍了 PNN 接口的泛化,新的投影针对的是 L 周围的所有边,而不仅仅是 L 作为源的边。

最大函数映射的嵌入具有唯一性和定义明确的优点。它可以形成约束驱动设计方法的核心;换句话说,当希望检查可以为一个特定的多重 BL 系统实现的可能网络时,多重 BL 系统在制造时是固定的,因此确定在现场可以实现的不同功能结构和配置的范围是很重要的。另一方面,这种映射不适用于给定所需函数的情况;换句话说,需要一种函数驱动的设计方法。

11.4.4 功能网络到多重广播环路嵌入的映射

当试图实现一个特定的功能网络时,检查与所有平面 $\mathcal{M}$ 图对应的 $\mathcal{F}$ 的所有子图在计算上是很困难的。这里,我们提出了一个简单的生成算法映射 $\mathcal{F}' \rightarrow \mathcal{M}$,其中 $\mathcal{F}'$ 是一个任意网络,它是最大泛函图 $\mathcal{F}$ 的子图。这个映射不是唯一的。例如,任何功能网络都可以通过将所有 PNN 放在单个 BL 上实现,尽管这为频谱复用和所需的信道计数创造了最坏的情况。

首先,我们创建一个临时图 $\tilde{\mathcal{M}}$,它将最终成为一个有效的嵌入。$\tilde{\mathcal{M}}$ 被初始化为

$\mathscr{F}'$。这表示每个 PNN 输出到一个孤立的 BL 并且没有交互的简单情况。为了使 $\tilde{\mathscr{M}}$ 被认为是有效的,我们要求每个 PNN 群体唯一地输出到单个 BL(即节点 $\tilde{\mathscr{M}}$)中。算法通过进行一系列的节点收缩直到 $\tilde{\mathscr{M}}$ 是有效的。

在算法上,存储每个 BL 节点 x 的输入群体(Q_x)和输出群体(R_x)集合,由于它们是集合,故 Q 和 R 没有重复值。如果没有重复的输出群体,则表示一个有效的图,这个条件在数学上表示为

$$\bigcap_x R_x = \varnothing \tag{11.10}$$

该算法检查其有效性,如果无效,则选择两个节点进行收缩。假设由于节点 x 和 y 之间有共享输出,因此不满足有效性条件;收缩过程在数学上由以下操作表示,其中带质数的变量是更新后的版本:

$$Q'_x = Q_x \bigcup Q_y \tag{11.11}$$
$$R'_x = R_x \bigcup R_y \backslash Q'_x \tag{11.12}$$
$$Q'_y = \varnothing \tag{11.13}$$
$$R'_y = \varnothing \tag{11.14}$$

式中,$A \backslash B$ 为集合补集,表示 A 中的集合而不是 B 中的集合。在式(11.12)中,补集是由于 BL 内的所有自循环连接都是隐式支持的这一事实而取的。在每次收缩操作之后,通过检查有效性重复该算法。由于所有收缩都归结到一个 BL 的场景总是一个有效的解决方案,我们知道该算法最终一定会达到有效。一旦有效,多重 BL 嵌入图 $\mathscr{M}$ 的边很容易分配,因为每个总体在输入集 Q 和输出集 R 中只表示一次。

图 11.10 使用一个简单的示例网络 $\mathscr{F}'$,它恰好是图 11.9(b)中 $\mathscr{F}$ 示例的子图,图形化地演示了这个算法。$\tilde{\mathscr{M}}$ 被初始化以便每个临时节点都有一个群体输入和输出对应于该群体的邻居(见图 11.10(b))。这样连接节点将导致无效的多重 BL 嵌入,因为给定的群体将对应多个边,这是不允许的。通过做一系列节点收缩,使输入和输出合并,这样可以形成一个有效的图。首先,图 11.10 (c)~(e)中有三种可能的系统收缩方式,从而得到了三种不同的有效多重 BL 图。

图 11.10 中第一个红色路径(c - I)、(c - II)、(c＊)可以用表格的形式表示。

图 11.10 为嵌入一个简单的功能网络。(a)为函数总体图 $\mathscr{F}'$。(b)为临时 BL 嵌入的初始化 $\tilde{\mathscr{M}}$,其中每个群体传输到一个唯一的节点。这不是一个有效的嵌入,因为一些群体出现了多次,所以算法执行节点收缩,直到每个群体对应一个唯一的边。在第一步中,可能出现三种收缩(红色:P2,绿色:P3,蓝色:P4)。这三个选项分别在(c)、(d)和(e)中说明。(c - I) BL1 和 BL4 是基于共享 P2 投影而收缩的。合并输入边集[P1,P4],合并输出边集[P1,P2,P3]。P1 从输出边集中移除,因为它在输入边集中。(c - II)收缩共享 P3 的 BLs;从合并后的输出边集中移除新的输入边集。这个图现在是一个有效的多重 BL 嵌入,因为每个输出投影都是唯一的。(c＊)

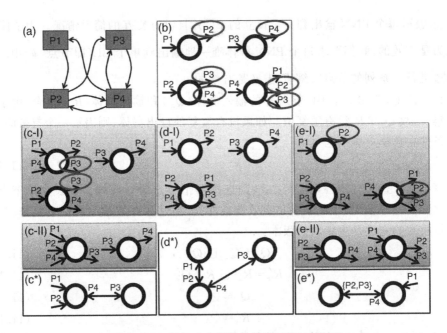

图 11.10 嵌入一个简单的功能网络(见彩图)

BL 节点连接。P1 和 P2 没有指定的源,因为它们只接收输出到 BL 上的信号。(d-I) BL2 和 BL4 是基于共享 P3 投影而收缩的。输入边集合并[P2,P4],输出边集合并 [P1,P2,P3,P4]。P2 和 P4 被从输出边集中移除,因为它们在输入边集中。这个图 现在是一个有效的多重 BL 嵌入。(d*)连接 BL 节点(对应图 11.9 中的多重 BL 示 例)。(e-I) BL2 和 BL3 是在共享 P4 投影的基础上收缩的。输入边集合并[P2, P3],输出边集合并[P3,P4]。将 P3 从输出边缘移除。(e-II)收缩共享 P2 的 BLs; 从合并后的输出边集中移除新的输入边集。这张图现在有效。(e*)连接 BL 节点。 P1 没有指定的源,因为它们只接收输出到 BL 上的信号。P2 和 P3 是不同的群体,以 相同的源和目标 BL 结束。

x	Q_x	R_x	Q'_x	R'_x	Q''_x	R''_x
1	P1	P2	P1,P4	P2,P3	P1,P2,P4	P3
2	P2	P3,P4	P2	P3,P4	—	—
3	P3	P4	P3	P4	P3	P4
4	P4	P1,P2,P3	—	—		

通常,如图 11.10 所示,收缩的顺序不是唯一的,它们可以在通道复用效率方面 带来或多或少有利的结果。对于更复杂的网络来说,尝试所有可能的收缩次序会增 加计算量,因此我们在这里提出了一个贪婪启发式方法来选择要进行哪些收缩。我 们希望使用最少的收缩次数来保持尽可能高的通道复用,这意味着尝试在每次收缩 中删除最大数量的无效冗余。首先,通过给每对节点分配一个分数来组合共享最大

输出数的节点是有意义的：

$$S_{xy} = |R_x \cap R_y|　　　　　　　　　　　(11.15)$$

式中，S_{xy} 是与节点 x 和 y 结合相关的分数，$|\cdot|$ 是集合的大小/基数。将这种启发式方法应用到图 11.10(b)的决策中，我们看到存在一个三方平局，所以它没有帮助。从式(11.12)可以看出，输入集 Q 对减少输出集也有一定的作用，所以我们提出了一种改进的贪婪启发式算法——S^*。

$$S_{xy}^* = |R_x \cap R_y| + |R_x \cap Q_y| + |Q_x \cap R_y|　　　(11.16)$$

在图 11.10 的例子中，这个启发式方法指向绿色路径(d)，从某种意义上说，这是更好的选择，因为它需要更少的收缩来达到有效性。S^* 启发式算法仅利用一次收缩的预见性，尽可能地减少输出集之间的剩余交集。一般来说，使用贪婪启发式方法肯定不能提供最优或最有效的解决方案，而且在改进嵌入任意函数网络的算法上还有很大的空间。例如，这里没有考虑不同群体的大小。此外，平面性测试没有被讨论，尽管一些算法方法是已知的。

11.4.5　使用 Nengo 的设计实例

我们开发了一种基于收缩的算法，可将任何神经元网络或神经元群体嵌入为有效的多 BL 嵌入图，提出了一种用于确定收缩顺序的贪婪启发式算法。在此，我们将此算法和启发式算法应用于一个使用神经工程框架(NEF)[8]开发的关于工作记忆、控制和行动选择的网络模型的真实例子。

NEF 及其开源仿真接口 Nengo(http：//nengo.ca)构成了一个"神经编译器"[14]。任何可以用函数和动力学框图表示的系统都可以用确定性和生成规则"编程"成一个神经元网络。NEF 为测试认知机制假说提供了一个重要的实验平台，因为它提供了一种基于生物学上可信的低水平动态来构建复杂功能的方法。虽然NEF 只是为期望任务设计神经网络的一种方法，但对于能够描述期望行为并希望在大规模并行硬件(如 SpiNNaker[15])上执行它的工程师来说，非常有用。

图 11.11 为示例网络的嵌入。(a)为以 Nengo 描绘的网络群体。(b)为实例的群体邻接表。连接是二进制的、定向的。(c)为文中描述的贪婪算法产生的有效的多重 BL 嵌入。节点是 BLs，代表 PNNs 组的边被标记为相应的群体名称。许多群体围绕一个大的 BL 组织，其最大通道数将限制每个群体可用的 PNNs 的数量。没有源节点的"边"包含不接受主 BL 外部输入的群体(vis、mem、mot、st1 和 stn)。(d)为连接 BL 和群体的数据结构，类似于边邻接表。嵌入是有效的，因为在"外边缘"列中没有重复填充。与主 BL 对应的行用蓝色突出显示。Nengo 的相关文件可以在 http：//www.nengo.ca 上找到，参见参考文献[14]。

图 11.11 展示了 Nengo 说明书[14,16]中一个受控问题回答的网络模型示例。神经元的集合被连接起来形成一个模型，其中工作记忆由基底神经节和丘脑模型控制。集合数据结构的列表在图 11.11(b)中初始化时显示，以及在图 11.11(d)中最终有效

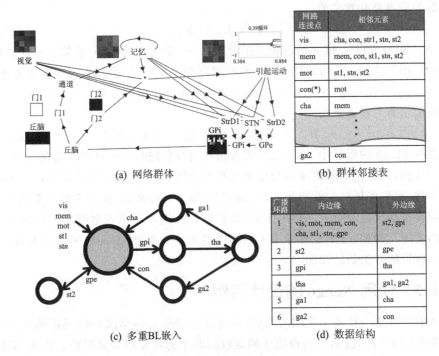

网络连接点	相邻元素
vis	cha, con, str1, st$n$, st2
mem	mem, con, st1, st$n$, st2
mot	st1, st$n$, st2
con(*)	mot
cha	mem
⋮	⋮
ga2	con

(a) 网络群体 (b) 群体邻接表

广播环路	内边缘	外边缘
1	vis, mot, mem, con, cha, st1, st$n$, gpe	st2, gpi
2	st2	gpe
3	gpi	tha
4	tha	ga1, ga2
5	ga1	cha
6	ga2	con

(c) 多重BL嵌入 (d) 数据结构

图 11.11　示例网络的嵌入（见彩图）

时显示。值得注意的是，由于网络结构的原因，本例中使用多个 BL 的优势很小。最差的 BL（蓝色区域）必须支持 8 个群体，而不是最差的情况下在单个 BL 周围支持 13 个群体。如果能够支持更大的网络，那么频谱复用系数必须提高。多重 BL 系统产生可扩展性优势的程度与网络结构、所需的可重构性和可靠性密切相关，然而，如果基于微环的加权加法系统只支持每个 BL 的 100 s 波长，要扩展到数千或数万个 PNN 的系统，则将成为一个关键的研究领域。例如，一个完全连接、完全可重构的网络不能利用多重 BL 频谱复用的优势。幸运的是，网络结构、图复杂度和认知科学的交叉是一个丰富的研究领域，为研究先进多重 BL 设计规则提供了许多潜在的方向。选择使用 Nengo 的例子，首先是为了具体性，但也因为 Nengo 集成对象引入的模块化结构可能产生更大的网络，故可以有利地映射到 PNN 群体。

11.4.6　一般系统的初步结构指南

近年来，复杂网络理论的发展已被应用于理解脑皮层网络[17]的结构、组织和集体动力学等方面，该领域的研究成果可用于指导多重 BL 系统的设计。复杂网络理论描述了分布式系统中互连模式（即图拓扑）和动态功能之间的关系，这与静态或孤立通信信道中的信息容量研究形成了鲜明对比。虽然神经元激发处理的目标不应该是对生物网络的完美模拟，但皮层连接组学（即生物神经网络结构）的研究也提供了可能与神经元激发系统[18]中处理任务相关的拓扑特征类型的例子。复杂网络科学和连接组学的工具可以对重要方面进行判断，它们能够抽象出分布式系统中信息和计算复杂性的相关指标。

在生物学和多重 BL 体系结构之间，存在着链路稀疏性和系统复杂性的竞争趋势。虽然物理的全对全互连可以模拟任何功能网络，但支持连接所需的空间、吞吐量和能量可以随着节点数量二次增长。最小化链接资源的相反情况使功能网络具有短程和常规连接：系统不能具有动态复杂性和紧急行为[19]。在这两个极端中，与连接资源和计算复杂性之间的平衡系统相比，实用性和可扩展性都是有限的。

这种权衡反映在基于网络的处理器的结构主题和组织原则上。

图 11.12 为生物学中的大脑结构和功能网络。1 为大脑结构。2 为神经科学家通过检查神经树突和轴突的物理解剖来分析网络结构；功能连接可以通过记录站点之间的相关性和/或因果关系等来研究。3 所示的大脑结构网络和功能网络都可以用图形表示。4 为应用图论中的度、聚类、路径长度、中心性和模块性等概念来理解结构和功能之间的关系。由生物系统的图论分析确定的图度量趋势可以为一般的多重 BL 系统的工程设计规则提供依据。经麦克米伦出版社有限公司许可转载，来自参考文献[20]。版权所有：2009 年。

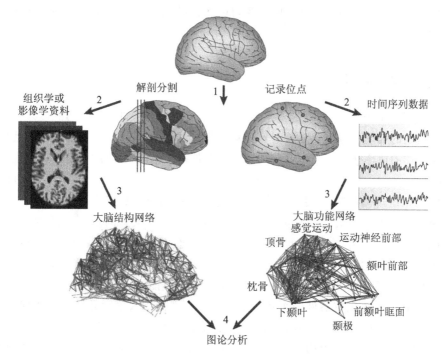

图 11.12　生物学中的大脑结构和功能网络

在哺乳动物皮层中发现的组织特征在最小化链接资源利用（即解决二次缩放）方面非常有效，同时也保持高度的动态计算复杂度[21]。在多重 BL 系统中，全对全互连电位的损失最初表现为空间自由度改善的限制——可以被视为物理处理网络面临的一种非常常见的权衡。在电子神经形态系统[22]中也可以看到类似的可扩展性和互连性权衡。

　　一个称为"小世界"的复杂网络度量的例子描述了一些介于有序和随机互连模式之间的网络。"小世界"是由高聚类系数(即小集团性)和短平均路径长度(即稀疏远程连接)共同产生的[23]。在复杂系统中,小世界网络与动态复杂性[24]和多空间尺度的信息集成[21]有关。在解剖学网络中也能观察到小世界的特征,从最简单的动物神经系统(秀丽隐杆线虫,C. Elegans),到哺乳动物的皮层,整个皮层中具有一致的模块化和分层组织[18]。

　　这些生物学和数学上的见解可以为指导神经形态处理系统的组织原则提供证据。空间布局自由意味着 BL 可以完全互连紧密排列一组处理节点,或者它可以运行在整个芯片区域。这种大扇入和远程连接的共存是小世界网络的典型特征——聚类与短路径长度的物理关联。

　　基于多重 BL 系统组织能力与复杂网络和皮层网络原理之间的定性相似性,我们期望结构驱动设计在多重 BL 系统中发挥作用,这比由电路布局决定的特定任务具有更广泛的适用性。对多重 BL 架构设计的进一步研究,可以从一个多重 BL 作为嵌入图的表示中构建出来,用跨越一系列可能性的网络复杂度的一些度量来替代特定的功能目标。

11.5　容错性

　　在大型系统中,一个重要的考虑因素是整个系统对其组件故障的容忍度。例如,假设一个给定的处理任务需要 n 个计算原语。每个器件都有一定的可靠度或成品率,即其成功工作的概率 p_{succ}。由于系统要求所有器件都工作,因此故障率由下式给出:

$$P_{fail} = 1 - p_{succ}^n \tag{11.17}$$

　　随着系统规模(即节点数量)的增加,系统故障迅速接近确定性。这种不可靠性对于集成系统尤其重要。在故障发生后,简单地更换有缺陷的晶体管或激光器件是不可能的,就像更换汽车漏气的轮胎那样。可以通过增加器件成品率(这种策略并不总是可行的),或通过合并称为开销的硬件冗余来提高鲁棒性。提前知道哪些器件将会出现故障是不可能的,所以开销必须包括每一个可能的故障,即使每一个都不太可能发生。如果给每个主器件一个备份器件(100%开销),大多数开销硬件将保持未使用,并且主器件和备份器件的联合故障仍然可能使系统失效。基于编码理论的更复杂的冗余合并方法可以应用于特殊情况,但布尔系统中还没有通用的编码理论方法来确定鲁棒性[25]。

　　图 11.13 中系统故障率作为节点数的函数,将传统硬连线电路(蓝色虚线,见式(11.17))与具有不同硬件开销的广播和权重系统(7%:绿色圆圈,9%:红色三角形,11%:青色正方形,13%:品红色十字)进行比较。由于整数舍入,BL(标记物,

见式(11.21))的确切故障率与近似误差函数曲线(实线,式(11.19))不同。虽然这里显示的硬连线系统节点的可靠性高出 10 倍($5 \cdot 10^{-3}$ 对比 $5 \cdot 10^{-2}$ 故障率),但 BL 的系统可靠性可以远高于硬连线系统,甚至是单个元件的可靠性(黑色虚线)。版权所有:2014 年,IEEE。经 Tait 等人许可转载,来自参考文献[26]。

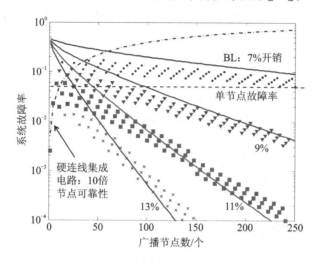

图 11.13　系统故障率与广播节点数的关系(见彩图)

广播和加权网络可以有效而直接地合并硬件开销。由于给定接口群体中的所有 PNN 都可以访问同一组信号,因此在器件故障或失效的情况下,它们可以进行功能交换。这些 PNN 在功能上是相似的,因此任何未使用的 PNN 都可以通过置换权重矩阵与任何有缺陷的 PNN 交换互连关系。因此,开销 PNN 不会备份单个主 PNN,而是覆盖接口群体中所有可能的故障。通过重新配置的虚拟交换可以在事后(after the fact)对制造过程中或现场发生的故障做出反应。在某些系统(即现场可编程门阵列)中,由于与网状网络[27]相关的密集布局和路由问题,对重构进行编程以避免故障可能非常消耗能量和计算量。在给定的 PNN 接口群体中,广播网络没有将功能节点映射到对应器件的约束。

轻松交换每个硬件原语角色的能力意味着系统成功。现在需要任何(any)n 个处理器在 BL 中工作,总共 $m = [(1+a)n]$ 个 PNN,其中 a 是开销比率。如果工作 PNN 个数 $k \in (0,1,\cdots,m)$ 为泊松随机变量,则

$$P[k] = \binom{m}{k} p_{\text{succ}}^k (1 - p_{\text{succ}})^{m-k} \tag{11.18}$$

$$P_{\text{fail}} = \sum_{k=0}^{n-1} P[k] \tag{11.19}$$

对于较大的 n 值,这个故障率可以近似为

$$P(k) \approx \text{Norm}(k; m p_{\text{succ}}, m(1 - p_{\text{succ}})) \tag{11.20}$$

$$P_{\text{fail}} \approx \frac{1}{2}\,\text{erfc}\left[\frac{mp_{\text{succ}} - n}{\sqrt{2m(1 - p_{\text{succ}})}}\right] \qquad (11.21)$$

式中,$\text{Norm}(k;\mu,\sigma^2)$是一个具有均值 μ 和方差 σ^2 的高斯函数,$\text{erfc}(\cdot)$为互补误差函数。系统故障率作为网络规模的函数如图 11.13 所示,它比较了硬连线系统与具有不同硬件开销的广播和加权系统的鲁棒性。具有可切换节点的系统与传统趋势相反,故障率随名义节点数的增加呈指数下降。令人惊讶的是,系统可靠性甚至可以比单个节点的可靠性更好(在某些情况下是数量级)。

这种通过交换实现的鲁棒性机制在其他片上光子网络中非常有用,然而,它不能任意扩展到神经形态学处理之外的计算模型。只有处理与输入顺序不相关的元素(例如,加法、NAND 等)才允许交换节点。在大多数其他的处理模型中(例如,Fredkin 门、CPU 核等),不同的输入序列对处理器来说必须是可区分的。这种对输入序列求和的不变性对应于破坏波长信息的光电探测器,这是光子物理学和 PNN 的神经形态函数之间的关键兼容性。

11.6　参考文献

[1] Zhou E,Tait A N,Wu A X, et al. Silicon photonic weight bank control of integrated analog network dynamics//2016 IEEE Optical Interconnects Conference (OI), 2016:52-53.

[2] Romeira B,Javaloyes J,Figueiredo J, et al. Delayed feedback dynamics of lienard-type resonant tunneling-photo-detector optoelectronic oscillators. IEEE Journal of Quantum Electronics,2013,49(1):31-42.

[3] Romeira B,Kong F,Li W, et al. Broadband chaotic signals and breather oscillations in an optoelectronic oscillator incorporating a microwave photonic filter. Journal of Lightwave Technology,2014,32(20):3933-3942.

[4] Romeira B,Avo R,Figueiredo J L, et al. Regenerative memory in time-delayed neuromorphic photonic resonators. Scientific Reports,2016,6:19510.

[5] Beer R D. On the dynamics of small continuous-time recurrent neural networks. Adaptive Behavior,1995,3(4):469-509.

[6] Wang Y,Wang X,Flueckiger J, et al. Focusing sub-wavelength grating couplers with low back reflections for rapid prototyping of silicon photonic circuits. Optics Express,2014,22(17):20652-20662.

[7] Tait A N,Ferreira de Lima T,Nahmias M A, et al. Multi-channel control for microring weight banks. Optics Express,no. peer review,2016.

[8] Stewart T C,Eliasmith C. Large-scale synthesis of functional spiking neural circuits. Proceedings of the IEEE,2014,102(5):881-898.

[9] Tait A, Wu A, Zhou E, et al. Demonstration of a silicon photonic neural network//Summer Topicals Meeting Series (SUM), 2016. IEEE, 2016.

[10] Shih W K, Hsu W L. A simple test for planar graphs//Proceedings of the International Workshop on Discrete Mathematics and Algorithms, Citeseer, 1993, 11: 0-122.

[11] Boyer J M, Myrvold W J. On the cutting edge: Simplified o(n) planarity by edge addition. Journal of Graph Algorithms and Applications, 2004, 8(3): 241-273.

[12] Hsu W L, McConnell R M. Pq trees, pc trees, and planar graphs//Handbook of Data Structures and Applications. Boca Raton, FL: CRC Press, 2001.

[13] Gross J T, Yellen J. Graph Theory and its Applications. 2nd ed. Boca Raton, FL: CRC Press, 2006.

[14] Stewart T C, Tripp B, Eliasmith C. Python scripting in the nengo simulator. Frontiers in Neuroinformatics, 2009, 3: 7.

[15] Mundy A, Knight J, Stewart T, et al. An efficient spinnaker implementation of the neural engineering framework//2015 International Joint Conference on Neural Networks (IJCNN), 2015: 1-8.

[16] Bekolay T, Bergstra J, Hunsberger E, et al. Nengo: A python tool for building large-scale functional brain models. Frontiers in Neuroinformatics, 2013, 7: 48.

[17] Rubinov M, Sporns O. Complex network measures of brain connectivity: Uses and interpretations. Neuroimage, 2010, 52(3): 1059-1069.

[18] Meunier D, Lambiotte R, Bullmore E T. Modular and hierarchically modular organization of brain networks. Frontiers in Neuroscience, 2010, 4(200).

[19] Achard S, Bullmore E. Efficiency and cost of economical brain functional networks. PLoS Computational Biology, 2007, 3(2): e17.

[20] Bullmore E, Sporns O. Complex brain networks: Graph theoretical analysis of structural and functional systems. Nat. Rev. Neurosci., 2009, 10(4): 186-198.

[21] Bassett D S, Bullmore E. Small-world brain networks. The Neuroscientist, 2006, 12(6): 512-523.

[22] Merolla P, Arthur J, Shi B, et al. Expandable networks for neuromorphic chips. IEEE Transactions on Circuits and Systems I: Regular Papers, 2007, 54(2): 301-311.

[23] Watts D J, Strogatz S H. Collective dynamics of 'small-world' networks. Nature, 1998, 393(6684): 440-442.

[24] Shanahan M. Dynamical complexity in small-world networks of spiking neurons. Phys. Rev. E, 2008, 78: 041924.

[25] Reischuk R. Can large fan-in circuits perform reliable computations in the presence of noise? //Computing and Combinatorics. Springer-Verlag, 1997: 72-81.

[26] Tait A N, Nahmias M A, Shastri B J, et al. Broadcast and weight: An integrated network for scalable photonic spike processing. J. Lightw. Technol., 2014, 32(21): 3427-3439.

[27] Snider G S. Self-organized computation with unreliable, memristive nanodevices. Nanotechnology, 2007, 18(36): 365202.

第 12 章
神经网络学习原理

虽然生物神经元使用电化学动作电位（或尖峰脉冲）进行交流，但它们也具有各种较慢的化学调节过程来分析信息流的统计特性。这些过程确保了网络的稳定性，最大限度地提高信息效率，并使神经元适应来自外部环境[1-2]的输入信号。执行更复杂的功能，如学习、记忆或模式识别，需要对神经网络如何相互连接进行总体设计。然而，网络中的每个神经元都会根据来自邻近神经元的尖峰脉冲所编码的少量信息来做出决策。因此，神经科学家面临的挑战是理解这种智能互连模式是如何从局部学习机制中产生的。

值得注意的是，学习算法必须尊重神经网络处理的分布式本质。如果数字计算机拥有大量的存储器和存储在单个存储器堆栈中的复杂指令，则神经网络必须将其指令分布在神经元中，并将其存储器分布在这些神经元之间的网络中。大型网络中不同的互连组合非常多，以至于为特定任务找到合适的组合可能需要一台比网络本身更智能的机器。因此，我们要学习有用的组织方式的算法，经常使用监督和非监督（supervised and unsupervised）学习技术来训练网络以解决特定任务。

Linsker 提出，每个处理阶段（神经元或神经层）遵循一个称为最大信息保存的一般原则，称为信息最大化（Infomax）[3]。该原理指出，分层感知器神经网络学习过程的目标是最大化其输出和输入之间的互信息[4]。Linsker 发现了信息最大化原理的一些有趣结论。例如，它导致一群神经元选择具有高信噪比的特征。遵循这一原则的算法特别令人感兴趣，因为它们可以使用本地可用的信息来实现，从而方便对分布式、无监督学习的适应。这基本上可以通过两种众所周知的技术来完成：对输入信号的主成分分析（Principal Component Analysis，PCA）和独立成分分析（Independent Component Analysis，ICA）[5]。PCA 最大化输出方差（或二阶矩），而 ICA 最大化其峰度（或四阶矩）。

在生物神经网络中发生的学习可分为两大类：突触可塑性和内在可塑性（Intrinsic Plasticity，IP）[6]。突触可塑性控制两个通信神经元之间突触的动力学特性，而内在可塑性控制神经元本身的非线性传递函数。两者在最大化每个节点的输入和输出之间的互信息方面都起着重要的作用。内在可塑性和单个神经元的突触可塑性的结合可以组织一个网络，从而可以解决 PCA 和经典的 ICA 公式[5]。此外，Savin 等人的研究表明，在尖峰编码信息的情况下，当突触具有峰并依赖可塑性（Spike-Timing Dependent Plasticity，STDP）时也可以达到同样的效果，STDP 是无监督突触可塑性的时间概括[5]。

在本章中，我们将概述主成分分析和独立成分分析，讨论使用 STDP 和 IP 实现这些技术以及最近使用光子学演示的主成分分析和 STDP。

12.1　主成分分析（PCA）

主成分分析（PCA）是一种功能强大而简单的统计工具，用于分析相关变量和无监督模式识别[7]。主要目标是降低由相关变量组成的数据集的维数，同时保持原始集合中包含的最大信息量。当变量具有明确的关联模式时，这是可能的，因此冗余信息可以处理掉。分析是将初始数据集通过线性组合转换成被称为主成分（Principal Components，PC）的同等大的变量集来实现的，这些变量是不相关的，并按降序方差排序。通过存储这些 PC 中的前几个和它们的变换系数并丢弃其他成分，可以以最佳精度重建原始变量。参考文献[8]中展示了许多具有实际数据集的例子。

无监督学习在原理上可以应用于主动控制光子分布式处理网络，并应用于宽带智能无线电处理[9]。尤其是阵列天线系统经常将大量冗余的多维信号数字化，这需要昂贵的高带宽模/数转换器（ADC）[10]。通过将非冗余信息压缩到最小的维度中，PCA 减少了所需的 ADC 通道的数量。在信号处理中，主成分分析算法被成功地应用于时间域和空域的谱分析。示例包括多信号分类（Multiple Signal Classification，MUSIC）技术、最小范数方法、ESPIRIT 估计器和用于估计正弦频率或平面波撞击天线阵列的波达方向（Direction of Arrival，DOA）的加权子空间拟合（Weighted Subspace Fitting，WSF）方法[11]。然而，到目前为止，主成分分析还没有被应用于宽带处理。在宽带、多天线射频系统中，快速统计技术领域可以降低对数字信号处理要求的高带宽压力，例如蛋白质组学允许在模拟射频域的降维。

12.1.1　PCA 的数学公式

研究主成分分析的一种方法是利用多维信号的协方差矩阵。输入信息（information）可以理解为遵循特定分布的连续随机变量（Random Variables，RV）。一个随机变量的协方差和协方差矩阵 $\Sigma(\boldsymbol{X}_n)$ 定义为式（12.1）。注：大写字母表示随机变量，小写字母表示这些随机变量的抽样实验结果。

$$\mathrm{cov}(\boldsymbol{X},\boldsymbol{Y}) = \mathrm{E}\big[(\boldsymbol{X}-\mathrm{E}[\boldsymbol{X}])\cdot(\boldsymbol{Y}-\mathrm{E}[\boldsymbol{Y}])\big] \tag{12.1}$$

$$\Sigma(\boldsymbol{X}) = \big[\mathrm{cov}(X_i,X_j)\big]_{i,j} = \mathrm{E}[\boldsymbol{X}\boldsymbol{X}^{\mathrm{T}}] \tag{12.2}$$

为了简化这个问题,让我们假设所有的随机变量的平均值都为零($\mathbb{E}[X_i]=0$)。作为玩具模型,让我们考虑其中输入向量是相同随机变量的损坏版本的情况,$X_1=aS+N_1$ 且 $X_2=bS+N_2$,其中 $N_{1,2}$ i.i.d. $\sim \mathcal{N}(0,1)$ 独立同分布(即具有均值 0 和方差 1 的高斯分布且相互独立),且 S 是与 $N_{1,2}$ 相互独立的随机变量。S 表示信号(signal),N 表示噪声(noise)。我们的目标是找到 S。我们找到的协方差矩阵 $\mathrm{RV}(X_1,X_2)$ 为

$$\Sigma(\boldsymbol{X}) = \begin{bmatrix} a^2\sigma_S^2+1 & ab\sigma_S^2 \\ ab\sigma_S^2 & b^2\sigma_S^2+1 \end{bmatrix} \tag{12.3}$$

X_1 和 X_2 之间存在相关性,可以帮助我们提取 S。让我们试着去掉 X_1 和 X_2 之间的关联。令 $Y_2=bX_1-aX_2=bN_1-aN_2$。因此,我们去掉了关联 X_1 和 X_2 的随机变量 S。选择与 Y_1 正交的 Y_2,$Y_1=aX_1+bX_2=(a^2+b^2)S+aN_1+bN_2$。在这种情况下,

$$\Sigma(\boldsymbol{Y}) = (a^2+b^2)\begin{bmatrix} (a^2+b^2)\sigma_S^2+1 & 0 \\ 0 & 1 \end{bmatrix} \tag{12.4}$$

所得到的相关矩阵 $\Sigma(\boldsymbol{Y})$ 是对角矩阵。换句话说,我们去掉了随机变量 X_1 和 X_2 之间的相关性,创建了不相关的随机变量 Y_1 和 Y_2。注意,Y_1 方差大于 Y_2(比例介于 $(a^2+b^2)\sigma_S^2+1$ 和 1 之间)。可以看出,Y_1 是使信噪比($\mathrm{var}(S)$ 比 $\mathrm{var}(N_{1,2})$)最大化的 X_1 和 X_2 的线性组合。此外,只包含噪声随机变量是没有意义的。这个简单的例子说明,主成分分析是一种有用的技术,可以提高存在于多个输入中的特征的信噪比。

更一般地,我们希望通过输入 X_i 的线性组合来对角化协方差矩阵 $\boldsymbol{\Sigma}$,其对应于向量 $\boldsymbol{X}$ 的旋转。这对应于寻找一个旋转矩阵 $\boldsymbol{P}$,使得新的协方差矩阵是对角的。

$$\boldsymbol{Y}=\boldsymbol{PX} \tag{12.5}$$

并且

$$\Sigma(\boldsymbol{Y})=\mathbb{E}[\boldsymbol{YY}^{\mathrm{T}}]=\boldsymbol{P}\mathbb{E}[\boldsymbol{XX}^{\mathrm{T}}]\boldsymbol{P}^{\mathrm{T}}=\boldsymbol{P}\Sigma(\boldsymbol{X})\boldsymbol{P}^{\mathrm{T}} \tag{12.6}$$

因为 $\Sigma(\boldsymbol{X})$ 是对称的、实的和正定的,因此可以得出:

① 总存在一个使其对角化的酉矩阵 $\boldsymbol{P}$;

② 随机变量 Y_i 都是不相关的;

③ 它们的方差构成矩阵 $\Sigma(\boldsymbol{Y})$ 的对角线值;

④ 这个矩阵的对角线值是其特征值;

⑤ $\Sigma(\boldsymbol{X})$ 的特征值等于 $\Sigma(\boldsymbol{Y})$ 的特征值;

⑥ 这些特征值都是正实数;

⑦ 矩阵 $\boldsymbol{P}$ 的行是这些特征值的相关特征向量。

通过选择合适的 $\boldsymbol{P}$,可以将这些特征值沿对角线从大到小排序。因此矩阵 $\boldsymbol{P}$ 和 $\Sigma(\boldsymbol{Y})$ 可以写成

$$P = \begin{bmatrix} P_1 \\ P_2 \\ \vdots \\ P_N \end{bmatrix}, \quad \Sigma(Y) = \begin{bmatrix} \lambda_1 & 0 & \cdots & 0 \\ 0 & \lambda_2 & \cdots & 0 \\ \vdots & \vdots & \ddots & \vdots \\ 0 & 0 & \cdots & \lambda_N \end{bmatrix} \tag{12.7}$$

式中，$\lambda_1 \geqslant \lambda_2 \geqslant \cdots > 0$。

我们称 $Y_1 = P_1 X$ 为 X 向量的第一个主成分，Y_2 为第二个主成分，以此类推。P_1 是第一个主成分的权重向量，也称为主成分载荷（principal component loading）。

该算法可以通过神经元网络[7]中的无监督学习规则（unsupervised learning rules）来实现，其中 PCA 网络中的每个神经元计算一个主成分。PCA 网络通过逐渐更新每个权重向量来学习主成分，使它们收敛到主成分载荷，同时彼此正交。这种实时计算称为在线学习。

12.1.2 Oja 定律

对矩阵进行对角化相当复杂，尤其是在该矩阵很大的情况下。但是，计算矩阵和向量之间的乘法会更快。给定一个已知的协方差矩阵 Σ，我们可以在其特征向量基础上分解任何向量 w：

$$w = \sum_i a_i P_i^{\mathrm{T}} \tag{12.8}$$

将左边的 w 依次乘以 Σ 得到

$$\Sigma^n w = \sum_i a_i \lambda_i^n P_i^{\mathrm{T}} \tag{12.9}$$

注意，如果 $\lambda_1 > \lambda_2$，则随着 n 的增大，向量 $\Sigma^n w$ 与 P_1^{T} 对齐的次数要多于其他向量。幂迭代规则，如赫布定律和 Oja 定律都是基于这个特性。然而，λ_1 总是大于 1，这意味着向量 $\Sigma^n w$ 的大小会随着 n 的增大而急剧增大。为了稳定收敛（stabilize the convergence），赫布定律可以写成每次权重更新后的重整化项：

$$w(m+1) = \frac{w(m) + \eta y x(m)}{\| w(m) + \eta y x(m) \|} \tag{12.10}$$

有人可能会争辩说，归一化因子是一项过于复杂的操作。Oja 定律用一个附加项来解决这个问题：

$$w(m+1) = w(m) + \eta [y x(m) - y^2 w(m)] \tag{12.11}$$

式中，$y = w(m) \cdot x(m)$ 是在时间 m 观察到的神经元输出，η 是一个称为学习率的很小的数字。它应该满足下面两个性质，以保证收敛性：$m \to \infty$：$\sum_m \eta(m) = \infty$ 和 $\sum_m \eta^2(m) < \infty$。这对我们来说并不重要，因为我们永远不会达到极限 ∞。请注意，在这些条件下，$w(m)$ 收敛[12]。

注意到

$$\langle y\boldsymbol{x}\rangle=\langle \boldsymbol{wx}\cdot\boldsymbol{x}\rangle=\langle \boldsymbol{x}^{\mathrm{T}}\boldsymbol{x}\cdot\boldsymbol{w}\rangle\approx \boldsymbol{\Sigma}(\boldsymbol{X})\cdot\boldsymbol{w} \tag{12.12}$$

因此 $\boldsymbol{w}(m)$ 随着迭代次数 m 的增大将趋向 $\boldsymbol{P}_1^{\mathrm{T}}$（参见式(12.9)）。

由于常数 $\|\boldsymbol{w}\|_{L^2}$ 的约束，Oja 定律中的归一化项对应于 y^2 最大化的拉格朗日乘数。使用相同的方法，对于多个主成分的式(12.11)的简单概括可以推导出：

$$\boldsymbol{w}_j(m+1)=\boldsymbol{w}_j(m)+\eta\left[y_j\boldsymbol{x}(m)-y_j^2\boldsymbol{w}(m)-2\sum_{i<j}y_j\boldsymbol{w}_i\right] \tag{12.13}$$

式中，j 指神经元。

神经元没有长时间的记忆，也没有对其他神经元状态的全局感知——它们只能访问其相邻的输出，并且只能在当前访问。因此，式(12.13)中描述的算法非常适合在配备突触和内在可塑性的神经网络中实现。注意，式 (12.13) 只包含与神经元 j 和相邻神经元 $i<j$ 相关的变量。

12.2　独立成分分析(ICA)

上一节中展现的数学公式试图找到线性混合到不同变量中的不相关特征。PCA 依赖于消除这些输入变量 $\boldsymbol{X}$ 的二阶相关性，即 $\mathrm{E}[X_iX_j]$，此时 $\mathrm{E}[Y_iY_j]=0$，如果 $i\neq j$。正如我们所展示的，第一个主成分(PC)是通过找到最大方差的方向并将 $\boldsymbol{X}$ 投影到该方向上来找到的。但是因为互不相关并不总是意味着互相独立，所以在某些情况下，最大方差的方向与独立的方向不一致(见图 12.1)。

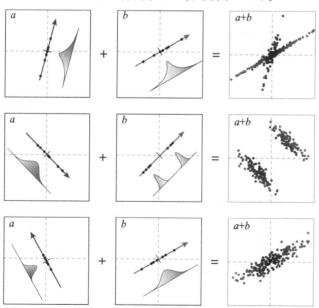

图 12.1　线性混合数据的示例(见彩图)

图 12.1 为线性混合数据的示例。考虑用蓝色和红色向量($n=2$ 维)表示的两个源 a 和 b。每个震源都有一个由称为独立成分的矢量表示的方向和一个根据某种分布(随机地)变化的幅度。由每个样本的幅度 $a+b$ 加权的独立成分的总和产生一个数据点,该数据点的颜色代表构成该数据点的源的幅度之和。最上面一行(top row),两个尖峰震源的组合形成了 X 字形。中间行(middle row)与第一行相同,但第一和第二个源是单峰和双峰高斯分布(改编自 A. Gretton)。最下面一行(bottom row)与最上面一行相同,但两个源都是高斯分布的。经原作者许可,转载自参考文献[13]。

信息论中有一个有用的量,用来衡量在已知另一个变量 Y 的情况下,可以从一个变量 X 中减少多少不确定性。它被称为互信息(Mutual Information, MI),定义为

$$\mathrm{MI}(X;Y) = \int_X \int_Y p(x,y) \log \left[\frac{p(x,y)}{p(x)p(y)} \right] \mathrm{d}x\,\mathrm{d}y \tag{12.14}$$

式中,$p(x,y)$ 是随机变量 X 和 Y 的联合概率密度函数。$p(x)$、$p(y)$ 是 X 和 Y 的边缘概率密度函数(例如,$p(y) = \int_X p(x,y)\mathrm{d}x$)。请注意,当且仅当 $\mathrm{MI}(X;Y) = 0$ 时,这两个变量才是相互独立的,否则 $\mathrm{MI}(X;Y) > 0$。

图 12.2 为对线性混合信号的分析。左列(left column)数据来源于图 12.1。中间列(middle column)数据在基础源的基础上重新绘制,即独立成分(红色和蓝色箭

原始数据　　　　独立成分　　　　最大方差的方向

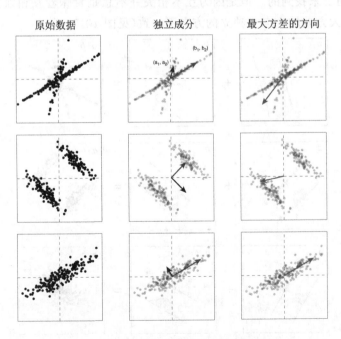

图 12.2　对线性混合信号的分析(见彩图)

头)的颜色对应于用于生成图 12.1 中数据的基础。右列(right column)数据被叠加在最大方差方向(绿色箭头)上重新绘制。请注意,最大方差的方向可能对应于独立成分,也可能不对应。经原作者许可,转载自参考文献[13]。

在图 12.1 所示的例子中,二阶不相关的方向并没有最小化两个新变量之间的互信息。因此,尝试寻找独立成分(independent components)的算法需要考虑更高阶矩,例如随机变量分布的峰度($\mathbb{E}[X_i^4]-3(\mathbb{E}[X_i^2])^2$)。这是一种名为独立成分分析(Independent Component Analysis,ICA)技术的起源[14]。通过寻找最大峰度的方向,在许多情况下,人们可以在线性混合后分离独立的信号(见图 12.2)。请注意,对于这些示例,独立成分与主成分有很大不同。

ICA 的数学公式

ICA 公式背后的关键假设是观察到的输入随机变量(X)是独立的潜在来源(S)的线性混合

$$X = AS + N \tag{12.15}$$

式中,N 是第 12.1.1 节中的噪声项,A 是满秩 $m \times n$ 矩阵;$m > n$。ICA 的目标是找到分解矩阵 W,使得

$$\hat{S} = WX \tag{12.16}$$

$\hat{S}$ 最佳地逼近 S。矩阵 W 可以理解为矩阵 A 的伪逆,这可以近似为奇异值分解(singular-value decomposition)问题。这一过程在图 12.3 中进行了可视化。当 m(输入数)大于 n(源数)时,奇异值分解问题是条件良好的。矩阵 A 可以分解成另外三个:$A = U\Sigma V^T$。正如我们将看到的,单用主成分分析可以求出 U 和 Σ,但如图 12.3(左)所示,旋转矩阵 V 只能通过最小化互信息来找到,而不能用方差来解释。因为我们假设混合是线性的,所以这种额外的互信息必须以一种非高斯性的形式表现出来,如前面所述的峰度或负熵(negentropy)。峰度基本上衡量分布的尖峰程度,仅对高斯分布为零。比高斯更尖或更平坦的分别称为超高斯(峰度>0)或亚高斯(峰度<0)。负熵(negative entropy)的计算需要知道分布的概率密度函数(负熵=$-\mathbb{E}_x[\log p(x)]$),但可以通过实现的适当非线性函数来近似。

ICA 程序可分为四个步骤:
① 确定中心:$X \leftarrow X - \mathbb{E}[X]$。
② 白化(PCA):$\Sigma^{-1}U^T$。
③ 选择 n 个主成分。
④ 恢复 $\hat{S}$:识别 V。

两个预处理步骤使得 ICA 估计更简单,条件更好。首先,X 以其均值为中心($m = \mathbb{E}[X]$),从而使 X 成为零均值变量,便于协方差矩阵的计算。这完全是为了简化 ICA 算法:只需在程序最后添加 $A^{-1}m$,就可以将此平均值添加回估计 $\hat{S}$。

其次,输入通过 PCA 白化(whitened),如第 12.1 节所述。白化意味着变量被线性变换,使得它们变得不相关,并且具有单位方差。请注意,尽管单靠主成分分析不能用来估计图 12.2 中所示的独立成分,但这是独立成分分析的重要一步。

图 12.3 为矩阵 $A = U\Sigma V^{\mathrm{T}}$ 的奇异值分解(Singular Value Decomposition,SVD)的图形描述,假设 A 满秩。$V_{n \times n}$ 和 $U_{m \times m}$ 是旋转矩阵,$\Sigma_{m \times n}$ 是一个对角矩阵。红色和蓝色箭头是对应于矩阵 V 的列的矢量(A 的行空间的基)。请注意在每次连续操作期间,基是如何旋转、拉伸的。所有三个矩阵的运算组合与 A 执行的运算是等同的。定义 $W = V\Sigma^{-1}U^{\mathrm{T}}$ 为矩阵 A 的逆以相反的顺序执行每个线性运算。经原作者许可,转载自参考文献[13]。

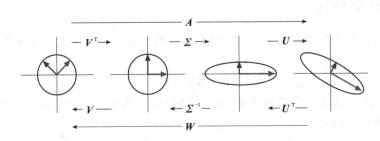

图 12.3　奇异值分解的图形描述(见彩图)

在数学上,X 的白化版本对应于由形成对角线矩阵 $\Sigma(Y)$ 的 Y_i 的标准偏差归一化的矢量 Y。因此,我们可以写下

$$X_{\mathrm{whitened}} = [\Sigma(Y)]^{-1/2}PX \tag{12.17}$$

在图 12.3 中,我们确定 U^{T} 作为 P。第一次检查时,我们希望将 Σ 定为 $[\Sigma(Y)]^{1/2}$。然而,矩阵 Σ 的维度为 $n \times m$,低于前面讨论的维度为 $m \times m$ 的矩阵 $[\Sigma(Y)]^{1/2}$,因为前面讨论过应满足 $m \geqslant n$。这意味着,在第三步,我们需要选择与 n 个第一主成分相对应的向量 X_{whitened} 的前 n 个成分。我们继续将 Σ 确定为 $I_{n \times m}[\Sigma(Y)]^{1/2}$。

重要的是要认识到,主成分分析不仅促进了算法其余部分的形成,而且还降低了从 $m \times m$ 求矩阵的逆到寻找 $n \times n$ 酉矩阵的分析的复杂性,这具有非常显著的实用优势(见 12.2.1 小节)。此外,降维通常具有降低噪声的效果。它还可以防止有时在 ICA 中观察到的过度学习[14]。事实上,在主成分分析之后,独立成分分析任务就等价于寻找与最大峰度或负熵方向相对应的最佳旋转矩阵 $V(\hat{S} = VX_{\mathrm{whitened}})$。

Hyvärinen 等人开发了一种称为 FastICA 的算法来求解 $V^{[14]}$。首先对 y 和 x 之间的互信息进行近似,然后设计了一种收敛于右方向向量 V 的稳健迭代算法,它依赖于能够计算出 y 的更复杂的非线性函数来逼近 y 的分布的负熵。

在第 12.3 节中,我们将讨论局部塑性规则的使用如何导致全局学习。在第 12.3.3 小节中,我们将讨论使用 Savin 等人首创的 STDP 和 IP 实现 ICA 的神经网络[5]。

12.3　使用 STDP 和 IP 的无监督学习

12.3.1　突触时间依赖性的可塑性

STDP 是一种高度并行的线性梯度下降算法,它倾向于最大化给定神经元输入和输出之间的互信息。它在每个连接上独立运行,因此按神经元数量乘以平均扇入数量成比例地扩展。在生物网络的背景下,它是一个自适应的生化系统,在通信神经元之间的突触或间隙运行。它的通用性和简单性允许它用于各种不同学习任务的监督和无监督学习[15],包括鸟鸣生成和学习[16]的模型,以及用于时空模式表示[17]、分类[18]和工作记忆[19]的基于延迟的机器学习。

控制 STDP 的规则如下:假设有两个神经元 i、j,使得神经元 i(突触前)通过权重 w_{ij} 连接到神经元 j(突触后)。如果神经元 i 在 t_{pre} 时激发,时间早于 j 在 t_{post} 时的激发,则 STDP 会加强它们之间的权重 w_{ij}。如果 j 激发时间早于 i,则 w_{ij} 就会随之减小。图 12.4 显示了权重 w_{ij} 随突触前和突触后神经元相对尖峰时间差 $\Delta T = t_{\text{post}} - t_{\text{pre}}$ 的变化。这在 ΔT 内,不对称的塑性曲线并不是唯一的一种学习规则。Hebbian 学习是对称可塑性的一个例子;然而,由于 $\Delta T = 0$ 处的急剧不连续,STDP 在超快时间尺度上更难实现。因此,我们关注 STDP,因为它需要光子实现,而其他学习规则可以在较慢的电子设备中实现。

图 12.4 为经典 STDP 的特点。给定边的权值的变化作为尖峰脉冲前和尖峰脉冲后时间的函数。经施普林格出版公司许可转载,来自参考文献[20]。

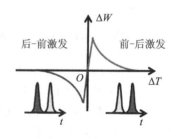

图 12.4　经典 STDP 的特点

如果一个强大的信号通过一个网络传播,则它传播的连接就会加强。正如 STDP 所指示的那样,由于前神经元 i 会在后神经元 j 之前激活,故它们之间的强度会增大。然而,神经元后放电或神经元前电位阻滞会降低相应的权重。作为一般规则,如果它们在决策树中是因果相关的,则 STDP 强调神经元之间的连接。

另外,也可以根据互信息(mutual information)来查看 STDP(见式(12.14))。在一个给定的网络中,神经元 j 可以从数千个其他通道接收信号。然而,神经元必须将这些数据压缩到一个单独的通道来输出。由于 STDP 加强了因果相关信号的权值,它会试图最小化神经元 j 的输入和输出通道中信息的差异,从而最大化输入和输出通道之间的互信息。

STDP 自然适合于无监督学习和聚类分析。在网络有序的输入后,STDP 将使神经信号相互关联,组织网络并指定不同的神经元以不同的模式或质量放电。对于监督学习,强制(forcing)输出单元在期望的值允许 STDP 关联输入和输出模式。由于 STDP 试图改变网络连接强度,以反映每个节点的输入和输出之间的相关性,故它将自动关联相关的例子,并为给定的任务塑造网络。

在生物网络中,STDP 机制受生物分子蛋白传递和受体的调控。这种机制存在于大脑的三维可塑结构中,以最佳的几何形状组织起来。不幸的是,光子技术的可扩展性无法与生物学相匹敌。由于 N 个神经元组成的平均度为 k 的网络有 $N \cdot k$ 个连接,故相应地需要 $N \cdot k$ 个 STDP 电路来调整每个连接。这对光子 STDP 提出了一个尺度上的挑战,因为集成的光子神经基元本身已经接近光的衍射极限,而且每个基元可能有许多输入。

12.3.2　内在可塑性

内在可塑性(Intrinsic Plasticity,IP)是指神经元调节神经峰速率分布的稳态机制。这可以解释为,由于某些学习任务,神经元的兴奋性属性发生了持续的变化。它可以通过一套自适应算法来建模,该算法只调节神经元的内部动力学特性,以保持放电速率[21]的指数分布。但也有人提出 IP 和 STDP 可以协同工作,在输入中找到稀疏方向[5,21]。

由于 IP 控制的是峰值动态,而不是连接强度,它的复杂性与神经元的数量(N)有关,并不构成重大的架构挑战。随着注入半导体的电流的变化,光子神经元的动力学特性发生变化,这为光子 IP 提供了一种潜在的机制。IP 算法与 STDP 的结合鼓励了网络的稳定性,并允许更高的应用程序多样性,包括 ICA[5]。

12.3.3　使用 SDTP 和 IP 进行独立成分分析

Savin 等人的研究表明,具有 STDP 规则、突触缩放(或权归一化)和特殊类型的 IP 的尖峰脉冲神经元可以产生高效的 ICA 求解器[5]。IP 规则通过优化三个参数(r_0、u_0 和 u_a)来优化神经元的传递函数,使神经元的放电速率呈指数分布。请参阅参考文献[5](方法)了解更多细节。此外,Hebbian 突触可塑性通过最邻近 STDP 实现,改变传入权重,并且突触缩放机制保持所有传入权重的总和随时间不变。

图 12.5 为一个分离问题:两个旋转的拉普拉斯方向。(a)为不同初始条件下权重的演化(w_1 用蓝色表示,w_2 用红色表示),$\alpha = \pi/6$,L^1 为权重归一化。(b)为初始权值 $w_1 = 0.4$、$w_2 = 0.6$ 时,每 1 000 ms 采样一次的瞬时放电速率 g 的演化。(c)为传递函数参数的变化,r_0 的单位为 Hz,u_0、u_a 的单位为 mV。(d)为不同旋转角度 α 的最终权重向量(红色)。在第一个例子中,归一化由 $\|w\|_{L^1} = 1$ 完成(估计的旋转角度为 $\alpha = \arctan(w_2/w_1) = 0.521\ 5$,而不是实际值 $0.523\ 6$);对于其他情况,则使

用 $\parallel w \parallel_{L^2} = 1$。在所有情况下，最终的权重向量都被放大了 5 倍，以提高可见性。根据知识共享署名许可（CCBY）获得许可，转载自参考文献[5]。

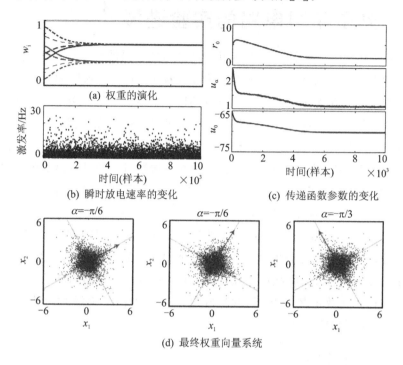

（a）权重的演化

（b）瞬时放电速率的变化

（c）传递函数参数的变化

（d）最终权重向量系统

图 12.5　一个分离问题：两个旋转的拉普拉斯方向（见彩图）

两个互相独立的随机变量服从单位方差拉普拉斯分布，可以进行混合检验。请注意，二阶相关不能知道独立性方向，因此单独的 PCA 将无法利用输入统计信息，而只会在输入空间中执行随机游走，因此无法通过分离测试。测试结果如图 12.5（a）所示，它描绘了不同起始条件下突触权重的演化。当 IP 规则调整神经元参数以使输出分布稀疏时（见图 12.5（b）、（c）），权重向量沿着源之一的方向对齐自身。有了这个简单的模型，它们能够像 ICA 的任何其他单元实现一样，对不同混合矩阵和不同权重约束（见图 12.5（d））的两个独立信号源的线性组合进行分离。

值得注意的是，这里介绍的机制与第 12.2.1 小节中讨论的机制不太相似，后者试图通过在低维空间上投影数据来找到高维空间的良好表示，方法是找到感兴趣的投影方向，将数据投影到一个较低维度的空间，并最大化一定的量，如互信息或数据分布的负熵。神经元能够通过 IP 机制完成这项任务，该机制将突触学习引导向输入中感兴趣的重尾方向。

这个数值实验是局部学习规则如何产生复杂信号处理任务的一个例子。未来的研究方向将阐明如何将计算神经科学界讨论的这些令人敬畏的特性设计成硬件神经系统。在第 12.4 节中，我们将讨论使用光电子电路的 STDP 和 PCA 任务的独立实验演示。

12.4 光子学习电路的实验进展

第 8 章中讨论的光子神经网络使用多路复用到广播波导中的相干光脉冲,神经元以广播和加权方案联网。该光子方案被有目的地设计为支持跨网络处理阶段的信息流的高带宽。突触连接可以通过基于微环谐振器的过滤器在物理上实现,其中光脉冲根据其波长进行无源加权。虽然信号带宽可以超过 GHz 速率,但学习可以在更慢的时间范围内进行。这一概念与模拟光子网络状态的电子控制相兼容:神经元的突触可塑性和 IP 都是电子控制的。例如,微环谐振器可以通过等离子体色散效应进行调谐,从而允许对每个滤光器的谐振波长进行电压控制。PNN 的行为,例如激发阈值,可以通过改变驱动增益区的电流泵来电调(见图 10.4)。

因此,可以根据高密度微电子学原理来实现自适应学习规则[22]。此外,成功实施主成分分析和独立成分分析将建立一个稳健的容错结构,在没有监督(without supervision)的情况下,可以将统计上独立的未知特征与电子链路引起的噪声背景或干扰分开。在神经元放电的背景下,我们在这一部分讨论了突触时间依赖性可塑性(STDP)和内在可塑性(IP)。

12.4.1 光子 PCA

先前在 MWP 滤波[23]、波束成形[24]和信道估计[25]方面的工作包括高带宽模拟信号处理。神经科学界推崇的寻找第一主成分的最快、最简单的迭代方法之一是 Oja 定律,这在第 12.1.1 小节中已经进行了讨论。最近有研究使用波分复用加权加法演示了对光子信号的迭代 PCA 学习[26-27]。

初步的台式实验证明了算法的稳健性[27]。输入信号被构造为具有系统应该收敛到的已知第一 PC 权重向量。然后,为了达到收敛的目的,用最坏情况下的权值向量对系统进行初始化。当收敛的权重向量与期望的第一次 PC 加载进行比较时,算法被运行 40 个迭代步骤。我们选择数字 40 是保守的,收敛步数通常在 10~15。这些运行之一的例子可以在图 12.6 中看到。

研究人员对 290 种不同的输入进行了重复实验,在 90% 以上的情况下获得了良好的收敛(见图 12.7)。我们观察到,性能不依赖于 PC 系数的取向。它只取决于 R 的大小,即第一和第二主成分方差 λ_1/λ_2 之间的比率。

噪声的存在和权重库中有效权重的不准确控制阻止了系统对所有 R 达到完美接近 100% 的精度。噪声主要来自电子元件,因为我们观察到热噪声压倒了放大的自发辐射。更重要的是,不准确的命令,在 $R<1.2$ 的情况下,可能会导致收敛到不

同的 PC 或 PC 的线性组合。通过将系统集成到光电芯片上,可以最大限度地减少这两种影响,偏振漂移更小,WDM 通道之间的可变性更小,对过滤器和交叉饱和的控制更精确[28]。

与标准 DSP 相比,WDM 方法提供了扩展扇入的可能性,而不会在加权加法操作中严重危害带宽。C 频段和 L 频段的组合可以支持在约 10 GHz 下运行的 200 个信道的同时传输和被动加权[29-30]。单个 PD 通过将所有通道的总光功率转换为光电流来执行加法。用于第一 PC 提取的最终光电子电路需要每个通道有一个调制器、一个滤波器和一个 PD,所有这些都应与每个输入通道具有相同的带宽要求。

图 12.6 为 13 Gbaud 位模式的 PCA 任务示例,准确率为 93%。(a)为权重库之前的调制波形。为了清楚起见,我们仅显示了 8 个通道中的 3 个。该电路使用逐位相关的宽带 NRZ 信号进行了测试。虽然我们使用带有马尔可夫序列的 NRZ 信号进行测试,但在整个实验过程中,我们将它们视为模拟波形。(b)为在完成 PCA 任务后,将测量的第一个 PC 波形与 SVD 计算的波形进行比较。版权所有:2016 年,IEEE。经 Ferreira 等人许可转载,来自参考文献[27]。

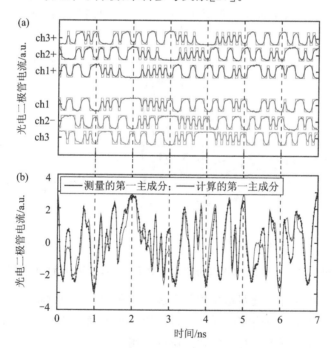

图 12.6 13 Gbaud 位模式的 PCA 任务示例(见彩图)

在这里,调制器和 PD 最终施加每个通道的带宽限制。然而,我们注意到,商用组件已经提供了数十 GHz 的带宽。这样的设备可能是具有大量高带宽输入的 DSP 系统的重要前端。

人们可以预期来自天线阵列的信号的部分相关性会随着时间而漂移。例如,在认知无线电盲源分离（Blind-Source Separation, BSS）环境中，这可能是由移动源引起的。因此，电路必须学习并自我调整以适应这些新条件。在参考文献［27］中，控制器被编程到桌面 CPU 中，将时间步长限制在大约 1 s。但是，专用的现场可编程门阵列（Field-Programmable Gate Array, FPGA）可以在数十微秒内完成相同的任务，从而将收敛时间提高到亚毫秒级。图 12.8 描绘了一个实时执行 Oja 定律（见方程（12.11）的光电电路。较短的收敛时间将允许使用光电电路实时跟踪非固定 PC[31]。

图 12.7 为实验性 PCA 任务的 290 次运行的准确性分析。（a）为直方图将精度 p（预测和测量的 PC 权重向量之间的点积平方）和 R（第一和第二特征值之间的比率）关联起来。直方图根据 R 的五分位数进行分箱——每个箱包含许多不同的马尔可夫记忆函数，映射到相同的 R 范围。实验性 PCA 任务准确地（$p > 0.9$）收敛到 $R > 1.2$ 的正确权重，这意味着第一个 PC 比第二个 PC 更"突出"20%。低准确度可以解释为缺乏收敛或收敛到错误的 PC。（b）为（a）中直方图最右边的柱形（深蓝色）中包含 51 个权重向量。为清楚起见，突出显示了 4 个示例。权重向量被投影到一个方便的平面上，该平面突出了由不同马尔可夫参数生成的探索权重向量的空间多样性。版权所有：2016 年，IEEE。经 Ferreira 等人许可转载，来自参考文献［27］。

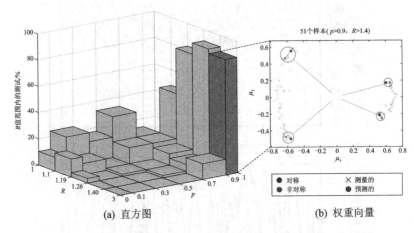

(a) 直方图　　　　　(b) 权重向量

图 12.7　实验性 PCA 任务的 290 次运行的准确性分析（见彩图）

低收敛时间将允许系统跟踪相控阵系统中的移动源。通过将硅光子学的能力与 CMOS 上的快速模拟电子学相结合，我们预计收敛速度会更快三个数量级，从而在射频信号处理和神经形态计算中实现广泛的应用[10]。

12.4.2　光子 STDP

人工 STDP 已在 VLSI 电子学[33]领域中进行了探索，最近，人们提出[34]并展示了忆阻纳米器件[35]。一些正在进行的微电子项目寻求开发基于该技术的硬件平台[36-37]。神经形态处理的模拟性质和对噪声的抵抗力自然补充了纳米器件的高可变性和故障率[38]。预计该技术将导致具有比人类皮质组织更高连接密度的自适应尖峰脉冲网络[39]。Fok 等人首先在光域中探索了 STDP[40]。其论文中演示的第一个光学 STDP 电路如图 12.8 所示。

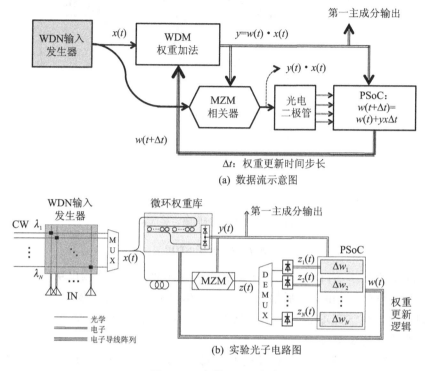

(a) 数据流示意图

(b) 实验光子电路图

图 12.8　光学 STDP 电路

图 12.8 中((a) 为 Hebbian 学习规则的数据流示意图。(b) 为宽带在线 PCA 的实验光子电路图。N 个输入电信号($x(t)$)的阵列通过功率调制被编码为多波长连续波(CW)光。通过波分复用(WDM),所有单波长光波都被引导到一个波导中。加权加法($w(t)x(t)$)由一组可调谐微环谐振器滤波器执行,如参考文献[28]中所述,加上两个快速平衡的光探测器,将所有加权输出相加成无偏的交流电压信号。输出 $y(t)$ 用于调制 Mach-Zehnder 调制器(Mach-Zehnder Modulator,MZM)以在多路复用光波中产生 $z(t)$。解复用后,$z(t)$ 被送入 N 个相同的权重更新电路(灰色框),其输入为 $z_i(t)$ 和 $y(t)$,输出为 $w_i(t)$。详细的权重更新电路是使用带有集成 FPGA 的可编程片上系统(PSoC)实现的。此设计假设有效主成分不会在 0.1 ms 的时间段内快速演变,这对于考虑的应用程序是合理的。版权所有:2015 年,IEEE。经 Ferreira 等人许可转载,来自参考文献[31]。

图 12.9 为此实现使用两个自由载波积分器(即一个 SOA 和一个 EAM)和光学求和来创建类似指数的响应函数。产生的响应入射到光探测器上,光探测器调节电子电路以控制两个神经元之间的重量。

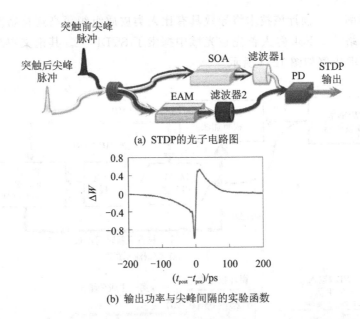

(a) STDP的光子电路图

(b) 输出功率与尖峰间隔的实验函数

图 12.9 光子 STDP

图 12.9 为光子 STDP。(a)为 STDP 的光子电路图;(b)为输出功率与尖峰间隔的实验函数。突触前和突触后输入相互交叉相位调制,时间常数由 SOA 和 EAM 确定,以给出特征 STDP 曲线。版权所有:2013 年,美国光学学会。经 Fok 等人许可转载,来自参考文献[32]。

虽然权重的电子调整可以在较慢的时间尺度上发生,但 STDP 在 $\Delta t = 0$ 时的尖锐不对称响应需要脉冲宽度数量级的光学时间精度才能有效。响应函数的形状可以通过各种控制参数进行动态调整(见图 12.10)。这种光子 STDP 设计可以集成,但对多达 $N \cdot k$ 个独立单元的特殊需求限制了整个系统的可扩展性。电子产品中提出类似 STDP 的器件,例如纳米交叉阵列中的忆阻器[38],通过极小的纳米器件(纳米级)克服了这种缩放挑战。基于电子光学、光子晶体[41]或等离子[42]技术的 STDP 的新实现对于支持完全适应性的扩展可能变得很重要。每个连接在没有监督的情况下适应的要求也可以放宽,例如,通过将系统组织为液态机(Liquid State Machine,LSM)或其他储层架构[43]。

图 12.10 为光子 STDP 实验结果。EAM 和 SOA 中的可调参数可以动态改变 STDP 电路的特性。版权所有:2013 年,美国光学学会。经 Fok 等人许可转载,来自参考文献[32]。

最近,在配备有这种光子 STDP 的光子神经元上实施了一种监督学习方案,其中教师信号确定神经元应如何发射尖峰脉冲以响应其输入(见图 12.11)[44]。图 12.11(a)描述了积分前的加权输出,图 12.11(b)显示了光子神经元输出,图 12.11(c)显示了教师信号。

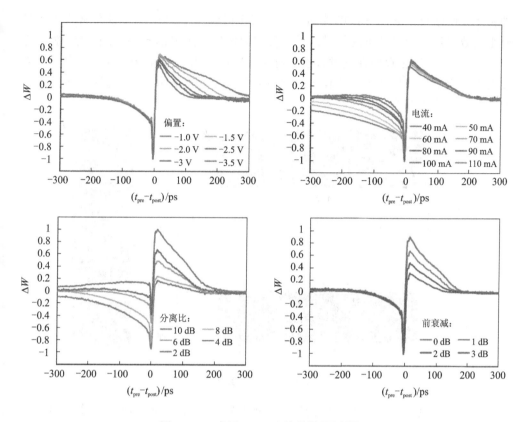

图 12.10 光子 STDP 实验结果(见彩图)

图 12.11(d)说明了由 STDP 电路确定所需的相应权重变化。最初,在图 12.11(a)i 中,互连强度太弱,光子神经元发出不理想的输出,如图 12.11(b)i 所示。根据光子神经元输出和教师信号的响应(见图 12.11(c)),STDP 电路将发送一个信号来指示是否需要增加或减少权重,如图 12.11(d) 所示。在第一种情况下,需要增加权重(见图 12.11(d)i)。另一方面,如果权重太弱(见图 12.11(a)ii),光子神经元也会有错误的输出,如图 12.11(b)ii 所示。启用光学 STDP 后,光子神经元根据 STDP 电路的结果通过发送信号(见图 12.11(d))自动调整互连强度以调整权重。图 12.11(a)iii 和 (b)iii 显示了从教师信号那里学习后的光子神经元输出,表明设备已经根据 STDP 输出进行了自我调整,并且正如教师信号所期望的那样发出尖峰脉冲。在学习阶段之后,教师信号被移除,处理器继续按照教师信号的指示发出脉冲,如图 12.11(b)iii 所示。

合并加权加法和 STDP 函数是迈向基于 STDP 的光子神经元学习规则的下一个合乎逻辑的步骤。基于 STDP 的学习,无论是有监督的还是无监督的,都非常适合模式识别。例如,配备 STDP 学习的单个 LIF 神经元能够检测任意时空尖峰模式,即使这些模式嵌入在同样密集的噪声尖峰序列中[45]。具有随机互连和固定延迟的神经元网络可以通过 STDP 学习自组织成多时组[17]。网络中可以存储的共存多时组的数量远远超过节点的数量。对于具有固定连接延迟的脉冲神经网络,学习的产物——记忆,完全存储在突触权重中,在我们的例子中可以电子记录。近太赫兹速度的模式识别显著扩展了当前技术的射频信号处理带宽能力,可能允许射频指纹识别和认知无线电等应用[46-48]。

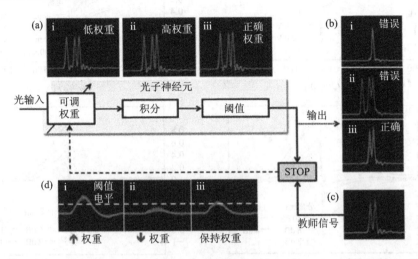

图 12.11   实验结果

图 12.11 为基于光学 STDP 的脉冲处理装置(光子神经元)自动增益控制的实验结果。(a)为在光子神经元积分之前的加权输出。(b)为光子神经元输出。(c)为教师信号。(d)为来自 STDP 的指示权重变化的指令信号。i 为权重太低。ii 为权重太高。iii 为学习后的正确权重。版权所有:2016 年,IEEE。经 Toole 等人许可改编并转载,来自参考文献[44]。

12.5   参考文献

[1] Mahon S, Casassus G, Mulle C, et al. Spike-dependent intrinsic plasticity increases firing probability in rat striatal neurons in vivo. J. Physiol, 2003, 550 (Pt 3): 947-959.

[2] Stellwagen D, Malenka R C. Synaptic scaling mediated by glial tnf—[alpha]—. Nature, 2006, 440(7087): 1054-1059.

[3] Linsker R. Self-organization in a perceptual network. Computer, 1988, 21(3): 105-117.

[4] Chechik G. Spike-timing-dependent plasticity and relevant mutual information maximization. Neural Computation, 2003, 15(7): 1481-1510.

[5] Savin C, Joshi P, Triesch J. Independent component analysis in spiking neurons. PLoS Computational Biology, 2010, 6(4): e1000757.

[6] Abbott L F, Nelson S B. Synaptic plasticity: Taming the beast. Nat. Neuroscience, 2000, 3: 1178-1183.

[7] Oja E. Principal components, minor components, and linear neural networks. Neural Networks, 1992, 5(6): 927-935.

[8] Jolliffe I T. Principal Component Analysis, 2nd ed. New York: SpringerVerlag, 2002.

[9] Shastri B J, Tait A N, Nahmias M A, et al. Photonic spike processing: ultrafast laser neurons and an integrated photonic network. IEEE Photonics Society Newsletter, 2014: 4-11.

[10] Do-Hong T, Russer P. Signal processing for wideband array applications. IEEE Microwave Magazine, 2004, 5(1): 57-67.

[11] Capmany J, Ortega B, Pastor D. A Tutorial on Microwave Photonic Filters. Journal of Lightwave Technology, 2006, 24(1): 201-229.

[12] Hyvärinen A, Karhunen J, Oja E. Independent Component Analysis. John Wiley & Sons, Inc., 2001.

[13] Shlens J. A tutorial on independent component analysis. arXiv preprint arXiv: 1404.2986, 2014.

[14] Hyvärinen A, Oja E. Independent component analysis: Algorithms and applications. Neural Networks, 2000, 13(4-5): 411-430.

[15] Shastri B J, Levine M D. Face recognition using localized features based on non-negative sparse coding. Mach. Vision Appl., 2007, 18(2): 107-122.

[16] Fiete I R, Seung H S. Neural network models of birdsong production, learning, and coding//Squire L, Albright T, Bloom F, et al. New Encyclopedia of Neuroscience. Elsevier, 2007.

[17] Izhikevich E M. Polychronization: Computation with spikes. Neural Computation, 2006, 18(2): 245-282.

[18] Paugam-Moisy H, Martinez R, Bengio S. Delay learning and polychronization for reservoir computing. Neurocomputing, 2008, 71(7-9): 1143-1158.

[19] Szatmary B, Izhikevich E M. Spike-timing theory of working memory. PLoS Computational Biology, 2010, 6(8): e1000879.

[20] Tait A N, Nahmias M A, Tian Y, et al. Photonic neuromorphic signal processing and computing//M. Naruse. Nanophotonic Information Physics, ser. Nano-Optics and Nanophotonics. Berlin, Heidelberg: Springer-Verlag, 2014: 183-222.

[21] Triesch J. A gradient rule for the plasticity of a neuron's intrinsic excitabil-336 Neuromorphic Photonicsity//Proceedings of the 15th International Conference on Artificial Neural Networks: Biological Inspirations - Volume Part I, ser. ICANN'05. Berlin, Heidelberg: Springer-Verlag, 2005: 65-70.

[22] Orcutt J S, Moss B, Sun C, et al. Open foundry platform for high-performance electronicphotonic integration. Optics Express, 2012, 20(11): 12222-12232.

[23] Capmany J, Mora J, Gasulla I, et al. Microwave Photonic Signal Processing. Journal of Lightwave Technology, 2012, 31(4): 571-586.

[24] Chang J, Fok M P, Corey R M, et al. Highly Scalable Adaptive Photonic Beamformer Using a Single Mode to Multimode Optical Combiner. IEEE Microwave and Wireless Components Letters, 2013, 23(10): 563-565.

[25] Baylor M, Anderson D Z, Popovic Z. Holographic Blind Source Separation at Radio Frequencies//Controlling Light with Light: Photorefractive Effects, Photosensitivity, Fiber Gratings, Photonic Materials and More. Optical Society of America, 2007: TuB1.

[26] Tait A N, Chang J, Shastri B J, et al. Demonstration of WDM weighted addition for principal component analysis. Optics Express, 2015, 23(10): 12758.

[27] Ferreira de Lima T, Tait A N, Nahmias M A, et al. Scalable Wideband Principal Component Analysis via Microwave Photonics. IEEE Photonics Journal, vol. In press, 2016.

[28] Tait A, Ferreira de Lima T, Nahmias M, et al. Continuous calibration of microring weights for analog optical networks. Photonics Technology Letters, IEEE, 2016(99): 1-4.

[29] Yamawaku J, Takara H, Ohara T, et al. Simultaneous 25 GHz-spaced DWDM wavelength conversion of 1.03 Tbps (103×10 Gbps) signals in PPLN waveguide. Electronics Letters, 2003, 39(15): 1144-1145.

[30] Yamada E, Takara H, Ohara T, et al. 106 channel × 10 Gbps, 640 km DWDM transmission with 25 GHz spacing with supercontinuum multi-carrier source. Electronics Letters, 2001, 37(25): 1534-1536.

[31] Ferreira de Lima T, Tait A N, Shastri B J, et al. Proposal for CMOS-compatible optoelectronic integrated circuit for online wideband PCA//2015 IEEE Summer Topicals Meeting Series (SUM), IEEE, 2015, 2: 97-98.

[32] Fok M P, Tian Y, Rosenbluth D, et al. Pulse lead/lag timing detection for adaptive feedback and control based on optical spike-timing-dependent plasticity. Optics Letters, 2013, 38(4): 419-421.

[33] Indiveri G, Chicca E, Douglas R. A vlsi array of low-power spiking neurons and bistable synapses with spike-timing dependent plasticity. Trans. Neur. Netw., 2006, 17(1): 211-221.

[34] Snider G S. Spike-timing-dependent learning in memristive nanodevices. Principles of Neural Network Learning 337 in Proceedings of the 2008 IEEE International Symposium on Nanoscale Architectures, ser. NANOARCH'08. Washington, DC, USA: IEEE Computer Society, 2008: 85-92.

[35] Jo S H, Chang T, Ebong I, et al. Nanoscale memristor device as synapse in neuromorphic systems. Nano Letters, 2010, 10(4): 1297-1301.

[36] Merolla P, Arthur J, Akopyan F, et al. A digital neurosynaptic core using embedded crossbar memory with 45pJ per spike in 45nm//Custom Integrated Circuits Conference (CICC), IEEE, 2011: 1-4.

[37] Seo J, Brezzo B, Liu Y, et al. A 45nm CMOS neuromorphic chip with a scalable architecture for learning in networks of spiking neurons//Custom Integrated Circuits Conference (CICC), IEEE, 2011: 1-4.

[38] Snider G S. Self-organized computation with unreliable, memristive nanodevices. Nanotechnology, 2007, 18(36): 365202.

[39] Snider G S. Cortical computing with memresistive nanodevices. SciDAC Review, 2008, 10: 58-65.

[40] Fok M P, Tian Y, Rosenbluth D, et al. Asynchronous spiking photonic neuron for lightwave neuromorphic signal processing. Optics Letters, 2012, 37 (16): 3309-3311.

[41] Joannopoulos J D, Villeneuve P R, Fan S. Photonic crystals. Solid State Communications, 1997, 102(2-3): 165-173.

[42] Ozbay E. Plasmonics: Merging photonics and electronics at nanoscale dimensions. Science, 2006, 311(5758): 189-193.

[43] Wojcik G M, Kaminski W A. Liquid state machine built of hodgkinhuxley neurons and pattern recognition. Neurocomputing, 2004, 58-60: 245-251.

[44] Toole R, Tait A N, de Lima T F, et al. Photonic implementation of spike-timing-dependent plasticity and learning algorithms of biological neural systems. Journal of Lightwave Technology, 2016, 34(2): 470-476.

[45] Masquelier T, Guyonneau R, Thorpe S J. Spike timing dependent plasticity finds the start of repeating patterns in continuous spike trains. PLOS ONE, 2008, 3(1).

[46] Akyildiz I F, Lee W Y, Vuran M C, et al. Next generation/dynamic spectrum access/cognitive radio wireless networks: A survey. Computer Net-

works，2006，50(13)：2127-2159.

[47] Haykin S. Cognitive radio：Brain-empowered wireless communications. IEEE Journal on Selected Areas in Communications，2005，23(2)：201-220.

[48] Supradeepa V R，Long C M，Wu R，et al. Comb-based radiofrequency photonic filters with rapid tunability and high selectivity. Nature Photonics，2012，6(3)：186-194.

第 13 章
光子储层计算

　　储层计算是神经网络模型的一个子集。在这个框架中,一个固定的、递归的非线性节点网络执行多种计算,线性分类器从中提取最有用的信息来执行给定的算法。这些系统保持了神经网络的许多优点,包括适应性和对噪声的鲁棒性。在硬件环境中,与传统的神经网络模型相比,储层需要少得多的可调元素就能有效运行。即使是简单的物理系统也可以代表更复杂的虚拟网络,从而执行各种复杂的任务。在过去的几年里,人们利用光子信号令人难以置信的带宽和速度,建造了储层计算机。这些"光子储层"利用光复用策略形成高度复杂的虚拟网络。实验证明,系统在各种领域都显示出了最先进的性能,包括语音识别、时间序列预测、布尔逻辑运算和非线性信道均衡。在本章中,我们回顾了该领域的最新进展和成果。

13.1　储层计算

　　储层计算(RC)的一个核心原则是,复杂过程是在介质中产生的,其行为不一定被理论理解。相反,"储层"产生大量的复杂过程,并训练储层信号的线性组合来近似一个所需的任务[1]。为了得到用户定义的行为,储层不需要建模或编程,而是依赖于有监督的机器学习技术来实现简单的线性分类器。这对于那些整体行为复杂但难以建模或对应于理论行为的系统是有利的。符合这种描述的物理系统种类繁多,而储层的概念使它们极有可能应用于广泛的信息处理任务[2]。

　　这种对内部理论的盲目性也可以看作是 RC 的一种权衡。需要一个更大的储层来达到相同的精度以完成给定的任务,这也可以通过编程或储层内的可塑性来实现。这在一定程度上是由于随着储层尺寸的增大,生成过程急剧增长。从某种意义上来说,这种方法的效率随着所需任务的复杂性而变得更差,因为生成后再未使用的进程的数量会组合增长,而使用的进程数量则保持不变。

　　图 13.1 为前馈(左侧)与递归神经网络(右侧)架构的比较,灰色箭头表示可能的

计算方向。改编自参考文献[3]。

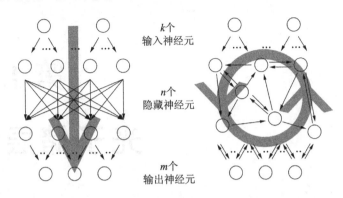

图 13.1　前馈与递归神经网络架构的比较

副作用过程的组合增长也会使通过监督学习找到正确过程变得复杂化。输出特征向量的维数随着储层变量数量的增加而增加,维数可能是已知机器学习方法收敛速度的关键限制因素。

13.1.1　线性分类器和储层

传统的 RC 实现通常由三个特征部分组成:输入层、储层和输出层,如图 13.1 所示。输入通过随机连接的输入层以固定的权重值耦合到储层中的 N 个节点。储层本身由大量的非线性节点组成,这些节点用固定的权重值随机互连,构成一个递归网络;也就是说,储层不受训练。该网络在输入信号的影响下表现出瞬态响应。

在机器学习中,目标可能是训练一个系统将输入分类为离散的类,或者在给定 x 形式的输入特征向量时估计输入的函数。将一个向量简化为单个输出的最简单的方法是使用线性点积。在训练阶段,将一组已知期望输出的训练样本与实际输出进行比较。通过一些学习更新规则,权值向量收敛到近似于目标函数。对于一个分类任务,将加权加法的输出与一个阈值函数 f 进行比较,表示两个不同的类别。在这种情况下,权值训练可以被可视化为一个分离的超平面,平面一侧有一个类的所有示例,反之亦然。线性方法的一个明显的局限性是它只能近似线性函数,并且只有在类之间存在超平面时才能成功分类。

储层系统的输出层是一个线性分类器。它通过储层节点状态 $x_j(t)$ 的线性加权和来读出这些动态响应。输出 $y(t)$ 具有以下形式:

$$y(t) = f\left[\sum_{j=1}^{N} w_j \cdot x_j(t)\right] \tag{13.1}$$

式中,系数 w_j 是输出层的权重。在 RC 中,目标是采用输入信号的特定非线性变换来区分一组输入数据的,即通过特征识别对输入进行分类。这是通过首先训练 RC 来完成的。在 RC 问世之前,RNN 并没有被广泛使用,因为它们是出了名的难以训练[4]。RC 通过保持连接的固定来规避这一挑战。该系统的唯一训练是优化线性分类器的权重 w_i，这并不影响储层本身的动态。通过这种方式，RC 可以被推广，即处理看不见的输入或将它们归为之前学习过的类[4]。

例如，两个变量的与(AND)运算可以通过一个如下形式的线性分类器来实现：

$$y_{AND}(x_1,x_2)=f(b+x_1+x_2) \tag{13.2}$$

式中，N 是输入的数量，f 是零阈值的赫维赛德(Heaviside)阶跃函数，$x_i \in \{-1,1\}$ 是二进制输入特征。偏置 $-2<b<0$ 使得只有 $(1,1)$ 输入低于零阈值。这个公式被称为线性分类器，因为分类器 θ 以方程(13.1)的形式作用于输入的线性组合；换句话说，与(AND)运算是一个线性可分的问题。

1. 核方法

在机器学习的环境中，储层的概念可以被认为是一种核方法(kernel method)。核是一种非线性映射，它可以位于线性分类器之前，其中原始输入的新的非线性组合被视为不同的输入。这增强了它们分离不同类别样本的能力。

一个非线性可分离的分类问题的一个例子是"异或"(XOR)操作。输入特征的非线性组合可以用来增加特征空间的维度，从而实现线性可分。在"异或"的情况下，取原始输入的乘积，然后新的特征空间变成 (x_1,x_2,x_3)，其中 $x_3=x_1 x_2$。那么，线性分离器便表示为

$$y_{XOR}(x_1,x_2,x_3)=f(-x_3) \tag{13.3}$$

式中，f 是相同的赫维赛德阶跃函数。图 13.2 演示了一个简单的示例。在图 13.2 中，不能用一条线将红色的星星和黄色的球分隔开。通过将原始输入映射到图 13.2 中的三维空间，$z=0$ 平面现在可以分离类。在这种情况下，z 正好对应于式(13.3)中的 x_3。

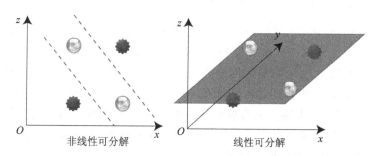

图 13.2　非线性可分解和线性可分解图(见彩图)

图 13.2 为非线性可分解和线性可分解图。众所周知，从低维空间到高维空间的非线性映射有利于分类。这可以用一个简单的例子来说明：在左图中描述了一个二维的输入空间，其中黄色的球和红色的星星不能用一条直线分开。通过一个非线性映射到一个三维空间，如右图所示，球和星星可以被单个线性超平面分开。可以证明，空间的维度越高，数据就越有可能线性可分，参见参考文献[5]。RC 实现了这个

想法：输入信号通过储层的瞬态响应非线性地映射到高维储层状态。此外，在 RC 中，输出层是内部节点状态权重可调的线性组合。因此，如图 13.2 所示，通过线性超平面实现了读出和分类。经麦克米伦出版社有限公司许可转载，来自参考文献[4]。版权所有：2011 年，麦克米伦出版社有限公司。

2. 储 层

储层技术是核方法的扩展，因为它们在经过训练的线性分类器之前生成原始输入的非线性函数。一个不同之处在于，这些功能极其繁多，既没有程序化，也没有明确的已知。另一个不同点在于，储层处理的输入通常是连续时间信号，而不是离散的特征向量。因此，储层产生了大量的非线性动力学过程（processes），而不是输入的非线性函数。

储层产生大量的非线性变换，当进行线性滤波时，可以提供有用的非线性功能。为了有效地做到这一点，储层必须有几个关键特性。首先，它应该将输入信号映射到高维状态空间，而不丢失信息。其次，为了允许在时域内进行非线性操作，储层应该具有短期记忆。这个属性足以处理只有最近的与手头的处理任务相关的时间序列。此外，这种短期记忆可以用来对抗噪声的影响。这方面的一个简单的例子是低通滤波。再次，储层对密切相关的输入不能过于敏感。如果动态响应随着输入的变化而变化得太快，那么任何分类任务都可能无法正确地将一组输入分配给同一分类组。可以根据这些竞争要求来计算储层的性能。通常，储层是基于一些参数来定义的，如特征时间或连接性反馈强度，可以用于优化其运行性能。Appeltant 等人根据经验论证，当储层参数接近分岔点但在没有输入的情况下产生稳定的状态时，通常可以满足这些要求。

13.1.2　基于网络的储层计算

递归神经网络（RNN）是解决复杂时间机器学习任务的强大工具[1]，这些任务对于基于冯·诺伊曼架构的传统计算平台来说，在计算上是困难的。与激活通过网络从输入"管道"传输到输出的前馈网络相比，RNN 有（至少一个）突触连接的循环路径[6]（见图 13.1）。从生物学的角度来看，RNN 很有吸引力，因为所有的生物神经网络都是循环的。RNN 有能力对高度非线性的系统进行建模，通过实例学习，并在时间和空间上下文中处理信息[7]。它们已经被证明对于常见的激活函数是图灵完备的[8]，并且可以近似有限状态自动机[9]。

图 13.3 为基于递归神经网络的经典储层计算方案的演示。经麦克米伦出版社有限公司许可转载。来自参考文献[4]。版权所有：2011 年，麦克米伦出版社有限公司。

RNN 用下面的状态方程来描述，其中有多个具有状态向量 $\boldsymbol{x}$ 的节点。

$$\frac{\mathrm{d}\boldsymbol{x}(t)}{\mathrm{d}t} = f\left[\boldsymbol{W}_{\mathrm{in}}\boldsymbol{u}(t) + \boldsymbol{W}\boldsymbol{x}(t)\right] \tag{13.4}$$

式中，f 为饱和非线性函数，$\boldsymbol{W}_{\mathrm{in}}$ 为输入权重矩阵，$\boldsymbol{u}(t)$ 为输入，$\boldsymbol{W}$ 为递归互连矩阵。

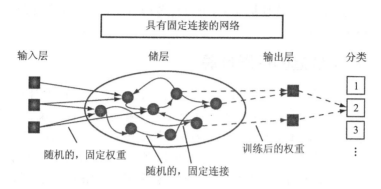

图 13.3　基于递归神经网络的经典储层计算方案的演示

神经网络可以被视为储层,因为它们产生了大量的复杂操作。虽然神经网络确实存在各种无监督可塑性理论,但一般来说,储层框架不需要依赖储层内神经可塑性概念(尽管参考文献[10]中研究了例外情况)。相反,输出线性分类层通过监督学习进行训练,以选择所需的信号组合。大型 RNN 储层的实际应用仍然是一个挑战,因为它们的成功取决于它们对于大量的输入单元或大量的神经元单元不能进行简单的训练或优化——因为学习规则数量有限[6,11-12],没有明确的突出者,而且大多存在收敛速度慢的问题[1]。为了克服这些局限性,出现了独立的建议(有类似的解决方案)。

Maass 等人[13]和 Jaeger[6]独立地提出了类似的方法,作为 RNN 的替代框架用于神经元计算,以实时执行感官输入的时间和时空信息处理。Maass 等人的液态机(Liquid State Machine, LSM)和 Jaeger 的回声状态网络(Echo State Networks, ESNs)需要采用具有固定(未经训练)权重的大型分布式动态隐随机递归网络,称为储层(reservoir)。自适应仅限于读取,其中任何类型的分类器或回归器,从感知器[14]到支持向量机(SVM)[15],都可以用来生成输出。这种类型的读取函数具有一些令人信服的优势——它大大降低了在实际应用中训练 RNN 的复杂性,并避免了以前 RNN 的多层梯度下降优化的生物学不可信性[16],同时保持了执行上下文相关计算的能力[1-2,17]。

LSM 和 ESN 在构成储层的节点类型上有所不同。LSM 中的储层或"液体"通常是由尖峰脉冲的泄漏、整合和发射(LIF)神经元模型构建的,而 ESN 中的储层通常是由模拟的 S 形神经元构建的。正如 Jaeger[6]所总结的,LSM 通过对神经网络中的动态和表征现象进行建模来争取生物正确性,而 ESN 更多地针对工程应用。另一个区别在于读取机制。在 LSM 中考虑了许多读取机制,包括经过训练的前馈网络,而 ESN 通常使用单层读取单元。LSM 已经在机器人技术中得到了应用,可以执行目标跟踪和运动预测[18]或事件预测[19],实时控制机器人[3,20],以及控制模拟机器人手臂[21]等。ESN 的应用包括强化学习[22]、语音识别[23-25]或噪声建模[26]。

储层计算机不一定需要是神经形态的,只要作为储层的衬底产生足够的复杂性,即受到输入影响即可。从硬件的角度来看,实现一个由大量互联节点组成的神经网络是一个实际的挑战。在这种情况下,下一小节的重点是基于 RC 机器学习范式的信息处理的最小化方法。

13.1.3 基于延迟的储层计算

Fischer 团队[2,4,27]提出了一种完全不同的方法,即最小化设计(minimal design),它在不影响性能的情况下极大地简化了基本概念和硬件实现。在该方案中,研究人员采用了一个简单的非线性动态系统,该系统受限于一个具有延迟的自反馈回路。也就是说,他们提出了一个包含单个延迟耦合节点而不是整个网络的系统,该系统可以用作储层处理器。该方案的主要目的是阐明高效信息处理的基本组成部分和简单的硬件实现,而不打算代表一个脑回路[2]。研究发现,通过将 RC 方法简化为其基本原理,简单动态系统的非线性瞬态响应可以以前所未有的速度进行高效的信息处理。时延系统因其对产生复杂动态过程的最小硬件要求而成为 RC 的理想候选系统。虽然言简意赅,但低级的物理模型很少提供对整体行为的见解。储层的概念可以利用这些复杂的动力学原理,而不需要严格的理论建模和编程。

图 13.4 为基于具有延迟和时间复用的单个非线性节点的储层计算示意图。虚拟节点被定义为沿着延迟线的时间位置。经麦克米伦出版社有限公司许可转载,来自参考文献[4]。版权所有:2011 年麦克米伦出版社有限公司。

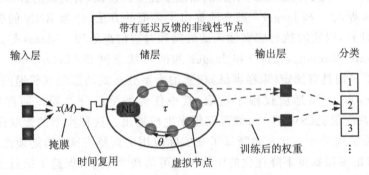

图 13.4 基于具有延迟和时间复用的单个非线性节点的储层计算示意图

Appeltant 等人[4]利用具有延迟反馈的非线性节点说明了这种 RC 方案的一般概念,如图 13.4 所示。它类似于图 13.3 中所示的经典 RC 方案,因为它也有三层,包括输入层、储层和输出层,但却有明显的区别。在基于延迟的 RC 中,具有循环连接的非线性节点的空间分布(这是传统 RC 中的典型特征)被一个具有延迟自反馈的动态节点取代[4]。也就是说,自反馈回路引入了基于延迟的储层中的递归连接。在这里,储层是通过将反馈回路划分为等距时间位置上被称为虚拟节点(virtual nodes)或虚拟节点的状态来获得的。然后,可以利用时分复用对复杂系统进行建模。虚拟节点大致类似于常规储层中的空间分布节点[2]。

时延递归储层将节点表示为线性单位延迟。与受神经元启发的储层(式(13.4))

相反,时延递归储层可以被描述为

$$\begin{cases} x_0(t) = f[u(t) + \beta x_{N-1}(t-\theta)] \\ x_{n>0}(t) = x_{n-1}(t-\theta) \end{cases} \tag{13.5}$$

式中,x_0 是具有非线性响应的 f 的唯一输入节点,$u(t)$ 是输入信号,β 是回路反馈振幅,下标 $n<N$,表示延迟环路周围不同点处的虚拟线性"节点"。节点间时延为 θ,它等于总环路时延 τ 除以 N。请注意,时间维度 t 数学上已经被投影到空间变量 x_n 上。

如图 13.4 所示,在一个长度为 τ 的延迟区间内,有 N 个等距的虚拟节点,时间间隔为 $\theta = \tau/N$。虚拟神经元的状态被定义为延迟变量在相应的 N 个时间位置上的值。这些状态表征了储层在给定时间下对某一输入的瞬态响应[4]。需要注意的是,分隔时间 θ 不能随意选择。事实上,可以通过调整 θ 来优化储层的性能。如果 θ 较长,系统可以在这段时间内达到稳定状态;如果 θ 较短,则系统将无法对扰动作出响应。Appeltant 等人[4]选择 $\theta < T$,其中 T 为非线性节点的特征时间尺度。这允许虚拟节点的状态依赖于先前相邻节点的状态。因此,虚拟节点模拟了一个可以作为储层的网络[4,28]。

原则上,该系统是时间连续模型的简化离散化模型,其中节点在 t 时刻的状态取决于其在时间区间 $[t-\tau,t]$ 上的输出。理论上,时间连续延迟系统的状态空间可以是无限维度的,但在实践中,数学技巧允许利用高维和短期记忆[4]的特性构造精确的有限维模型[29]。这意味着具有延迟反馈的单个非线性动态节点(对于大延迟时间)可以产生广泛的不同瞬态响应[30],这些瞬态响应是可重现的,并能够将输入状态映射到高维状态空间上[31]。因此,延迟系统具有储层的所有基本特性。

图 13.5 为在基于延迟的储层计算机中进行信息处理所需的掩蔽步骤的图示。经麦克米伦出版社有限公司许可转载,来自参考文献[4]。版权所有:2011 年,麦克米伦出版社有限公司。

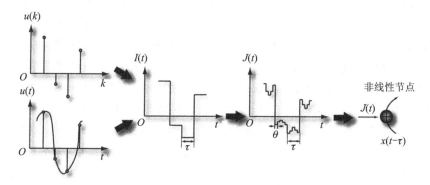

图 13.5　在基于延迟的储层计算机中进行信息处理所需的掩蔽步骤的图示

因此,正如最近的进展[4,27,32-34]所证明的那样,通过将 RC 机器学习范式应用于延迟系统,同时大大简化其硬件实现,显示了基准任务的最先进性能。

到目前为止，我们已经建立了受延迟自反馈影响的单个动态节点的概念，并将产生的瞬态状态作为虚拟节点，即作为通过对输入信号进行时分复用来寻址的储层。接下来，我们将讨论如何通过使用所谓的掩膜（mask）来模拟从输入层到储层的权重。就像在传统 RC 中一样，输入信号可以是时间连续的，也可以是时间离散的。换句话说，它可以是一个时变的标量变量，也可以是任何维数 Q 的向量。图 13.5 说明了标量输入数据的准备和掩蔽过程的方案。时间连续的输入流 $u(t)$ 或时间离散的输入流 $u(k)$ 经过采样并保持操作来定义一个流 $I(t)$，$I(t)$ 在一个延迟间隔 τ 期间在更新之前是恒定的。因此，无论是来自时间连续的输入流还是时间离散的输入流，储层的输入总是时间离散的。一个随机的 $(N \times Q)$ 矩阵 M（即掩膜）定义了从输入层到 N 个虚拟节点的耦合权值。每个长度为 τ 的输入段都乘以掩膜。因此，在某一时刻 t_0，将输入流输入给虚拟节点的输入序列由 $J(t_0) = M \times I(t_0)$ 给出，得到一个 N 维向量 $J(t_0)$，它表示区间 $[t_0, t_0 + \tau]$ 上的时间输入序列，并将其加到储层的延迟状态 $x(t-\tau)$ 中，然后输入到非线性节点。经过一个周期 τ 后，所有虚拟节点的状态都被更新，并得到新的储层状态。随后，$I(t_0)$ 在下一个持续时间 τ 期间内被更新来驱动储层。

图 13.6 为输入编码和非线性瞬态动态的示意图。（a）为输入信号的时间序列。（b）为输入信号乘以掩膜的矩阵表示，其中虚拟节点充当伪空间。（c）为输入信号的第一个样本的时间序列乘以掩膜，即扩展到虚拟节点的相应位置上。（d）为对（c）中描述的信号的响应时间序列。（e）为对（b）中描述的输入矩阵的响应信号的矩阵表示。对于方程（13.7），（d）和（e）中的参数值为 $\tau = 10, \beta = 0.7, \varphi = -\pi/4$，虚拟节点之间的距离 θ 为非线性节点特征时间尺度 $T(T \equiv 1)$ 的 1/5。因此，非线性节点保持在瞬态状态，并且给定的虚拟节点的值取决于之前的相邻节点的值。经 Soriano 等人许可转载，来自参考文献[2]。经知识共享署名（CCBY）获得许可。

正如 Soriano 等人[2]所强调的那样，到目前为止，有一些重要的观点可以进行总结。首先，输入掩膜将输入序列化以进行时分复用，最大化响应的维数，并定义了储层的有效连通性。其次，掩蔽过程（见图 13.5）允许通过时分复用对虚拟节点进行寻址，因为掩膜信号由恒定间隔 θ 组成，对应于延迟线中虚拟节点之间的间隔。通过对不同的虚拟节点施加不同的缩放因子，可以对储层状态空间进行优化探索。最后，馈入非线性节点的信号经过非线性变换，然后沿延迟线传播到虚拟节点。这种连通性类似于具有最近邻耦合和次近邻耦合的环状拓扑，这已经被证明对 RC 非常有效[35]。图 13.6（a）～（c）通过一个简单的示例，进一步说明了在一维输入情况下的输入编码的概念。在这里，周期性输入信号在 10 个点处被采样（见图 13.6（a））。每个样本乘以一个输入掩膜，并扩展超过 50 个虚拟节点，这些节点充当伪空间，从而得到时空矩阵表示（见图 13.6（b）；第一列的时间序列如图 13.6（c）所示）。

延迟耦合储层的动力学特性通常用具有单个延迟项的延迟微分方程来描述[2,4,28]：

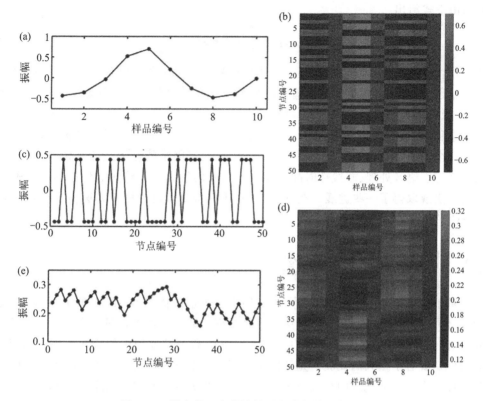

图 13.6　输入编码和非线性瞬态动态的示意图

$$\frac{\mathrm{d}x(t)}{\mathrm{d}t} = -x(t) + f(x(t-\tau), J(t)) \tag{13.6}$$

式中，x 表示非线性节点的动态变量，$x(t-\tau)$是 x 在过去某一时间 τ 的延迟版本，f 是平滑实数非线性函数，$J(t)$ 表示预处理和时分复用后的输入。举个简单的例子，如果非线性函数 f 为 $\sin^2(\cdot)$，则非线性节点的动态演化为

$$\frac{\mathrm{d}x(t)}{\mathrm{d}t} = -x(t) + \beta\sin^2[x(t-\tau) + J(t) + \phi] \tag{13.7}$$

式中，β 为非线性增益，ϕ 为偏移相位。图 13.6(d)显示了该非线性节点对图 13.6(c)中所示的输入的瞬态响应，而图 13.6(e)是对图 13.6(b)中所示输入响应的时空矩阵表示。

正如 Appeltant 等[4]人详述的那样，最后一步是使用一个(线性)感知器来构造输出，这样每个离散的输入步骤 $u(k)$ 都被映射到一个离散的目标值 $\hat{y}(k)$ 和每个样本 k 上。对于第 j^{th} 个虚拟节点($j=1,\cdots,N$)，第 k^{th} 个离散储层状态由下式给出：

$$x_k^j = x[k \cdot \tau - (N-j)\theta - \varepsilon] \tag{13.8}$$

与 θ 相比，ε 值非常小，它考虑了最后一个模拟时间步长或最后一个实验样本。因此，在处理输入信号后，学习算法给每个虚拟节点分配一个输出权重 w_k^j，使状态的加

权和由下式给出

$$\hat{y}_k = \sum_{j=1}^{N} w_j^k \cdot x_k^j \tag{13.9}$$

式中，$\hat{y}_k$ 最接近期望的目标值 y_k。采用标准程序 RC（例如线性回归）来训练读取权重[6]。之后，使用与用于训练的输入数据类型相同但以前看不见的输入数据进行测试，就像任何其他监督学习技术一样。

这种 RC 范式的最小化方法——单个动态节点和时分复用可以显著简化电子、光电或全光硬件平台的实现[4,27,27,32-34]，以执行计算困难的任务。近年来，用于信道均衡、雷达、语音处理、非线性时间序列预测以及向量和矩阵乘法等任务的光学硬件平台的实现取得了一些进展。在下一节中，我们将重点讨论用于高速信息处理的光子 RC 平台。

13.2　光子储层计算

基于光子学的 RC 硬件实现同时利用光学提供的优势（高带宽、高开关速度、低功耗、低串扰）开发神经元计算算法的生物物理学特性。当要处理的信息已经在光学领域时，光子 RC 特别具有吸引力，例如，在电信和图像处理中的应用。近年来，RC 的硬件实现有了重大的发展。光学储层已经通过各种方案进行了演示，如具有单个非线性动态节点的光纤的台式演示[27,31-34,36-40]，以及包括微环谐振器[41]、耦合 SOAs 网络[42]和无源硅光子芯片[43]在内的集成解决方案。一般来说，集成光子解决方案在占用空间和机械稳定性方面优于基于光纤的解决方案，并且可以扩展到大型储层。

实验证明和验证了光子 RC 解决方案中的一些方案能够以前所未有的数据速率实现极具竞争力的性能指标，通常优于基于软件的机器学习技术，用于计算困难任务如语音数字和扬声器识别、多变量混沌时间序列预测、信号分类或动态系统建模。正如 Vandoorne 等人[43]所解释的，基于光子的方法的另一个显著优势，是直接使用相干光来利用光的相位和振幅。同时利用两个物理量与传统上用于基于软件的 RC 的实值网络相比有了显著改善——在复数上运行的储层本质上是系统内部自由度加倍，从而导致储层的大小大约是使用非相干光操作的同一设备的 2 倍。

正如 Brunner 等人[27]所指出的那样，光子 RC 硬件的性能通常是通过关注两种不同的通用类信息处理任务来评估的。第一种类型涉及信息的分类，即将不同输入与不同类关联。这些任务需要将离散的类作为分类器的目标，并且系统的响应具有足够的多样性，以允许清晰地分离。第二种类型的任务是基于动态信息的非线性处理，其中分类器的目标值可以是连续的，系统必须提供内存来捕获信息的动态性质。上面列出的信息处理任务都属于这两种类型中的一类。虽然上述所有的光子 RC 方法本身就令人印象深刻，但我们仅重点介绍几个更详细的例子。

13.2.1　具有单个动态节点的储层计算

如 13.1.3 小节所述,Appeltant 等人[4]提出了一个新的架构,它由具有延迟反馈的单个非线性节点组成,可以显著降低 RC 架构(需要大量的元素)的复杂性。随后,Brunner 等人[27]通过实验演示了一种简单的基于时延的 RC 光子结构,它具有以前所未有的速度处理信息的潜力,实现了一种基于学习的方法。他们的方法涉及一种半导体激光器,要经过延迟自反馈和光学数据注入来解决计算困难的问题。他们演示了在数据速率超过 1 Gbyte/s 的情况下,可以同时识别语音数字和扬声器,且分类误差非常低,并以 10% 的误差进行了多变量混沌时间序列预测。与以前的方法相比,带宽提高了两个数量级以上。

1. 概　念

计算概念的原理图如图 13.7 所示,利用由半导体激光器(即非线性元件)产生的模拟瞬态动力学特性,通过具有延迟 τ_D 的光纤环路进行光反馈。为了实现实时处理,系统的输入信号以速率 τ_D^{-1} 进行采样,从而产生一个离散的序列 $a_n,n=\{0,1,\cdots\}$。引入时间掩膜序列 $M(t)$ 来模拟传统 RC 中从输入层到储层的权重[2]。采样输入 a_n(每段长度为 τ_D)乘以 $M(t)$,所得序列(在一个延迟时间内)$u_n(t)=a_n\cdot M(t)$ 被注入到激光器中。每个这样的周期 τ_D 都会导致持续时间的 N 个子区间。这样,就可以得到 N 个不同的时分复用的瞬态 $x_m(t),m=1,\cdots,N$,且 $100\leqslant N\leqslant 1\ 000$[27]。为了避免系统在其动态响应期间达到稳定状态,Brunner 等人选择了 $T=\Theta T_0$,其中 T_0 是激光器弛豫振荡(ROs)的特征时间尺度。最后,通过计算 T^{-1} 速率下激光输出光强的线性组合,实现了感应瞬态 $x_m(t)$ 相加。输出的权重(系数)由标准的机器学习训练程序确定,其中目标函数即为结果读取值与其目标之间的差值最小化。该方案[27]可以解释为 RC,这一点得到了理论[30,35]和实验[4,32-34]研究的证实。

图 13.7 为基于延迟的光子储层计算概念和方案。(a)为使用受延迟反馈影响的单个非线性(NL)元件产生的非线性瞬态进行计算的示意图,用于计算的 N 个瞬态 $x_m(t)$ 沿延迟线分布,间距为 Θ。这里,u 表示信息输入,$y_k(t)$ 表示索引为 k 的读数值。(b)为使用半导体激光二极管作为非线性元件的全光计算的实验实现示意图。信息可以通过 $u^{(o)}(u^{(e)})$ 以光学(电学)的方式注入。反馈延迟由 τ_D 给出。该实验装置包括激光二极管、用于光注入信息的可调谐激光源、马赫-曾德尔调制器(MZM)、偏振控制器、衰减器、环行器、分路器和用于信号检测的快速光电二极管(PD)。由于信号在大小为 T 的时隙中进行时分复用,因此只需要一个快速 PD 即可检索整个状态向量。经麦克米伦出版社有限公司许可转载,来自参考文献[27]。版权所有:2013年。机器学习训练程序确定,其中目标函数即为结果读取值与其目标之间的差值最小化。该方案[27]可以解释为 RC,这一点得到了理论[30,35]和实验[4,32-34]研究的证实。

图 13.7(b)描述了实验实现。1 542 nm 的半导体激光器采用单模光纤环路进行

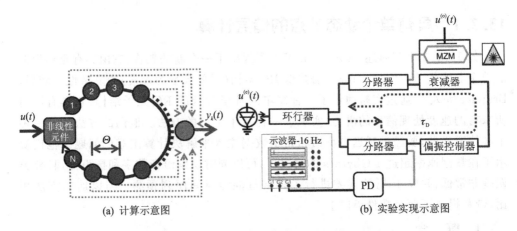

(a) 计算示意图   (b) 实验实现示意图

图 13.7　基于延迟的光子储层计算概念和方案

反馈(延迟 $T_D = 77.6$ ns)。有 $N = 388$ 个瞬态状态(或虚拟节点),时间间隔为 $T = 200$ ps。输入信息可以通过调制激光二极管电流以电学方式注入,也可以通过可调谐激光器的调制强度以光学方式注入。半导体激光器的 RO 是电调制的带宽限制因子,例如,将偏置电流从 $I_b = 9$ mA 扫描到 $I_b = 20$ mA,将 RO 频率从 1.4 GHz 变为 5 GHz。

需要指出的是,输入信号的准备,包括掩蔽过程和一些根据手头任务进行的预处理,都是离线完成的。同时,储层读数(即线性加权和)和分类的后处理也都是离线计算的。对于一个完整的端到端实时系统,这些功能需要用高带宽组件来实现。也就是说,离线进行的训练过程,一旦执行,不会影响在线操作的带宽。

2. 结　论

Brunner 等人[27]通过选择两个具有计算挑战性的任务——语音数字/扬声器识别和多变量混沌时间序列预测来评估系统的性能,作为评估其方案信息能力的基准。这些任务是机器学习中的标准任务,可以直接与信息处理中的不同方法进行比较[4,33-34,36]。

图 13.8 为语音数字分类 5 GHz 带宽。蓝色(红色)数据对应于光(电)学信息注入。使用可调谐激光器注入光信息,光注入功率调制在 15 nW $< u^{(o)}(t) <$ 15 μW,其中 15 nW 对应于无信息情况下的静止状态。通过在 0 mA $< u^{(e)}(t) <$ 12 mA 之间调制光电流注入电信息。激光二极管电流 I_b 接近阈值(灰色虚线)时性能最佳。重复了多次 20 倍交叉验证,其中 s.d. 由误差线给出。经麦克米伦出版社有限公司许可转载,来自参考文献[27]。版权所有:2013 年。

该实验装置首先用于语音数字识别的任务。数据集由数字 0~9 组成,由 5 名女性说话者说出,统计数据重复 10 倍[44]。在将信息注入激光之前,首先进行数据的标准预处理,其中包括通过里昂耳模型(Lyon ear model)[45]创建每个数字的耳蜗谱图。图 13.8(a)显示了语音数字分类误差随激光偏置电流 I_b 变化的实验结果。对于光

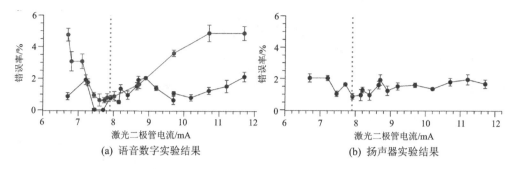

图 13.8　语音数字分类 5 GHz 带宽(见彩图)

(电)学注入,在接近激光阈值的激光偏置电流下,$I_b = 7.7$ mA$((0.64 \pm 0.17)\%,$ $I_b = 7.7$ mA),获得了非常低的分类误差$(0.014 + 0.051/-0.014)\%$。0.014%的分类误差对应于约每 7 000 位数字中有一个错误分类,其不确定性受到数据库大小的限制。与神经网络的软件仿真相比,这些结果极具竞争力[25,46]。

　　图 13.9 为时间序列预测任务中的预测误差。依靠激光二极管电流采用 10 dB 反馈衰减。(b)为 $I_b = 7.9$ mA 时依赖于反馈衰减。当 $I_b > 8.9$ mA,激光静止状态变得不稳定时,预测误差急剧增大。记忆对时间序列预测的重要性可以在图中看到,其中预测误差会随着反馈强度的降低而迅速增大。红色的误差线表示三个独立的测量值之间的 s.d.。蓝色的误差线表示数据的不同训练/测试分区的 s.d.。(c)为 $I_b = 7.6$ mA 的目标(黑色)和预测的(红色)时间序列示例。图中顶部横轴给出了原始目标时间轨迹的时间步长。下横轴表示实验中预测的持续时间。经麦克米伦出版社有限公司许可转载,来自参考文献[27]。版权所有:2013 年。

　　此外,与该信息处理方案的先前光电实现[33-34]相比,这些结果在分类误差方面显著提高了 3 倍,速度提高了 260 倍。误差的改善可能归因于非线性对分类性能的影响[27,33]。在激光阈值以上,性能的恶化可归因于系统表现出复杂的动力学特性[47-48]。图 13.8(b)描述了扬声器分类误差的实验结果,在 $I_b = 7.91$ mA 的偏置电流下获得的最小误差为$(0.88 \pm 0.18)\%$。识别数字和扬声器的相同储层响应展示了 RC 用于真正并行计算的潜力。此外,这种设置的高处理速度意味着它可以在大约 3.3 μs 内处理一个单词,相当于每秒约处理 30 万个语音数字。

　　作者还评估了他们的多变量混沌时间序列预测方案的性能。他们使用了 Santa Fe 时间序列竞赛的时间序列、数据集 A[49]。该数据集由在混沌状态下工作的远红外激光器创建[50],由 4 000 个数据点组成,其中 80% 用于训练,20% 用于测试和五重交叉验证。时间序列预测的实验性能如图 13.9 所示。请注意,图 13.9 中的红色误差线对应于 s.d.($\pm 1.9\%$)的测量值。在本实验中,执行单次步长预测,其中数据点在未来提前一个时间步长进行预测。在机器学习方法[49]中,在数据注入阶段添加显式内存作为一种常见的预处理技术。然而,在这里,每个延迟时间处理一个数据点,没有任何人工内存。对于时间序列预测,分类器目标值是几个连续分布的先前数据

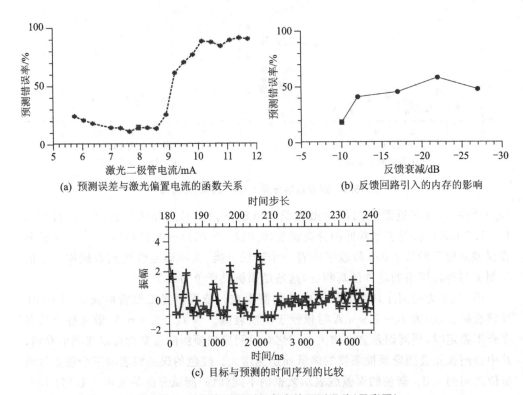

(a) 预测误差与激光偏置电流的函数关系

(b) 反馈回路引入的内存的影响

(c) 目标与预测的时间序列的比较

图 13.9　时间序列预测任务中的预测误差(见彩图)

点的非线性变换。因此,噪声会直接影响到分类器的精度[27]。在实验装置中,在静止状态下采用注入功率为 7.5 μW 的外部激光器,降低了噪声。

图 13.9(a)表示预测误差与激光偏置电流的函数关系。如前所述,在接近激光阈值的偏置(I_b=7.62 mA)处,以每秒 1.3×10^7 数据点的预测速率,得到了最佳性能(预测误差为 10.6%)。机器学习技术的软件实现通常会达到低于 1% 的错误率[35,51]。然而,如前所述,这些方法在数据注入过程中增加了外部存储器并消除了噪声的影响。硬件系统在速度和能源效率方面具有优势。图 13.9(b)说明了反馈回路引入的内存的影响。反馈从 10 dB(最佳性能点)仅增加 2 dB 就会导致预测误差超过 40%。最后,图 13.9(c)表示目标(黑色)与预测(红色)的时间序列的比较。预测的时间轨迹包括在快速的振幅转变附近的数据点。顶部横轴表示原始目标轨迹的时间步长数,底部横轴表示实际实验的持续时间。

总之,Brunner 等人[27]提出了一种基于延迟的新型 RC 光子硬件架构,该架构简单但计算能力强大,可用于非常高速的信息处理。作者展示了利用非线性瞬态激光响应解决计算难题的单个光子器件的计算能力,例如同时进行语音数字和扬声器识别以及多变量混沌时间序列预测。具体来说,该方案涉及到一种受延迟自反馈和光注入影响的半导体激光器。对于语音数字识别,他们报告具有最低的错误率

（0.014％），同时具有最高的数据处理速率（1.1 Gbyte/s）；对于时间序列预测，他们的错误率为 10.6％，预测率为 1.3×10^7 数据点/秒。除了这些极具竞争力的品质因数之外，使用这个方案（包括全光数据输入和读取硬件）进行语音数字识别的计算能耗估计为 10 mJ/数字左右，而相比之下，标准台式计算机需要 2 J/数字的能耗[27]。这些令人印象深刻的结果表明，该方案有可能为光子学领域的未来应用开辟新的前景，如全光路由和超快速控制系统。此外，该方案的简单性可以允许在分布式网络和智能系统中进行技术实现，从而实现对单个元素的闭环控制。

13.2.2　利用硅光子芯片进行储层计算

Vandoorne 等人[43]提出了第一个集成的无源硅光子储层，可用作模拟和数字等各种任务的通用计算平台。该芯片能够执行任意布尔逻辑操作，具有内存、5 位报头识别和孤立数字识别等功能，速率可达 12.5 Gbit/s，并且在存储器中没有任何功耗。这种芯片也可以扩展到更大的网络和更高的比特率，速率超过 100 Gbit/s。

图 13.10 为采用 4×4 配置并叠加了拓扑结构的 16 节点无源储层设计。所有的连接都是双向的，但是通过使用一个输入（黑色箭头），光按照蓝色箭头流动。测量了 11 个用红点标记的节点。经麦克米伦出版社有限公司许可转载，来自参考文献[43]。版权所有：2014 年。

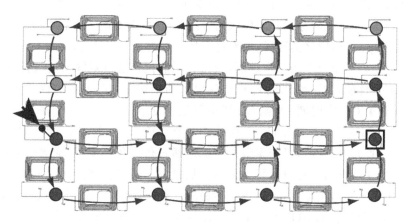

图 13.10　采用 4×4 配置并叠加了拓扑结构的 16 节点无源储层设计（见彩图）

1. 概　念

图 13.10 显示了硅光子芯片的布局。该芯片的面积为 16 mm^2，由一个 4×4 的方形网格储层组成，网络包含多个反馈回路，其中 16 个节点根据旋涡拓扑结构连接[42]。该芯片仅由无源组件组成，其中包括波导、分路器和 SOI 平台上的组合器。因此，所需的非线性并不存在于储层本身中，而是在读数时实现。每个节点的输出波导中的信号都是该节点输入波导的复振幅的线性叠加。在读取时，储层节点的复振

幅被转换为实值功率电平,然后用作线性分类器的输入。此外,由于芯片仅由无源组件组成,它可以支持超过数百 Gbit/s 的速率与目前的技术,因此具有未来的前景保障。然而,由于这样的速率远远超过了目前可用的调制器和探测器的带宽,并且出于实际测试和测量的目的,芯片在 125 Mbit/s 和 12.5 Gbit/s 之间的采样率下进行测试。这是通过在具有 2 cm 长螺旋(40 μm 弯曲半径和每螺旋 1.2 dB 损耗)的节点之间实现约 280 ps 的互连延迟来实现的。

图 13.11 为使用硅光子芯片的 RC 结果。(a)为在实测和模拟数据上训练和测试的 2 位 XOR 任务的错误率。(b)为实测位流中各种延迟位对的 2 位 XOR 任务的结果。(c)为在测量数据上的其他布尔任务的结果。(d)为不同长度的报头识别的仿真和实验结果。(e)为具有三种不同节点类型的相干网络的孤立数字语音识别仿真结果。经麦克米伦出版社有限公司许可转载,来自参考文献[43]。版权所有:2014 年。

2. 结 论

为了测试带内存的布尔运算芯片,Vandoorne 等人将 10 000 位的光流(调制在 1 531 nm 波长上)发送到芯片的一个节点(如图 13.10 中的黑色箭头所示),并测量了用红点标记的 11 个节点的响应。请注意,可以通过简单地放大输入信号和使用更高效的芯片进出耦合器来测量更多的节点。采样范围测量放大后的响应,并将其保存到计算机上进行离线训练。该训练只需要在任务开始前执行一次。读取权重经过训练,使输出遵循带有内存的某种期望的二进制函数,即对前一位和之前的位进行逻辑运算。正如作者所解释的那样,虽然这个任务看起来微不足道,但带有内存的布尔运算被认为是机器学习中的一个难题,因为它不能仅仅通过对输入的线性回归来解决。为了表征性能,错误率(ER)即训练输出和期望输出之间差异的百分比,被评估为(互连延迟)/(比特周期)的函数;其中互连延迟为 280 ps,比特率扫描范围为 0.125~12.5 Gbit/s。图 13.11(a)显示了一个 2 位 XOR 的 ER。当比率(互连延迟)/(比特周期)为 0.4 时,可获得最佳性能。通过仿真还表明,驱动多个网络输入,例如,所有的 16 个节点,可以获得更宽的流域性能。通过扩展到更大的网络和优化不同节点中输入信号的幅度,可以进一步提高这种流域性能。此外,该通用网络可以解决许多不同位组合的 XOR 问题(见图 13.11(b)),以及对先前输入的更简单(线性可分)的其他布尔运算(见图 13.11(c))。

该芯片还可以用来识别报头。虽然设置与以前相同,但读数使用了赢家通吃(winner-take-all)的方法。对于 x 位报头识别,必须训练 2^x 个分类器,每个可能的报头对应一个。图 13.11(d)显示了长达 5 位的报头识别。仿真结果表明,采用更大的 6×6 节点芯片,可以识别 8 位报头。最后,该芯片在孤立数字语音识别任务中的性能(带有无源组件)在理论上可与作者先前提出的带有有源组件(如 SOA 等光放大器)的芯片相媲美,如图 13.11(e)所示。在这里,数据集包括孤立的数字 0~9,每个数字由 5 个女性说话者说 10 次,得到 500 个样本,取自 TI 45 语音语料库[52]。

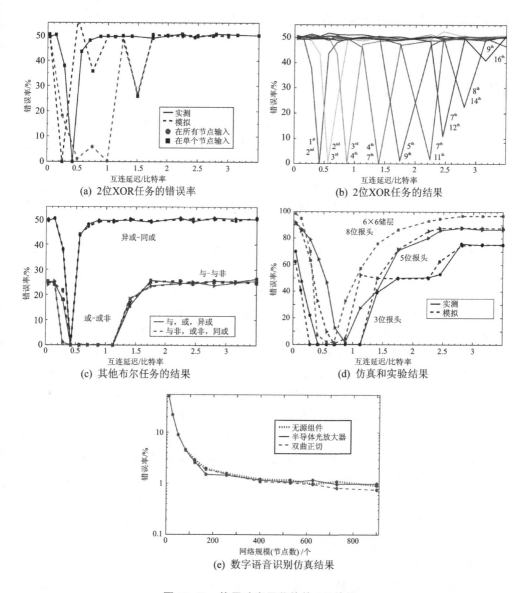

(a) 2位XOR任务的错误率

(b) 2位XOR任务的结果

(c) 其他布尔任务的结果

(d) 仿真和实验结果

(e) 数字语音识别仿真结果

图 13.11 使用硅光子芯片的 RC 结果

综上所述,Vandoorne 等人的这种通用芯片架构[43]能够以超过几百个 Gbit/s 的速率执行数字任务(具有内存和报头识别的布尔运算)和模拟任务(孤立数字识别)。使用无源组件特别具有吸引力,因为储层处理在节点上不消耗功率,并且储层的时间尺度仅由节点之间的互连延迟和信号本身的速度决定。因此,该芯片避免了使用有源组件所带来的所有缺点,这些组件不具有电源效率,其速度从根本上受到载流子寿命的限制。无源储层还保证了权向量对应的特征值小于 1,因此解是稳定的。在优化问题的背景下,如二次规划[53],使得 Hessian 矩阵为正定,因此即使没有约束也收

313

敛到全局最小值。该方案为光再生/信道均衡、时间序列预测和特征提取等应用及开辟超快低功率光信息处理提供了可能[43]。

13.3 讨 论

大多数研究光子 RC 的方法都是利用 TDM 来实现处理节点之间的连接的[27,31-34,36-40]。在这种方法中,通常一个物理节点(或者可能是一小组节点)在每个时间步长期间代表一个不同的虚拟节点。这允许单个节点通过在时域中分布处理来表示一个大型系统。连接可以用延迟(s)表示,它将占用不同时隙的不同虚拟节点桥接在一起。RC 的一个关键特性使这种方法能够使用固定的权重:储层的目的不是实现某些特定的功能,而是实现尽可能多的功能。然后通过一组线性分类器提取得到的函数集,来训练算法并执行有用的任务。一些基于 TDM 的系统的第一个示例仅使用单个固定延迟和一个非线性节点,它代表了一个圆形拓扑中的虚拟节点网络[4,32]。在 Ising 模型(它是完整神经网络模型的有限子集[54])的背景下探索了更复杂的拓扑,其中单个延迟线决定了节点之间的连接[55]。该系统能够表示少量的固定拓扑,但就像上面的单节点/延迟线系统一样,缺乏完全的可编程性。

尽管 TDM 方法对于固定网络而言具有许多优点,因为它可以极大地减少处理节点的数量,但它们在表示完全可调网络方面的能力上更为有限。可编程系统至少需要 $N \times M$ 个元件,其中 N 是处理器的数量,M 是每个处理器的扇入数。可调延迟系统通常具有二进制权重(即是否在时隙中),并且与可调滤波器(或相干方法的相位调制器,参见第 10.3.2 小节中的讨论)相比占用了大量的片上区域。延迟通常需要阿基米德螺旋几何图形[56]或级联环的长链[57],这比可调滤波器[58]占用的空间要大得多。一个关键瓶颈是无法使用多路复用来减少空间——每个延迟都必须占用一个单独的波导。因此,TDM 系统不适用于可扩展、可重新编程的光子神经形态系统。尽管如此,可调延迟系统可能在未来会有机会,特别是对于非常快速的处理器(即>10 GHz),其中所需的延迟(以及延迟线大小)处于可管理的水平内。最后一点在参考文献[43]中进行了讨论。

TDM 方法不太可能达到可调谐神经形态系统的 WDM 网络方法的可扩展性。光学相干方法仍然有机会,但尚未在可调谐系统的背景下进行探索。相干方法需要仔细的相位调整,并且权重和信号之间的映射并不那么明显。尽管如此,单个信号的丰富度(它们是复值函数)的增加允许更多的维度。此外,相干方法不需要受寄生效应限制的光电探测器、激光器或调制器,并可能使得系统制造变得更简单。这种方法已经在储层系统中探索过[43],并在第 10.3.3 小节中更详细地讨论了作为 WDM 的替代方法。

13.4 参考文献

[1] Verstraeten D, Schrauwen B, D'Haene M, et al. An experimental unification of reservoir computing methods. Neural Networks, 2007, 20(3): 391-403.

[2] Soriano M C, Brunner D, Escalona-Moran M, et al. Minimal approach to neuro-inspired information processing. Frontiers in Computational Neuroscience, 2015, 9(68).

[3] Burgsteiner H. Training networks of biological realistic spiking neurons for real-time robot control//Proceedings of the 9th International Conference on Engineering Applications of Neural Networks. Lille, France, 2005: 129-136.

[4] Appeltant L, Soriano M C, van der Sande G, et al. Information processing using a single dynamical node as complex system. Nature Communications, 2011, 2: 468.

[5] Cover T M. Geometrical and statistical properties of systems of linear inequalities with applications in pattern recognition. IEEE Transactions on Electronic Computers, 1965, EC-14(3): 326-334.

[6] Jaeger H. The "echo state" approach to analysing and training recurrent neural networks-with an erratum note. Bonn, Germany: German National Research Center for Information Technology GMD Technical Report, 2001, 148: 34.

[7] Buonomano D V, Maass W. State-dependent computations: Spatiotemporal processing in cortical networks. Nat. Rev. Neurosci. , 2009, 10(2): 113-125.

[8] Kilian J, Siegelmann H T. The dynamic universality of sigmoidal neural networks. Information and Computation, 1996, 128(1): 48-56.

[9] Omlin C W, Giles C L. Constructing deterministic finite-state automata in recurrent neural networks. J. ACM, 1996, 43(6): 937-972.

[10] Paugam-Moisy H, Martinez R, Bengio S. Delay learning and polychronization for reservoir computing. Neurocomputing, 2008, 71(7-9): 1143-1158.

[11] Haykin S. Neural Networks and Learning Machines, 3rd ed. Upper Saddle River, NJ, USA: Prentice Hall, 2009, 5.

[12] Suykens J A, Vandewalle J P. Nonlinear Modeling: advanced black-box techniques. Springer Science & Business Media, Springer US, 2012.

[13] Maass W, Natschläger T, Markram H. Real-time computing without stable states: A new framework for neural computation based on perturbations. Neural Computation, 2002, 14(11): 2531-2560.

[14] Minsky M, Papert S. Perceptron: An Introduction to Computational Geome-

try. The MIT Press, Cambridge, MA, Mass: expanded edition, 1969, 19(88): 2.

[15] Vapnik V. The Nature of Statistical Learning Theory. Springer Science & Business Media, Springer-Verlag New York, 2013.

[16] Jaeger H, Maass W, Principe J. Special issue on echo state networks and liquid state machines. Neural Networks, 2007, 20(3): 287-289.

[17] Lukoıseviıcius M, Jaeger H, Schrauwen B. Reservoir computing trends. KI-Künstliche Intelligenz, 2012, 26(4): 365-371.

[18] Burgsteiner H. On learning with recurrent spiking neural networks and their applications to robot control with real-world devices. Ph. D. dissertation, Graz University of Technology, 2005.

[19] Jaeger H. Reservoir riddles: Suggestions for echo state network research//Proceedings of the 2005 IEEE International Joint Conference on Neural Networks, 2005, 3: 1460-1462.

[20] Maass W, Legenstein R, Markram H. A New Approach towards Vision Suggested by Biologically Realistic Neural Microcircuit Models. Berlin, Heidelberg: Springer-Verlag, 2002: 282-293.

[21] Joshi P, Maass W. Movement Generation and Control with Generic Neural Microcircuits. Berlin, Heidelberg: Springer-Verlag, 2004: 258-273.

[22] Bush K, Anderson C. Modeling reward functions for incomplete state representations via echo state networks//Proceedings of the 2005 IEEE International Joint Conference on Neural Networks, 2005, 5: 2995-3000.

[23] Maass W, Natschläger T, Markram H. A model for real-time computation in generic neural microcircuits//Advances in Neural Information Processing Systems 15, Thrun S, Obermayer K, Eds. Cambridge, MA: MIT Press, 2002: 213-220.

[24] Skowronski M D, Harris J G. Minimum mean squared error time series classification using an echo state network prediction model//IEEE International Symposium on Circuits and Systems, 2006.

[25] Verstraeten D, Schrauwen B, Stroobandt D, et al. Isolated word recognition with the liquid state machine: A case study. Information Processing Letters, 2005, 95(6): 521-528.

[26] Jaeger H, Haas H. Harnessing nonlinearity: Predicting chaotic systems and saving energy in wireless communication. Science, 2004, 304(5667): 78-80.

[27] Brunner D, Soriano M C, Mirasso C R, et al. Parallel photonic information processing at gigabyte per second data rates using transient states. Nature

Communications, 2013, 4: 1364.

[28] Schumacher J, Toutounji H, Pipa G. An Introduction to Delay-Coupled Reservoir Computing. Cham: Springer International Publishing, 2015: 63-90.

[29] Le Berre M, Ressayre E, Tallet A, et al. Conjecture on the dimensions of chaotic attractors of delayed-feedback dynamical systems. Phys. Rev. 1987, 35: 4020-4022.

[30] Dambre J , Massar S. Information processing capacity of dynamical systems. Scientific Reports, 2012, 2(514).

[31] Soriano M C, Ortn S, Brunner D, et al. Optoelectronic reservoir computing: tackling noise-induced performance degradation. Opt. Express, 2013, 21(1): 12-20.

[32] Duport F, Schneider B, Smerieri A, et al. Alloptical reservoir computing. Opt. Express, 2012, 20(20): 22783-22795.

[33] Larger L, Soriano M C, Brunner D, et al. Photonic information processing beyond Turing: An optoelectronic implementation of reservoir computing. Optics Express, 2012, 20(3): 3241-3249.

[34] Paquot Y, Duport F, Smerieri A, et al. Optoelectronic reservoir computing. Scientific Reports, 2012, 2: 287.

[35] Rodan A, Tino P. Minimum complexity echo state network. IEEE Transactions on Neural Networks, 2011, 22(1): 131-144.

[36] Martinenghi R, Rybalko S, Jacquot M, et al. Photonic nonlinear transient computing with multiple-delay wavelength dynamics. Phys. Rev. Lett. , 2012, 108: 244101.

[37] Brunner D, Soriano M C, Fischer I. High-speed optical vector and matrix operations using a semiconductor laser. IEEE Photonics Technology Photonic Reservoir Computing 363 Letters, 2013, 25(17): 1680-1683.

[38] Hicke K, Escalona-Moran M A, Brunner D, et al. Information processing using transient dynamics of semiconductor lasers subject to delayed feedback. IEEE Journal of Selected Topics in Quantum Electronics, 2013, 19(4): 1501610-1501610.

[39] Ortn S, Soriano M C, Pesquera L, et al. A unified framework for reservoir computing and extreme learning machines based on a single time-delayed neuron. Scientific Reports, 2015, 5: 14945.

[40] Duport F, Smerieri A, Akrout A, et al. Fully analogue photonic reservoir computer. Scientific Reports, 2016, 6: 22381.

[41] Mesaritakis C, Papataxiarhis V, Syvridis D. Micro ring resonators as building

blocks for an all-optical high-speed reservoir-computing bit-pattern recognition system. J. Opt. Soc. Am. B, 2013, 30(11): 3048-3055.

[42] Vandoorne K, Dambre J, Verstraeten D, et al. Parallel reservoir computing using optical amplifiers. IEEE Transactions on Neural Networks, 2011, 22 (9): 1469-1481.

[43] Vandoorne K, Mechet P, van Vaerenbergh T, et al. Experimental demonstration of reservoir computing on a silicon photonics chip. Nature Communications, 2014, 5.

[44] Instruments T. TI 46-word speaker-dependent isolated word corpus (cdrom). Gaithersburg: NIST, 1991.

[45] Lyon R. A computational model of filtering, detection, and compression in the cochlea//IEEE International Conference on Acoustics, Speech, and Signal Processing ICASSP '82, 1982, 7: 1282-1285.

[46] Walker W, Lamere P, Kwok P, et al. Sphinx-4: A flexible open source framework for speech recognition. Sun Microsystems, Mountain View, CA, Mountain View, CA, USA, Tech. Rep. , 2004.

[47] Wieczorek S, Krauskopf B, Simpson T B, et al. The dynamical complexity of optically injected semiconductor lasers. Physics Reports, 2005, 416(1-2): 1-128.

[48] Ohtsubo J. Semiconductor Lasers: Stability, Instability and Chaos. SpringerVerlag, Springer-Verlag Berlin Heidelberg, 2012, 111.

[49] Weigend A S, Gershenfeld N A. Time Series Prediction: Forecasting the Future and Understanding the Past. Redwood City, CA: Addison-Wesley, 1994.

[50] übner U H, Abraham N, Weiss C. Dimensions and entropies of chaotic intensity pulsations in a single-mode far-infrared nh 3 laser. Physical Review A, 1989, 40(11): 6354.

[51] Cao L. Support vector machines experts for time series forecasting. Neurocomputing, 2003, 51: 321-339.

[52] Doddington G R, Schalk T B. Computers: Speech recognition: Turning theory to practice: New ics have brought the requisite computer power to speech technology;an evaluation of equipment shows where it stands today. 364 Neuromorphic Photonics IEEE Spectrum, 1981, 18(9): 26-32.

[53] Lendaris G G, Mathia K, Saeks R. Linear Hopfield networks and constrained optimization. IEEE Transactions on Systems, Man, and Cybernetics, Part B (Cybernetics), 1999, 29(1): 114-118.

[54] Hopfield J J. Neural networks and physical systems with emergent collective computational abilities. Proceedings of the National Academy of Sciences, 1982, 79(8): 2554-2558.

[55] Marandi A, Wang Z, Takata K, et al. Network of time-multiplexed optical parametric oscillators as a coherent ising machine. Nat. Photon, 2014, 8 (12): 937-942.

[56] Lee H, Chen T, Li J, et al. Ultra-low-loss optical delay line on a silicon chip. Nat. Commun, 2012, 3: 867.

[57] Xia F, Sekaric L, Vlasov Y. Ultracompact optical buffers on a silicon chip. Nat. Photon, 2007, 1(1): 65-71.

[58] Little B E, Chu S T, Haus H A, et al. Microring resonator channel dropping filters. Journal of Lightwave Technology, 1997, 15(6): 998-1005.

第 14 章

神经形态平台比较

14.1 简　介

  光信号处理领域有着曲折悠久的历史。几十年来,人们一直致力于模拟或数字计算模型的光子实现,但这两种方法都无法扩展到复杂的计算系统。光逻辑器件,如自电光效应器件(SEED)[1],是以制作自成一体的光学计算系统为目标进行研究的。随后不久,基于垂直发光激光器或空间光调制器与自由空间全息路由(即参考文献[2-5])中的神经启发系统很快出现。许多研究人员想象,光学计算机的外观很像图 14.1(a)中所示的那样,其中一个三维全息立方体将被编程为在发光器件阵列之间的路由信号。尽管光学逻辑器件后来发展成今天构成我们电信基础设施的开关/路由器,但光学计算并没有取得同样的成功。研究人员意识到,在未来的许多年里,电子标度定律可以继续解决传统处理器的互连性和速度瓶颈问题。摩尔定律的不断推进意味着,即使光计算系统显示出比电子计算系统的显著优势,但后者在短短几年内很快就能够匹配并超过它们的性能。

  因此,尽管光通信已经广泛地利用了光子学的高带宽,但光子处理一直被传统计算模型中的扩展性问题所阻碍。从硬件的角度来看,光计算(尤其是光神经计算)的不成功可以归结为以下几个因素:(a)电子器件的持续扩展;(b)与自由空间耦合以及全息互连相关的封装困难;(c)创造小型、高效的非线性光学处理器件的困难。现在,大约 30 年过去了,这个领域从那时起已经发生了巨大的变化:其一,正如第 1 章所讨论的,摩尔定律的进展现在正在被 CMOS 电子技术的基本限制所扼杀。例如,在过去的 10 年里,电子器件的速度和功率、效率的提高几乎可以忽略不计。其次,光子学的大规模集成技术刚刚兴起,这正受到电信应用所推动,市场需要在宏观和微观上增加处理器之间的信息流。这导致了光子集成电路(PICs)的爆炸式增长。

图 14.1 为神经启发的光子系统。(a) 最初,研究人员认为,光学神经计算机将涉及使用全息技术和自由空间光学技术来实现互连(转载自参考文献[5])。遗憾的是,这一设想并没有实现。(b) 对这个问题的重新审视涉及光波导、微环滤波器、激光器/调制器以及如上所述的电子控制系统的片上实现。这种方法使用波分复用(WDM)来在处理器之间叠加许多虚拟互连。

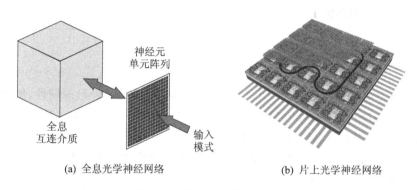

(a) 全息光学神经网络　　　　　　　　　　(b) 片上光学神经网络

图 14.1　神经启发的光子系统

光子集成电路已经在服务器和超级计算机的快速以太网交换机中找到了自己的位置,并且随着电子互连无法满足通信需求,它可能会出现在更传统的处理器架构中。在我们的系统中,我们专注于一个特殊的问题:在大信号带宽(large signal bandwidths)下快速(quickly)处理的能力。尽管光处理器在性能、尺寸或能源效率方面仍比不上电子处理器,但光互连(interconnects)仍然可以解决许多基本的限制,这些限制在 GHz 级处阻碍了电子处理器的时钟速度。

与数字方法相比,模拟光子处理在微波信号的高带宽滤波中得到了广泛的应用。例如,许多系统通过将射频信号调制到光载波的强度上,简单地将射频信号从一个站点传输到另一个站点。新兴的微波光子学(microwave photonics)现在也正在成为无线电频率应用这一商业领域中的一个重要竞争者,这得益于微芯片集成元件的低成本。然而,增加模拟操作的数量会加剧噪声的积累,从而限制可在信号上执行的操作的规模并增大复杂性。数字处理也已在光子学中实现,其对噪声积累的免疫力使器件级联可以进行复杂的计算。然而,数字光子开关的高扩展成本使这种方法既昂贵又不实用。神经网络方法代表了纯数字和模拟方法之间的混合,允许在尺寸、重量和功率(SWaP)方面优于纯数字方法,同时仍然保持可级联处理操作所需的完整性和噪声水平。

如本章所述,我们的平台(概念图见图 14.1(b))有可能表现出比其他任何平台更独特的处理优势,特别是在非常高的速度(信号带宽>10 GHz)下运行时。它可能是在如此大的信号带宽下实现密集、复杂的片上处理而不消耗不切实际的功率的少数实用方法之一。通过在电子领域实现非线性处理以及在光学领域实现线性处理,我们避免了电气互连的带宽限制和非线性光学处理器的可扩展性不足等问题。通过部分模拟和利用独特的光电物理学原理,该系统实现了高水平的功率效率,同时以电子物理学原理达不到的速度和互连水平运行。本章将讨论这些混合光电子器件的运行及其物理潜力所涉及的许多基本现象,还将把目前可用的光子集成电路(PIC)技术(混合硅锗逝平台[6])实现的投影处理系统与目前正在神经形态硬件社区中开发的电子神经网络(CMOS)进行比较。总之,光子尖峰脉冲处理为同时需要速度、低延迟和高复杂度的应用提供了一个独特的平台。

14.2　技术比较

神经形态计算领域一直在大力发展大规模的尖峰脉冲神经形态硬件,例如,通过FACETS/BrainScaleS 项目[7] 开发的海德堡 HICANN 芯片、通过 DARPA SyNAPSE 计划[8] 开发的 IBM TrueNorth,以及斯坦福开发的 Neurogrid[9] 和 SpiN-Naker[10](见图 14.2)。许多研究人员正集中精力研究这种硬件与标准数字计算机相比的长期技术潜力和功能。

图 14.2 为本章讨论的 5 种不同神经形态硬件的精选图片。

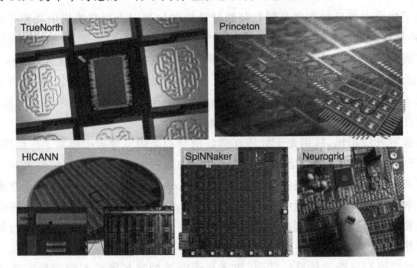

图 14.2　5 种不同神经形态硬件的精选图片

该领域的主要驱动力之一是计算能力的效率[11]。生物神经元与目前通用数字电路之间的计算效率的差距非常大。计算效率的一个重要衡量标准是第 1 章中介绍的 MAC/Joule。虽然生理神经元的效率估计超过 10^{18} MACs/J,但目前处理器的能效墙为 10^{12} MACs/J,或再低 6 个数量级[11]。

尽管大多数项目都是为了实时模拟大脑皮层网络,但其中一些项目,如 HI-CANN 和光子学芯片,旨在实现时间尺度的加速操作。光子学尤其代表了将神经网络带入超快(约 GHz 级信号)系统的一种潜在途径。光子集成的最新发展将允许在单个芯片上存在利用这种带宽的大型复杂网络。这些网络的处理速度我们称为计算性能(computational performance),可以用 MACs/s 来衡量,这将限制网络能变得多大。

VLSI 项目也有兴趣提供一个可与人脑相媲美的可扩展平台,即约 10^{11} 个神经元[12],目的是模拟复杂的功能,如人工视觉、模式识别和决策。对神经工程来说,一个重要的衡量标准是规模,无论是在神经元数量方面,还是在互连或突触总数方面。

在本节中,我们将从性能(第 14.2.2 小节)、尺寸(第 14.2.4 小节)和效率(第 14.2.3 小节)方面比较上述电子和光子神经工程硬件。

14.2.1 电子和光子神经硬件架构

互连性是电路设计师面临的一个基本问题。以快速的方式将以数字电信号输入和输出的一个芯片中的多个节点送到其他区域,是现代数字计算机的基础。例如,在冯·诺依曼计算机体系结构中,程序指令和数据的传输都共享在同一内存中,独立于 CPU。这些数据通过共享的多路复用总线连接,这意味着它们不能同时访问。因此,CPU 内存总线的带宽对于整体性能至关重要。在第 1 章中,我们对这种技术的当前趋势和局限性进行了简要讨论。

计算的丰富性和内存被认为主要是在网络的互连模式中编码,而不是在节点的本地属性中编码。人脑包含了数十亿的神经元,在三维弹性介质中被组织起来,通过非常复杂的化学反应实时重组每一个元素(考虑到学习)。另一方面,与人脑不同的是,数字计算机是以平面拓扑结构制造的,限制了晶体管之间的连接,并排除了空间重排。如果要用这些电子元件构建大规模的神经网络,则必须通过虚拟化技术来克服这种拓扑结构的限制。为了实现这种大型的虚拟互连,神经形态硬件架构一直基于时分复用和密集封装的交叉开关阵列。这些阵列用整体带宽换取虚拟的、可重新配置的互连性(见图 14.3 中 IBM TrueNorth 芯片的例子)。

图 14.3 为神经网络的二分图(左),轴突和神经元之间任意连接,以及 True-North 核心的相应逻辑表示(右)。经 Akopyan 等人许可转载,来自参考文献[13]。版权所有:2015 年,IEEE。

此外,由于互连至关重要,因此必须克服冯·诺依曼架构的基本低效率问题。IBM 公司的一个研究小组提出并实施了一种不同的架构,通过将内存(突触连接)与小型集群或神经元相邻并将其与集群之间的事件驱动通信网络相结合来缓解这个瓶颈(见图 14.4)。这种通信协议被称为地址-事件表示(Address-Event Representation,AER)。

图 14.4 为解决冯·诺依曼瓶颈。(a) 在计算方面,单个处理器必须同时模拟大量的神经元以及神经元间的通信基础设施。在内存方面,由外部内存和处理器之间的分离引起的冯·诺依曼瓶颈,在更新神经元状态和检索突触状态时,会导致消耗大

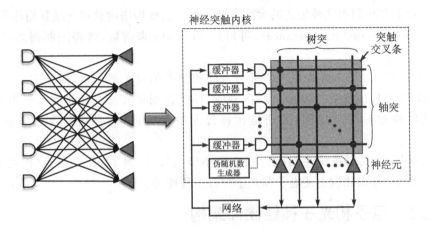

图 14.3 神经网络的二分图及核心的相应逻辑表示

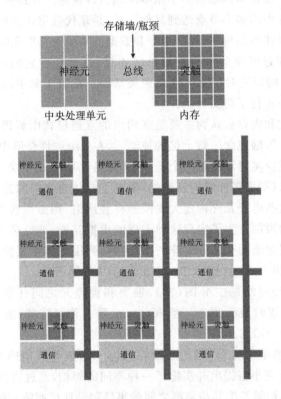

图 14.4 解决冯·诺依曼瓶颈

量能量的数据移动。在通信方面,当模拟不适合在单个处理器的高度互连网络时,处理器间的信息传递会出现问题。(b) 架构的概念蓝图像大脑一样,将内存、计算和通信紧密地集成在分布式模块中,这些模块并行运行并通过事件驱动的网络进行通信。经 AAAS 许可转载,来自参考文献[8]。

地址-事件表示（AER）是一种异步通信协议,适用于在神经形态电路之间传递稀疏事件(或尖峰脉冲信号(spike))[14]。图 14.5 中描述了这个想法。如果事件在时间上是稀疏的,那么它们可以用发送者/接收者的地址头打包,并根据需要在共享总线中传输。这个数据包的信息可以是数字的或模拟的,但它也应该包含尖峰脉冲的时间。握手协议对于保证数据完整性和防止意外尖峰脉冲是必要的。

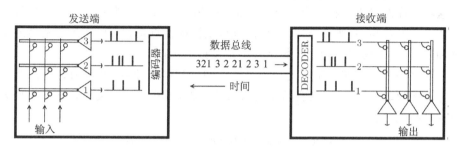

图 14.5　地址-事件表示(AER)

图 14.5 为地址-事件表示(AER)。发送芯片上的自定时神经元产生一连串的动作电位。当神经元在产生动作电位并被多路复用电路选择传输其地址时,它们请求控制总线。地址的时间流在发送芯片和接收芯片之间传递。这个时间流被接收器解码成一串动作电位序列,这些动作电位到达它们适当的突触后,目标事件的详细时间被保留下来。转载自参考文献[15]。

AER 协议开启了在有限比特率的单一通信总线上建立非常大的虚拟连接的可能性。它放宽了时分多路复用(TDM)所带来的互连性限制,在 TDM 中,每个信道都会定期分配一个时隙。因此,TDM 总线的吞吐量受限于最繁忙的通道,而在 AER 中则受限于每个通道的平均带宽。也就是说,对于一个特定的技术平台,两种技术的吞吐量限制能力(平均扇入×带宽)应该是相似的。

今天的高端硅微处理器需要多层金属互连。由于这些芯片的特征尺寸正按照摩尔定律而缩小,密集的交叉阵列将挤压大量彼此紧密间隔的导线。这些导线之间的电容耦合以及 RC 充电时间将导致延迟,这预计将成为硅工业中多 GHz 处理器的一个关键瓶颈[16]。这种在操作带宽和与电线的互连复杂性以及损耗之间的严酷权衡,推动了光通信领域的发展。微波光子学的研究在过去的几十年里引起了人们的极大兴趣,因为它可以提供更轻、更小、更便宜的通信链路;整个微波和毫米波频率范围内具有低且稳定的衰减;不受电磁干扰,并且具有低色散和高数据传输能力[17]。

第 8.1 节中介绍了一种光子互连结构。它被设计成模拟的,并支持大量的分布式光子元件组之间的并行、异步和可重构连接。在该架构中,尖峰脉冲不是由一系列比特(由阈值电压电平物理体现)抽象地表示的,而是直接由光脉冲体现光学尖峰,即通常为红外波长的相干光的功率包络中的峰值。

由于这些脉冲具有精确的波长,因此单个波导可以并行传输许多光尖峰而不会产生干扰。这就是所谓的波分复用(WDM)。总的吞吐能力受到支持波导的透明窗口的限制。频谱的 WDM 信道化是一种有效利用波导的全部容量的方法,其可用的传输窗口最宽可达 50 nm(>1 THz 带宽)[18]。

两个神经元进行通信的协议被称为广播和权重协议。所有波长携带的信号都在广播波导中传输,连接到它的节点可以通过调整权重库滤波器来选择和加权每个通道。这种广播波导内置在一个环路(broadcast loop)中,所有的节点都可以与所有其他的节点相互连接(见第 9 章)。这个协议最重要的特点是它可以实现非常高的互连密度和低延迟,这两点都超出了数字甚至是模拟电子技术的限制。

下面几小节将介绍电子和光子神经形态硬件架构在速度(带宽和延迟)、能耗和尺寸方面的比较。表 14.1 按照尖峰脉冲频率、神经元扇入以及突触精度和类型等指标对两种架构进行了比较。

表 14.1　不同神经形态处理器之间的一般比较

芯　片	尖峰脉冲频率/Hz	神经元扇入	突触精度和类型
Sub-λ Phot.	10^9	约 200	8 位,专用
III-V/Si 混合型	10^9	108	5.1 位,专用
HICANN	10^5	224	4 位,共享
TrueNorth	10	256	4 位,专用
Neurogrid	10	4 096	13 位,共享
SpiNNaker *	10	320	16 位

注:III-V/Si 混合型代表 III-V/Si 混合平台上的光子集成电路中的尖峰脉冲神经网络的估计指标,如第 7.5 节所述。Sub-λ 代表使用优化的亚波长结构的平台的估计指标,如光子晶体。

截至本书撰写之日,TrueNorth、Neurogrid 和 SpiNNaker 已全面投入使用。

* 神经元、突触和尖峰在事件报头中进行数字编码,这些报头在共同集成的处理器内核中传播。所以这里的所有数字都是基于一个典型的应用实例。

14.2.2　速度: 带宽和延时

速度也许是光子学平台的最大优势。在信号带宽和延迟方面,它可以超过目前任何其他硬件神经网络的实现(或大规模可编程电子处理器,就这一点而言)几个数量级。有两个属性需要考虑:网络内单个通道的最大信号频率(即信号带宽),以及处理器到处理器的运行时间(即信号延迟)。

信号带宽受到系统中光子和电子元件的限制。首先,让我们考虑光子元件。与每个光学滤波器相关的时间尺度为

$$\tau_F = \frac{2Q}{\omega_0} \tag{14.1}$$

在广播环路中,对于给定的光带宽,这个时间常数和信道容量之间存在着权衡,这将在第 14.2.5 小节中详细讨论。

与载流子扩散和弛豫有关的其他几个组件会影响处理器的电子元件的带宽。光电探测器从根本上受到载流子传输时间和扩散的限制(我们将它们一起表示为载波限制时间 τ_c)。然而,RC 器件的寄生效应,即电气连接“充电”所需的时间,通常占主导地位。我们将寄生寿命表示为 τ_{RC}。因此,我们可以将每个通道的时间常数近似为

$$\tau_B^2 = \tau_{RC}^2 + \tau_Q^2 + \tau_c^2 \tag{14.2}$$

其中频率带宽 Δf_B 为

$$\Delta f_B = \frac{1}{2\pi\tau_B} \tag{14.3}$$

在片上实现的处理器之间的飞行时间信号延迟受到光速的限制。由于处理器之间的间隔可能不会超过几毫米,所以延迟可能不会超过 mm/c 的数量级,即几十皮秒。我们可以预期,在制造出更大的系统之前,延迟将更多地受到信号带宽 τ_B 的限制。这意味着,考虑到实际参数和目前光子学中可用的技术平台,我们可以期望我们的系统能够在几十 GHz 信号带宽和几十个输入通道上运行,正如第 14.2.5 小节所述。

最后,关于尖峰脉冲编码,有几个带宽和延迟问题需要考虑。在此分析中,我们将重点讨论基于可饱和吸收体(SA)的激光神经元的光电探测器(PD)到激光器的 O/E/O 驱动原理,因为它是迄今为止提出的唯一与基于波长的网络方案兼容的尖峰脉冲激光模型[19-20]。在我们的可饱和吸收器被动 Q 开关模型中,积分时间常数与不应期同义,不应期决定了给定通道的最小尖峰的间隔。这可以简单地通过观察与有源泵浦量子阱部分的激发载流子相关的时间常数 τ_g 来发现,该时间常数通常在几个纳米的数量级上。还有脉冲宽度,它是尖峰系统时间分辨率的上限。脉冲宽度在很大程度上与腔体的光子寿命 τ_{ph} 有关,模拟表明,可以产生短至约 10 ps 的脉冲。然而,这些脉冲的分辨率最终受到通道带宽的限制,这意味着如果不经历系统中各种元件的低通滤波效应,脉冲宽度无法有效地降低到 τ_B 以下。

是什么阻碍了电子系统实现同样的速度?首先,让我们直接将处理器的信号带宽与更多传统型号的时钟速度进行比较,后者在几 GHz 左右就已经达到上限了。数字系统,即中央处理单元(CPU)、图形处理单元(GPU)或现场可编程门阵列(FP-GA),受到发热和慢速电气互连的速度限制。在这里,我们将重点讨论后者,并在第 14.2.3 小节重新讨论发热问题,因为发热与能源消耗密切相关。典型的电气互连在其带宽容量和 RC 充电的延迟方面受到限制。复杂的互连结构还需要开关、多路复用和解复用电路,这在并行处理架构中可能是一个特别突出的负担。另一方面,在用于信号的电子系统中使用共享总线需要有能力在每条线路上处理非常高的带宽。考虑到典型的 RC 电子互连的带宽限制(即几个 GHz),以及与导线接近的相关的带宽

减少,如果处理器运行在几十 GHz 上,那么这种策略是不可行的[16]。因此,电子学中的高带宽网络将很快需要难以控制的电线数量。

专门的射频(RF)电子器件可以减轻其中的一些负担,但要付出很大的复杂度代价。通过使用更多的特殊材料平台,如 SiGe[21]、BiCMOS[22] 或 InP[23],射频晶体管可以在非常高的带宽下工作。许多这样的晶体管很容易接近 100 GHz 的截止频率。然而,这些器件会产生大量的能量和热量,如第 14.2.3 小节中所述。这限制了它们在任何大规模处理平台中的使用。传统的电线可以用片上阻抗匹配的传输线代替,从而实现高达 80 GHz 或 90 GHz 的低延迟光速连接。

然而,这样的通道在我们的系统中只能复用三个或四个信号——传输线的带宽与典型通信窗口中可用的约 4 THz 的带宽不匹配,这是我们复用策略中使用的关键特征,以允许形成复杂的网络。因此,从物理角度来看,正是对光带宽的利用,使我们能够拥有超过射频电子方法所能达到的复杂度水平,如 14.2.5 小节所述。

现在让我们将我们的平台与文献中的神经形态硬件平台进行更直接的比较。表 14.2 显示了在给定的突触精度下,每个神经元的发放率和乘积累加运算(MAC)率(见 14.2.3 小节)。与发放率为 10 Hz[8] 的 IBM TrueNorth 相比,我们提出的光子系统运行速度大约快 1×10^8 倍。事实上,我们目前的设计甚至比最快的电子神经系统还要快很多数量级。HICANN 平台的设计旨在超过生物时间尺度 1 万倍,其发放率约为 1×10^5 Hz[7]。我们的架构分别超过了这些数字的 10 万倍和 100 万倍。这些时间尺度的说明可以在第 1 章的图 1.4 中找到。由于电子系统的网络和信号带宽存在固有的物理限制,因此它们在不久的将来不太可能达到或超过光子处理速度。

表 14.2 不同神经形态处理器之间的速度比较

芯 片	尖峰脉冲频率/Hz	每个神经元的乘积累加运算(MAC)率	突触精度和类型
Sub-λ Phot.	10^9	200 GHz	8 位,专用
Ⅲ-Ⅴ/SI 混合型	10^9	20 GHz	5.1 位,专用
HICANN	10^5	22.4 MHz	4 位,共享
TrueNorth	10	2.5 kHz	4 位,专用
Neurogrid	10	40.1kHz	13 位,共享
SpiNNaker *	10	3.2 kHz	16 位

注:见表 14.1 的说明。

在尖峰表征中,计算主要是通过激光器中的非线性动力学进行的,其具有每个通道的特征时间分辨率(即脉冲宽度)和每个处理器的计算速度(即脉冲速率)。根据参考文献[19,25]中探讨的设计,典型的脉冲宽度约为 10 ps,而时间抖动(也可能限制时间分辨率)通常较低。时间编码受到平衡状态下的约 1 ns 不应期的限制,从而将尖峰脉冲激光器的发射率限制为约 1 GHz。利用目前的技术,我们可以实现大约 10 ps 级的速度分辨率(约 10 GHz)和纳秒(约 1 GHz)的脉冲决策。

通过进一步的优化,更高的运行速度仍然是可能实现的。通过引入缺陷,不应期可以减少到低至约 100 fs[26],尽管系统的动态行为必须被重新设计。同样,通过减少谐振器中的空腔寿命和其他优化措施,脉冲宽度有可能被降低到 fs 的水平。此外,输入和输出之间的延迟很低:在 Ⅲ-Ⅴ/Si 混合平台上构建的可激发激光器在输入和输出尖峰脉冲之间的延迟小于 100 ps。在神经元间连接处波导所引起的延迟可以忽略不计(在具有 100 个神经元的第一级广播环路中,往返时间为 30 ps)。因此,所有神经元都可以在不到 1 ns 的时间内处理广播环路内的尖峰脉冲。在受到刺激时,一个包含 5 万个神经元的大型芯片将具有 1 ns~50 μs 的可延展反应时间。"内存"功能可以通过在电路中实现循环连接或设计延迟元件来进行编程。

14.2.3 功耗:能量和噪声

我们的系统可以表现出非常高的能量效率,这在很大程度上是缘于组件的模拟性质和光信号的独特性质。理论上,该系统的能耗可以表现出与模拟电子系统相当的性能,但该系统能够在更高的带宽下运行。在将神经形态硬件组件与在电子器件中构建的当前硬件平台进行比较之前,我们将首先考虑电子和光学上的能量耗散。

在电气领域有两个主要的能量耗散源需要考虑:电容开关和静态焦耳加热。一个来源是否优于另一个来源在很大程度上取决于配置。例如,光电探测器到激光器的驱动架构或正向偏置调制器配置将由焦耳加热主导。这种损耗还解释了通过反向偏置二极管的泄漏电流。电阻损耗的表达式可以表示为

$$P_1 = N\bar{I}R^2 \tag{14.4}$$

式中,N 为处理器的数量,$\bar{I}$ 为每个处理器的平均电流,R 为电阻。尽管此表达式中的功率与带宽无关,但在更高的带宽下噪声会增加,需要更多的功率来支持给定的信噪比(之后讨论)。同样,电容式器件(例如,将光电探测器连接到反向偏置的光调制器)的功耗根据下式给出:

$$P_s = \frac{1}{2}CV^2N\Delta f \tag{14.5}$$

式中,C 为电容,V 为驱动电压,N 为神经元的个数,Δf 为信号的带宽。由于电容式开关仅在改变状态时才消耗功率,因此在该表达式中存在对带宽的直接依赖。大多数现代电子处理电路(即在 CMOS 中构建的电路)主要受电容耗散的限制。这可能是效率的问题,因为每个操作至少消耗 $E_{switch} = 1/2CV^2$。因此,在降低电容 C(使用更小的器件)和最小化驱动电压 V 方面进行了大量的优化。这些限制同样适用于大多数现代调制器,其中许多调制器被设计为在耗尽(即电容)模式下工作,以最大限度

地减少每比特消耗的热量。

现在让我们考虑光的产生,它必须有足够大的功率来传输信号。对于一个有 N 个处理器的系统,P_p 系统的光限制泵浦功率可以通过以下公式计算:

$$P_p = \frac{P_{\min(\lambda)}}{\eta_p} N N_m \tag{14.6}$$

式中,η_p 代表泵浦效率,$P_{\min(\lambda)}$ 代表在给定信噪比(SNR)下运行所需的噪声限制光信号功率,N 是神经元总数,N_m 是每个处理器点对多点的转换数。这个因子 N_m 是由于能量必须减少到原始的 $1/N_m$,因为它被分成 N_m 个部分以到达后续处理器。该表达式适用于调制器和基于激光的系统:前者依赖于来自连续波源的 η_p,而后者依赖于激光器本身的 E/O 信号转换效率。E/O 效率 η_p 可能是一个重大瓶颈:大多数传统激光器(即分布式反馈激光器)的效率约为 5%,尽管其他类型(即垂直腔面发射激光器)可以接近墙上插头的效率约大于 50%[27]。放大被忽略了,在这种情况下只会恶化 SNR,因此不会改善功率预算。

总功耗是所有这些耗散源的总和,即

$$P = P_o + P_s + P_l \tag{14.7}$$

由于我们的系统是模拟的,因此它对能量消耗的主要限制与带宽及所需的 SNR 有关。从根本上说,噪声源包括电域中的热噪声和光域中的散粒噪声。对于无源电路和给定的电信噪比,最小下限为[28]

$$P_{\min(e)} = 4kT\Delta f(S/N)_e \tag{14.8}$$

式中,k 是玻耳兹曼常数,T 是温度,而 Δf 是信号带宽。同样,光域中的散粒噪声——对于给定的光信噪比 $(S/N)_o$,为光信号的功率设置了下限,根据以下比例缩放:

$$P_{\min(\lambda)} = 2E_p\Delta f(S/N)_o^2 \tag{14.9}$$

式中,$E_p = h\nu$ 是光子的能量,而 Δf 是信号的带宽,这与前面一样。值得注意的是,使用尖峰脉冲作为信道编码方案可以让我们在这种模拟系统中更接近本底噪声,因此可以显著节省能源。这是因为信号集中在具有最大功率 P_{peak} 的尖峰中,这可能远大于驱动系统所需的平均功率 P_{avg}。对于给定的 SNR,只有 P_{peak} 需要超过本底噪声。

实际上,在达到这些基本噪声限制之前,功耗将受到实际器件的限制。泵浦功率 P_p 必须超过最小激光阈值,尽管已经制造了一类具有大约 1 μW 阈值的纳米激光器。这与典型的散粒本底噪声在同一数量级内。同样,激光通常会产生大于散粒噪声的相对强度噪声(RIN),尤其是在较低带宽时。泄漏电流和开关电流通常受电气器件的电阻 R 和电容 C 的限制,而不是热噪声,热噪声仍然小几个数量级,在现代 CMOS 器件中没有意义[29]。静态功率泄漏 P_l 在反向偏置组件的功耗中也可能起很大的作用。此外,在电域中使用二极管/晶体管或在电域/光域中使用放大器,都会增加系统的额外噪声和功率限制。

这种架构中的非线性处理器受到困扰模拟电子器件的相同寄生限制的约束。尽管如此,与其他技术平台相比,该光电系统在高信号带宽下表现出许多重要优势,特别是在高效执行线性计算和多播网络的能力方面。低带宽电子器件通常可以将许多信号组合在一起(即电阻星形网络),但随着带宽增加到>1 GHz,传输线效应会导致输入和输出之间的阻抗不匹配。微波电子器件可以通过相关的功率损耗或 Wilkenson 分压器网络来解决这个问题,但需要复杂的阻抗匹配电路,并且只能在窄带范围内进行。在这种情况下,线性求和操作由一个光电探测器组成,该探测器可以组合不同波长上的许多相互不相干的信号。在具有许多多路复用连接的单个波导之外,不需要额外的空间或电路。该操作并不明确需要能量来执行,尽管它隐含地需要更多的泵浦功率 P_p 来维持给定的 SNR,这取决于多播数量 N_m。尽管如此,它仍然比当前的数字信号处理方法的效率高出至少几个数量级,其中乘法和累加(MAC)操作可以使数千个晶体管开关的电容 C、电压 V 和开关频率 ΔF 的能量损失 $1/2CV^2\Delta f$。

类似地,由于电子芯片的空间限制,电子器件中的多播非常难以执行,这些限制与分层的伪二维几何形状有关。因此,随着节点数量的增加,需要 N^2 个连接来连接 N 个节点的全对全布线实际上具有挑战性。相反,现代神经形态硬件利用数字切换来执行各种形式的时间复用(如第 14.2.1 小节所述)。用于通信的数字交换会导致能量急剧增加——路由器必须在比底层网络更高的带宽下运行,并且由于密集神经网络的复杂性,大部分能量可能消耗在网络交换元件中[10]。因此,我们的处理系统的模拟、光学性质可显著节省能源,特别是在处理路径的网络和线性求和方面。

为了比较起见,我们将定义一个称为乘加(MAC)的量,它指的是

$$y = y + w \times x \tag{14.10}$$

对于输出 y,权重变量 w 和信号变量 x 在每个神经元的输入上所经历的输入 $\sum_i w_i x_i$ 的完整加权和代表了许多并行的 MAC 操作。对于尖峰脉冲系统,当给定的尖峰脉冲发生在给定神经元的接收端时,会发生单个 MAC。该指标可用于比较有关突触计算的各种方法的功率。对于模拟系统,执行 MAC 所需的功率不是明确的;相反,每个 MAC 所需的最小功率表现为增加信道计数,且以 $N_m \rightarrow N_m + 1$ 继续在相同 SNR 下运行。

现在,让我们将使用现实参数的混合/Ⅲ-Ⅴ平台中的理想光子系统与电子硬件神经形态目前正在开发的光子系统进行比较。数值表如 14.3 所列。对于能耗,有两个指标需要考虑:给定带宽的功率密度(mW/cm²)和功率效率(J/每个操作)。在这种情况下,将我们的操作定义为 MAC 来比较突触计算。对于给定的功率效率,较低带宽的系统将在每个区域消耗更小的功率。

表 14.3　不同神经形态处理器之间的能量比较

芯　片	每个神经元的乘积累加运算率（MAC）	每乘积累加运算（MAC）能量/pJ	功率密度/（W·cm^{-2}）
Sub - λ Phot.	200 GHz	0.0007	7
Ⅲ-Ⅴ/SI 混合型	20 GHz	1.3	127
HICANN	22.4 MHz	198.4	2.54
TrueNorth	2.5 kHz	0.27	5.38×10^{-5}
Neurogrid	40.1 kHz	119	1.64×10^{-2}
SpiNNaker *	3.2 kHz	6×10^5	0.276

注：见表 14.1 的说明。

通过将墙插功率除以总电路板尺寸来估计 HICANN、TrueNorth、Neurogrid、Spinnaker 的功率密度值。芯片内部的功率密度要高得多。例如，在参考文献[8]中，TrueNorth 被报道消耗 20 mW/cm^2。

正如本节前面所讨论的，这是由于数字通路中更频繁的切换和模拟通路中出现更多噪声的结果。例如，基于加速时间尖峰的神经形态芯片 HICANN 系统在同一区域内比 TrueNorth 架构消耗的功率要多得多。为了测量我们系统的功率效率，比较每个尖峰发射（即大约每个比特数）的能量消耗（以焦耳为单位）更为明智。这是因为每个尖峰都携带一定量的信息，这需要相应量的能量来传递给多个神经元并进行处理。在这方面，混合平台 J/MAC 的效率为 1.3 pJ/MAC，与 TrueNorth 非常接近（见表 14.3），并且比其他电子实施方案小几个数量级。PhC 方法将实现更高的效率水平，功耗约为 0.7 AJ/MAC。当比较单位能量消耗的信息量时，光子方法的表现与电子方法一样好。然而，高功率密度（mW/cm^2）使得该方法无法在不需要极高带宽的超低功率应用中实现。

现在让我们考虑在 PhC 平台中关于基本限制的可能性，这些基本限制可能在 WDM 光子神经网络平台的未来实例化（约 10 年）中可用。如果我们根据本书探讨的限制假设激光器的效率、带宽、脉冲速率和通道容量参数，那么我们得到的驱动电流约为 135 μA（相当于每台激光器 150 μW 的功耗）。这些低功率通过使用尖峰脉冲进行编码得到增强，该尖峰脉冲可以在具有较低平均信号功率的噪声下限之上被检测到。这完全在 PhC 激光器可能达到的范围内。因此，我们的 50 000 个激光神经元每 cm^2 的功耗可以低至 7 W，然后才能达到基本噪声极限。相比之下，HICANN 芯片每 cm^2 有 1 024 个神经元，功耗为 2.54 W，工作频率仅为 100 kHz。值得注意的是，在如此高的带宽下，任何涉及恒定静止态能量的神经方法都将达到类似的基本功率极限，因为这样的系统的运行接近散粒噪声本底。只有减小工作带宽，才能降低这一限制。假设系统需要 CMOS 控制电路，这也将是功耗的一个因素，但考虑到它作为一个低带宽控制器的角色，几乎没有处理要求，其功耗应该远低于处理器本身。

14.2.4　尺寸:器件密度和可扩展性

光子元件不可以比通过它们的光的波长小很多。与最先进的电子晶体管的纳米级尺寸相比,这种衍射极限将单个光子器件的尺寸下限设置为约 1 μm^2。考虑到空间和复杂性是光子芯片中更大的负担,利用光电器件中出现的复杂动力学特性来执行计算以最小化组件数量更有意义。与电子学不同,没有可扩展的数字平台可以引导创建复杂神经模型。因此,通过设计,这里描述的模型每个节点只需要几个光子组件:神经元完全由 O/E/O 处理器表示,它由激光腔或调制器内部(或外部)的非线性和一组驱动的光电探测器组成。这与电子数字方法形成了鲜明的对比,电子数字方法通常需要许多晶体管(约 1 000 个)来模拟简单的数学或浮点函数。

衍射还限制了网络的大小,因为波导的宽度不能减小到 100 nm 以上。尽管如此,光子实现中的通信处理开销要好得多,这主要是因为复用方案允许许多光信号独立存在于单个波导中,如第 8 章所述。因此,光子波导表现出非常高的信息密度,与电线相比,每比特信息的空间按比例减少。这与需要大量交换和路由逻辑的 AER 等数字路由方案形成对比。在具有大量通信开销的数字系统中也存在类似的权衡,例如,FPGA 的互连、路由器和解复用器占据了芯片上总面积的大部分[30]。光子平台中的多路复用和多路分解是使用添加/删除过滤器执行的,这些过滤器还充当可以调整每个权重强度的突触。突触可以由一组可调谐滤波器来表示,尽管它们受到衍射限制,但可以每 μm^2 收缩约 10 个。滤波器组是最占用空间的组件,因为 N 个神经元需要 N^2 个突触才能实现完全连接的全对全网络。突触的大小无法与电子学中的同等技术竞争,尤其是高度模拟的方法,例如纳米器件的交叉阵列[31]。尽管如此,我们的方法是高度模拟的、无开关的,并且与电子器件中的等效数字系统相比,所需的处理开销要少得多。

现在让我们将光子学平台中的器件尺寸与当前的电子神经形态平台套件进行比较。表 14.4 显示了每个平台的近似突触覆盖区、每个芯片的神经元计数和神经扇入。由于突触的数量大大超过神经元,它们将占据芯片的大部分。已知存在的最小的衍射限制滤波器是光子晶体(PhC)缺陷态,其长度约为 10 μm[32-34]。激光器、光电探测器(神经元)和滤波器(突触)可以并且已经使用 PhC 缺陷状态实现[32-34]。假设网络和路由的消耗为 2 倍,我们可以使用该技术实现 5×10^6 个/cm^2 的突触密度。考虑到与过滤器相比,激光和光电探测器的占地面积相对较小,神经密度主要受与每个神经元相关的突触数量的影响。假设每个神经元平均有 200 个突触(见第 14.2.5 小节),这给了我们 50 000 个/cm^2 神经元密度。可以使用大面积晶圆缩放技术将其扩展到总共 15 亿个突触和 1 500 万个神经元,该技术已在 FACETS/BrainScaleS 项目中使用[7]。尽管如此,这种技术还没有被开发出来。在此比较表中,我们假设更合理的芯片尺寸为 1 cm^2。这些指标需要开发标准化的光子晶体平台和一些额外的晶圆缩放修改。尽管如此,它代表了随着光子技术的成熟,可以在单个基底上制造的东西。

表 14.4　不同神经形态处理器之间的大小和网络比较

芯　片	每个突触的面积/μm^2	神经元总数/个	神经元扇入/个
Sub-λ Phot.	10	50k(cm^2 晶粒)	约 200
Ⅲ-Ⅴ/Si 混合型	41	5k(cm^2 晶粒)	100
HICANN	780	180k(20 cm 晶圆)	224
TrueNorth	4.9	16M(电路板)	256
Neurogrid	7.1	1M(电路板)	4 096
SpiNNaker *	217	259k(电路板)	320

注:见表 14.1 的说明。

　　现在,让我们考虑混合 Ⅲ-Ⅴ/Si 平台中的器件,我们预计该平台将在 5 年内用于外包或多项目晶圆(MPW)服务。基于互连限制,我们可以预期与每个激光神经元相关的大约 100 个突触。激光器可以使用双段分布式反馈(DFB)设计[19]制造,占用 100 μm 长和 5 μm 宽的面积。过滤器可以使用双极微环制造,可制造小至 18 μm^2 的面积[35]。具有 100 个突触的 PNN 需要 200 个波长滤波器,总面积为 3 600 μm^2。考虑到器件放置和组织的 5 倍空间开销,我们可以合理地预期神经元密度约为 5 000 个/cm^2。

　　该平台可能的神经和突触密度可与电子实现中的那些相媲美。我们计算的神经/突触密度实际上非常接近加速时间尺度 HICANN 处理器,其神经/突触密度为 4 096 个/918k 个/cm^2。HICANN 芯片与我们自己的芯片有类似的限制,因为组件的缩小受到高操作带宽的限制。尽管如此,我们无法达到 IBM TrueNorth 芯片最先进的神经/突触密度 270k 个/6.8M 个/cm^2,它利用时间复用来实现巨大的"虚拟"突触密度。

　　尽管我们目前的光子技术受到衍射极限的限制,但随着混合光子/等离子体平台的出现,等离子激元在新兴领域的未来发展,可以通过电子尺寸的组件实现光子级操作带宽,可能提供一种超越这一极限的缩放途径。

14.2.5　网络:通道和拓扑限制

　　由于每个处理节点固有的并行性和计算复杂性,与更传统的处理模型相比,神经网络往往具有非常高的通信开销。一个典型的例子是,一个生物神经元可能与其他神经元有高达 7 000～10 000 个互连,这是一个非常高的扇入,在很大程度上是人工手段无法比拟的。第一个模拟电子神经元仍然能够表现出非常高的功率效率[36],但缺乏可以在二维拓扑中打印的可扩展路由方案。由于神经网络的运行速度通常比电子器件慢得多,因此采用数字路由方案在同一基板上将许多神经信号时间多路复用在一起。现代平台将基于尖峰脉冲的模型与地址事件表示（Addresss Event Representation，AER）相结合，地址事件表示（AER）为通信提供了一种高效的媒介，并具有内置的交换和路由协议（第 14.2.1 小节）。

然而，这种方案需要时间复用：路由和交换硬件必须比处理网络本身运行得快得多。因此，每条物理线或连接都具有扇入×带宽容量，这阻止了其在更高（RF）带宽下的实现。其他拓扑，包括总线和交叉开关，能够同时并行连接 N 到 M 点。然而，由于其刚性几何形状，此类结构固有的带宽有限——当输入信号的射频波长接近交叉开关阵列的大小时，高频信号会因阻抗失配而经历显著衰减和反射，从而阻止信号到达目的地。微波电子器件能够提供可以在更高频率下工作的器件和路由结构，只能在窄的信号带宽范围内工作，并且在没有笨重的阻抗匹配电路的情况下有效地组合或多播信号的能力有限。相比之下，光连接具有巨大的带宽容量——例如，在回程光网络中通常会复用数百个 25 Gbps 通道。在这方面，数十或数百个高带宽光信号可以同时在单个波导中传播。在光域中使用波分复用（WDM）可以解决困扰电子产品的限制，并且微细加工的新进展允许将整个网络加工到硅光子芯片上。

网络容量受到两个因素的限制：（a）光传输窗口的变换限制带宽；（b）用于权重库的光谐振器的精细度。对于前者，如果每个信号的带宽为 Δf，那么每个广播循环的信道容量 C_p 被限制为

$$N_{\text{channels}} < \frac{f_{\max} - f_{\min}}{2\Delta f} \tag{14.11}$$

其中系数 2 来自调制边带的影响，假设任意信号被调制到每个光输出上。光频率窗口的全带宽容量可能非常大：例如，光通信 C 波段已经＞4 THz。这与限制在几 GHz 的普通电子互连和最多限制在约 100 GHz 的微波传输线形成对比。例如，如果我们要求每个通道的带宽为 100 GHz 以支持 5 ps 脉冲，并且我们希望在典型电信激光器的增益频谱（约 6.2 THz）内工作，那么我们的总通道容量约为 62 个通道。请注意，如果一个操作接近激光发射脉冲的变换极限，则此通道容量可以进一步收紧。尽管如此，这代表了光学信息容量的基本限制。

对于较慢的信号，可达到的滤波器精度 $\mathscr{F}$ 会限制通道数：

$$N_{\text{channels}} = \frac{\mathscr{F}}{\delta\omega} \tag{14.12}$$

式中，$\mathscr{F}$ 是谐振器的精细度，$\delta\omega$ 是以滤波器线宽为单位的 WDM 信道间隔。对于给定的 $\delta\omega$，根据频率空间中不同滤波器的接近程度，会产生不同级别的功率代价。这在第 9.4.2 小节中进行了探讨，并为标准硅微环提供了约 108 个通道的界限。尽管通道目前受到技术平台的限制，但具有较低带宽信号的更高 Q 滤波器（即在光子晶体中）或具有更平坦谐振的级联滤波器可能会将此限制扩展到＞200 个或更高。

通道容量不限制我们网络中处理器的数量，它可以使用多环拓扑和接口节点来创建任意大型网络（第 8.4 节）。宏观尺度的网络架构可以采用不同的拓扑结构，包

括前馈、递归和分层。总的来说,如上所述,光网络方案可能为高带宽信号的密集网络提供唯一可行的解决方案。利用光信号的巨大带宽来执行多路复用、联网和路由。使用波长作为唯一标识符的能力允许形成密集网络以及随后形成更复杂的多环拓扑。与数字方法不同,它不需要快速路由、交换或数字解复用。相反,它代表了一种高效且简单的网络方法,可以在极高带宽下与各种拓扑一起工作(可以将我们的系统与表 14.4 中的其他方法进行比较)。尽管 Neurogrid 的扇入计数大于其他方法,但这是规则的一个例外。我们看到我们的通道数(即扇入)与其他神经形态平台中的通道数相当,后者往往在 100~200 个扇入量级。使用更先进的 λ 尺寸(即 PhC)腔可能会使通道数量翻倍至 200 个。

总之,我们的系统具有许多优势,因为它能够在光域中复用高带宽信号并在光电探测期间执行求和,这是神经网络模型中最繁重的硬件限制。这得益于最近在现代 PIC 的集成和扩展方面的优势。尽管该路径的非线性处理部分利用了电子物理原理,但网络和乘法累加(MAC)操作显然利用了光的独特性能。在这些方面,该技术平台以其处理优势而著称,这些优势直接源于基本的物理考虑。该技术的未来扩展,特别是光子晶体[37]和光子-电子混合集成[38-39]将允许未来的实例化运行更快,具有更大的通道容量,或者更接近基本的散粒和热噪声限制。

14.3　参考文献

[1] Miller D A B, Chemla D S, Damen T C, et al. Novel hybrid optically bistable switch: The quantum well self-electro-optic effect device. Applied Physics Letters, 1984, 45(1): 13-15.

[2] Shamir J, Caulfield H J, Johnson R B. Massive holographic interconnection networks and their limitations. Applied Optics, 1989, 28(2): 311-324.

[3] Baylor M, Anderson D Z, Popovic Z. Holographic blind source separation at radio frequencies//Controlling Light with Light: Photorefractive Effects, Photosensitivity, Fiber Gratings, Photonic Materials and More. Optical Society of America, 2007, p. TuB1.

[4] McCormick F B, Cloonan T J, Tooley F A P, et al. Six-stage digital free-space optical switching network using symmetric self-electro-optic-effect devices. Applied Optics, 1993, 32(26): 5153-5171.

[5] Hoppensteadt F C, Izhikevich E M. Synchronization of laser oscillators, associative memory, and optical neurocomputing. Phys. Rev. E, 2000, 62: 4010-4013.

[6] Fang A W, Park H, Kuo Y H, et al. Hybrid silicon evanescent devices. Materials Today, 2007, 10(7): 28-35.

[7] Schemmel J, Brüderle D, Grübl A, et al. A wafer-scale neuromorphic hardware system for large-scale neural modeling//Proceedings of 2010 IEEE International Symposium on Circuits and Systems. IEEE, 2010: 1947-1950.

[8] Merolla P A, Arthur J V, Alvarez-Icaza R, et al. A million spiking-neuron integrated circuit with a scalable communication network and interface. Science, 2014, 345(6197): 668-673.

[9] Benjamin B, Gao P, McQuinn E, et al. Neurogrid: A mixed-analog-digital multichip system for large-scale neural simulations. Proceedings of the IEEE, 2014, 102(5): 699-716.

[10] Furber S, Galluppi F, Temple S, et al. The Spinnaker project. Proceedings of the IEEE, 2014, 102(5): 652-665.

[11] Hasler J, Marr B. Finding a roadmap to achieve large neuromorphic hardware systems. Frontiers in Neuroscience, 2013, 7(7): 118.

[12] Azevedo F A, Carvalho L R, Grinberg L T, et al. Equal numbers of neuronal and nonneuronal cells make the human brain an isometrically scaled-up primate brain. Journal of Comparative Neurology, 2009, 513(5): 532-541.

[13] Akopyan F, Sawada J, Cassidy A, et al. Truenorth: Design and tool flow of a 65 mw 1 million neuron programmable neurosynaptic chip. IEEE Transactions on Computer-Aided Design of Integrated Circuits and Systems, 2015, 34 (10): 1537-1557.

[14] Lazzaro J, Wawrzynek J, Mahowald M, et al. Silicon auditory processors as computer peripherals. IEEE Transactions on Neural Networks, 1993, 4(3): 523-528.

[15] Mahowald M. VLSI Analogs of Neuronal Visual Processing: A Synthesis of Form and Function. Ph. D. dissertation, 1992.

[16] Cangellaris A. The interconnect bottleneck in multi-GHz processors; new opportunities for hybrid electrical/optical solutions//Proceedings. Fifth International Conference on Massively Parallel Processing (Cat. No. 98EX182). IEEE Comput. Soc, 2006: 96-103.

[17] Capmany J, Novak D. Microwave photonics combines two worlds. Nat. Photon, 2007, 1(6): 319-330.

[18] Preston K, Sherwood-Droz N, Levy J S, et al. Performance guidelines for wdm interconnects based on silicon microring resonators//CLEO: 2011 - Laser Applications to Photonic Applications. Optical Society of America, 2011: CThP4.

[19] Nahmias M A, Tait A N, Shastri B J, et al. Excitable laser processing net-

work node in hybrid silicon: Analysis and simulation. Optics Express, 2015, 23(20): 26800-26813.

[20] Nahmias M A, Tait A N, Tolias L, et al. An integrated analog O/E/O link for multi-channel laser neurons. Applied Physics Letters, vol. (accepted), 2016.

[21] Cressler J D, Niu G. Silicon-Germanium heterojunction bipolar transistors. Norwood, MA: Artech House, 2003.

[22] Harame D L, Ahlgren D C, Coolbaugh D D, et al. Current status and future trends of sige bicmos technology. IEEE Transactions on Electron Devices, 2001, 48(11): 2575-2594.

[23] Rodwell M J W, Le M, Brar B. Inp bipolar ics: Scaling roadmaps, frequency limits, manufacturable technologies. Proceedings of the IEEE, 2008, 96(2): 271-286.

[24] Lee T H. The Design of CMOS Radio-Frequency Integrated Circuits. Cambridge, U. K. : Cambridge University Press, 2003.

[25] Tait A N, Nahmias M A, Shastri B J, et al. Broadcast and weight: An integrated network for scalable photonic spike processing. J. Lightw. Technol. , 2014, 32(21): 3427-3439.

[26] Lamprecht K F, Juen S, Palmetshofer L, et al. Ultrashort carrier lifetimes in h+ bombarded inp. Applied Physics Letters, 1991, 59(8): 926-928.

[27] Jager R, Grabherr M, Jung C, et al. Ebeling, "57vcsels," Electronics Letters, 1997, 33(4): 330-331.

[28] Vittoz E A. Low-power design: Ways to approach the limits//Solid-State Circuits Conference, 1994. Digest of Technical Papers. 41st ISSCC. , 1994 IEEE International, Feb. 1994: 14-18.

[29] Shambat G, Ellis B, Majumdar A, et al. Ultrafast direct modulation of a single-mode photonic crystal nanocavity light-emitting diode. Nat. Commun. , 2011, 2: 539.

[30] Betz V, Rose J, Marquardt A. Architecture and CAD for DeepSubmicron FPGAs. New York, Philadelphia: Springer Science & Business Media, 2012, 497.

[31] Jo S H, Chang T, Ebong I, et al. Nanoscale memristor device as synapse in neuromorphic systems. Nano Let-388 Neuromorphic Photonicsters, 2010, 10 (4): 1297-1301.

[32] Altug H, Englund D, Vuckovic J. Ultrafast photonic crystal nanocavity laser. Nature Physics, 2006, 2(7): 484-488.

[33] Deotare P B, McCutcheon M W, Frank I W, et al. High quality factor photonic crystal nanobeam cavities. Applied Physics Letters, 2009, 94(12).

[34] Ellis B, Mayer M A, Shambat G, et al. Ultralow-threshold electrically pumped quantum-dot photonic-crystal nanocavity laser. Nat. Photon, 2011, 5 (5): 297-300.

[35] Xu Q, Fattal D, Beausoleil R G. Silicon microring resonators with 1.5-μm radius. Optics Express, 2008, 16(6): 4309-4315.

[36] Mead C, Ismail M. Analog VLSI Implementation of Neural Systems. New York, Philadelphia: Springer Science & Business Media, 2012, 80.

[37] Joannopoulos J D, Villeneuve P R, Fan S. Photonic crystals. Solid State Communications, 1997, 102(2-3): 165-173.

[38] DeRose C T, Watts M R, Trotter D C, et al. Silicon microring modulator with integrated heater and temperature sensor for thermal control//Conference on Lasers and Electro-Optics 2010. Optical Society of America, 2010: CThJ3.

[39] Orcutt J S, Moss B, Sun C, et al. Open foundry platform for high-performance electronicphotonic integration. Optics Express, 2012, 20(11): 12222-12232.

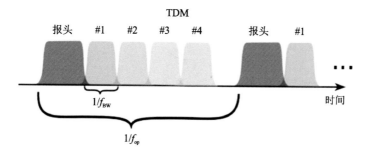

TDM

报头 #1 #2 #3 #4 报头 #1

$1/f_{BW}$

$1/f_{op}$

时间

图 3.6　时分复用示意图

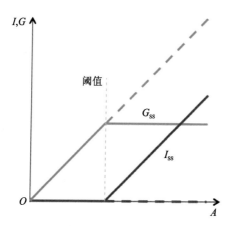

I,G

阈值

G_{ss}

I_{ss}

O

A

图 3.16　简单激光与泵浦参数的稳态解

1

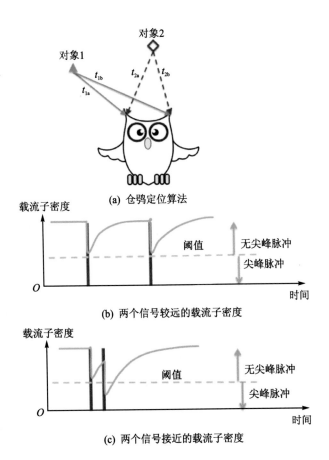

(a) 仓鸮定位算法

(b) 两个信号较远的载流子密度

(c) 两个信号接近的载流子密度

图 4.5　仓鸮听觉定位原理

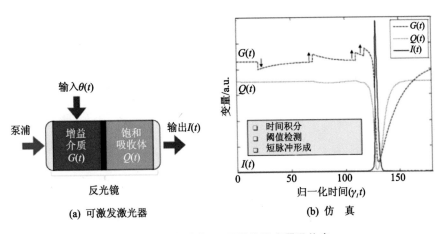

(a) 可激发激光器

(b) 仿　真

图 5.1　两段增益 SA 可激发激光器及仿真

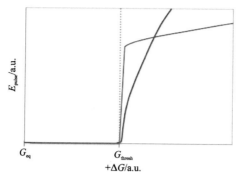

图 5.2 神经元阈值函数

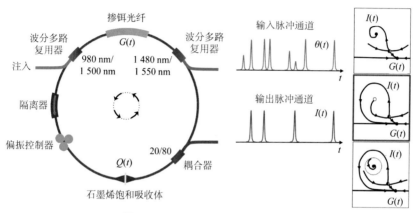

图 5.3 石墨烯可激发光纤激光器

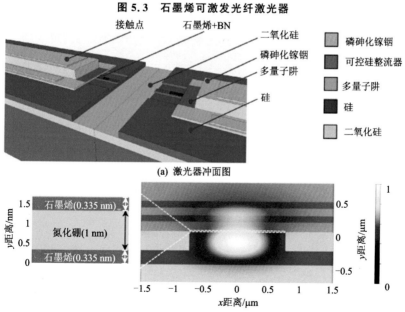

(a) 激光器冲面图

(b) 截面剖面图

图 5.4 集成石墨烯可激发激光器

3

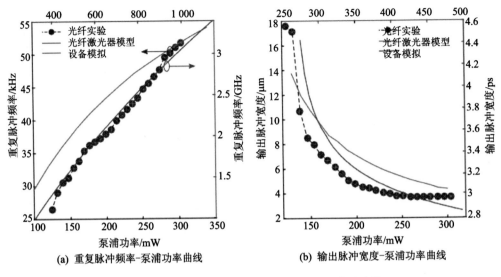

(a) 重复脉冲频率-泵浦功率曲线　　　　(b) 输出脉冲宽度-泵浦功率曲线

图 5.5　无源 Q 开关光纤和集成激光器的典型特性

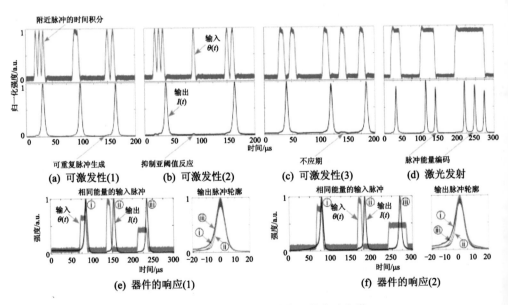

(a) 可激发性(1)　　(b) 可激发性(2)　　(c) 可激发性(3)　　(d) 激光发射

(e) 器件的响应(1)　　　　　　　　　　(f) 器件的响应(2)

图 5.6　石墨烯光纤激光器的可激发动力学

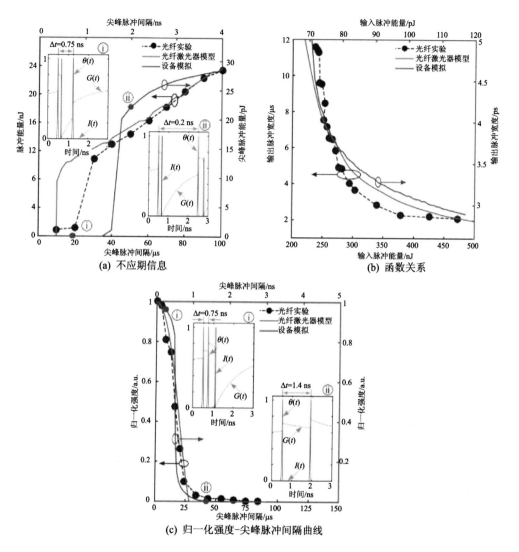

(a) 不应期信息

(b) 函数关系

(c) 归一化强度-尖峰脉冲间隔曲线

图 5.7　可激发性的二阶性质

5

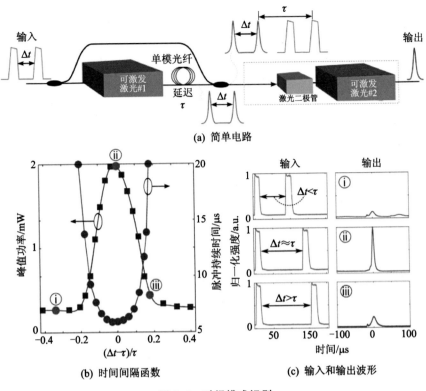

(a) 简单电路

(b) 时间间隔函数　　　　　(c) 输入和输出波形

图 5.8　时间模式识别

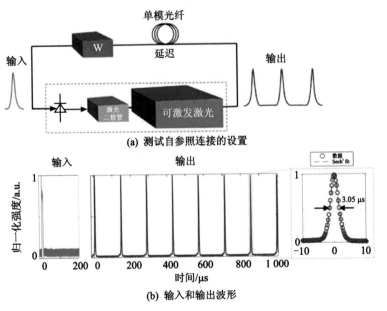

(a) 测试自参照连接的设置

(b) 输入和输出波形

图 5.9　自循环双稳态电路

6

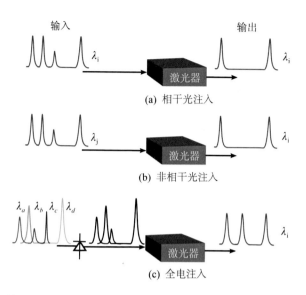

(a) 相干光注入

(b) 非相干光注入

(c) 全电注入

图 6.1 基于相干光注入、非相干光注入和全电注入的半导体可激发激光器

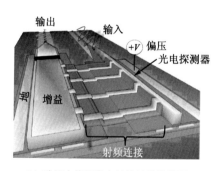

(a) 硅混合倏逝激光神经元的横截面

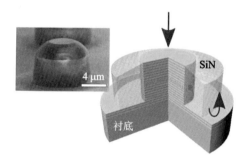

(b) 带有 SA 的微柱激光器的草图和扫描电子显微镜图像

图 6.2 集成的双段增益 SA 激光器

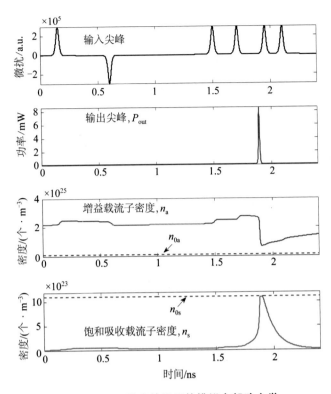

图 6.3　DFB 激光神经元的模拟内部动力学

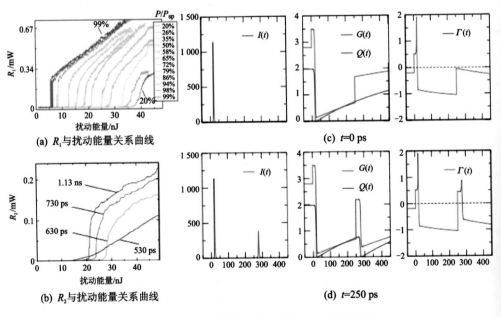

图 6.4　带有 SA 的微柱激光器的实验和模拟结果

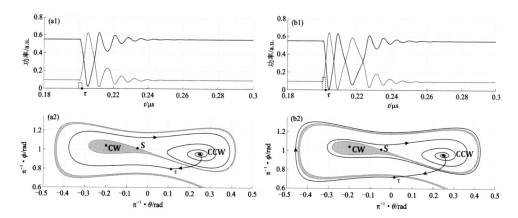

图 6.8　SRL 对正方形脉冲和相图的响应

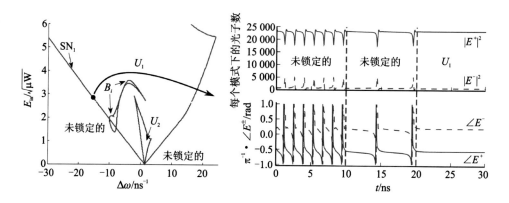

图 6.12　微盘的激发机制

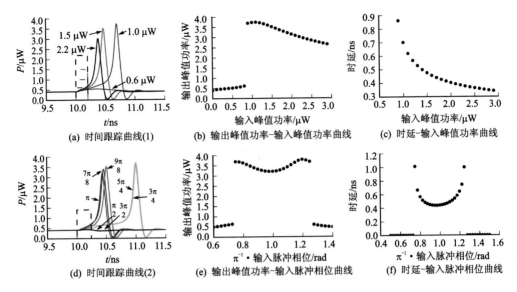

图 6.13 ML 对输入扰动的响应

(a) 时间跟踪曲线(1)

(b) 输出峰值功率-输入峰值功率曲线

(c) 时延-输入峰值功率曲线

(d) 时间跟踪曲线(2)

(e) 输出峰值功率-输入脉冲相位曲线

(f) 时延-输入脉冲相位曲线

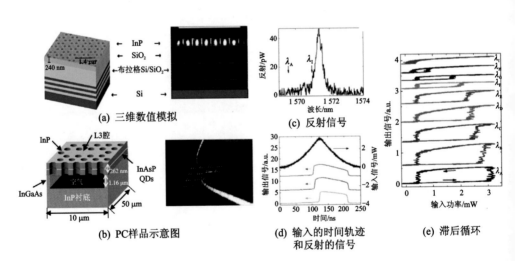

(a) 三维数值模拟

(b) PC样品示意图

(c) 反射信号

(d) 输入的时间轨迹和反射的信号

(e) 滞后循环

图 6.17 光子晶体原理图及实验数据

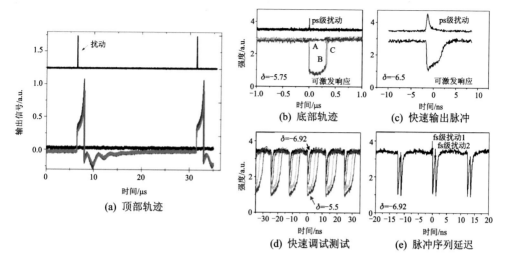

(a) 顶部轨迹

(b) 底部轨迹

(c) 快速输出脉冲

(d) 快速调试测试

(e) 脉冲序列延迟

图 6.19　可激发 PC 对输入扰动的响应

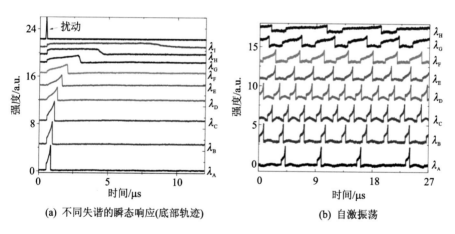

(a) 不同失谐的瞬态响应(底部轨迹)

(b) 自激振荡

图 6.20　不同失谐的 PLC 瞬态响应

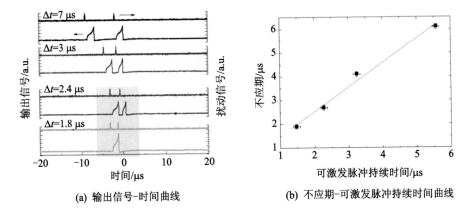

(a) 输出信号-时间曲线

(b) 不应期-可激发脉冲持续时间曲线

图 6.21 不应期测试

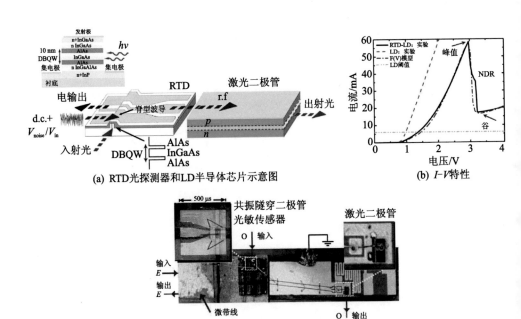

(a) RTD光探测器和LD半导体芯片示意图

(b) I-V特性

(c) 混合光电集成电路的照片

图 6.22 RTD-PD 和 LD 示意图及 I-V 特性

12

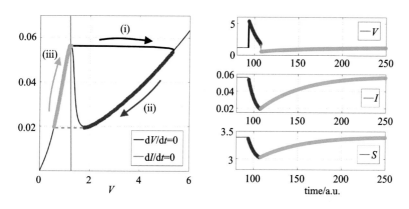

图 6.25   DBQW‑RTDLD 的尖峰产生机制

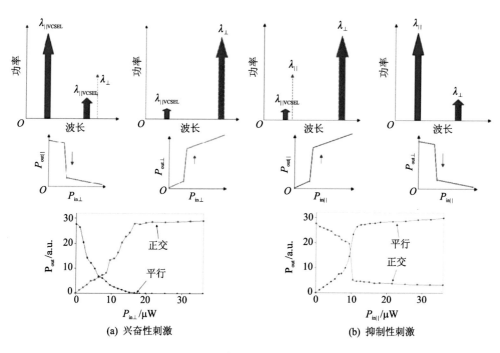

(a) 兴奋性刺激

(b) 抑制性刺激

图 6.35   VCSEL 在兴奋性和抑制性刺激下的工作原理

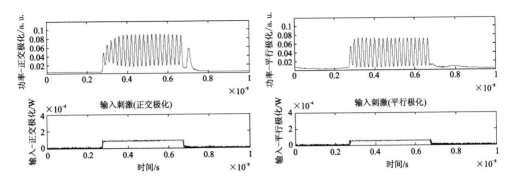

图 6.36　VCSEL 对外界刺激的响应

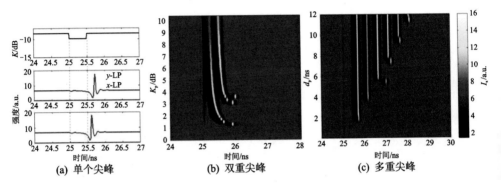

(a) 单个尖峰　　　　　(b) 双重尖峰　　　　　(c) 多重尖峰

图 6.37　VCSEL 对输入扰动的可激发响应

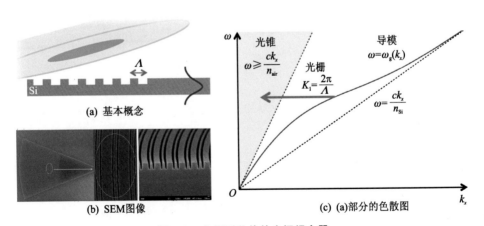

(a) 基本概念

(b) SEM图像　　　　　(c) (a)部分的色散图

图 7.5　光纤到芯片的光栅耦合器

14

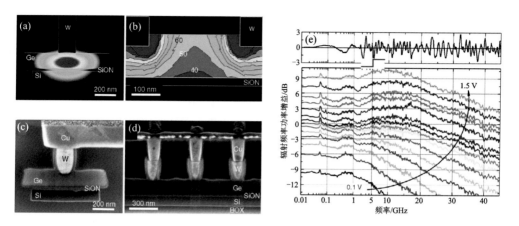

图 7.11　锗雪崩光探测器

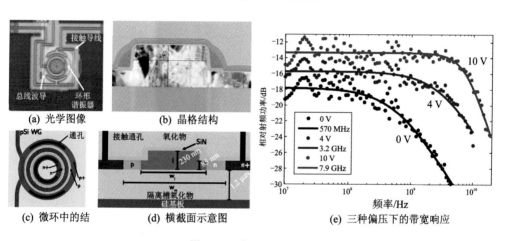

(a) 光学图像　　(b) 晶格结构

(c) 微环中的结　(d) 横截面示意图　(e) 三种偏压下的带宽响应

图 7.12　多晶硅探测器

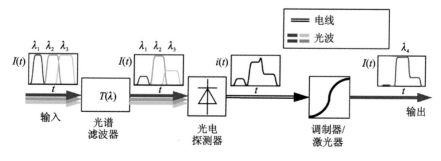

图 8.2　PNN 信号通路

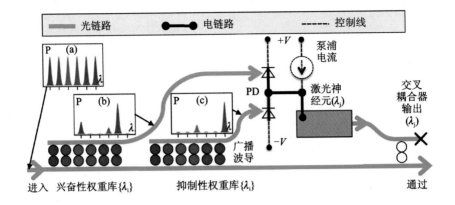

图 8.3　耦合到一个广播波导的一个处理网络节点

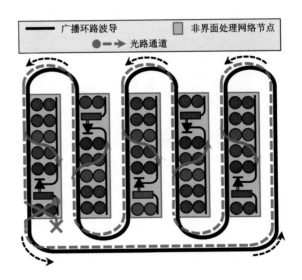

图 8.5　广播和权重单元的折叠布局示例

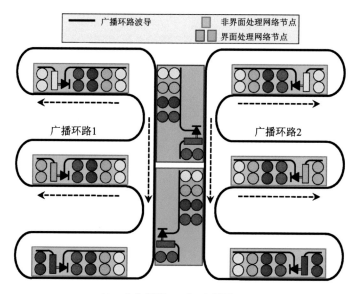

(a) 6个非界面PNN和2个界面PNN

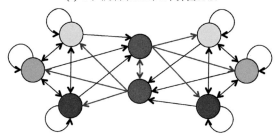

(b) 2-BL系统逻辑连接图

图8.6 2个BL之间的PNN示例

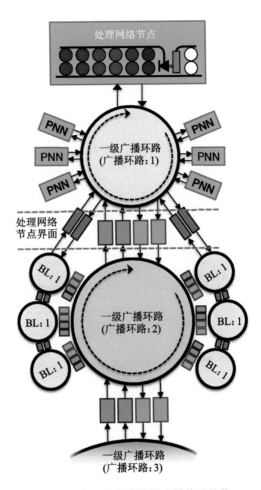

图 8.7　分层组织的波导广播体系结构

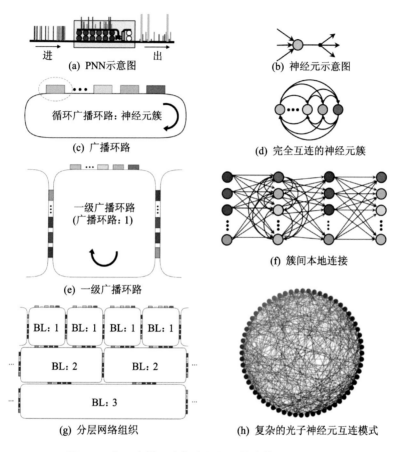

(a) PNN示意图

进　　　出

(b) 神经元示意图

(c) 广播环路

循环广播环路：神经元簇

(d) 完全互连的神经元簇

(e) 一级广播环路

一级广播环路
(广播环路：1)

(f) 簇间本地连接

(g) 分层网络组织

BL: 1　BL: 1　BL: 1　BL: 1

BL: 2　　BL: 2

BL: 3

(h) 复杂的光子神经元互连模式

图 8.8　分层广播环路与小世界架构的等价性概述

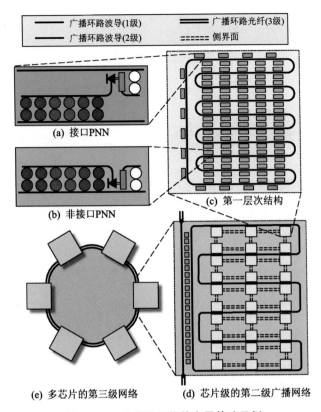

（a）接口PNN

（b）非接口PNN

（c）第一层次结构

（e）多芯片的第三级网络

（d）芯片级的第二广播网络

图8.9 一个分层网络的布局策略示例

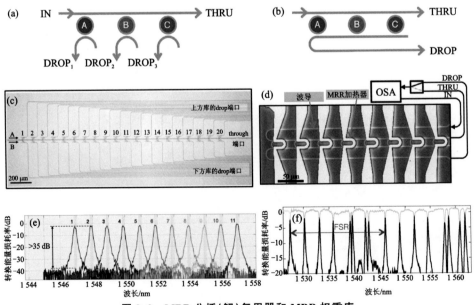

图9.2 MRR 分插(解)复用器和 MRR 权重库

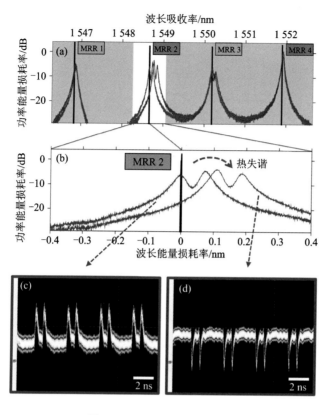

图 9.3 互补加权的共振调谐

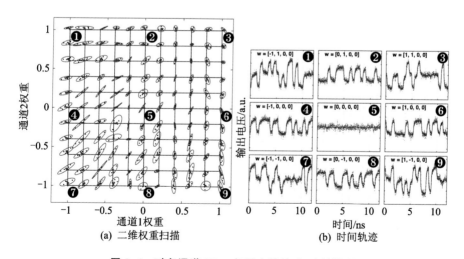

(a) 二维权重扫描

(b) 时间轨迹

图 9.4 对多通道 MRR 权重库的精确、连续控制

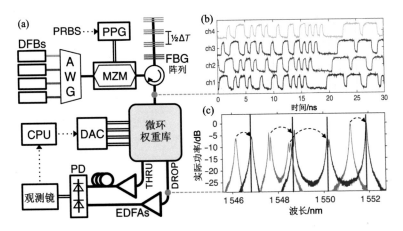

图 9.5　测试多通道 MRR 权重库的实验装置

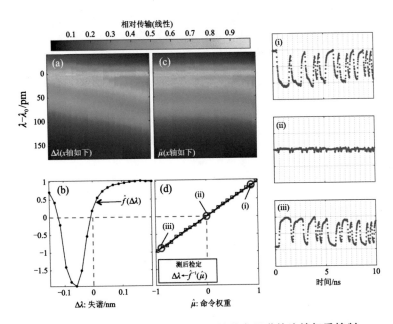

图 9.6　使用基于插值的校准方法的单个通道的连续权重控制

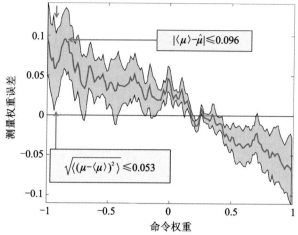

图 9.7　校准权重控制与命令权重值的可重复性

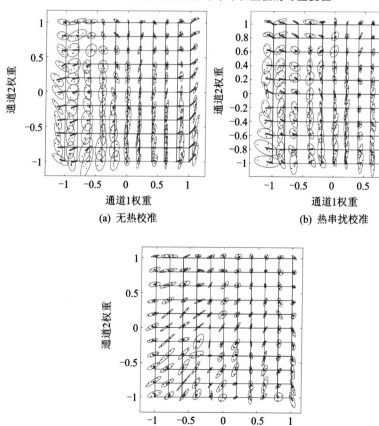

(a) 无热校准

(b) 热串扰校准

(c) X串扰+热电校准

图 9.9　5 次迭代的简化热串扰模型的权重扫描

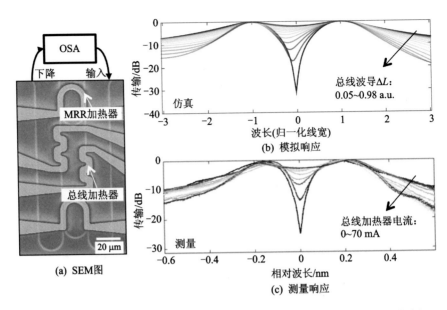

(a) SEM图

(b) 模拟响应

(c) 测量响应

图 9.11　带有总线调谐加热器的双通道权重库内相干权重相互作用的实验验证

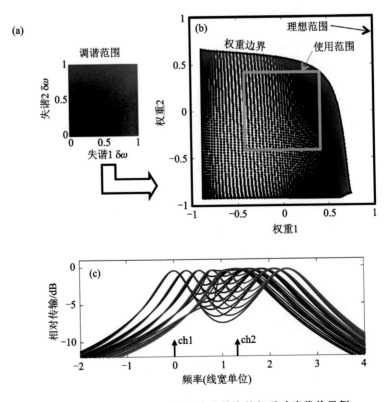

图 9.12　双通道 MRR 权重库中的串扰权重功率代价示例

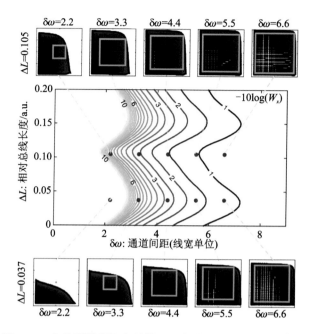

图 9.13 作为通道间距和总线 WG 长度函数的功率密度折衷

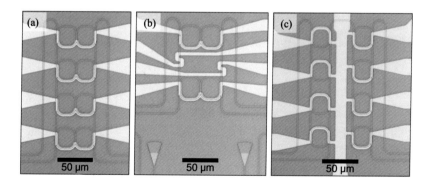

图 9.15 可替代权重库设计

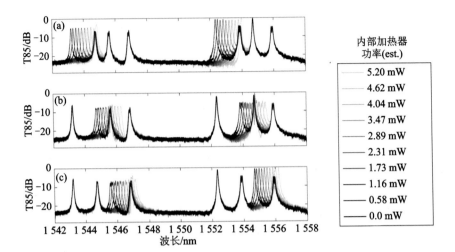

内部加热器
功率(est.)

5.20 mW
4.62 mW
4.04 mW
3.47 mW
2.89 mW
2.31 mW
1.73 mW
1.16 mW
0.58 mW
0.0 mW

图 9.17 单组内三个 MRR 谐振的调谐响应

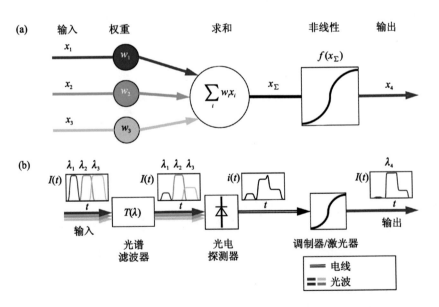

图 10.1 使用波分复用(WDM)神经网络处理网络节点的一般描述

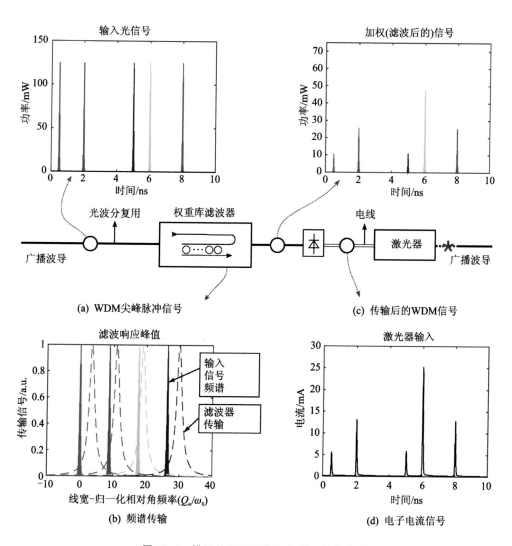

(a) WDM尖峰脉冲信号

(c) 传输后的WDM信号

(b) 频谱传输

(d) 电子电流信号

图 10.6 模拟处理网络节点在每一步的响应

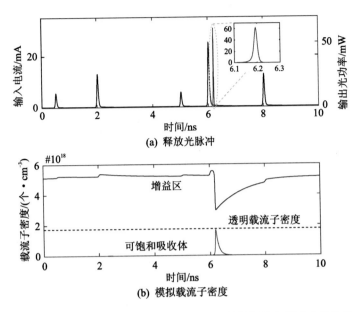

(a) 释放光脉冲

(b) 模拟载流子密度

图 10.7　模拟图 10.6(d) 中激光神经元对调制信号的内部动力学响应

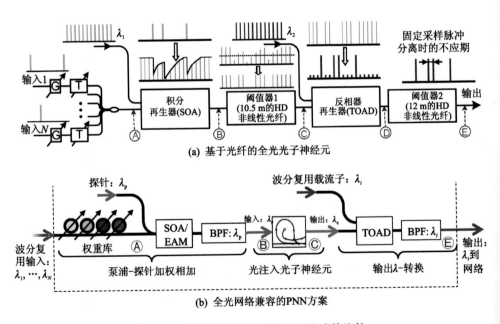

(a) 基于光纤的全光光子神经元

(b) 全光网络兼容的 PNN 方案

图 10.9　光纤神经元与全类 PNN 公式的比较

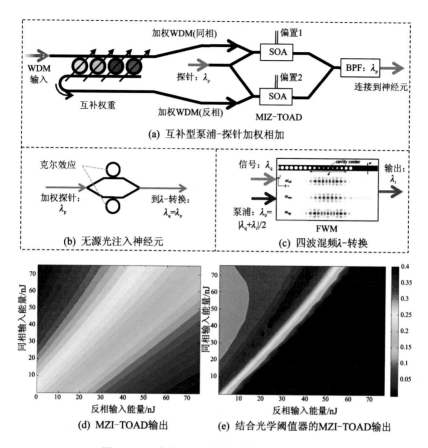

(a) 互补型泵浦-探针加权相加

(b) 无源光注入神经元

(c) 四波混频λ-转换

(d) MZI-TOAD输出

(e) 结合光学阈值器的MZI-TOAD输出

图 10.10 全光 PNN 中的子电路的一些变化

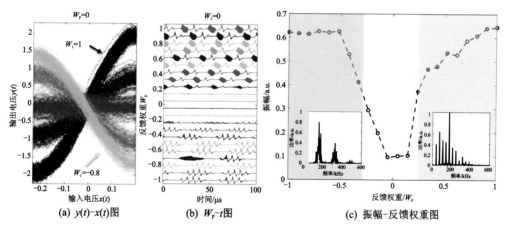

(a) $y(t)$-$x(t)$图

(b) W_F-t图

(c) 振幅-反馈权重图

图 11.4 观察到的行为

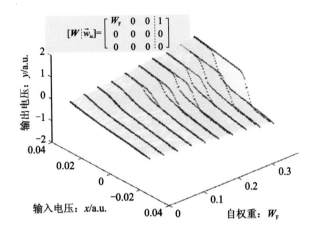

图 11.6　具有自连接和外部输入的单节点的尖端分岔

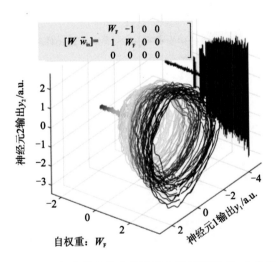

图 11.7　包含两个节点且无输入的超临界 Hopf 分岔

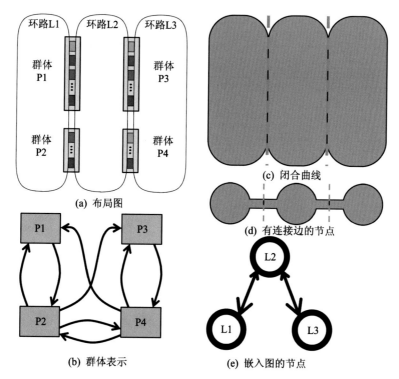

图 11.9 三 BL 电路中功能网络与嵌入网络的关系

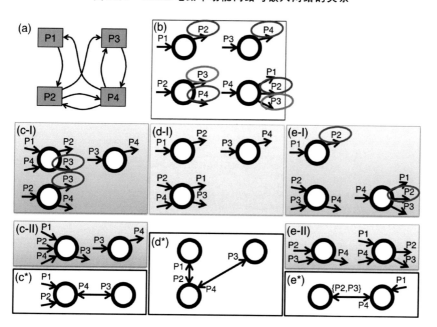

图 11.10 嵌入一个简单的功能网络

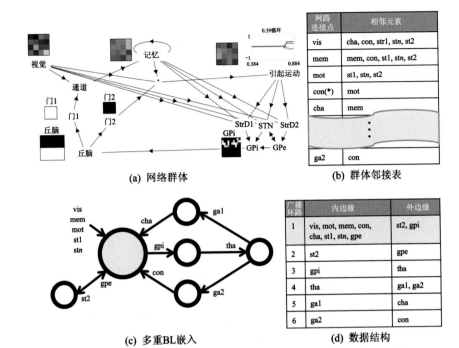

网路连接点	相邻元素
vis	cha, con, str1, st$n$, st2
mem	mem, con, st1, st$n$, st2
mot	st1, st$n$, st2
con(*)	mot
cha	mem
⋮	⋮
ga2	con

(a) 网络群体　　　　　　(b) 群体邻接表

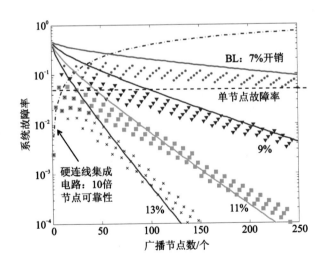

(c) 多重BL嵌入

广播环路	内边缘	外边缘
1	vis, mot, mem, con, cha, st1, st$n$, gpe	st2, gpi
2	st2	gpe
3	gpi	tha
4	tha	ga1, ga2
5	ga1	cha
6	ga2	con

(d) 数据结构

图 11.11　示例网络的嵌入

图 11.13　系统故障率与广播节点数的关系

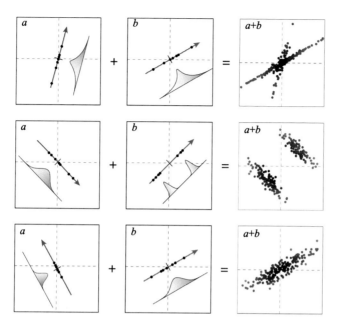

图 12.1　线性混合数据的示例

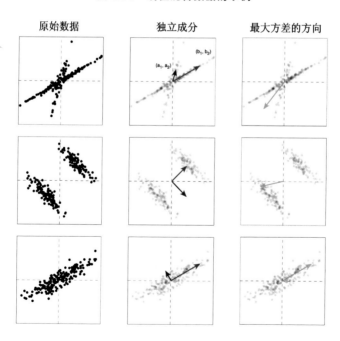

图 12.2　对线性混合信号的分析

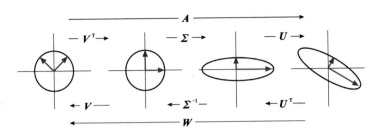

图 12.3　奇异值分解的图形描述

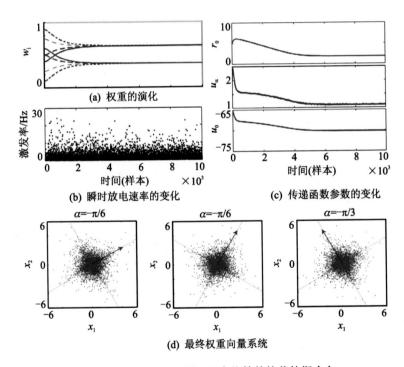

(a) 权重的演化

(b) 瞬时放电速率的变化

(c) 传递函数参数的变化

(d) 最终权重向量系统

图 12.5　一个分离问题：两个旋转的拉普拉斯方向

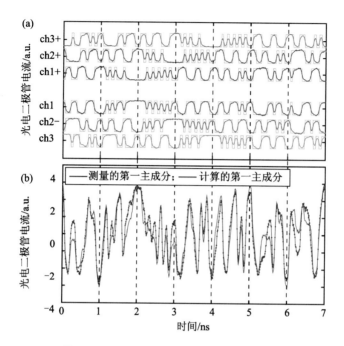

图 12.6 13 Gbaud 位模式的 PCA 任务示例

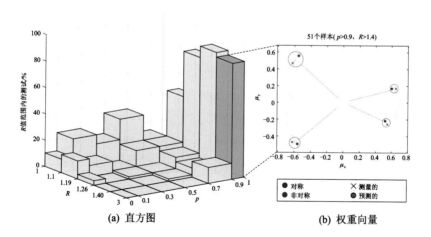

(a) 直方图   (b) 权重向量

图 12.7 实验性 PCA 任务的 290 次运行的准确性分析

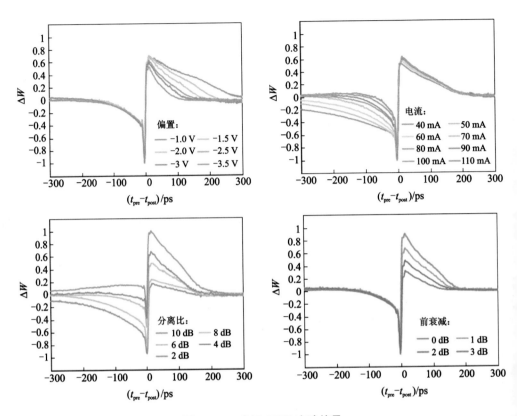

图 12.10　光子 STDP 实验结果

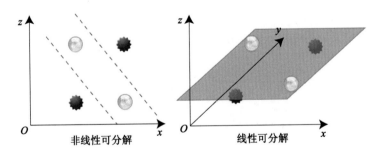

图 13.2　非线性可分解和线性可分解图

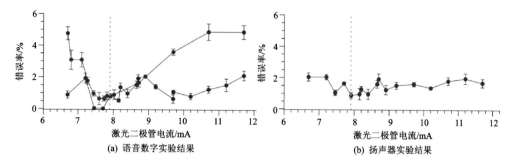

(a) 语音数字实验结果　　　　　　　(b) 扬声器实验结果

图 13.8　语音数字分类 5 GHz 带宽

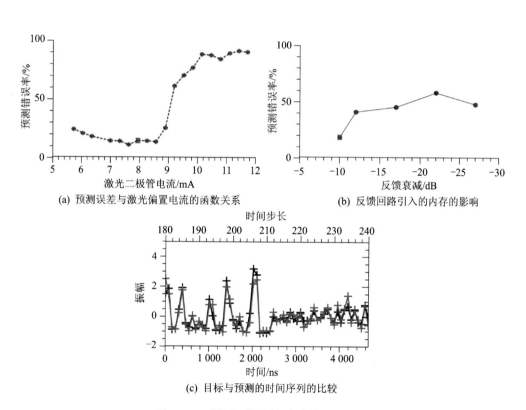

(a) 预测误差与激光偏置电流的函数关系　　　(b) 反馈回路引入的内存的影响

(c) 目标与预测的时间序列的比较

图 13.9　时间序列预测任务中的预测误差

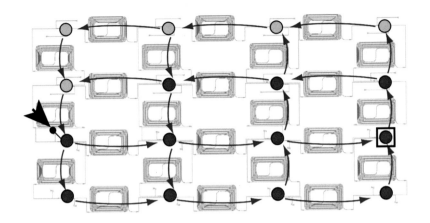

图 13.10 采用 4×4 配置并叠加了拓扑结构的 16 节点无源储层设计